KB165820

물리의 정석

정석

일반 상대성 이론 편

GENERAL RELATIVITY:

The Theoretical Minimum

by Leonard Susskind, André Cabannes

Copyright © Leonard Susskind and André Cabannes 2023

All rights reserved.

Korean translation edition is published by arrangement with

Leonard Susskind and André Cabannes c/o Brockman, Inc.

Korean Translation Copyright © ScienceBooks 2024

이 책의 한국어판 저작권은 Brockman, Inc.와 독점 계약한 ㈜사이언스북스에 있습니다.
저작권법에 의해 한국 내에서 보호를 받는 저작물이므로 무단 전재와 무단 복제를 금합니다.

레너드 서스킨드
앙드레 카반

이종필 옮김

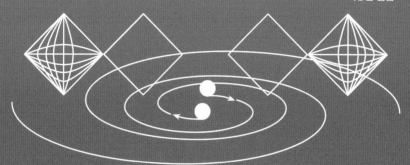

물리의
정석

일반 상대성 이론 편

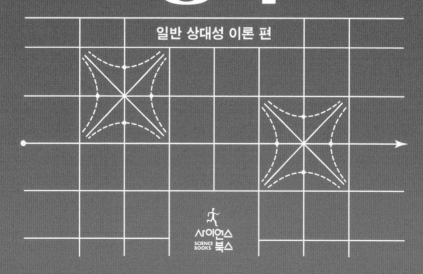

사이언스
SCIENCE
BOOKS
북스

내 가족들에게

— 레너드 서스킨드

내게 일과 끈기를 가르쳐 주신 부모님께

— 앙드레 카반

「물리의 정석」 시리즈의 4권인 이 책은 일반 상대성 이론을 다루며, 전작인 『특수 상대성 이론과 고전 장론 편』과 자연스럽게 이어지는 내용을 담고 있다.

특수 상대성 이론에서 알베르트 아인슈타인(Albert Einstein, 1879~1955년)은 구별할 수 없는 갈릴레오 기준계에서 물리 법칙이 동일해야 한다는 아주 단순한 원리에서 출발해, 1905년에 발표한 논문 2편에서 물리학자들이 19세기 말과 20세기 초에 빛과 다른 현상에 관해 작성한 방정식과 여러 가지 혼란스러운 관측을 깊이 있게 해명했다.

특수 상대성 이론은 시간과 공간이 뗄려야 뗄 수 없이 엮여 있는 시공간을 기묘하게 설명하기에 이르렀다. 예를 들어, 특수 상대성 이론은 우리 기준계에서 수명이 몇 분의 1초에 불과한 입자가 어떻게 태양에서 지구까지 8분 이상 여행할 수 있는지를 설명해 준다.

그 후 1907년부터 1915년까지 아인슈타인은 가속도와 일정한 중력이 같다는 아주 간단한 원리에서 출발해 자신의 위업을 사실상 혼자서 재현했다. 그는 특수 상대성 이론을 무거운 물체가 포함되어 있는 시공간으로 일반화했다. 이 이론을 **일반 상대론**(General Relativity, 이 책에서 special(general) theory of relativity는 특수(일반) 상대성 이론으로, special(general) relativity는 특수(일반) 상대론으로 옮겼다. ─옮긴이)이라고 한다. 이 이론은 질량이 빛을 휘고, 더 일반적으로 시공간을 휘는 더 이상한 시공간을 설명하게 되었다.

1강에서는 기초를 다진다. 등가 원리의 결과로 어떻게 무거운 물체가 필연적으로 광선을 휘게 하는지 보여 준다.

2강은 텐서 수학에 할애된다. 일반 상대성 이론에서는 수시로 기준계를 바꿔야 하는데 한 기준계의 좌표를 다른 기준계의 좌표와 연결하는 방정식이 텐서 방정식이기 때문이다.

텐서 방정식은 하나의 기준계에서 성립하면 다른 모든 기준계에서도 성립한다는 대단한 성질을 갖고 있기 때문에 일반 상대성 이론의 많은 부분은 텐서 방정식으로 표현된다.

3, 4, 5강에서는 리만 공간과 민코프스키 시공간 기하학에 대해 다룬다. 아주 간단히 말해서 중력은 민코프스키 시공간에서의 기하학이라고 할 수 있기 때문이다.

6, 7, 8강에서는 블랙홀을 탐구한다. 블랙홀이 흥미로운 천문 현상 그 자체라서라기보다는, 그것이 민코프스키 시공간에서는 뉴턴 역학의 점질량과 동등하기 때문이다. 그러나 블랙홀 근처의 시공간은 점질량 근처의 뉴턴 공간보다 더 이상한 행동을 보인다. 블랙홀, 블랙홀이 만들어 내는 계측, 블랙홀의 지평선, 지평선 부근의 시간과 중력, 블랙홀 안팎의 사람들이 소통하는 방식

등을 잘 이해하는 것이 일반 상대성 이론을 이해하기 위한 전제 조건이다.

9강에서는 아인슈타인 장 방정식을 개략적으로 도출한다. 그리고 10강에서는 중력파를 예측하는 간단한 응용 사례를 소개한다.

이 책은 시리즈의 전작들과 마찬가지로 내가 스탠퍼드 대학교에서 성인을 대상으로 한 평생 교육 프로그램에서 수년간 즐겁게 강의한 내용을 각색한 것이다.

이번 공동 저자는 앙드레 카반이다. 그는 전문 과학자는 아니지만 스탠퍼드에서 박사 학위를 받았고 매사추세츠 공과 대학(MIT)에서 몇 년 동안 응용 수학을 가르친 경험을 포함해 과학적으로 훈련된 사람이어서 나를 든든하게 도와주었다.

이 책에서 보여 주고자 노력한 것처럼, 가장 단순한 원리에서 시작해 수학과 물리학의 궁극적인 결과를 향해 (그 결과가 아무리 불안하더라도) 거침없이 나아가는 아인슈타인의 물리학 연구 방식이 젊은 미래의 물리학자들에게 영감의 원천이 되기를 바란다.

2022년 가을

캘리포니아 팰로 앨토에서

레너드 서스킨드

10년 전, 10대 후반이었던 내 두 아이가 프랑스 그랑제콜(Grandes Écoles)에 들어가기 위해 과학을 공부하고 있었는데, 나는 1970년대에 배운 것을 다시 한번 정리해 그들의 공부에 동참하기로 결심했다. 나는 인터넷이 학습 환경을 크게 변화시켰다는 사실을 알게 되었다. 책을 읽는 것 외에도 인터넷에서 훌륭한 무료 강좌를 들을 수 있었다. 나는 MIT나 스탠퍼드 같은 곳에서 제공하는 수학, 물리학, 컴퓨터 과학 강좌를 여유롭게 수강했다. 과거에 경험했던 것보다 주제에 대한 설명이 더 잘 되어 있었고, 강의가 더 생동감 있었으며 이해하기가 더 쉬웠다. 누구라도 세계 최고의 강사진이 제공하는 강좌를 선택할 수 있었다.

그중 하나가 레너드 서스킨드의 「물리의 정석」 강의 시리즈였다. 그는 다른 무엇보다 끈 이론에서의 선구적인 연구로 유명했다. 나는 그 강의들을 너무나 좋아해서 그의 물리학 강의 영상 모음 2개가 책으로 이미 출판되었다는 것을 알았을 때 그걸 프랑스 어로 번역하기로 결심했다. 나중에 나는 그의 세 번째 책도 번역했다. 그런데 그다음 권이 영어로 나오지 않아서 나는 영어 노트도 작성하기 시작했다. 그게 쓸모가 있을 거라는 생각 때문이었다. 서스킨드 교수 및 베이직 북스(Basic Books) 팀과 함께 더 많은 작업을 한 끝에 지금 여러분이 손에 들고 있는 『물리의 정석: 일반 상대성 이론 편』이 그 결과물로 나오게 되었다.

나는 이 평생 교육 과정이 의도했던 사람들에 속해 있었다. 학부, 때로는 대학원 수준에서 물리학을 공부한 후 인생에서 다른 일을 하면서도 과학에 대한 관심을 잃지 않고 오늘날 물리학의 현주소에 대해 단순히 통속적인 설명 이상의 수준으로 접하고 싶어 하는 그런 사람들 말이다. 사실 나는 개인적으로 어떤 수식을 이용한 실제 설명보다 통속적으로 설명하는 편이 더 혼란스럽고 더 어렵다고 항상 느껴 왔었다.

레너드의 강의를 통해 라그랑지안 고전 역학, 양자 역학, 고전 장론을 이전에는 몰랐던 명료한 개념으로 접할 수 있었다. 그의 교수법과 설명을 통해 배우는 것이 즐거워졌다. 물론 마지막에 어떤 종류의 시험도 없어서 더욱 그렇다. 그러나 이 강의와 책은 더 상급 단위의 학문적 연구를 준비하는 학생들에게도 유용하다.

따라서 일반 상대성 이론이 무엇에 관한 것인지 (기하학으로서의 중력, 공간과 빛과 시간을 구부리는 질량, 우리가 빠져들지 말아야 할 블랙홀, 우리가 감지하기 시작한 중력파 등) 어느 정도 정말로 그것만 이해하고 싶은 사람이든, 또는 일반 상대성 이론을 처음으로 접하고 싶은 물리학과 학생이든 이 책을 추천한다.

2022년 가을

프랑스 리비에라

생시르쉬르메르에서

앙드레 카반

◈ 차례 ◈

이 책은 「물리의 정석」 시리즈의 네 번째 책이다. 첫 번째 책인 『물리의 정석: 고전 역학 편』에서는 모든 물리학 교육의 핵심인 고전 역학을 다루었다. 여기서는 이 책을 1권이라고 간단히 부르겠다. 두 번째 책인 『물리의 정석: 양자 역학 편』(2권)에서는 양자 역학과 고전 역학과의 관계를 설명한다. 3권에서는 특수 상대성 이론과 고전 장론을 다룬다. 4권에서는 이를 확장해 일반 상대성 이론을 탐구한다.

「물리의 정석」 시리즈 책들은 스탠퍼드 대학교 웹사이트에서 이용할 수 있는 레너드 서스킨드의 강의 영상(www.theoreticalminimum.com)과 나란히 진행된다. 강연에서와 마찬가지로 일반적인 주제를 똑같이 다루기는 하지만, 책에서는 영상에 나오지 않는 세부적인 내용과 주제들을 부가적으로 담고 있다.

등가 원리와 텐서 해석

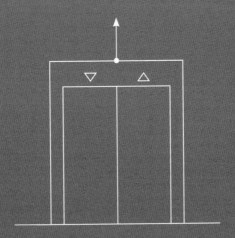

앤디: 그러면 엘리베이터를 타고 있는데

몸이 너무 무거워지면 엘리베이터가 가속하는 건지 아니면

장난으로 나를 목성에 태운 건지 알 수 없다는 건가?

레니: 맞아, 알 수 없어.

앤디: 하지만 적어도 목성에서는 가만히 있으면 광선이 구부러지지 않아.

레니: 오, 그래.

앤디: 흠, 알겠어.

레니: 그리고 블랙홀에 빠지면 정말 이상해질 테니 조심해.

하지만 걱정하지는 마, 내가 한줄기 빛으로 명확히 해 줄테니까.

앤디: 어, 구부러진 건가, 곧은 건가?

시작하며

일반 상대성 이론은 「물리의 정석」 시리즈의 4권이다. 처음 세 권은 각각 고전 역학, 양자 역학, 그리고 특수 상대성 이론과 고전 장론에 할애되었다. 첫 번째 권에서는 물리 현상에 대한 라그랑지안 및 해밀토니안 기술법, 그리고 모든 물리학의 기본 원리 중 하나인 최소 작용의 원리(principle of least action)를 설명했다. (3권 7강 「근본 원리와 게이지 불변」 참조) 이 원리는 처음 세 권에서 사용되었으며 이번 권과 다음 권에서도 계속 사용된다.

물리학자들은 자연 현상에 관한 공식화된, 정량화할 수 있고 운용할 수 있는 이론을 구축하기 위해 수학을 도구 상자로 광범위하게 사용한다. 지금까지 우리가 사용했던 주요한 도구들은 삼각 함수, 벡터 공간, 미적분(즉 미분과 적분)이었다. 이 개념들은 1권뿐만 아니라 다른 권의 간단한 복습 섹션에서도 설명했다. 우리는 독자들이 이런 수학적 도구와 1권과 3권에 제시된 물리적 아이디어에 익숙하다고 가정할 것이다. 이번 4권은 1, 3권과 마찬가지로(하지만 2권과 달리) 양자 불확실성을 포함하지 않는다는 점에서 고전 물리학을 다루고 있다.

또한 특수 상대성 이론과 고전 장론을 다룬 3권에서 텐서를 가볍게 사용하기 시작했다. 이제 일반 상대성 이론에서는 텐서를 광범위하게 사용할 것이다. 우리는 텐서를 자세히 공부할 것이다. 독자 여러분도 기억하겠지만, 텐서는 벡터를 일반화한 것이다. 벡터가 형성하는 벡터 공간을 도표화하는 데 사용되는 기저에 따라 서로 다른 숫자 집합(벡터의 성분)으로 서로 다르게 표현되는 것처럼, 텐서 역시 마찬가지이다. 같은 텐서라도 좌표계에 따라 성분이 달라진다. 하나의 성분 집합에서 다른 성분 집합으로 옮겨 가는 규칙이 근본적인 역할을 한다. 또한, 우리는 주로 텐서 집합인 **텐서장**(tensor field), 즉 공간의 각 점에 서로 다른 텐서가 결부된 텐서 집합으로 작업할 것이다. 텐서는 리치쿠르바스트로와 레비치비타[1]가 곡면의 곡률에 관한 가우스[2]와 비유클리드 기하학에 관한 리만[3]의 연구를 발전시키기 위해 개발했다. 아인슈타인은 자신의 일반 상대성 이론을 구축하기 위해 텐서를 광범위하게 사용했다. 또한 아인슈타인[4]은 첨자의 표준 표기법과

1) 그레고리오 리치쿠르바스트로(Gregorio Ricci-Curbastro, 1853~1925년)와 그의 제자 툴리오 레비치비타(Tullio Levi-Civita, 1873~1941년)는 이탈리아의 수학자였다. 이들의 가장 중요한 공동 저작 논문은 「절대 계산 및 그 응용」("Méthodes de calcul différentiel absolu et leurs applications", *Mathematische Annalen* 54 (1900), pp. 125~201)이다. 이들은 텐서라는 단어를 사용하지 않았다. 그 단어는 훗날 다른 사람들이 도입했다.

2) 카를 프리드리히 가우스(Carl Friedrich Gauss, 1777~1855년), 독일의 수학자.

3) 베른하르트 리만(Bernhard Riemann, 1826~1866년), 독일의 수학자.

4) 알베르트 아인슈타인(1879~1955년), 독일, 스위스, 다시 독일, 그리고 최종적으로 미국의 물리학자.

물리의 정석 일반 상대성 이론 편　　　　　　　　　　**18**

아인슈타인의 합 규약 등 텐서 용법에 중요한 공헌을 했다.

푸앵카레[5]는 저서 『학자와 작가(*Savants et écrivains*)』(1910년)에서 "수리 과학에서 훌륭한 표기법은 자연 과학에서 훌륭한 분류와 같은 철학적 중요성을 지닌다."라고 쓰고 있다. 이 책에서는 항상 가능한 한 가장 명확하고 가벼운 표기법을 사용하려고 노력할 것이다.

등가 원리

특수 상대성 이론에 관한 아인슈타인의 혁명적인 1905년 논문은 로런츠[6], 푸앵카레, 그리고 다른 다수의 물리학자와 수학자 들이 몇 년 동안 연구해 왔던 아이디어들을 심도 있게 명료화했고 또 확장했다. 아인슈타인은 물리 법칙, 특히 빛의 거동이 서로 다른 관성 기준틀에서 동일하다는 사실의 결과를 탐구했다. 아인슈타인은 이로부터 추론해 로런츠 변환, 시간의 상대성, 질량과 에너지의 등가성 등을 새로이 설명할 수 있었다.

1905년 이후 아인슈타인은 상대성 원리를 관성틀뿐만 아니라 모든 종류의 기준틀, 즉 서로에 대해 가속할 수 있는 틀로 확장하는 것을 생각하기 시작했다. 관성틀은 힘과 운동에 관한 뉴턴의 법칙이 간단한 식으로 표현되는 틀이다. 또는 여러분이 좀

---

5) 앙리 푸앵카레(Henri Poincaré, 1854~1912년), 프랑스의 수학자.

6) 헨드릭 안톤 로런츠(Hendrik Antoon Lorentz, 1853~1928년), 네덜란드의 물리학자.

더 생생한 심상을 선호하고 저글링을 할 줄 안다면 이렇게 말할 수도 있다. 예를 들어 어떤 종류의 흔들림이나 가속도 없이 균일하게 움직이는 열차 안에서처럼 여러분이 아무런 문제 없이 저글링을 할 수 있는 그런 기준틀이 관성틀이다.

아인슈타인은 상대성 원리를 가속도가 있는 틀로 확장하고 새로운 방식으로 중력을 고려한 이론을 구축하기 위해 10년간 노력한 끝에 1915년 11월에 자신의 연구를 발표했다. 많은 사람의 노력으로 완성된 특수 상대성 이론과 달리 일반 상대성 이론은 본질적으로 한 사람의 작품이다.

우리는 아인슈타인이 시작한 바로 그곳에서 일반 상대성 이론 공부를 시작할 것이다. 아인슈타인의 사고 패턴은 거의 어린 아이도 이해할 수 있는 정말로 단순한 기초적인 사실에서 시작해 믿기 힘들 정도로 광범위한 결과를 추론하는 것이었다. 가장 단순한 것부터 시작해 결과를 추론하는 것이 교육에서도 또한 최선의 방법이라 생각한다.

그래서 **등가 원리**(equivalence principle)부터 시작해 보자. 등가 원리란 무엇인가? **중력은 어떤 의미에서 가속도와 같은 것**이라고 말하는 원리이다. 우리는 이 원리가 정확히 무엇을 의미하는지 설명하고 아인슈타인이 이 원리를 어떻게 사용했는지 예를 들어 볼 것이다. 그로부터 스스로 자문해 볼 것이다. 등가 원리가 참이 되려면 이론이 어떤 수학적 구조를 가져야 할까? 이를 기술하기 위해 어떤 종류의 수학을 사용해야 할까?

많은 독자가 일반 상대성 이론이 중력뿐만 아니라 기하학에 관한 이론이라는 말을 들어 봤을 것이다. 따라서 처음에 아인슈타인이 중력이 기하학과 관련이 있다고 말하게 된 이유가 무엇인지 물어보며 시작하는 것도 흥미로울 것이다. "중력은 가속도와 같다."라는 말은 무엇을 의미할까? 엘리베이터가 위아래로 가속하는 것과 같이 가속하는 기준틀에 있으면 유효 중력장을 느낀다는 것을 모두 알고 있다. 아이들도 이를 느끼기 때문에 알고 있다.

다음 내용이 지나칠 수도 있지만, 엘리베이터의 운동에서 수학을 만들어 내는 것은 물리학자들이 자연 현상을 수학으로 어떻게 변환하는지 살펴볼 수 있는 아주 간단한 사례이며, 그 수학을 사용해 어떻게 현상을 예측하는지 알아보는 데 유용하다.

계속 진행하기 전에, 엘리베이터에 대한 다음 연구와 엘리베이터 내부에서 인식되는 물리 법칙이 간단하다는 점을 강조해야겠다. 그럼에도 이는 매우 중요한 개념을 처음 선보이는 것이다. 이 내용을 잘 이해하는 것이 기본이다. 실제로 우리는 이 개념을 자주 언급할 것이다. 4강부터 9강까지 가속도, 중력, 그리고 중력이 어떻게 시공간을 '휘게' 하는지 이해하는 데 큰 도움이 될 것이다.

자, 누군가가 엘리베이터 안에 있는 아인슈타인의 사고 실험을 생각해 보자. 그림 1을 보라. 이후의 교과서들에서는 엘리베이터가 로켓 우주선으로 승격되었다. 하지만 난 로켓 우주선을 타 본 적이 없다. 반면 엘리베이터는 타 봐서, 엘리베이터가 가속

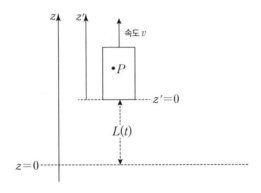

그림 1 엘리베이터와 두 기준틀.

하거나 감속할 때 어떤 느낌인지는 안다. 엘리베이터가 v의 속도로 위쪽으로 움직이고 있다고 하자.

　지금까지는 문제가 1차원적이다. 우리는 단지 수직 방향에만 관심이 있다. 여기에는 2개의 기준틀이 있다. 하나는 지구에 대해 고정되어 있다. 이 틀은 z 좌표를 사용한다. 또 다른 틀은 엘리베이터에 대해 고정되어 있다. 이 틀은 z' 좌표를 사용한다. 수직축을 따라 임의의 위치에 있는 점 P는 2개의 좌표, 즉 정지틀에서의 좌표 z와 엘리베이터 틀에서의 좌표 z'을 갖고 있다. 예를 들어 엘리베이터 바닥의 좌표는 $z' = 0$이다. 이 바닥의 z 좌표는 거리 L이다. 이는 분명히 시간의 함수이다. 따라서 우리는 임의의 점 P를 다음과 같이 쓸 수 있다.

$$z' = z - L(t). \tag{1}$$

우리는 다음과 같은 질문에 관심을 가지려고 한다. 만약 우리가 z 틀에서의 물리 법칙을 안다면 z' 틀에서의 물리 법칙은 무엇인가?

이 강의에서 한 가지 주의 사항이 있다. 적어도 처음에는 특수 상대성 이론을 무시할 것이다. 이는 광속이 무한대인 것처럼 여길 것이라거나 또는 운동이 너무 느려 광속이 무한히 빠르다고 말할 수 있는 것과도 같다. 그렇다면 궁금증이 생길 것이다. 일반 상대성 이론이 특수 상대성 이론을 일반화한 것이라면 아인슈타인은 어떻게 특수 상대성 이론을 포함하지 않고도 일반 상대성 이론을 생각할 수 있었을까?

답은 이렇다. 특수 상대성 이론은 아주 빠른 속도와 관계가 있는 반면 중력은 무거운 질량과 관계가 있다. 중력이 중요하지만 빠른 속도는 중요하지 않은 그런 상황들이 있다. 그래서 아인슈타인은 느린 속도에 대한 중력부터 생각하기 시작했고 이후에야 이를 특수 상대성 이론과 결합해 빠른 속도와 중력을 결합하는 것을 생각하게 되었다. 그것이 일반 상대성 이론이 되었다.

느린 속도에 대해 우리가 무엇을 알고 있는지 살펴보자. z' 과 z가 모두 관성 기준틀이라 가정한다. 이는 무엇보다 이들이 균일한 속도로 서로 연관되어 있음을 뜻한다.

$$L(t) = vt. \qquad\qquad (2)$$

우리는 $t = 0$일 때 줄을 맞춰 있는 그런 좌표들을 골랐다. $t = 0$에서는 임의의 점에서 z와 z'이 똑같다. 예를 들어 $t = 0$일 때 엘리베이터의 바닥은 두 틀에서 모두 0의 좌표를 갖는다. 그러다가 바닥이 올라가기 시작하고, 그 높이 z는 vt와 같게 된다. 따라서 임의의 점에 대해 우리는 식 (1)을 쓸 수 있다. 식 (2)를 고려한다면

$$z' = z - vt \qquad\qquad (3)$$

가 된다. 이는 공간과 시간을 수반하는 **좌표 변환**(coordinate transformation)임에 유의하라. 『물리의 정석: 특수 상대성 이론과 고전 장론 편』에 익숙한 독자라면 자연스럽게 질문이 생길 것이다. 엘리베이터 기준틀에서 시간은 어떻게 되는 건가? 우리가 특수 상대성 이론을 잠시 잊어버린다면 우린 그냥 t'과 t가 똑같은 것이라고 말할 수 있다. 로런츠 변환과 그 결과들을 생각하지 않아도 된다. 따라서 좌표 변환의 다른 절반은 $t' = t$가 될 것이다.

우리는 또한 정지틀에 수평으로 진행하는 좌표 x와 지면 밖으로 튀어 나가는 좌표 y를 보탤 수 있다. 그에 따라 x'과 y'의 좌표를 엘리베이터에 덧붙일 수 있다. x 좌표는 조만간 광선과 함께 그 역할을 수행할 것이다. 엘리베이터가 수평으로 미끄러지지 않는

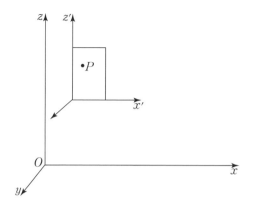

그림 2 엘리베이터와 두 기준틀, 그리고 각 경우에서 세 축.

한 x'과 x는 똑같다고 여길 수 있다. y'과 y도 마찬가지이다.

더 명확하게 그려 보기 위해 그림 2에서는 엘리베이터가 z 축에서 약간 빗겨나가 있다. 하지만 2개의 세로축이 실제로는 서로 미끄러지고 있으며 $t = 0$에서 두 원점 O와 O'이 서로 일치한다고 생각하라. 여기서도 또한 엘리베이터는 오직 수직으로만 움직인다.

최종적으로 우리의 완성된 좌표 변환은 다음과 같다.

$$z' = z - vt$$
$$t' = t \qquad\qquad (4)$$
$$x' = x$$
$$y' = y \,.$$

이는 시공간 좌표의 좌표 변환이다. 시공간에서의 임의의 점 P
에 대해 이 식은 엘리베이터의 움직이는 기준틀에서의 좌표를 정
지틀에서의 좌표들의 함수로 표현하고 있다. 꽤나 자명하다. 오
직 하나의 좌표, 즉 z만이 흥미로운 방식으로 관련되어 있을 뿐
이다.

정지틀에서 표현한 물리 법칙을 살펴보자. 어떤 물체나 입자
에 뉴턴의 운동 법칙 $F = ma$를 예로 들어 보자. 가속도 a는 $\ddot{z}$
이다. 여기서 z는 그 입자의 수직 방향 좌표이다. 따라서 우리는
다음과 같이 쓸 수 있다.

$$F = m\ddot{z}. \tag{5}$$

우리가 알듯이 $\ddot{z}$은 시간에 대한 z의 2계 도함수이며 (수직 가속
도라 부른다.) F는 물론 힘의 수직 성분이다. 다른 성분들은 0으
로 둘 것이다. 어떤 힘이 작용하더라도 수직으로만 작용한다. 이
힘의 원인은 무엇일까? 엘리베이터와 관계가 있을 수도 있고 아
닐 수도 있다. 엘리베이터 안에 입자를 밀어내는 어떤 전하가 있
을 수도 있다. 또는 단순히 천장과 입자에 부착된 밧줄이 입자를
잡아당겨 생기는 힘일 수도 있다. 수직축을 따라 작용하는 어떤
장의 힘일 수도 있다. 어떤 종류의 힘이라도 그 입자에 작용할 수
있다. 원인이 무엇이든, 우리는 뉴턴의 법칙으로부터 입자의 운
동 방정식은 원래 기준틀에서 표현했을 때 식 (5)로 주어짐을 알

수 있다.

프라임이 붙은 틀에서는 운동 방정식이 어떻게 될까? 아주 쉽다. 원래 가속도가 프라임이 붙은 가속도로 어떻게 되는지를 알아내기만 하면 된다. 프라임이 붙은 가속도는 무엇인가? z'에 대한 시간의 2계 도함수이다. 식 (4)의 첫 식

$$z' = z - vt$$

를 이용해 미분하면

$$\dot{z}' = \dot{z} - v$$

이고 두 번 미분하면

$$\ddot{z}' = \ddot{z}$$

이다. 두 기준틀에서 가속도는 똑같다.

이 모든 것이 익숙할 것이다. 그러나 나는 이 공식을 통해 몇 가지 요점을 강조하려고 한다. 특히 나는 우리가 **좌표 변환을 하고 있다는 점**을 강조하고 싶다. 우리는 하나의 기준틀에서 다른 기준틀로 옮겨 갈 때 물리 법칙이 어떻게 변하는지를 묻는 것이다. 프라임이 붙은 기준틀에서의 물리 법칙에 대해 이제 우리는

무엇을 말할 수 있을까? 우리는 식 (5)에서 $\ddot{z}$을 $\ddot{z}'$으로 대체했다. 이 둘은 같기 때문에

$$F = m\ddot{z}' \qquad (6)$$

을 얻는다. 우리는 프라임 틀에서 뉴턴의 법칙이 프라임이 없는 틀에서 뉴턴의 법칙과 정확하게 똑같음을 알게 되었다. 이는 놀랍지가 않다. 두 기준틀은 서로에 대해 상대적으로 균일한 속도로 움직이고 있다. 둘 중 하나가 관성틀이라면 다른 하나도 관성틀이다. 아이작 뉴턴(Isaac Newton, 1642~1727년)은 우리에게 모든 관성틀에서 물리 법칙이 똑같다고 가르쳤다. 때로는 이를 **갈릴레오의 상대성 원리**(Galilean principle of relativity)라 부른다. 우리는 그것을 공식화했을 뿐이다. 이제 가속 기준틀을 생각해 보자.

가속 기준틀

그림 1의 $L(t)$가 가속되는 방식으로 증가한다고 가정해 보자. 엘리베이터 바닥의 높이는 이제

$$L(t) = \frac{1}{2}gt^2 \qquad (7)$$

으로 주어진다. 우리는 문자 g를 써서 가속도를 표현했다. 왜냐하면 우리가 엘리베이터에 올라타 엘리베이터가 가속할 때 느

끼듯이, 이 가속도가 중력장을 모방한다는 것을 알게 될 것이기 때문이다. 『물리의 정석: 고전 역학 편』, 또는 고등학교에서 배웠듯이 이는 균일한 가속도임을 우리는 알고 있다. 사실 우리가 $L(t)$를 시간에 대해 미분하면 한 번 미분했을 때

$$\dot{L} = gt$$

를 얻는다. 이는 엘리베이터의 속도가 시간과 함께 선형적으로 증가함을 뜻한다. 시간에 대해 두 번 미분하면

$$\ddot{L} = g$$

를 얻는다. 이는 엘리베이터의 가속도가 상수임을 뜻한다. 엘리베이터는 위로 균일하게 가속되고 있다. 프라임이 붙은 좌표와 붙지 않은 좌표를 연결하는 식은 식 (4)와 다르다. 이제 수직 좌표의 변환은

$$z' = z - \frac{1}{2}gt^2 \qquad (8)$$

이다. 식 (4)의 다른 식들은 변하지 않는다.

$$t' = t$$

$$x' = x$$
$$y' = y.$$

이 네 식은 서로에 대해 가속하는 좌표들 사이의 관계를 표현하는 새로운 좌표 변환이다.

우리는 계속해서, 프라임이 붙지 않은 z 좌표계에서 물리 법칙이 정확하게 뉴턴이 우리에게 가르친 것과 똑같다고 가정할 것이다. 즉 정지 기준틀은 관성틀이며 $F = m\ddot{z}$ 이다. 그러나 프라임이 붙은 틀은 더 이상 관성틀이 아니다. 프라임이 붙지 않은 틀에 대해 균일하게 가속하고 있다. 우리는 식 (8)에 두 차례에 걸쳐 미분을 수행해야만 한다. 우리는 답을 알고 있다.

$$\ddot{z}' = \ddot{z} - g. \tag{9}$$

아하! 이제 프라임이 붙은 가속도와 프라임이 붙지 않은 가속도는 g의 양만큼 차이가 난다. 프라임이 붙은 기준틀에서 뉴턴의 방정식을 쓰기 위해 우리는 식 (9)의 양변에 m, 즉 입자의 질량을 곱하고 $m\ddot{z}$을 F로 바꾼다. 그러면

$$m\ddot{z}' = F - mg \tag{10}$$

를 얻는다. 이제 우리가 원하는 결과에 이르렀다. 식 (10)은 질량

곱하기 가속도가 어떤 항과 같다는 뉴턴 방정식과 비슷해 보인다. 우리는 그 항 $F - mg$를 프라임 기준틀에서의 힘이라 부른다. 예상했겠지만 프라임 기준틀에서는 힘이 부가적인 항, 즉 입자의 질량 곱하기 엘리베이터의 가속도에 음의 부호가 붙은 항을 가짐을 알 수 있다.

식 (10)에서 '가짜 힘' $-mg$에 대해 흥미로운 점은 이것이 지구 표면 또는 다른 여느 종류의 큰 질량을 가진 물체의 표면에서 중력이 입자에 작용하는 힘과 정확하게 똑같아 보인다는 점이다. 문자 g는 중력을 나타낸다. 이는 균일한 중력장과 비슷해 보인다. 이것이 어떤 의미에서 중력과 비슷해 보이는지 설명해 보자. 중력의 특별한 점은 질량에 비례한다는 점이다. 그 질량은 뉴턴의 운동 방정식에 나타나는 질량과 똑같다. 이따금 우리는 **"중력 질량이 관성 질량과 똑같다."** 라고 말한다. 이는 심오한 의미를 갖고 있다. 만약 운동 방정식이

$$F = ma \qquad\qquad (11)$$

이고 힘 자체가 질량에 비례한다면 그 질량은 식 (11)에서 상쇄된다. 이는 중력의 특성이다. 중력장 속에서 움직이는 작은 물체의 경우 그 운동은 그 질량에 좌우되지 않는다. 태양 주변을 움직이는 지구의 운동이 한 사례이다. 그 운동은 지구의 질량과 무관하다. 시간 t에서 지구가 어디에 있는지, 그리고 그 시간에 지구

의 속도를 안다면 여러분은 지구의 궤적을 예측할 수 있다. 지구의 질량이 얼마인지 알 필요가 없다.

식 (10)은 중력의 효과를 모방하는 **가짜 힘**(그렇게 부르고 싶다면)의 한 사례이다. 아인슈타인 이전 사람들은 대부분 이를 주로 우연이라고 여겼다. 가속도의 효과가 중력의 효과와 닮았다는 것을 분명히 알았지만 많은 관심을 두지는 않았다. 그와 달리 아인슈타인은 이렇게 말했다. "이봐, 이것은 중력을 가속 기준틀의 효과와 구분할 수 없다는 자연의 심오한 원리라고."

여러분이 창문 없는 엘리베이터 안에 있고 몸이 좀 무거워짐을 느낀다면, 여러분은 여러분이 타고 있는 엘리베이터가 어떤 행성의 표면에 놓여 있는지 또는 우주의 어떤 무거운 천체에서 멀리 떨어져 있는데 장난스러운 악마가 엘리베이터를 가속하고 있는지 알 수 없다. 이것이 **등가 원리**이다. 이는 여러분이 정지한 열차에서나 균일하게 운동하는 열차에서나 똑같은 방식으로 저글링을 할 수 있다는 상대성 원리를 확장한다. 간단한 예로 우리는 가속 운동과 중력을 동일시했다. 우리는 "중력은 어떤 의미에서 가속도와 똑같은 것이다."라는 문장이 무엇을 뜻하는지 설명하기 시작한 것이다.

하지만 이 결과를 좀 더 논의할 필요가 있다. 그걸 전적으로 믿어야 할까, 아니면 검증이 필요한가? 그 이야기를 하기 전에 이 다양한 좌표 변환들이 어떤 모습인지 그림부터 좀 그려 보자.

곡선 좌표 변환

먼저 $L(t)$가 시간에 비례하는 경우부터 생각해 보자. 즉

$$z' = z - vt$$

인 경우이다. 그림 3에서 시공간의 모든 점(사건이라고도 부른다.)은 정지틀에서 z와 t라는 한 쌍의 좌표를 갖고 있고, 엘리베이터 틀에서는 z'과 t'이라는 한 쌍의 좌표를 또한 갖고 있다. 물론 $t' = t$이며 다른 2개의 공간 좌표 x와 y는 내버려 두었다. 이 좌표들은 정지틀과 엘리베이터 사이에서 변하지 않는다. 고정

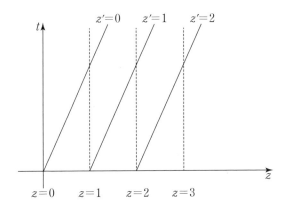

그림 3 선형 좌표 변환. 좌표 (z', t')가 기본 좌표 (z, t)로 표현되어 있다. 사건은 이 지면 위의 점이다. 사건은 (z, t)의 틀에서 하나의 좌표 집합을 가지며 (z', t') 틀에서 또 다른 좌표 집합을 갖는다. 여기서의 변환은 단순하며 선형적이다.

된 z에서의 시간 궤적은 점선으로, 고정된 z'에서의 시간 궤적은 실선으로 나타냈다.

시공간에서 사건들이 그 좌표와 무관하게 존재한다는 점은 꼭 간직하고 있어야 할 근본적인 개념이다. 마치 공간에서 점이 우리가 사용하는 지도에 좌우되지 않는다는 것과도 같다. 좌표란 단지 일종의 편리한 **꼬리표**이다. 우리가 좋을 대로 무엇이든 쓸 수 있다. 이 점은 그림 3과 그림 4를 살펴본 후에 다시 한번 강조할 것이다.

이를 두 기준틀 사이의 **선형 좌표 변환**(linear coordinate transformation)이라 부른다. 직선은 직선으로 변환된다. 이는 놀랍지 않다. 뉴턴이 말하기를 자유 입자는 하나의 관성 기준틀에서 직선으로 움직인다. 하나의 틀에서 직선인 것은 따라서 다른 틀에서도 직선이어야 할 것이다. 우리가 x와 y를 더하더라도 자유 입자는 공간에서 직선으로 움직일 뿐만 아니라, 그 궤적은 시공간에서 직선이다. 즉 공간에서 직선이며 일정한 속도로 움직인다.

가속 좌표계에서 똑같은 일을 해 보자. z'과 z를 잇는 변환식은 이제 식 (8)이다. 다른 좌표들은 변하지 않는다. 그림 4에서 다시, 시공간의 모든 점은 한 쌍의 좌표 (z, t)와 (z', t')를 갖는다. 점선으로 표현되어 있는 고정된 z의 시간 궤적은 변하지 않는다. 하지만 이제 고정된 z'의 시간 궤적은 옆으로 누운 포물선이다. 심지어 과거에서의 음의 시간도 표현할 수 있다. 엘리베이터가 처음에는 아래를 향해 음의 속도로, 하지만 양의 가속도 g

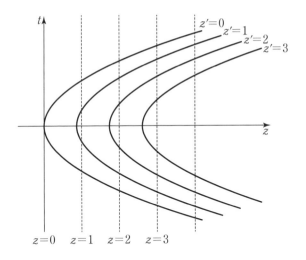

그림 4 곡선 좌표 변환.

(즉 속도를 늦추는)로 움직이고 있다고 생각해 보자. 그러고는 엘리베이터가 다시 위쪽으로 튕겨 똑같은 가속도 g로 올라간다. 각 포물선은 앞선 포물선에 비해 단지 한 단위만큼 오른쪽으로 이동했을 뿐이다.

그림 4는 한 틀에서 직선이 다른 틀에서는 직선이 아님을 보여 준다. 이는 놀라운 일이 아니다. 다른 틀에서는 곡선이 되었다. 고정된 t나 고정된 t'의 선들은 물론 2개의 틀에서 모두 똑같은 수평선이다. 이들을 나타내지는 않았다.

그림 4는 시공간에서 각 점의 위치를 정하기 위한 단지 2개의 좌표 집합으로 봐야 한다. 하나의 좌표 집합은 직선축을 갖고

있고 다른 하나(처음 틀에서 표현된 좌표 집합)는 곡선이다. $z' =$ 상수인 그 선들은 사실상 곡선인 반면 $t' =$ 상수인 선들은 수평선이다. 따라서 이는 **곡선 좌표 변환**(curvilinear coordinate transformation)이다.

그림 4를 해석하고 이용하는 방법을 강조할 필요가 있다. 왜냐하면 상대성 이론(특수 상대성 이론, 그리고 더 나아가 일반 상대성 이론)을 이해하려고 한다면 기본적으로 이를 잘 이해해야 하기 때문이다. 지면은 시공간을 나타낸다. 여기서는 하나의 공간 차원과 하나의 시간 차원을 가진 시공간이다.

시공간의 점(=사건)은 지면 위의 점이다. 하나의 사건은 지면에서, 즉 시공간에서 **2개의 위치를 갖지 않는다.** 지면에서 **오직 하나의 위치만 가진다.** 하지만 이 위치는 여러 다른 기준계를 사용해 위치를 정하고, 사상하고, '도표화'할 수 있다. (기준틀로도 불리는) 하나의 기준계는 '딱지'들의 완전한 집합에 지나지 않는다. 원한다면 각각의 점, 즉 각각의 사건에 하나의 딱지(여기서 우리의 시공간이 2차원이므로 두 숫자로 구성된 딱지)를 붙일 수 있다.

2차원 공간에서는 기준계가 평면에서의 직교 데카르트 축처럼 기하학적으로 간단하다. 그러나 꼭 그럴 필요는 없다. 우선 평면이 아닌 지구에서는 축이 직선이 아니다. 지도 제작자와 항해사가 일반적으로 사용하는 축은 자오선과 평행선이다. 그러나 2차원 표면에서는, 평면이든 아니든, 하나의 기준틀 역할을 하는 아주 화려한 또는 복잡한 곡선을 상상할 수 있다. (정의상 고정된)

각 점에 2개의 숫자가 명확하게 부여되기만 한다면 말이다. 이것이 지면에 표현된 하나의 시간과 하나의 공간 차원으로 만들어진 시공간에서 그림 4가 하고 있는 것이다. 2강에서 더 많은 것들을 보게 될 것이다.

아인슈타인이 일찍이 이해한 것은 바로 이것이다.

중력과 시공간의 곡선 좌표 변환 사이에는 연관성이 있다.

특수 상대성 이론은 오직 선형 변환에만 관한 것이었다. 이는 일정한 속도를 일정한 속도로 변환시키는 것이다. 로런츠 변환은 이런 특성을 갖고 있다. 시공간에서의 직선을 시공간에서의 직선으로 가져간다. 그러나 가속도 효과가 있는 중력장을 모사하려면 우리는 정말로 곡선형 시공간 좌표의 변환에 대해 이야기해야 한다. 이는 지극히 사소한 일처럼 들린다. 아인슈타인이 이 말을 했을 때 아마도 모든 물리학자는 이를 알고 있었고 이렇게 생각했을 것이다. '아 뭐, 별거 아니구만.' 하지만 아인슈타인은 아주 영리하고 끈질긴 사람이었다. 아인슈타인은 이 결과를 아주 멀리까지 쫓아가면 아무도 답할 수 없는 질문에 답할 수도 있음을 깨달았다.

아인슈타인이 곡선 좌표를 사용해 답했던 간단한 질문의 예를 살펴보자. 질문은 이렇다. 중력은 빛에 어떤 영향을 미치는가?

중력이 빛에 미치는 영향

1907년 무렵 아인슈타인이 스스로 "중력이 빛에 미치는 영향은 무엇인가?"라는 질문을 던졌을 때 대부분의 물리학자는 이렇게 답했을 것이다. "중력이 빛에 미치는 영향은 없다. 빛은 빛이다. 중력은 중력이다. 무거운 물체 주변을 움직이는 빛의 파동은 직선으로 움직인다. 빛이 직선으로 움직인다는 것은 빛의 법칙이다. 거기에 중력이 어떤 영향이라도 끼칠 것이라고 생각할 이유가 없다."

그러나 아인슈타인은 이렇게 말했다. "그렇지 않다. 만약 가속도와 중력 사이의 등가 원리가 사실이라면 중력은 반드시 빛에 영향을 준다. 왜냐? 가속도가 빛에 영향을 주기 때문이다." 이 또한 똑똑한 어린이에게도 설명할 수 있는 논증 중 하나였다.

$t = 0$일 때 엘리베이터의 왼편에서 수평 방향으로 손전등(지금은 레이저 포인트를 사용할 수도 있다.)이 빛의 펄스를 방출한다고 생각해 보자. 그림 5를 보라. 그러면 빛은 보통의 광속 c로 오른편으로 가로질러 날아간다. 정지틀은 관성틀로 가정하므로 빛은 정지틀에서는 직선으로 움직인다.

광선의 방정식은

$$x = ct$$
$$z = 0 \tag{12}$$

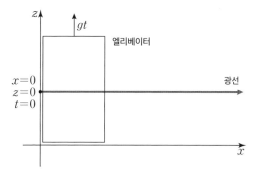

그림 5 정지 기준틀에서 광선의 궤적.

이다. 첫 번째 식은 단지 빛이 광속으로 엘리베이터를 가로질러 움직인다는 것을 말한다. 여기서는 놀랄 일이 없다.

두 번째 식은 정지틀에서는 광선의 궤적이 수평이라고 말한다. 똑같은 방정식을 프라임이 붙은 좌표계를 써서 표현해 보자. 첫 방정식은

$$x' = ct$$

가 된다. 그리고 두 번째 식은 더 흥미로운 형태를 띤다.

$$z' = -\frac{g}{2}t^2.$$

이 식은 광선이 엘리베이터를 가로질러 움직일 때 동시에 그 광

선이 아래쪽으로 (바닥을 향해) 가속됨을 말한다. 마치 중력이 끌어당기는 것과 마찬가지이다.

우리는 심지어 두 식으로부터 t를 소거해 광선의 휘어진 궤적에 대한 방정식을 얻을 수 있다.

$$z' = -\frac{g}{2c^2}x'^2. \tag{13}$$

따라서, 프라임이 붙은 틀에서는 빛의 궤적이 직선이 아니라 포물선이다.

아인슈타인은, 만약 가속도의 효과가 광선의 궤적을 휘게 하는 것이라면, 중력의 효과 또한 그러해야 한다고 말했다.

앤디: 세상에, 레니, 정말로 간단하군. 그게 다야?

레니: 맞아, 앤디, 이게 다야. 많은 물리학자가 그걸 생각하지 못했다고 자책했다는 데에 내기를 걸어도 좋아.

요약하자면, 정지틀에서는 광자의 궤적(그림 5)이 직선이지만 엘리베이터 기준틀에서는 포물선(그림 6)이다.

세 사람의 토론을 상상해 보자. 엘리베이터 안에 있는 나는 이렇게 말한다. "중력이 광선을 아래로 잡아당긴다." 정지틀에 있는 여러분은 이렇게 말한다. "아니, 그건 단지 엘리베이터가 위로 가속하고 있기 때문에 광선이 곡선 궤적으로 움직이는 것처럼 보

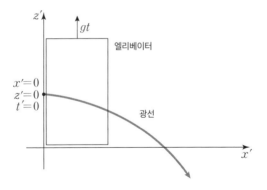

그림 6 엘리베이터 기준틀에서의 광선의 궤적.

일 뿐이야." 아인슈타인은 이렇게 말한다. "둘 다 똑같아!"

이를 통해 아인슈타인은 중력장이 광선을 휘게 해야 한다는 점을 증명했다. 내가 아는 한, 당시에 이를 이해했던 물리학자는 없었다.

결론적으로, 우리는 시공간에서 곡선 좌표 변환을 생각하는 것이 유용함을 알게 되었다.

우리가 곡선 좌표 변환을 생각하면 **뉴턴 법칙의 형태가 바뀐다.** 그 결과 일어나는 일 중 하나는 보통의 중력장과 물리적으로 구분할 수 없는 겉보기 중력장이 현실화된다는 것이다.

자, 이 둘을 정말 물리적으로 구분할 수 없을까? 일부 목적에서는 맞지만 모든 경우에 그런 것은 아니다. 이제 실제 중력장, 즉 태양이나 지구처럼 중력 작용을 하는 물체의 중력장을 살펴보자.

기조력

그림 7은 지구, 또는 태양, 또는 임의의 무거운 물체를 나타낸다. 중력 가속도는 지면에서 수직으로 향하지 않는다. 물체의 중심을 향한다.

앞선 장에서 우리가 했던 것처럼 중력장의 효과를 없애는 좌표 변환을 할 수 있는 방법이 없음은 너무 명확하다. 그러나 만약 여러분이 공간 속의 작은 실험실에 있고 그 실험실이 그냥 지구를 향해, 또는 여러분이 고려하고 있는 임의의 무거운 물체를 향해 떨어지게 한다면, 그 실험실 속에서는 중력장이 없다고 생각할 것이다.

연습 문제 1: 우리가 균일한 중력장에서 자유 낙하하고 있다면 우리는 중력을 느끼지 못하며 물체들은 국제 우주 정거장에 있는 것처럼 우리 주변을 떠다님을 증명하라.

그러나 중심을 향하는 중력장이 있다는 사실을 없앨 수 있는 좌표 변환을 **전역적으로** 도입할 방법은 여전히 없다. 예를 들어 식 (12)와 비슷한 아주 간단한 변환은 지구 한쪽의 작은 부분에서의 중력만 없앨 수 있지만, 바로 그 변환이 다른 쪽의 중력장은 증가시킬 것이다. 훨씬 더 복잡한 변환도 이 문제를 풀지는 못할 것이다.

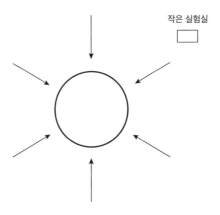

그림 7 무거운 물체의 중력장과 그 물체를 향해 낙하하는 작은 실험실. 그 내부에서는 중력을 느끼지 못한다.

왜 우리가 중력을 없애지 못하는지를 이해하는 한 가지 방법은 중력장에 비해 작지 않은 물체를 생각하는 것이다. 내가 좋아하는 예는 지구 중력장 속에서 낙하하고 있는 3,200킬로미터 길이의 사나이이다. 그림 8을 보라. 이 사나이는 아주 커서 신체의 다른 부분들이 중력장을 다르게 느낀다. 더 멀리 있을수록 중력장이 더 약해짐을 기억하라.

이 사나이의 머리는 발보다 중력을 더 약하게 느낀다. 머리보다 발이 더 강력하게 끌리고 있다. 이 사나이는 자신이 늘려지고 있는 것처럼 느끼며, 늘어나는 감각을 통해 근처에 중력 작용을 하는 물체가 있음을 알 수 있다. 비균일한 중력장 때문에 이 사나이가 느끼는 불편한 감각은 자유 낙하를 하는 기준틀로 바꾼

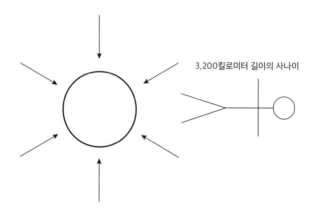

3,200킬로미터 길이의 사나이

그림 8 지구로 낙하하고 있는 3,200킬로미터 길이의 사나이.

다고 해서 제거할 수 없다. 사실, 그 어떤 수학적 기술을 바꾼다고 하더라도 이런 물리 현상을 바꿀 수는 없다.

이 사나이가 느끼는 힘을 **기조력**(tidal force)이라 부른다. 조수 현상에서도 중요한 역할을 하기 때문이다. 이 힘은 좌표 변환으로 없앨 수 없다. 만약 이 사나이가 수직 방향이 아니라 반지름에 수직인 상태로 옆으로 자유 낙하하고 있다면 무슨 일이 벌어지는지 또한 살펴보자. 이 경우 이 사나이의 머리와 발은 지구에서 똑같은 거리에 있을 것이다. 머리와 발은 지구를 향해 크기가 똑같은 힘을 받게 될 것이다. 그러나 힘의 방향이 방사형이기 때문에 평행하지 않다. 머리에 작용하는 힘과 발에 작용하는 힘은 모두 신체 방향의 성분을 갖게 될 것이다. 잠깐 생각해 보면 기조력이 이 사나이를 압축할 것임을 알 수 있다. 발과 머리가 서로를 향해

밀리고 있는 것이다. 이런 압축감 또한 좌표 변환으로 제거할 수 있는 것이 아니다. 지구 중력장으로 인해 늘어나거나 줄어들거나 또는 (만약 여러분이 아주 크다면) 둘 다 일어나는 것은 변하지 않는 사실이다.

요컨대, 중력이 가속 기준틀로 이동하는 것과 같다는 말이 완전히 사실인 것은 아니다.

앤디: 아하, 아인슈타인이 결국 틀린 거구나.

레니: 글쎄, 아인슈타인도 가끔 틀릴 때가 있었지만, 이건 그런 경우가 아니었어, 앤디. 아인슈타인은 자신의 진술을 검증해서 더 정확하게 표현했어야 했을 뿐이거든.

아인슈타인이 정말로 의미했던 바는, 작은 물체는 짧은 시간 동안 중력장과 가속되는 기준틀 사이의 차이를 구분할 수 없다는 것이었다.

그러면 다음 질문이 제기된다. 만약 내가 역장을 하나 제시한다면, 그것을 사라지게 하는 좌표 변환이 존재하는가? 예를 들어, 관성 기준틀에 대해 균일하게 가속하는 엘리베이터 안의 역장은 그저 아래를 향하는 벡터 역장이며 어디서나 균일하다. 이를 소거하는 변환은 존재했다. z' 대신 z 좌표를 쓰면 된다. 이는 비선형 좌표 변환이다. 그럼에도 역장을 없앤다.

다른 종류의 좌표 변환, 예컨대 x 좌표 또한 영향을 주는 그런 변환을 쓰면 더 복잡해 보이는 중력장을 만들 수 있다. 이런 변환은 중력장을 x 축 방향으로 휘게 할 수 있다. z 축을 따라 가속하면서 동시에 x 축 위에서 앞뒤로 진동시킬 수도 있다. 어떤 종류의 중력장을 보게 될까? 아주 복잡한 중력장일 것이다. 수직 성분도 갖고 있고 x 축을 따라 시간에 따라 진동하는 성분도 갖고 있다.

만약 여러분이 엘리베이터 대신 회전 목마를 이용한다면, 그리고 (x', z', t) 좌표 대신 극좌표 (r, θ, t)를 이용한다면, 정지틀에서 고정되어 있고 광선처럼 간단한 운동을 하는 물체는 회전 목마와 함께 움직이는 틀에서는 이상한 운동을 할 수 있다. 여러분은 어떤 밀어내는 중력장 현상을 발견했다고 생각할 수도 있다. 그러나 그게 무엇이든 좌표를 역으로 바꾸면 겉보기에 지저분해 보이는 장은 그저 좌표를 바꾼 결과일 뿐임을 알게 될 것이다. 재미있는 좌표 변환을 선택하면 어떤 아주 복잡한 가상의, 겉보기 중력장(유효 중력장이라고도 불린다.)도 생성할 수 있다. 그럼에도 이들은 진짜가 아니다. 무거운 물체의 존재로부터 나온 결과가 아니라는 점에서 그렇다.

만약 내가 모든 곳에서 그 장을 부여한다면, 그것이 가짜인지 진짜인지, 즉 그것이 단지 단순한 관성틀에 대해 모든 종류의 가속도를 가지는 틀로 좌표 변환을 한 것으로부터 초래된 그런 종류의 가짜 중력장인지, 아니면 진짜 중력장인지 어떻게 구분할 것인가?

우리가 뉴턴 중력에 대해 이야기하고 있다면 쉬운 방법이 있다. 기조력을 계산하면 된다. 중력장이 어떤 물체를 쥐어짜거나 늘리게 되는 효과를 가지는지를 알아내면 된다. 계산이 잘 안된다면 물체를 하나, 질량이 있는 수정 같은 것을 가져온다. 그걸 자유 낙하시켜 그 물체에 응력과 변형이 있는지 살펴본다. 만약 수정이 아주 크다면 감지할 수 있는 현상이 있을 것이다. 만약 그런 응력과 변형이 감지된다면, 그것은 가짜 중력장이 아니라 진짜 중력장이다. 반면 중력장에 그런 효과가 없다면, 그 어떤 물체라도, 어디에 놓여 있다가 자유롭게 움직일 수 있게 되더라도 기조력을 겪지 않는다면 — 달리 말해 그 장이 자유 낙하를 하는 계를 변형시키는 경향이 없다면 — 그 장은 좌표 변환으로 없앨 수 있는 장이다.

아인슈타인은 자신에게 물어보았다. "어떤 장이 진짜 중력장인가 아닌가?"라는 질문에 답하기 위해서는 어떤 종류의 수학이 사용될까?

비유클리드 기하학

아인슈타인은 특수 상대성 이론을 연구한 뒤, 그리고 민코프스키[7]가 재구성한 수학적 구조를 배운 뒤에, 특수 상대성 이론에는

---

7) 헤르만 민코프스키(Hermann Minkowski, 1864~1901년), 폴란드계 독일인 수학자이며 이론 물리학자.

그와 결부된 기하학이 있음을 알게 되었다. 그러니 중력에서 잠시 벗어나 특수 상대성 이론의 이 중요한 개념을 되살려 보자. 특수 상대성 이론은 『물리의 정석: 특수 상대성 이론과 고전 장론 편』의 주제였다. 다만 여기서 우리가 특수 상대성 이론에 대해 이용하려는 것은 시공간이 기하학을 갖고 있다는 것뿐이다.

특수 상대성 이론의 민코프스키 기하학에서는 두 점, 즉 시공간의 두 사건 사이에 일종의 거리가 존재한다. 그림 9를 보라.

P와 Q 사이의 거리는 우리가 흔히 쉽게 생각하는 보통의 유클리드 거리가 아니다. 그 거리는 다음과 같이 정의된다. ΔX를 P에서 Q로 가는 4-벡터라 부르자. 한 쌍의 점 P와 Q에 $\Delta\tau$로 표기하는 양을 부여한다. 이는 다음과 같이 정의된다.

$$\Delta\tau^2 = \Delta t^2 - \Delta x^2 - \Delta y^2 - \Delta z^2.$$

$\Delta\tau$는 보통 거리의 성질을 만족하지 않음에 유의하라. 특히, $\Delta\tau^2$은 양수이거나 음수일 수도 있다. 그리고 동일하지 않은 두 사건에 대해 0일 수도 있다. 자세한 내용은 『물리의 정석: 특수 상대성 이론과 고전 장론 편』을 참고하라. 여기서는 그냥 간단하게 다시 한번 설명할 것이다.

$\Delta\tau$라는 양은 P와 Q 사이의 **고유 시간**(proper time)이라 부른다. 고유 시간은 로런츠 변환에 대해 불변이다. 그래서 이 양이 일종의 거리인 셈이다. 3차원(3D) 유클리드 공간에서 두 점 사이

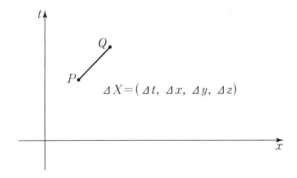

$$\Delta X = (\Delta t, \ \Delta x, \ \Delta y, \ \Delta z)$$

그림 9 민코프스키 기하학: P에서 Q로 가는 4-벡터.

의 거리 $\Delta x^2 + \Delta y^2 + \Delta z^2$가 등거리 변환에 대해 불변인 것과 마찬가지이다.

또한 Δs라는 양을

$$\Delta s^2 = -\Delta t^2 + \Delta x^2 + \Delta y^2 + \Delta z^2$$

이라 정의한다. Δs는 P와 Q 사이의 **고유 거리**(proper distance) 라 부른다. 물론 $\Delta\tau$와 Δs는 서로 다른 두 개념이 아니다. 이 둘은 똑같다. 단지 허수 인자 i만 다르다. 그저 P와 Q 사이의 민코프스키 '거리'에 대해 이야기하는 두 가지 방법이 있을 뿐이다. 어떤 물리학자가 방정식을 쓰느냐에 따라 P와 Q 사이의 거리로 $\Delta\tau$ 또는 Δs를 더 선호하게 될 것이다.

아인슈타인은 특수 상대성 이론의 비유클리드 기하학에 대해 알고 있었다. 아인슈타인은 또한 중력을 포함시켜 등가 원리의 결과를 조사하던 연구 과정에서 「기조력」절에서 우리가 던졌던 질문 ─ 힘의 효과를 없앨 수 있는 좌표 변환이 존재하는가? ─ 이 리만이 아주 오랫동안 연구했던 어떤 수학적 문제와 대단히 비슷하다는 것을 깨달았다. 그것은 기하학적 구조가 평평한가 아닌가를 판명하는 질문이었다.

리만 기하

평평한 기하란 무엇인가? 직관적으로는 다음과 같이 생각할 수 있다. 지면의 기하는 평평하다. 구나 구의 일부분의 표면 기하는 평평하지 않다. 지면은 우리가 그림 10처럼 말더라도 그 **내재적 기하**(intrinsic geometry)는 평평하게 남아 있다. 조만간 그 개념을 수학적으로 자세히 설명할 것이다.

당분간은 표면의 내재적 기하란, 미세한 조사 도구를 가지고 그 표면 위를 돌아다니는 벌레가 표면의 측량 지도를 작성하려고 할 때 알게 되는 기하학이라 하자.

만약 벌레가 주의 깊게 연구하고 언덕과 계곡, 요철이 있다면 이것들을 알 수 있겠지만, 지면이 말린 것을 알아채지는 못할 것이다. **우리에게는** 지면이 우리가 살고 있는 3차원 유클리드 공간 속에 끼워져 있기 때문에 우리는 지면이 말린 것을 알 수 있다. 지면을 펴면 명확하게 다시 평평하게 만들 수 있다.

아인슈타인은 "기하는 평평하지 않은가?"라는 질문과 "시공

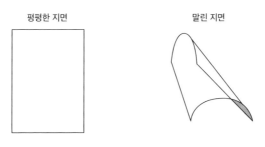

평평한 지면   말린 지면

그림 10 지면의 내재적 기하는 평평하게 남아 있다.

간이 정말로 그 속에 중력장을 갖고 있는가?"라는 두 질문이 엄청나게 비슷하다는 것을 깨달았다. 리만은 첫 질문을 연구했다. 그러나 리만은 거리의 제곱을 정의할 때 음의 부호를 가지는 기하에 대해서는 꿈에도 생각하지 못했다. 리만은 비유클리드 기하학을 연구했지만, 민코프스키 기하학이 아닌, 유클리드 기하학과 비슷한 기하학을 생각하고 있었다.

리만 기하, 즉 두 점 사이의 거리가 유클리드 거리가 아닐 수도 있는, 하지만 거리의 제곱이 언제나 양수인 공간의 수학부터 시작해 보자.[8]

우리는 공간 속의 두 점을 보고 있다. 그림 11을 보라. 우리의 예에서는 3개의 차원이 있어서 3개의 축 X^1, X^2, 그리고 X^3이 있다. 더 있을 수도 있다. 그래서 하나의 점은 3개의 좌

---

8) 수학에서는 **양으로 정해진 거리**라 부른다.

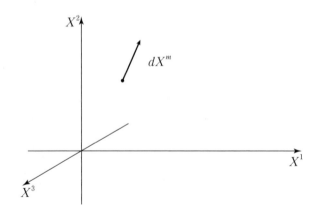

그림 11 공간 속 두 점 사이의 작은 변위.

표를 갖고 있다. 이를 우리는 X^m이라 쓸 수 있다. 여기서 m은 1부터 3까지, 또는 존재하는 축의 개수만큼까지 변할 수 있다. 그리고 하나의 점과 그 주변 다른 점 사이의 약간의 변이는 3개의 성분을 가진다. 이를 ΔX^m이라 표기할 수 있다. 만약 이 양이 무한소가 된다면 dX^m으로 표기할 수 있다.

만약 이 공간이 보통의 유클리드 기하라면 dX^m의 길이의 제곱은 피타고라스의 정리로 주어진다.

$$dS^2 = \left(dX^1\right)^2 + \left(dX^2\right)^2 + \left(dX^3\right)^2 + \cdots. \qquad (14)$$

만약 우리가 3차원 속에 있다면 이 합에는 3개의 항이 있다.

만약 우리가 2차원 속에 있다면 2개의 항만 있다. 만약 공간이 26차원이라면 26개의 항이 있다. 이것이 유클리드 공간에서 두 점 사이의 유클리드 거리를 재는 공식이다. 간단히 하기 위해 그리고 쉽게 시각화하기 위해 2차원 공간에 집중하자. 이는 평범한 평면, 또는 그림 12에서와 같이 3차원 유클리드 공간에 끼워진 것으로 시각화할 수 있는 2차원 공간일 수도 있다.

시각화하기 쉽다는 점을 제외하고는 이런 표면에 대해 2차원이라는 게 특별할 것은 없다. 수학자들은 더 많은 차원이 있을 때도 '표면'을 생각한다. 보통은 표면 대신 **다양체**(manifold)라 부른다.

가우스는 이미 곡면에서는 두 점 사이의 거리가 일반적으로 식 (14)보다 더 복잡하다는 것을 이해했다. 사실 그림 12에서 그 표면이 보통의 3차원 유클리드 공간에 포함된 것으로 보인다는 사실에 헛갈려서는 안 된다. 이는 단지 편리하게 표현하기 위함이다. 우리는 그 표면을 하나의 좌표가 상수에 해당하는 곡선들로 임의의 점을 위치 지정할 수 있는 좌표계를 장착한, 그리고 거리가 정의된 하나의 공간 그 자체로 생각해야 한다. 그걸 품고 있는 3차원 유클리드 공간은 잊어버려야 한다. 그 표면 위에서의 두 점 사이의 거리는 확실히 그 표면을 품고 있는 3차원 유클리드 공간에서의 거리가 아니며, 심지어 그 표면 위에서는 식 (14)에 상당하는 방식으로 정의될 필요도 없다. 이런 거리가 수학적으로 어떻게 표현되는지 곧바로 설명할 것이다.

리만은 이 표면들과 그 계측(거리를 계산하는 방법)을 임의의

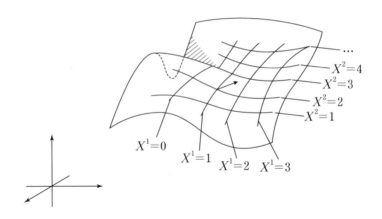

그림 12 2차원 다양체(즉 2차원 표면)와 그 곡선 좌표가 보통의 3차원 유클리드 공간 속에 포함된 모습을 볼 수 있다.

차원으로 일반화했다. 하지만 직관을 유지하기 위해 2차원 심상을 계속 사용하도록 하자. 그리고 어떤 중요한 세부 사항이라도 놓치지 않도록 천천히 진행하기로 하자.

표면에서 처음으로 할 일은 그 위에 어떤 좌표를 부여하는 것이다. 그렇게 되면 표면의 점과 관련된 다양한 진술을 정량화할 수 있다. 마치 분필로 그리듯이 우리는 그냥 좌표를 펼쳐 놓으면 된다. 그 좌표축들이 직선인지 아닌지 전혀 걱정할 필요가 없다. 왜냐하면 표면이 정말로 곡면일 때 우리가 알기로는 직선이라 부를 수 있는 것조차 아마도 없을 것이기 때문이다. 이 좌표를 여전히 X로 부를 것이다.

X의 값들은 거리와 직접적으로 관련이 있는 것은 아니

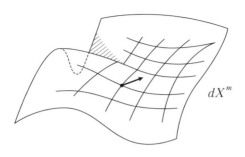

그림 13 이웃한 두 점과 이들 사이의 변이 dX^m.

다. 이들은 단지 숫자 표지일 뿐이다. 점 $(X^1 = 0,\ X^2 = 0)$과 $(X^1 = 1,\ X^2 = 0)$이 반드시 1의 거리만큼 떨어져 있을 필요는 없다. 이제 2개의 이웃한 점을 잡는다. 그림 13을 보라. 2개의 이웃한 점은 다시 좌표들의 변이로 연관되어 있다. 하지만 여전히 유클리드 공간이었던 그림 11과는 달리 이제 우리는 임의의 좌표를 가진 임의의 곡면 위에 있다.

이제 그 표면 위에서 dX^m과 같이 작은 변이로 분리되어 있는 점들에 대한 거리를 **정의**한다. 식 (14)와 비슷하기는 해도 그처럼 간단하지는 않을 것이다. 여기 dS^2라는 새로운 정의가 있다.

$$dS^2 = \sum_{m,\,n} g_{mn}(X)dX^m dX^n. \tag{15}$$

함수 $g_{mn}(X)$는 모두 합쳐서 **공간의 계측**이라 불리는 것을 형성한다. 계측은 고려 중인 다양체 위에서의 위치 X에 대한 함수의 집합이다.

식 (15)는 아주 일반적이며 다양체가 평평하든 굽어 있든 적용된다. 이 식은 리만 기하에서 아주 중요하며, 곧 보게 되겠지만, 심지어 상대성 이론의 민코프스키 기하에서도 그렇다.

또한 우리는 아인슈타인 합 규약 덕분에 식 (15)를 더 가벼운 형태로 어떻게 쓸 수 있는지 곧 알게 될 것이다. 그 규약은 「수학적 막간: 아인슈타인의 합 규약」에 설명되어 있다. 67쪽을 보라.

참고삼아 말하자면 식 (15)는 곡선 좌표가 장착된 평면 기하에도 적용된다. 지면의 표면과 같은 평면 기하를 잡고 어떤 이유에서인지 점들을 위치시키기 위해 어떤 곡선 좌표를 사용하는데, 서로 밀접한 두 점 사이의 거리가 무엇인지 묻는다고 가정해 보자. 일반적으로 서로 밀접한 두 점 사이 거리의 제곱은 좌표 변이 dX^m의 2차식이 될 것이다. 2차식 형태가 의미하는 것은, 2개의 작은 좌표 변이들의 곱인 각 항에 X에 의존하는 g_{mn} 같은 계수를 곱해서 그 항들을 더한다는 것이다.

곡면 다양체에서의 거리의 간단한 사례가 지구 표면이다. 그림 14에서 보듯이 위도와 경도로 특정된 가까운 두 점 사이의 거리를 살펴보자. 지구의 반지름을 R로 표기하자. 두 점 (ϕ, θ)와 $(\phi + d\phi, \theta + d\theta)$를 잡는다. 여기서 θ는 위도이고 ϕ는 경도이다.

작고 근사적으로 평평한 직사각형 영역에 피타고라스 정리를 적용해 그 대각선 길이의 제곱을 계산한다. 자오선을 따라가는 변 한 쌍의 길이는 $Rd\theta$이다. 평행선을 따라가는 다른 변 한 쌍의 길이는 $Rd\phi$인데 위도의 코사인 값으로 보정되어 있다. 적도에서는 이 값이 전체 $Rd\phi$이지만 극점에서는 0이다.

거리의 제곱에 대한 일반적인 공식은

$$dS^2 = R^2 \left[d\theta^2 + (\cos\theta)^2 d\phi^2 \right] \qquad (16)$$

이다. 이는 거리의 제곱이 단지 $d\theta^2 + d\phi^2$과 같지 않고 미분소들 앞에 어떤 계수 함수들이 있는 한 사례이다. 이 경우 흥미로운 계수 함수는 $(dX^m)^2$들 중 하나의 앞에 있는 $(\cos\theta)^2$이다. 계수 $(\cos\theta)^2$은 종종 $\cos^2\theta$으로 쓴다는 점에 유의하라. 또한 이 경우 $d\theta d\phi$ 형태의 항이 없음에 유의하라. 왜냐하면 구 위에서 우리가 선택한 자연스러운 곡선 좌표는 모든 점에서 여전히 직교하기 때문이다.[9]

좌표가 국소적으로 수직일 필요가 없는 다른 예들(더 복잡한 좌표를 사용하는 구(sphere)나 그림 13에서처럼 더 일반적인 곡면)에

---

9) 여기서 우리가 사용한 구면 좌표는 데카르트 좌표보다 약간 더 복잡한데 이미 16세기에 많이 사용되었다. 반면 데카르트 좌표는 17세기에야 해석 기하에서 사용되기 시작했다.

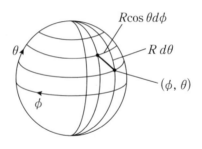

$R\cos\theta d\phi$

$R\,d\theta$

θ

$(\phi,\,\theta)$

ϕ

그림 14 지구 표면에서의 거리에 대한 공식. 점 $(\phi,\,\theta)$와 $(\phi+d\phi,\,\theta+d\theta)$, 그리고 이들을 잇는 선분이 그려져 있다.

서 dS^2의 공식은 더 복잡할 것이며 $dX^m dX^n$의 항들로 구성되어 있을 것이다. 하지만 여전히 2차식 형태일 것이다. $d\theta^3$ 항은 결코 없을 것이다. 1차식 같은 것도 결코 없을 것이다. 모든 항은 언제나 2차식일 것이다. 게다가 리만 기하에서는 모든 점 X에서 계측을 정의하는 2차식 형태가 국소적으로 언제나 양정치 (positive definite)이다.

아마 여러분은 왜 우리가 오직 작은 (실제로는 무한소의) 변위에 대해서만 거리 dS를 정의하는지 궁금할 것이다. 이유는 이렇다. 서로 멀리 떨어진 두 점 A와 B 사이의 거리에 대해 이야기하려면 우리는 무엇보다 먼저 그 의미를 정의해야 한다. 그 점들 사이에는 요철이 있을 수 있다. 우리는 최단 거리를 다음과 같이 말할 수 있다. A에 못을 박고 B에도 못을 박은 뒤 두 점 사이에 가능한 한 팽팽하게 줄을 걸어 잡아당긴다. 거리에 대한 하나의 개념을 그렇게 정의할 수 있다. 물론 똑같은 값을 갖는 여러 경로가 있을 수 있다. 하나의 경로는 언덕을 이 길로 돌아갔는데 다른 경로는 그 언덕을 다른 길로 돌아갈 수 있다. 간단하게 지구 위 북극에서 남극으로 가는 것을 생각해 보라.

게다가 설령 오직 하나의 답만 있다 하더라도 A와 B가 위치한 전체 영역 어디에서나 그 표면의 기하를 알아야만 한다. 거리를 계산하기 위해서뿐만 아니라 실제로 그 줄을 어디에다 놓아야 할지 알기 위해서이다. 따라서 임의의 두 점 사이의 거리라는 개념은 유클리드 기하에서보다 더 복잡하다. 그러나 두 **이웃한 점** 사이에서는 그렇게 복잡하지 않다. 국소적으로는 매끈한 표면을 접평면으로 그리고 곡선 좌표를 직선으로(수직일 필요는 없지만 직선으로) 근사할 수 있기 때문이다.

계측 텐서

곡면 기하 및 그 위에서 인접한 두 점 사이의 거리를 정의하는 식 (15)와의 연결점으로 더 깊이 들어가 보자. 다음 공식을 떠올려 보자.

$$dS^2 = \sum_{m,\,n} g_{mn}(X)dX^m dX^n.$$

표면 기하와 그 거동에 대한 느낌을 얻기 위해 곡면을 따라

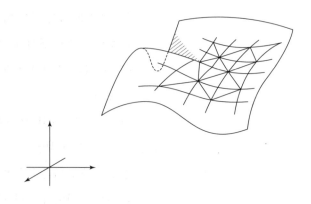

그림 15 표면을 따라 배열된 단단한 팅커토이 부품들의 격자.

장난감 팅커토이(Tinkertoy)[10] 건설 세트의 부품들을 배열한다고
생각해 보자. 예를 들어 그 표면 위에서 근사적으로 좌표 선들을
따라 배열할 수 있을 것이다. 우리는 또한 대각선으로 더 단단한
부품을 더할 것이다. 그러면 그림 15에서 보는 것처럼 하나의 격
자가 형성될 것이다. 하지만 적당한 밀도의, 표면을 삼각 측량하
는 그런 종류의 격자도 좋다. 나아가 팅커토이 부품들이 서로로
부터 어느 방향으로든 자유롭게 움직일 수 있도록 경첩으로 결합
되어 있다고 가정하자.

 격자를 표면에서 들어 올린다고 생각해 보자. 때로는 그 형
태를 단단하게 유지하겠지만, 때로는 그렇지 않을 것이다. 만약

10) 구멍이 숭숭 뚫린 원형 나무토막과 막대 여러 개로 구성된 조립식 장난감. ─ 옮긴이

모든 팅커토이 부품에 힘을 가해 늘리거나 압착하거나 구부리지 않고서 처음 모양이 새로운 모양으로 변하는 것이 가능하다면 그 형태를 유지하지 않을 것이다.

어떤 경우에는 심지어 격자를 **평평하게 배치할** 수도 있을 것이다. 예를 들면 그림 10에서 오른쪽 모양에서 왼쪽 모양으로 가는 것이 이런 경우이다. 이 경우는 그냥 평평한 지면이다.

연습 문제 2: 평평하게 할 수는 없지만 모양은 바꿀 수 있는 곡면과 그 위에 배열된 막대 격자를 찾는 것이 가능한가?

답: 가능하다. 독자들이 찾아봤으면 하는 가우스의 빼어난 정리 (Gauss's Theorema Egregium)에 따르면, 어디서나 그 표면의 가우스 곡률을 보존하는 한 늘리거나 압착하지 않고 표면을 수정할 수 있다. 예를 들어 쌍곡 포물면의 한 단면을 그런 식으로 바꿀 수 있다.

처음 곡면이 다른 형태를 취할 수 있느냐 없느냐는 식 (15)의 g_{mn} 이 어떤 수학적 특성을 갖고 있느냐에 해당함을 알게 될 것이다.

g_{mn} 의 집합에는 이름이 있다. 이를 **계측 텐서**(metric tensor)라 부른다. 계측 텐서는 우리의 리만 표면에서 이웃한 두 점 사이의 거리를 계산할 수 있게 해 주는 수학적 도구이다.

g_{mn}는 X(다양체의 점들)의 함수임을 마음에 챙겨라. 따라서, 엄밀히 말해, 우리는 **텐서장**에 대해 이야기하고 있다. 하지만 일상적으로는 계측 텐서라고 말하는 것이 관례이다. 그 성분들의 집합이 X에 의존한다는 점을 염두에 두고서 말이다.

틴커토이 부품들의 격자를 평평하게 펼쳐 놓을 수 있으면 그 표면의 기하는 **내재적으로 평평하다**, 또는 그냥 **평평하다**고 말한다. 나중에 더 엄밀하게 정의할 것이다.

반면 가끔은 작은 막대들의 격자를 평평하게 펼쳐 놓을 수 없다. 예를 들면 구 위에서는 만약 우리가 처음에 구의 큰 덩어리를 삼각 측량하는 격자를 펼쳐 놓는다면, 그 격자를 평면 위에 펼쳐 놓을 수 없을 것이다.[11]

우리가 해결해야 할 질문은 이렇다. 만약 내가 작은 막대로 어떤 표면을 덮는 격자를 만들었다면, 그리고 각 막대의 길이를 여러분에게 알려 줬다면, 여러분은 스스로 그 격자를 만들어 보지 않고서 그 표면이 평평한 공간인지 아니면 내재적으로 굽은 공간이어서 평평하게 할 수 없고 평면에 펼쳐 놓을 수 없을 것인지 어떻게 알 수 있을까?

이 문제를 좀 더 엄밀하게, 그리고 수학적으로 정식화해 보

---

11) 이는 지도 제작자들에게 잘 알려진 문제이다. 이 때문에 다양한 종류의 세계 지도가 발명되었다. 가장 유명한 것은 플랑드르의 지도 제작자 헤라르뒤스 메르카토르(Gerardus Mercator, 1512~1594년)가 발명한 메르카토르 투시도이다.

자. 우리는 좌표들의 어떤 집합에서 위치의 함수인 계측 텐서 $g_{mn}(X)$에서 시작한다. 표면 위에서는 많은 다른 곡선 좌표의 집합이 가능하며 각각의 모든 좌표 집합에서 계측 텐서는 달라 보일 것임을 명심하라. 계측 텐서는 다른 성분을 가질 것이다. 이는 마치 보통의 3차원 유클리드 공간에서 똑같은 3-벡터가 그것을 표현하는 데에 사용되는 기저에 따라 다른 성분을 갖는 것과 마찬가지이다. 하지만 거기에 더해 그 성분들은 위치에 따라 서로 다른 방식으로 변할 것이다.

내가 좌표 집합 하나를 골라서 내 표면의 계측 텐서를 여러분에게 건네준다. 실질적으로 나는 여러분에게 모든 이웃한 점들의 쌍 사이의 거리를 알려 주는 것이다. 질문은 이렇다. 나의 표면은 평평한가, 아닌가?

이 질문에 답하기 위해 여러분은 '파이를 점검할' 생각을 할 수 있다. 여기 그럴듯한 방법이 있다. 그림 12에서 보듯이 보통의 3차원 유클리드 공간 속에 포함된 2차원 표면을 생각해 보자. 여러분은 점을 하나 골라 그 주변으로 원반을 표시한다. 그러고는 그 반지름 r와 그 둘레 l을 측정하고 $2r$를 l로 나눈다. 만약 여러분이 3.14159…을 얻는다면 여러분은 그 표면이 평평하다고 말할 것이다. 그렇지 않다면 여러분은 표면이 평평하지 않고 내재적으로 굽어 있다고 말할 것이다. 이 과정은 특정한 조건들 속에서 2차원 표면에 적합하다는 점에 유의하라. 어쨌든 이 방식은 더 높은 차원의 표면에서는 그다지 훌륭하지 않다.

계측 텐서를 취해 그 공간이 평평한지를 따지는 수학은 무엇인가? 그것이 평평하다는 것은 무슨 의미인가? 그 의미는 다음과 같이 정의한다.

만약 우리가 그 표면 위 임의의 점에서 dS^2에 대한 거리 공식이 유클리드 기하에서 그런 것처럼 그냥 $(dX^1)^2 + (dX^2)^2 + \cdots + (dX^n)^2$이 되는 그런 좌표 변환, 즉 그런 다른 좌표 집합을 찾을 수 있으면 그 공간은 평평하다.

처음 $g_{mn}(X)$가 마치 식 (15)가 그냥 피타고라스 정리인 것처럼 어디서나 대각 원소가 1이고 나머지는 0인 단위 행렬을 형성할 필요는 없다. 그러나 계측 텐서를 그 형태로 가져다줄 좌표 변환을 찾아야만 한다.

그런 의미에서 이는 중력장을 제거하는 좌표 변환을 찾을 수 있느냐는 질문과 막연하게나마 비슷하다. 사실, 그건 막연한 유사성 정도가 아니라 아주 가깝게 비슷한 것으로 드러난다. 질문은 이렇다. 계측 텐서 g_{mn}의 굽은 특성을 제거하는 좌표 변환을 찾을 수 있을까?

그런 기하학적 질문에 답하기 위해 우리는 상대성 이론에 핵심적인 어떤 수학을 수행해야만 한다. 이것 없이는 일반 상대성 이론을 이해하기란 불가능하다. 그 수학은 텐서 해석 더하기 몇몇 미분 기하이다. 우선은 우리가 여기저기 돌아다니는 그 모든 첨자와 서로 다른 좌표계들과 성분들의 편미분 등등을 다뤄야 하므로 짜증 나 보인다. 하지만 일단 익숙해지고 나면 간단하다는 것을 알게 될 것이다. 이는 19세기 말 리치쿠르바스트로와 레비치비타가 가우스와 리만의 연구를 바탕으로 만들었다고 한다. 아인슈타인은 이를 더 단순화했다. 아인슈타인은 첨자의 위치에 관한 규칙을 만들었고 영악하게도 대부분의 합 기호를 없애 버렸다. 대부분의 합 기호를 없애는 아인슈타인의 합 규약이 무엇인지 설명하기 전에 가짜 변수의 간단한 개념을 잠시 설명해 보자.

수학적 막간: 가짜 변수

우리는 모든 변수가 실질적으로 수학적인 또는 물리적인 의미를 갖는 방정식에 익숙하다. 물리적인 사례는 식 (7)로서, 여기 다시 써 보자.

$$L(t) = \frac{1}{2}gt^2.$$

이 유명한 방정식은 17세기 전반기 미적분을 발명하기 이전에 갈릴레오 갈릴레이가 발견했다.[12] 사실 이 식은 뉴턴과 고트프리

---

12) 여기서 우리는 현대적인 형태로 제시했다. 갈릴레오 갈릴레이(Galileo Galilei, 1964~1642년)는 단지 낙하 거리는 낙하 시간의 제곱에 비례한다고 썼을 뿐이다. 이는 잘 생각해 보면 정말 놀라운 발견이다.

트 라이프니츠(Gottfried Leibniz, 1646~1716년)가 미적분을 발명하도록 방아쇠를 당긴 방정식들 중 하나이다. 이 식은 물체의 낙하를 기술한다. L은 시간의 함수로서 낙하하는 거리를 나타내며 g는 지구 표면에서의 가속도, 그리고 t는 시간을 나타낸다.

훨씬 더 간단하고 순전히 수학적인 또 다른 사례는

$$A = ab$$

이다. 여기서 a는 직사각형의 길이, b는 폭, 그리고 A는 그 넓이이다.

그러나 우리는 또한 변수들 중 하나가 실질적인 의미 없이 단지 편리한 수학적 표기일 뿐인 방정식에도 익숙하다. 간단한 예로 1부터 m까지 정수의 제곱을 모두 더한 합의 값을 표현하는 항등식이 잘 알려져 있다.

$$\frac{m(m + 1)(2m + 1)}{6} = \sum_{n = 1}^{n = m} n^2.$$

여기서 변수 m은 실질적인 의미가 있다. 즉 우리가 더해 나가는 마지막 숫자이다. 그러나 우변의 변수 n은 그런 실질적인 의미를 갖지 않는다. 우리는 이 식을

$$\frac{m(m + 1)(2m + 1)}{6} = \sum_{k = 1}^{k = m} k^2$$

과 같이 다시 쓸 수 있다. 이는 정확히 똑같은 방정식이다.

변수 n 또는 k를 **가짜 변수**(dummy varible)라 부른다. 가짜 변수는 단지 합을 편리하게 표현하기 위해 사용될 뿐이다.

우리는 일반 상대성 이론에서 대개 합을 표현하는 하나 또는 여럿의 가짜 변수들을 포함하는 많은 공식을 만나게 될 것이다. 이들은 너무 자주 등장하기 때문에 아인슈타인은 이를 단순화하는 규칙을 만들었다. 아인슈타인의 규칙, 또는 규약은 대단히 간단할 뿐만 아니라 일반 상대성 이론의 방정식을 기술하는 아주 유용한 표기 도구로서 길을 안내하는 궤도이면서 또한 그 자체의 의미도 갖고 있다. 다음 수학적 막간의 주제가 아인슈타인 규약이다. 1강의 뒷부분과 이 책의 나머지 부분에서 이 규약이 놀랄 만큼 유용하다는 것을 알게 될 것이다.

수학적 막간: 아인슈타인의 합 규약

계속 진행하다 보면 방정식에서 특정한 패턴이 계속 반복되는 것을 볼 수 있을 것이다. 그런 패턴 중 하나는 μ 같은 첨자가 단일한 표현식에서 반복적으로 나타나는 것과 관련이 있다. 여기 한 가지 예가 있다. 당분간은 이게 무슨 의미인지 중요하지 않다. 단지 우리가 계속해서 반복적으로 보게 될 패턴일 뿐이다.

$$\sum_{\mu} V^{\mu} U_{\mu}.$$

몇 가지 유의할 점이 있다. 첫째, μ에 대한 합이 있다. 이는 μ가 **가짜 첨자**(dummy index)임을 뜻한다. 이는 벡터와 텐서라는 특정한 맥락 속에서 가짜 변수의 다른 이름일 뿐이다. 따라서 우리가 어떤 문자를 쓰든지 상관이 없다. 위에서처럼 μ로 표현하든, 아래처럼 ν로 표현하든 정확히 똑같은 것을 나타낸다. 그래서 우리가 봤듯이 **가짜**라는 말을 쓴다.

$$\sum_{\nu} V^{\nu} U_{\nu}.$$

둘째, 똑같은 표현식에서 가짜 첨자가 두 차례 나타난다. 한 번도, 세 번도 아니고 두 번이다.

마지막 셋째, 반복되는 첨자가 한 번은 **위 첨자**로 또 한 번은 **아래 첨자**로 드러난다. 나는 종종 한번은 위층에서 또 한 번은 아래층에서 나타난다고 말하곤 한다. 이것이 패턴이다. 한번은 위층에서 또 한 번은 아래층에서 나타나는 첨자에 대한 합이 그것이다.

아인슈타인의 유명한 기법(소위 말하는 **아인슈타인의 합 규약**)은 그냥 합 기호를 없애는 것이었다. 규칙은 이렇다. 우리가 $V^{\mu} U_{\mu}$와 같은 것들을 볼 때마다 자동으로 첨자 μ에 대해 더한다.

앞서 우리가 봤던 리만 공간에서 계측의 일반적인 형태를 표현하는 공식 (15)에 이 규약을 얼마든지 적용할 수 있다. (나중에 살펴보겠지만 민코프스키 공간에서의 계측에 대해서도 마찬가지이다.) 그 공식은

$$dS^2 = \sum_{m,\,n} g_{mn}(X)dX^m dX^n$$

이었다. 아인슈타인의 합 규약을 쓰면 위 식은

$$dS^2 = g_{mn}(X)dX^m dX^n$$

이다. 더 간단해졌다! 그렇지 않은가?

g_{mn} 의 성분이 X 에 의존한다는 점을 잊지 않는다면, 즉 계측 텐서는 사실상 텐서장임을 기억한다면 보통 우리는

$$dS^2 = g_{mn}dX^m dX^n.$$

으로 훨씬 더 간단하게 쓴다.

앤디: 아인슈타인이 정말로 합 규약을 발명한 거야?

레니: 그랬던 거 같아. 학생 때 아인슈타인의 유명한 1916년 논문 「일반 상대성 이론의 기초(Die Grundlage der allgemeinen Relativitätstheorie)」를 읽었거든. 새로운 물리학을 배울 때 내가 방정식을 읽으면서 써 보는 게 내 습관이었어. 논문이 시작할 때 방정식들은 다른 사람들이 쓰는 것처럼 쓰여 있었어. 식 2는 이랬지.

$$dX_\nu = \sum_\sigma a_{\nu\sigma} dx_\sigma.$$

그러다가 갑자기 식 7 바로 다음부터 아인슈타인은 무심코 첨자가 두 번 나타날 때는 항상 합이 있다고 말했지.[13] 아인슈타인이 말하길, 그래서 이제부터 그 점을 기억하면서 합 기호를 쓰지 않겠다고 한 거야. 아인슈타인이 합 기호 쓰는 데에 지쳐 버렸다는 건 아주 명확해. 나도 그걸 쓰느라 너무 지쳤거든. 정말 다행이었어.

아인슈타인의 합 규약에 관한 막간 종료.

다시 계측 및 여러 다른 좌표계에서의 다양한 계측 형태로 돌아가 보자. 식 (15)를 식 (14)가 되게 하는 좌표 집합을 찾는 것은 그냥 행렬 g_{mn} 을 대각화하는 것보다 더 복잡한 과정이다. 이유는 하나의 행렬만 있는 게 아니기 때문이다. 강조했듯이 g_{mn} 의 각 성분은 X 에 의존한다.

똑같은 텐서장이지만 각 점에서는 다른 행렬이다.[14] 그 모두

---

13) 나중에 아인슈타인은 텐서 첨자에 대해 위 첨자와 아래 첨자 표기법을 고안했다. 이후로 그의 규칙은 하나가 위층에, 다른 하나가 아래층에 있는 똑같은 가짜 변수를 가지는 첨자쌍들에만 적용되었다.

14) 주어진 좌표 집합에 대해 우리는 점마다 하나씩 한 무리의 행렬을 갖고 있다. 또 다른 좌표 집합에 대해 우리는 또 다른 무리의 행렬을 갖게 될 것이다. 각 점에서 텐서의 성분들은 좌표에 의존하지만, 텐서 자체는 그렇지 않은 추상적인 개체이다. 이미 우리는 3차원 벡터에서 그 차이점을 봤다.

를 동시에 대각화할 수는 없다. 하나의 주어진 점에서 여러분은 그 표면이 평평하지 않다고 하더라도 $g_{mn}(X)$를 정말로 대각화할 수 있다. 이는 X에서의 그 표면의 접평면에서 국소적으로 작업을 하며 거기서 좌표축들을 직교시키는 것과 동등하다. 그러나 임의의 주어진 점에서 국소적으로 유클리드 평면처럼 보이도록 할 수 있으므로 표면이 평평하다고 말할 수는 없다.

식 (14)를 좀 더 자세히 살펴보자. 이 식은 그 성분들이 **크로네커 델타 기호** δ_{mn}인 특별한 행렬로 쓸 수 있다.[15) 크로네커 델타 기호는 다음과 같은 방식으로 정의한다.

첫째, δ_{mn}은 $m = n$이 아니면 0이다. 예를 들어 3차원에서 δ_{12}, δ_{13}, 그리고 δ_{23}는 모두 0이지만, δ_{11}, δ_{22}, 그리고 δ_{33}은 0이 아니다. 달리 말해, 각 점에서 크로네커 델타 기호는 대각 행렬이다.

둘째, 대각 원소는 모두 1과 같다.

$$\delta_{11} = \delta_{22} = \delta_{33} = 1.$$

크로네커 델타와 아인슈타인의 합 규약을 이용하면 식 (14)는 간결한 형태로 다시 쓸 수 있다.

---

15) 독일 수학자 레오폴트 크로네커(Leopold Kronecker, 1823~1891년)의 이름을 딴 것이다.

$$dS^2 = \delta_{mn} dX^m dX^n \qquad (17)$$

공간이 평평한지를 결정하기 위해, 모든 곳에서 g_{mn}를 δ_{mn}로 바꾸는 좌표 변환 $X \rightarrow Y$를 찾아보자. X와 Y는 **똑같은 점** P를 나타낸다는 사실을 기억하라. 이 점 P는 단지 2개의 다른 기준계를 갖고 위치 지정되어 있으며 이는 우리가 강조했듯이 기하학적으로 이름을 붙이는 과정일 뿐이다.

나중에 점 P는 시공간에서의 사건이 될 것이며 크로네커 델타는 민코프스키 기하(민코프스키안(Minkowskian) 또는 아인슈타이니안(Einsteinian) 기하라고도 불리는)에서 약간 더 복잡한 대각 행렬로 대체될 것이지만, 많은 아이디어는 바뀌지 않고 남아 있을 것이다. 하지만 진도를 너무 빨리 나가지는 말고 당분간은 리만 기하에 머물러 있자. 리만 기하는 모든 곳에서 국소적으로 유클리드적이어서 '고무 조각 위의 유클리드 기하'라고 생각할 수 있다.

대부분의 행렬에 대해서는 모든 곳에서 g_{mn}을 δ_{mn}으로 변환하는 좌표 변환을 찾는 것이 가능하지 않다. 오직 공간이 내재적으로 평평할 때만 가능한 일이다.

요약하자면, 내가 여러분에게 내 표면의 계측 텐서, 즉 식 (15)의 g_{mn}를 제시한다. 이 식은 이제 이렇게 쓸 수 있다.

$$dS^2 = g_{mn}(X) dX^m dX^n.$$

내가 여러분에게 묻는 질문은 이렇다. 여러분은 $X \rightarrow Y$ 의 좌표 변환으로 이 식을 식 (17)로 환원할 수 있는가? 즉 Y 좌표계에서

$$dS^2 = \delta_{mn} dY^m dY^n$$

일 수 있는가이다. $\delta_{mn}(Y)$ 를 쓸 필요는 없다. 왜냐하면 크로네커 델타 기호는 그 정의상 고유의 형태를 갖고 있기 때문이다. 그러나 명확히 하기 위해 우리는 가끔 여전히 $\delta_{mn}(Y)$ 를 쓸 것이다. 어떤 좌표계를 우리가 사용하고 있는지를 일깨워 주기 때문이다.

만약 그 답이 "예."라면, 그 공간은 **평평하다**고 부른다. 만약 그 답이 "아니오."라면 그 공간은 **굽어 있다**고 부른다. 물론 그 공간은 어떤 평평한 부분을 갖고 있을 수도 있다. 한 영역에서 계측 텐서가 크로네커 델타인 그런 좌표 집합이 존재할 수도 있다. 그러나 그 공간의 모든 곳에서 평평해야만 그 공간이 평평하다고 말한다.

이제 이것은 순전히 수학 문제가 되었다. 다차원 공간(수학자들이 다양체라 부르는)에서 텐서장 $g_{mn}(X)$ 가 주어졌을 때 이를 크로네커 델타 기호로 바꿀 좌표 변환이 있는지를 어떻게 알아낼 수 있을까?

이 질문에 답하기 위해 우리는 좌표를 변환할 때 모든 것이

어떻게 변환하는지 더 잘 이해해야 한다. 이것은 **텐서 해석**(tensor analysis)의 주제이다. 우리는 이 주제를 이 강의의 나머지 부분에서 제시할 것이며, 2강에서 더 깊게 다룰 것이다.

기조력과 곡률 사이의 비유는 그저 비유가 아니다. 아주 엄밀하게 동등하다. 일반 상대성 이론에서 기조력(더 정확히 말해 그 일반화)을 규명하는 방법은 곡률 텐서를 계산하는 것이다. 평평한 공간은 모든 곳에서 곡률 텐서가 0인 공간이다. 따라서 이는 아주 엄밀한 대응 관계이다. 간단히 말하자면 이렇다.

중력은 곡률이다.

다만 우리는 텐서 해석을 진행하면서 이 결론에 이르게 될 것이다. 우리가 $g_{mn}(X)$를 변환시켜 단순한 $\delta_{mn}(Y)$로 바꿀 수 있는지 여부를 결정하려 할 때 처음으로 물어야 할 질문은 명확하게 이것이다. 우리가 좌표를 바꿀 때 $g_{mn}(X)$는 어떻게 변환하는가? 우리는 다소 쉬운 텐서 해석의 개념들을 도입해야만 한다.

우리는 첫 번째 텐서 규칙을 보여 준 다음 벡터와 텐서에 관한 몇 가지 일반적인 사실들을 설명하는 수학적 막간을 제시하고, 그리고 두 번째 텐서 규칙을 제시할 것이다. 그다음에는 벡터와 텐서의 공변 및 반변 성분들에 대한 몇몇 일반적인 고려 사항들로 이 방대한 강의를 다시 마무리할 것이다.

첫 번째 텐서 규칙: 벡터의 반변 성분

때로는 그 모든 첨자들 때문에 텐서 표기법이 약간 귀찮을 때도 있다. 처음에는 그 때문에 혼란스러울 수도 있다. 그러나 곧 우리는 그 조작법이 엄격한 규칙을 준수하며 결국은 꽤 간단하다는 것을 알게 될 것이다.

우리는 $g_{mn}(X)$보다 더 간단한 것부터 시작할 것이다. 우리의 표면에 2개의 좌표 집합이 있다고 가정하자. 좌표 X^m의 집합, 그리고 두 번째 집합은 앞서 그랬던 것처럼 X'이라 부를 수도 있었을 것이다. 그러나 그렇게 되면 우리는 X'^1 같은 어수선한 표현으로 끔찍한 표기법을 마주하게 될 것이다. 그래서 두 번째 좌표의 집합을 Y^m으로 표기한다. 아주 구체적으로 말해, 만약 우리가 N 차원의 공간 위에 있다면 똑같은 점 P는 좌표

$$\left[X^1(P),\ X^2(P),\ \cdots,\ X^N(P) \right]$$

와 또한 좌표

$$\left[Y^1(P),\ Y^2(P),\ \cdots,\ Y^N(P) \right]$$

를 갖고 있다. X와 Y는 서로 연관되어 있다. 왜냐하면 만약 여러분이 하나의 좌표 집합에서 점 P의 좌표를 안다면 원칙적으로 여러분은 그 점이 어디에 있는지 알기 때문이다. 그러므로 여

러분은 또한 다른 좌표계에서의 그 점의 좌표도 알게 된다. 따라서 각각의 좌표 X^m은 모든 Y^n 좌표의 함수이다. 혼란을 피하는 데에 도움이 되기만 한다면 우리는 어떤 가짜 첨자라도 사용할 수 있다. 간단하게 이렇게 쓸 것이다.

$$X^m(Y).$$

마찬가지로 각각의 Y^m은 모든 X^n의 알려진 함수라 가정한다.

$$Y^m(X).$$

간단히 말해, 우리는 각각이 서로의 함수인 2개의 좌표계를 갖고 있다. 이들은 좌표계이기 때문에 그 대응은 일대일이다. 그리고 우리는 그 함수가 좋은 함수이고 매끈하다고 가정한다.

이제 질문해 보자. 미분 요소 dX^m은 어떻게 변환하는가? 그림 16에서 보듯이 미분 요소 dX^m의 모둠은 하나의 작은 벡터이다. 벡터 자체는 한 쌍의 점(출발점과 끝점)임을 기억하라. 벡터는 좌표계와 무관하다. 하지만 벡터로 작업을 하기 위해서는 그 성분들인 dX^m을 이용해서 표현하는 것이 유용하다.

dX^m이라는 표기법은 작은 벡터

$$dX^m = [dX^1,\ dX^2,\ \cdots,\ dX^N]$$

그림 16 X 좌표계에서 표현된 작은 변위.

를 나타내기 위해 사용된다. 달리 말해, 우리가 X를 약간 바꾸면 점 P는 점 Q 근처로 움직이며 그 변위가 dX^m이다.

똑같은 변위를 Y 좌표계에서 표현해 보자. 우리는 dY^m이 어떻게 dX^p로 표현될 수 있는지 알고 싶다. 기본적인 미적분의 결과에 따르면

$$dY^m = \sum_p \frac{\partial Y^m}{\partial X^p} dX^p$$

이며 합 규약을 사용하면

$$dY^m = \frac{\partial Y^m}{\partial X^p} dX^p \tag{18}$$

이다. 식 (18)이 무엇을 말하는지 더 명확하게 설명해 보자. 어떤 특별한 성분 Y^m의 총 변화는 X^1만을 변화시켰을 때의 Y^m의 변화율 곱하기 X^1에서의 약간의 변화(즉 dX^1), 더하기 X^2만

을 변화시켰을 때의 Y^m의 변화율 곱하기 X^2에서의 약간의 변화(즉 dX^2)...... 등등 해서 X^N과 dX^N까지의 합이다. 왜냐하면 식 (18)은 1에서 N까지 달리는 가짜 첨자 p에 대한 합을 뜻하기 때문이다.

이제 벡터와 텐서의 몇몇 일반적인 고려 사항들을 살펴보자. 지금까지 우리는 **텐서**가 무엇인지 설명하지 않은 채 텐서라는 용어를 여러 번 사용해 왔다. (텐서 미적분, 계측 텐서, 곡률 텐서, 첫 번째 텐서 규칙 등) 독자들도 이해했겠지만, 텐서는 일반 상대성 이론에서 근본적인 수학적 도구이다. 심지어 "텐서는 벡터라는 개념의 확장이다."라는 말도 기억하고 있을지도 모른다. 그러나 「물리의 정석」 시리즈에서 여러 번 그랬듯이, 1권에서 과감하게 적분이나 편미분을 몇 쪽에 걸쳐 짧은 막간에서 설명했던 것은 그런 도구들이 고전 역학에서 필요했기 때문이었다. 이제는 이 강의에서 벡터와 텐서를 어느 정도 자세하게 소개하는 세 번째 수학적 막간의 시간을 가지려 한다.

수학적 막간: 벡터와 텐서

가장 간단한 텐서 개념인 스칼라부터 시작해 보자. 스칼라 $S(X)$는 모든 좌표계에서 똑같은 값을 갖는 성질을 가진 위치의 함수이다. 그런 이유로 우리는 스칼라를 $S(P)$라고 표기할 수도 있었지만, 우리가 사용하려고 선택한 좌표계를 고집하려 하기 때문에 그 대신 $S(X)$라고 쓴다. Y 좌표계에서 똑같은 스칼라에 대해 우리는 임시로 $S'(Y)$라는 표기법을 사용할 것이다. (나중에 우리는 $S(Y)$와 $S(X)$를 두 경우 모두 사용할 것이다. 왜냐하면 연쇄 규칙을 이야기할 때 더 명확해질 것이기 때문이다.)

스칼라의 변환 성질은 자명하다. 스칼라는 전혀 변환하지 않는다. 기상학에서의 사례를 들자면 공간 속 점에서의 온도가 될 수 있다. 스칼라의 변환 성질은 이런 자명함을 반영한다.

$$S'(Y) = S(X).$$

온도의 경우, 이는 한 점에서의 온도는 그저 하나의 숫자일 뿐임을 말한다.[16] 그 점에서의 좌표계의 방향에 좌우되지 않는다. 스칼라는 성분을 갖지 않거나, 아마도 더 정확하게는 스칼라 그 자체의 값인 오직 하나의 성분만 갖는다는 점에도 유의하라.

그다음으로 간단한 종류의 텐서, 즉 벡터를 알아보자. 벡터에는 두 종류가 있음을 알게 될 것이다. 우리는 모두 리만 기하에

---

16) **숫자**와 **스칼라**는 똑같은 것에 대한 2개의 동등한 용어이다. '스칼라'에 대해 이야기하는 이유는 무엇인가? 숫자는 종종 스칼라라 불린다. 왜냐하면 하나의 숫자는 다른 숫자로부터 척도를 바꾸어 언제든지 얻을 수 있기 때문이다. 예를 들어, 여러분은 2에 3.5를 그냥 곱하면 2로부터 7을 얻을 수 있다. 임의의 한 쌍의 벡터에 대해서는 그렇게 할 수 없다. 오직 공선 벡터(collinear vector)에 대해서만 가능하다. 엄밀히 말해, 스칼라라는 말은 실수(real number)에 대해서 지정된 용어이다. 하지만 종종 복소수도 대수롭지 않게 스칼라라 부르기도 한다.

서 벡터가 무엇인지 직관적인 아이디어를 갖고 있다. 벡터는 보통 공간 속의 한 점에 붙어 있는 작은 화살표이다. 화살표는 방향을 가리키며 크기도 갖고 있다. 기상학에서 다시 예를 들면 풍속이 한 사례가 될 것이다.

리만 기하에서 벡터는 그 자체로 존재하는 것이지만, 좌표계와 계측이 주어지면 벡터는 두 가지 방식, 즉 반변 성분이나 공변 성분 중 하나로 그 성분을 기술할 수 있다.

용어들이 약간 혼란스러울 수 있기 때문에, 벡터의 **반변 성분**(contravariant component)이라 불리는 것은 옛날 옛적의 성분으로서 그걸 가지고 우리는 기저 벡터의 선형 결합으로 벡터를 구축한다는 점을 바로 강조해야겠다.

우리는 또한 **공변 성분**(covariant component)이라 불리는 다른 숫자들의 집합을 벡터에 부여할 수 있음을 알게 될 것이다. 이들은 보통의 반변 성분들이 아닌 뭔가 다른 것들로서 그 기하학적 의미는 2강에서 설명할 것이다. 벡터의 반변 성분과 공변 성분은 계측의 도움으로 서로가 간단하게 연결되어 있다.

이런 성분들은 계측 자체의 성분들과 마찬가지로 좌표계가 바뀌면 변한다. 그러나 당분간은 계측을 생각하지 말고 오직 좌표계 X 와 좌표계 Y 만 생각하기로 한다. 우리 자신을 점 P 에 위치시킨다. 그 점에 부여된, 그리고 좌표계에 의존하는 숫자 집합을 생각해 보자.

기하학적인 해석을 무시하고 이 점들의 집합은 추상적인 '벡터'로 볼 수 있다. 이미 말했듯이, 우리는 좌표계와 함께 벡터가 변하는 경우에 놓여 있다.

이 경우 우리는 두 종류의 벡터를 갖게 될 것이다. 바로 공변 또는 반변 벡터다. 공변 또는 반변 **성분**이 아니라 공변 또는 반변 **벡터**라고 말했음에 주목하라. 나중에 계측을 도입하면 우리는 이 둘을 합쳐 한 종류의 벡터(직관적인 화살표)를 두 가지 방식으로 기술할 수 있다.

dX^m 같은 숫자들의 모임을 단지 숫자들의 모임이 아니라 반변 벡터로 만드는 것은 무엇인가? 답은 좌표 변환에 따른 그 변환 성질이다. 식 (18)은 반변 벡터의 변환 패러다임을 정의한다.

반변 벡터란 숫자 V^m의 집합으로서 다음과 같이 변환한다.

$$(V')^m = \frac{\partial Y^m}{\partial X^p} V^p. \qquad (19)$$

이 식에서 변수 V는 X 좌표계에서의 벡터의 성분이고 (V')은 Y 좌표계의 성분이다. 식 (18)을 돌아보면 미분 변위 dX^m은 반변 벡터이다.

두어 가지 유의할 점이 있다. 첫째, 나는 합 규약을 사용했다. 첨자 p는 더해진다. 둘째, $\partial Y^m / \partial X^p$ 이라는 표현에서 첨자 p는 아래층 첨자이다. 이는 아인슈타인의 합 규약에 관한 막간에서 이미 소개했으며 독자들이 기억해야 할 관례이다. 위층 첨자가 표현식의 분모에서 나타나면 그것은 아래층 첨자로 여긴다.

일반적으로 말해 (분모가 없는) '동등한' 표현식 또는 분수의 분자에서 위 첨자는 **반변 첨자**라 부른다. 그리고 아래 첨자는 **공변 첨자**라 부른다. 그러나 앞서 말했듯이 합 규약에 따르면 분수의 분모에 있는 위 첨자는 공변 첨자처럼 행동한다.

두 번째 종류의 벡터, 즉 공변 벡터로 옮겨 가 보자. 반변 벡터의 아이콘이 변위 dX^m이라면 공변 벡터의 아이콘은 스칼라 $S(X)$의 경사(gradient)이다.

그 성분은 좌표축을 따라 스칼라의 도함수로 주어진다.

$$\frac{\partial S(X)}{\partial X^p}.$$
(20)

분명히 이 성분들은 좌표의 선택에 좌우되며 좌표가 변환되면 변환할 것이다. 예를 들어, X 좌표계에서 Y 좌표계로 변환한다고 가정하자. Y 좌표계에서의 경사 성분을 계산하기 위해 우리는 일종의 미분 연쇄 규칙을 사용한다. (『물리의 정석: 고전 역학 편』 2강을 보라. 거기 연쇄 규칙이 설명되어 있다.) 우리는 다음 결과를 얻는다.

$$\frac{\partial S}{\partial Y^m} = \frac{\partial S}{\partial X^p} \frac{\partial X^p}{\partial Y^m}.$$
(21)

이로부터 우리는 공변 벡터의 변환에 관한 일반 규칙을 추상화할 수 있다.

$$(W')_m = W_p \, \frac{\partial X^p}{\partial Y_m}. \qquad (22)$$

따라서 식 (18)에서 우리는 **텐서 변환의 첫 사례**와 조우했다. 왜냐하면 예컨대 한 점의 위치, 또는 변위(다른 말로는 옮김), 또는 속도 등등에 상응하는 보통의 벡터는 반변 벡터이며 텐서의 간단한 한 형태이다.

사실 우리는 이제 표면 위의 한 점의 작은 변위를 2개의 다른 좌표계에서 표현하는 (그림 16) 식을 갖게 되었다. dX^m 과 dY^m 이 그들이다. 반복해서 말하지만 dX^m 과 dY^m 은 **똑같은** 변위에 대한 2개의 성분 집합이다. 그리고 우리는 하나의 집합에서 다른 집합으로 어떻게 옮겨 가는지 알고 있다.

그림 16을 완성하는 그림 17은 작은 변위와 함께 국소적으로 2개의 좌표 집합도 보여 주고 있다.

이제 여러분은 식 (18)이 단순히 변위 벡터(그 자체가 잘 정의된 기하학적 개체로서 임의의 좌표계에서 독립적으로 정의된다.[17])가 X

---

17) 그러나 어떤 종류의 좌표계 없이 기하학적 개념을 말하기는 어렵다는 것에 유의하라. 미국의 두 유명한 기하학자 오즈월드 베블런(Oswald Veblen, 1880~1960년)과 존 화이트헤드(John Whitehead, 1904~1960년)는 기하가 무엇인지 정의하기가 어렵다는 점을 깨닫고 자신들의 책 『미분 기하의 기초(*The Foundations of Differential Geometry*)』에서 기하란 "전문가들이 기하라고 부르는 것"이라고 썼다. :-) 러시아 수학자들 안드레이 콜모고로프(Andrey Kolmogorov, 1903~1987년)와 공저자 알렉산드르 알렉산드로프(Aleksandr Aleksandrov, 1912~1999년), 그리고 미하일 라브렌티예프(Mikhail Lavrentyev, 1900~1980년)

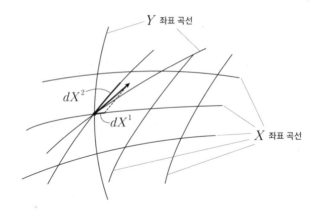

그림 17 작은 변위와 두 좌표 집합. 작은 벡터는 그림에 보이는 (dX^1, dX^2) 성분뿐만 아니라 그림에는 보이지 않는 (dY^1, dY^2) 성분도 갖고 있다.

좌표계와 Y 좌표계에서 표현했을 때 그 변위 벡터 성분의 변환 성질임을 이해했을 것이다.

용어에 유의해라. 우리는 반변 표현뿐만 아니라 공변 표현도 가질 수 있는 벡터를 다룰 것이기 때문에 벡터의 반변 성분 또는 벡터의 공변 성분이라 말하는 것을 더 선호할 것이다.

요컨대, **반변**이라는 용어는 만약 우리가 좌표계에서 단위 벡터를 변화시키면, 예컨대 만약 우리가 간단히 단위 벡터 각각의 길이를 10으로 **나누면** 변환을 나타내는 벡터의 성분은 10이 **곱해**

는 수학에 관한 자신들의 유명한 책에서 이를 언어 도단이라 여겼다. 이 책의 영문판은
Mathematics: Its Content, Methods and Meaning, MIT Press, 1969이다.

질 것이라는 사실로부터 온 것이다. 다른 용어로 눈길을 돌리자면, 공변은 똑같은 종류의 좌표 변화에서 경사의 성분들이 10으로 **나눠질** 것이란 사실로부터 온 것이다.

이 막간은 가장 간단한 종류의 텐서를 소개했다. 랭크 0인 텐서, 이는 단순히 스칼라이다. 랭크 1인 텐서, 이는 반변 벡터와 공변 벡터이다. 랭크 2인 그다음 종류의 텐서는 이 강의의 마지막 절에서 소개할 것이다.

두 번째 텐서 규칙: 벡터의 공변 성분

앞서 수학적 막간에서 이미 피상적으로 말했지만, 대칭성을 위해, 벡터의 공변 성분에 관한 두 번째 텐서 규칙을 설명해 보자. 이 벡터들은 위치나 이동이나 속도나 가속도가 아닌 다른 것들을 나타내는 데에 사용된다. 독자들은 주로 스칼라장의 경사를 떠올릴 것이다.

스칼라장의 예로는 온도, 대기압, 힉스 장이 있다. 공간 속 임의의 점에서 다차원적이지 않으며 단지 숫자일 뿐이고 우리가 좌표를 바꾸더라도 변하지 않는 값을 가지는 것이면 무엇이든 스칼라장이다.

풍속은 모든 점에서 벡터값을 가지기 때문에 스칼라장이 아니다. 풍속은 벡터장이다. 다음 사항에 유의해 상황을 명확히 할 필요가 있다.

만약 우리가 바람을 나타내는 벡터의 첫 성분만 생각하려 하더라도 그것은 좌표 변화에 따라 불변이 아니기 때문에 우리는 스칼라장을 얻을 수 없을 것이다.

따라서 스칼라 함수의 경사는 벡터(성분의 모임이라는 의미에서)이다. 하지만 보통의 벡터는 아니다. 사실 그 성분은 보통 벡터의 반변 성분들과 똑같은 방식으로 변환하지 않는다.

앞서 우리는 연쇄 규칙을 적용하면 식 (21)을 얻는다는 사실을 알았다. 여기 다시 쓰면

$$\frac{\partial S}{\partial Y^m} = \frac{\partial S}{\partial X^p} \frac{\partial X^p}{\partial Y^m}$$

이다. Y에 대한 S의 경사를 (W'), X에 대한 경사를 W라 표기하면 식 (22)로 다시 쓸 수 있다. 여기 새로운 숫자들을 부여해 또다시 쓰면

$$(W')_m = \frac{\partial X^p}{\partial Y^m} W_p \qquad (23)$$

이다. 식 (23)은 경사에만 적용되는 것이 아니다. 이는 벡터의 공변 성분의 프라임이 붙은 버전과 붙지 않은 버전, 즉 Y 좌표계에서의 성분과 X 좌표계에서의 성분들을 연결하는 근본적인 식이다.

W' 의 m 과 W 의 p 는 아래층임에 유의하라. 첨자 p 는 ∂X^p 에서 위층에 또한 나타나기 때문에 더해져야 하는 가짜 첨자이다. 이는 아인슈타인의 합 규약이 아주 유용하며 매끄럽게 작동함을 보여 주는 좋은 사례이다. 식 (19)와 식 (23)을 차례로 다시 쓰고 번호를 다시 붙여 보자.

반변 성분

$$(V')^m = \frac{\partial Y^m}{\partial X^p} V^p. \tag{24a}$$

공변 성분

$$(W')_m = \frac{\partial X^p}{\partial Y^m} W_p. \tag{24b}$$

첫 번째 식에서 $\partial Y^m / \partial X^p$ 이 나오고 두 번째 식에서 그 역수인 $\partial X^p / \partial Y^m$ 가 나온다는 점을 제외하면 둘은 아주 비슷해 보인다.

마지막으로 변위나 위치, 또는 속도, 등등이 반변 성분을 가지는 벡터로 기술됨을 기억하자. 이들은 기저 변화와 **반대로** 변화한다.

반면 경사는 그 성분이 기저 변화와 **비슷하게** 변하는 성분을 가진 벡터로 기술된다. 그래서 그 성분들을 공변이라 부른다. 그러나 이 벡터들은 다소 더 직관적인 반변 벡터들과는 다르다.

수학에서는 반변 성분을 가진 벡터들은 때때로 고려 중인 주 벡터 공간의 이중 벡터 공간 속의 벡터로 본다. 그래서 이들은 선형 형식과 마찬가지로 **이중 벡터**(dual vector)이다. 그러나 우리는 이런 접근을 받아들이지 않을 것이다. 우리에게 벡터는 반변 성분 및 또한 공변 성분의 1첨자 모둠을 가진 것이다.

식 (24a)와 식 (24b)는 이번 과정에서 핵심적인 식들이다. 독자들은 이들을 이해하고, 익숙하고 편안하게 받아들일 필요가 있다. 왜냐하면 일반 상대성 이론이라는 전체 주제에서 절대적으로 핵심이기 때문이다. 여러분은 다른 종류의 개체에 대해 첨자가 어디로 가는지, 이 개체들이 어떻게 변환하는지 알 필요가 있다. 어떤 의미에서는 일반 상대성 이론이란 다름 아닌 다른 종류의 개체들의 변환 속성에 관한 것이다.

벡터와 텐서의 공변 및 반변 성분

우리는 **평범한** 벡터를 생각하는 두 가지 방법을 알아봤다. 무엇보다 우리는 벡터를 고등학교에서 배웠던 것과 비슷하게 생각할 수 있다. 벡터는 길이와 방향을 가진 변위, 즉 공간에서의 **화살표**이다. 이는 우리가 어떤 기저를 생각하기도 전에 기하학적으로 잘 정의된다.

우리는 또한 벡터를 성분을 가진 어떤 개체라고 더 추상적으로 생각할 수도 있다. 이 성분들은 기저에 좌우된다. 우리가 기저를 바꿀 때 만약 성분들이 특정한 방식으로, 말하자면 식 (24a)에 따라 변환한다면, 그렇다면 그 개체는 우리의 옛날 옛적 벡터와 완전 비슷하게 행동한다. 따라서 우리는 그 개체를 보통의 벡터와 등등하게 여길 수 있다. 텐서 해석에서 우리는 이들을 그 성분이 반변인 벡터라 부른다.

마찬가지로, 어떤 다른 개체는 식 (24b)에 따라 변환하는 성분을 갖고 있다. 이들은 우리의 옛날 옛적 보통 벡터가 아닌, 다른 기하학적 물건과 동등할 수 있다. 이미 말했지만 수학자들은 이를 이중 벡터로 바라본다. 우리는 그저 이 두 번째 유형의 개체를 그 성분이 공변인 벡터라 부를 것이다. 사실, 우리는 2강에서 우리의 추상적인 벡터에 반변 버전과 공변 버전이 있음을 알게 될 것이다.

일반 상대성 이론에서 많이 사용하는 텐서 미적분[18]에서는 역설적이게도 기하학적인 심상 또는 직관을 가진 사람들에게는 적어도 처음에는 우리가 조작하는 개체의 기하학적 해석을 잊어버리고, 우리의 공간 속 점들에 부여된 숫자들의 모둠이 우리가 좌표계를 바꿀 때 어떻게 행동하는지에만 집중하는 것이 유용할 때

---

18) 아인슈타인은 특수 상대성 이론에서 텐서 미적분이나 심지어 민코프스키 기하를 사용하지 않고 자신의 아이디어를 개발했다. 취리히에서 아인슈타인의 스승이었던 민코프스키는 1908년에야 민코프스키 기하를 도입했다. 푸앵카레 또한 이런 방향으로 몇몇 예비적인 연구를 했다. 처음에는 아인슈타인도 상대성 이론을 수학적으로 심하게 재구성한 것이 유용하리라고는 생각하지 못했다. 그러나 곧 마음을 바꾸었다. 1915년 일반 상대성 이론이 완성되었을 때 아인슈타인은 추상적인 비유클리드 기하학과 텐서 미적분이 없었다면 불가능했을 것이라고 말했다. 민코프스키는 1909년에 죽었기 때문에 일반 상대성 이론의 개발에 참여하지는 않았다. 그러나 그의 훌륭한 친구였던 다비트 힐베르트(David Hilbert, 1862~1943년)는 1915년에 역할을 하기도 했다. 9강을 보라.

가 많다.

벡터는 반변 성분을 갖든 공변 성분을 갖든 텐서의 특별한 경우이다. 방금 우리가 말했던 바에 따라 우리는 텐서를 기하학적으로 정의하지는 않을 것이다. 먼저 우리에게 텐서는 이들이 변환하는 방식에 따라 정의되는 물건이 될 것이다. 텐서가 변환하는 방식이란 우리가 하나의 좌표 집합에서 다른 좌표 집합으로 옮겨 갈 때 텐서가 바뀌는(원한다면, 그들의 성분이 바뀌는) 방식을 뜻한다. 나중에 우리는 몇몇 텐서들의 기하학적 해석을 제시할 것이다. 또한 반변 및 공변 성분에 대해 더 깊이 들어갈 것이다. 하나의 첨자를 가진 개체는 반변 버전과 공변 버전을 가질 수 있음을 알게 될 것이다. 이 모든 것은 다음 강의에서 다룰 것이다. 당분간은 일반 상대성 이론에 필요한 수학적 도구들을 한 단계씩 계속 구축해 나가도록 하자.

지금 우리의 다음 단계는 하나 이상의 첨자를 가진 텐서를 다루는 것이다.

여러 개의 첨자를 가진 텐서에 접근하는 최상의 방법은 우선 특별하고 아주 간단한 경우부터 생각하는 것이다. 반변 성분을 가진 두 벡터의 '곱'을 상상해 보자.[19] 반변 성분을 가진 두 벡터 V 와 U 를 생각해 보자. 그리고 다음 곱

---

19) 점곱(dot product)이나 교차곱(cross product)이 아니다. 이는 외적 또는 텐서곱으로 부를 것이다. 어쨌든 이는 2개의 개체에 제3의 개체를 연관 짓는 연산이다.

$$V^m U^n$$

을 생각한다. 더는 고민할 필요 없이 지금부터 우리는 언제나 반변 성분, 또는 이 성분들을 일컫는 반변 첨자들을 위층에 표기하는 관례를 사용할 것이다.

벡터 V 와 U 는 똑같은 공간에서 올 필요가 없다. 만약 V 의 차원이 M 이고 U 의 차원이 N 이라면 이런 곱은 $M \times N$ 개 있다. 평소대로 우리는 $V^m U^n$ 표기법이 하나의 곱뿐만 아니라 그들 모두의 모둠을 나타내도록 사용한다. 이는 마치 V^m 이 벡터 V 의 한 성분을 나타내지만 또한 첨자의 위치를 명시적으로 보여 주므로 전체 벡터 V 자체의 본성을 보여 주는 표기법인 것과 마찬가지이다.

T^{mn} 을

$$T^{mn} = V^m U^n \tag{25}$$

이라고 정의하자. T^{mn} 의 첨자가 어디에 있는지 그리고 어떤 순서로 쓰는지는 중요한 문제이다. 왜냐하면 예를 들어 T^{mn} 은 T^{nm} 과 똑같지 않기 때문이다. 왜 그런지 설명해 보라. 곧 우리는 위층과 아래층 첨자들의 조합도 보게 될 것이다.

곱 T^{mn} 은 랭크 2 텐서의 특별한 경우이다. 랭크 2란 성분곱의 모둠이 2개의 첨자를 가지고 있음을 뜻한다. T^{mn} 은 두 가지

범위에 걸쳐 움직인다. m은 1부터 M까지, 그리고 n은 1부터 N까지 움직인다. 예를 들어 만약 V와 U가 모두 4차원 공간에서 왔다면 16개 성분의 $V^m U^n$이 있을 것이다. 이 경우 T^{mn}은 우리가 봤듯이 하나의 성분뿐만 아니라 16개 성분 전체의 모둠 또한 나타낸다.

T^{mn}은 어떻게 변환할까?

예를 들어 V^m과 U^n은 X 좌표를 사용하는, 프라임이 붙지 않은 기준틀에서 벡터 V와 U의 성분일 수 있다. 우리가 Y 좌표로 이동할 때 각각의 성분들이 어떻게 변환하는지 알기 때문에, 우리는 T가 어떻게 변환하는지 알 수 있다. $(T')^{mn}$을 프라임이 붙은 틀에서 텐서의 mn 번째 성분이라 하자.

$$(T')^{mn} = (V')^m (U')^n.$$

그러면 식 (24a)를 이용해 다음과 같이 다시 쓸 수 있다.

$$(T')^{mn} = \frac{\partial Y^m}{\partial X^p} V^p \frac{\partial Y^n}{\partial X^q} U^q.$$

우변의 네 항은 단지 4개의 숫자일 뿐이어서, 그 순서를 바꿔

$$(T')^{mn} = \frac{\partial Y^m}{\partial X^p} \frac{\partial Y^n}{\partial X^q} V^p U^q$$

로 쓸 수 있다. 마지막으로, $V^p U^q$ 는 그냥 T^{pq} 이다. 따라서 T 가 변환하는 방식은

$$(T')^{mn} = \frac{\partial Y^m}{\partial X^p} \frac{\partial Y^n}{\partial X^q} T^{pq} \qquad (26)$$

이다. 우리는 보통 벡터의 곱이라는 특수한 경우에서 T 가 어떻게 변환하는지 알아냈다. 이로부터 다음 정의에 이르게 된다.

식 (26)에 따라 변환하는 것은 무엇이든 반변 첨자 2개를 가진 랭크 2 텐서라 부른다.

위층에 첨자가 더 많이 있어도 이 규칙이 명확한 방식으로 적용된다. 모든 첨자가 반변인 랭크 3의 텐서는

$$(T')^{lmn} = \frac{\partial Y^l}{\partial X^p} \frac{\partial Y^m}{\partial X^q} \frac{\partial Y^n}{\partial X^r} T^{pqr}$$

처럼 변환한다. 어떤 종류의 것들이 이와 같은 텐서일까? 많이 있다. 벡터의 곱은 특별한 예이지만 곱이 아니면서 이 정의에 따라 여전히 텐서인 다른 것들이 있다.

우리는 계측이라는 개체인 g_{mn} 이 텐서임을 알게 될 것이다. 하지만 이는 공변 첨자를 가진 텐서이다. 그래서 1강을 마치기 전에 공변 첨자를 가진 것들은 어떻게 변환하는지 알아보자. 식

(24b)는 오직 하나의 공변 첨자를 가진 개체가 어떻게 변환하는지를 보여 준다. 이는 공변 유형의 랭크 1 텐서이다.

2개의 공변 벡터, 또는 덜 자연스럽게 말하자면, 공변 성분을 가진 두 벡터 W 와 Z 의 곱이라는 특별한 경우로 다시 시작해 보자. 이 곱들은 다음과 같이 변환한다.

$$(W')_m (Z')_n = \frac{\partial X^p}{\partial Y^m} \frac{\partial X^q}{\partial Y^n} W_p Z_q.$$

여기서 우리는 2개의 공변 첨자, 즉 2개의 아래층 첨자를 가진 물건의 새로운 변환 속성을 알게 되었다.

더 일반적으로 우리가 T_{mn} 이라 표기할 개체를 생각해 보자. 이는 더 이상 벡터들의 단순한 곱이 아니라 그와는 다른 개체이다. 그러나 T 라는 문자가 암시하듯 이는 여전히 텐서가 될 어떤 것이다. 이는 2개의 아래 첨자를 가진 텐서이며, 다음 식에 따라 변환한다.

$$T'_{mn} = \frac{\partial X^p}{\partial Y^m} \frac{\partial X^q}{\partial Y^n} T_{mn}. \tag{27}$$

다시, 식 (27)에 따라 변환하는 모든 것을 2개의 공변 첨자를 가진 랭크 2의 텐서라 부른다.

하나의 위 첨자와 하나의 아래 첨자를 가진 텐서는 어떻게 변환해야 하는지를 알아내는 것은 독자들의 몫으로 남겨 둔다.

다음 강의에서는 식 (15)의 계측 g라는 개체가 어떻게 변환하는지 또한 알아볼 것이다. 이는 2개의 공변 첨자를 가진 텐서임을 알게 될 것이다.

그러면 우리의 질문은 이렇다. 식 (27)이 g의 변환 속성이라면, g_{mn}을 δ_{mn}으로 바꿀 좌표 변환을 찾을 수 있을 것인가, 없을 것인가? 이는 수학적 질문이다. 일반적으로 어렵다. 하지만 우리는 그 조건을 찾게 될 것이다.

텐서 수학

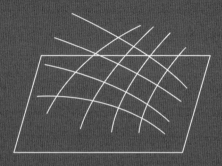

앤디: 자네가 반면이라 부른 그 성분은 정말 그 이름값을 하는군.

이해하기 어려워.

레니: 반면이 아니라 반변이라고! 아주 간단해.

자네 키를 피트로 표현하면 약 6피트지.

그보다 더 작은 인치로 바꾸면 72인치고.

사용하는 단위와는 반대로 변하잖아.

앤디: 글쎄, 아마도, 하지만 난 공변 성분을 더 좋아하는 거 같아.

난 언제나 공감적인 사람들을 더 좋아하거든.

레니: 그래, 하지만 가끔은 약간의 모순도 유익할 때가 있어.

어쨌든 우린 두 유형의 성분을 모두 사용할 거야.

시작하며

이 강의에서 우리는 리만 기하의 벡터와 텐서를 공부한다. 이는 우리에게 민코프스키 기하에서 벡터와 텐서를 공부하기 위한 중간 과정이다. 리만 기하는 우리가 모두 고등학교에서 공부했던 유클리드 기하의 사촌임을 기억하라. 가까운 두 점 사이의 거리는 자연스러운 거리 개념이 그래야만 하듯이 항상 양수이다. 하지만 유클리드 기하의 훌륭하고도 간단한 광역적 성질(평행선, 모든 것을 하나의 덩어리로 평행 이동하는 것 등)을 갖고 있지는 않다. 비공식적인 심상을 사용하자면 리만 기하는 2차원 고무 조각의 내재적 기하학이다. 그리고 임의의 숫자 차원으로도 확장할 수 있다.

그러나 일반 상대성 이론에서는 시공간에서 **사건**이라 불리는 2개의 구분되는 점들이 제곱해서 양수, 0, 또는 심지어 음수도 될 수 있는 거리만큼 떨어져 있을 수 있는, 훨씬 더 바로크적인 기하학이 필요하다. 그런 기하는 때때로 **민코프스키안** 또는 **아인슈타이니안**이라고도 부르며 이후 강의에서 공부할 것이다.

그래서 당분간 우리는 리만 기하의 공간 속에 있을 것이다. 우리가 찾는 성배는 정말로 평평한 공간을 정말로 평평하지 않은 공간과 구분하는 방법이다.

앞서 말했듯이 좋은 표기법은 우리를 먼 길까지 인도할 것이다. 잘만 구상하면 자동으로 다음에 무엇을 해야 할지 알려 줄 것이다. 이는 우리가 완전히 머리를 쓸 필요도 없이 물리학을 수행할 수 있음을 뜻한다. 적어도 다음의 미묘한 지점과 우연히 조우할 때까지 그렇다.

이는 팅커토이 장난감과 비슷하다. 그 부품들을 어떻게 조립할 것인지는 매우 분명하다. 막대는 구멍이 있는 조각에만 들어갈 수 있다. 구멍에 구멍을 넣거나 강제로 막대를 막대 속으로 욱여넣으려고 시도할 수는 있다. 그러나 여러분이 할 수 있는 일은 단 한 가지뿐이다. 막대를 구멍 속에 집어넣을 수 있고, 막대의 다른 끝이 다른 구멍 속으로 들어갈 수 있다. 그러면 여러분이 집어넣을 수 있는 더 많은 막대와 더 많은 구멍이 있다.

일반 상대성 이론의 개념도 그와 아주 비슷하다. 규칙을 따른다면 거의 실수를 저지를 수가 없다. 하지만 규칙을 배워야만 한다. 텐서 대수와 텐서 해석의 규칙들 말이다.

평평한 공간

우리가 겨냥하고 있는 목표는 진짜로 평평한 기하와 진짜로 평평하지 않은 기하를 구분할 수 있도록 텐서 대수와 해석, 그리고 계측을 충분히 이해하는 것이다. 이는 지독하게 간단해 보인다. 평평하다는 것은 평면과 같다는 뜻이다. 평평하지 않다는 것은 그속에 요철이 있다는 것이다. 여러분은 우리가 그 차이를 아주 쉽게 말할 수 있으리라 생각할 것이다. 그러나 때로는 그게 그렇게 쉽지 않다.

예를 들어 지난 강의에서 논의했듯이 책의 지면을 생각해 보자면, 그 본연의 구성은 평평하다. 지면을 말거나 접으면 휘어진 것처럼 보일 수는 있으나 지면이 실제로, 내재적으로 굽은 것은 아니다. 정확히 똑같은 지면일 뿐이다. 지면의 부분들 사이의 관계, 글자들 사이의 거리, 각도 등등은 변하지 않는다. 적어도 그 지면을 따라 측정한 글자들 사이의 거리는 변하지 않는다. 따라서 지면을 접더라도 우리가 그걸 늘리지 않는다면, 우리가 그 부분들 사이의 관계를 변경하지 않는다면, 새로운 기하를 얻지 않는다. 특히, 곡률을 얻지는 않는다.

기술적으로는 지면을 접으면 **외재적 곡률**(extrinsic curvature)이라 부르는 것만 도입될 뿐이다. 외재적 곡률이란 공간(우리의 경우 지면)이 **더 높은 차원의 공간 속에 포함되는** 방식과 관계가 있다. 예를 들어 내가 지면에 무슨 짓을 하든 그것은 방이라는 3차원 공간 속에 포함되어 있다. 지면이 책상 위에 평평하게 놓이면 그건 지면이 하나의 방식으로 3차원의 포괄적인 공간 속에 포함되는 것이다. 1강의 그림 10에 그려진 것처럼 지면을 접으면 그것은 지면이 똑같은 3차원 공간 속에 또 다른 방식으로 포함된 것이다.

우리가 인식하는 외재적 곡률은 지면의 공간이 더 큰 공간 속에 **어떻게** 포함되느냐와 관계가 있다. 그러나 지면의 **내재적 기하**와는 아무런 상관이 없다. 원한다면, 내재적 기하를 그 표면 위를 기어다는 작은 벌레의 기하라 생각할 수 있다. 벌레는 그 공간 밖으로 내다볼 수 없다. 표면을 따라 기어 다니면서 오직 그 주변만 볼 뿐이다. 표면을 따라 거리를 측정할 수 있는 탐사 기구를 가지고 있을 수도 있다. 삼각형을 그리고, 또한 표면 내의 각도를 측정하고, 모든 종류의 흥미로운 기하 연구를 할 수 있다. 하지만 그 표면이 더 큰 공간에 포함된 것으로 결코 보지는 않는다. 따라서 그 벌레는 지면이 더 높은 차원의 공간 속에 다른 방식으로 포함되어 있을 것임을 결코 감지하지 못할 것이다. 1강의 그림 10에서처럼 우리가 지면을 접거나, 접힘을 없애고 다시 지면을 평평하게 하더라도 결코 감지하지 못할 것이다. 그 벌레는 그저 내재적 기하에 대해서만 배울 뿐이다. 표면의 내재적 기하란 그 표면이 더 큰 공간 속에 포함되는 방식과 무관한 기하를 뜻한다.

일반 상대성 이론과 리만 기하, 그리고 많은 다른 기하는 모두가 고려 중인 공간 기하의 내재적 성질에 관한 것이다. 2차원일 필요도 없다. 임의의 숫자의 차원을 가질 수 있다.

공간의 내재적 기하를 생각하는 또 다른 방식은 이렇다. 지면 위에(또는 3차원 공간 위에) 수많은 점을 뿌리고는 그것을 4차원 또는 더 높은 차원에서 만지작거린다고 상상해 보자. 그러고는 그들 사이에 선을 그려 공간을 **삼각** 측량한다. 마지막으로 이웃한 모든 쌍의 점들 사이의 **거리**가 무엇인지 이야기해 본다. **그 거리를 특정한다는 것은 기하를 특정하는 것이다.**

때로는 그 기하가 이 작은 연결선들의 길이를 바꾸지 않고 평평해질 수 있다. 2차원 표면의 경우 이는 그것을 늘리지 않고,

찢지 않고, 또는 그 어떤 변형을 가하지 않고 책상 위에 평평하게 펼쳐 놓는다는 뜻이다. 임의의 작은 정삼각형은 정삼각형으로 남아 있어야 한다. 마찬가지로 모든 작은 정사각형은 정사각형으로 남아 있어야 하고, …… 등등이다. 작은 정사각형은 평행사변형으로 구부려져서는 안 된다. 왜냐하면 그 대각선 또한 그 길이를 유지해야 하기 때문이다. 모든 각도는 보존되어야만 한다.

하지만 만약 그 표면에 내재적으로 평평하지 않다면 평평해질 수 없는 표면의 일부가 있을 것이다. 며칠 전 오토바이를 타고 가던 앤디는 도로에서 아마도 소나무 뿌리 때문에 생긴 것 같은 돌출부와 거기 그려진 선, 그리고 "턱 조심."이라는 경고가 포장 도로에 그려져 있는 것을 봤다. 도로 보수원은 일반 상대성 이론 강의를 들었어야만 했다! 그런 턱은 어떤 거리를 늘리거나 압축하지 않고서 평평하게 할 수 없다.

굽은 공간은 기본적으로 더 큰 공간에서 보거나 그 속에 포함됐을 때, 그것을 왜곡하지 않고 평평하게 할 수가 없는 공간이다. 이는 그 공간의 내재적 성질이지 외재적 성질이 아니다.

계측 텐서

우리는 다음과 같은 질문에 답하고자 한다. 공간과 그 계측이 다음 방정식으로 정의되어 주어졌을 때

$$dS^2 = g_{mn}(X)dX^m dX^n \qquad (1)$$

그 공간은 평평한가 아닌가?

공간은 턱이 있는 도로처럼 내재적으로 굽어 있을 수도 있고 또는 실제로는 내재적으로 평평하지만 식 (1)이 복잡해 보이기 때문에 굽어 있다고 **생각할 수도** 있다는 점을 이해하는 것이 중요하다.

예를 들어, 그림 1에서 보듯이 평평한 지면에 곡선 좌표를 그릴 수 있다.

지면을 품고 있는 우리의 3차원 유클리드 공간으로부터 우리가 편안하게 지면을 보고 있음을 잊어버리자. 언뜻 보기에 좌표축 X는 지면이 굽어 있음을 암시한다.

우리가 각 점 A에서 A와 이웃한 점 B 사이의 거리를 계산하려고 할 때, 국소적인 좌표축이 직교하지 않는다면 피타고라스 정리를 적용할 수 없다. 일반적으로 우리는 알카시의 정리를

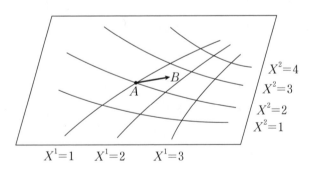

그림 1 평평한 지면 위에서의 곡선 좌표 X.

적용해야 한다.[1] 이는 축들 사이의 각도의 코사인을 고려해 피타고라스의 정리를 일반화한 것이다. 우리는 또한 축 위에서 단위 거리가 아닌 단위들을 수정해야 할 수도 있다. 그럼에도 지면은 그것을 품고 있는 3차원 유클리드 공간 속에서 말려 있든 그렇지 않든 내재적으로 평평하다. 식 (1)을 피타고라스의 정리로 변환시킬 좌표 집합 Y 를 찾기란 쉽다. 초등학교 공책의 지면에도 보통은 나와 있다. 지면이 말려 있더라도 보고 해석하고 이를 사용해 점의 위치를 정하는 데에 아무런 지장이 없다.

일반 상대성 이론에서 시공간의 기하와 관련한 우리의 궁극적인 수학적 목표[2]는 지난 강의에서 우리가 소개했던 질문, 즉 정말로 중력장이 있는지 아니면 단지 흥미로운 시공간 좌표의 부산물로 인한 겉보기 중력장인지와 밀접하게 맞아떨어진다. 예를 들어, 1강의 그림 4에서 곡선 좌표는 기조력에 인해서가 아니라

---

[1] 잠시드 알카시(Jamshid al-Kashi, 1380~1429년)는 페르시아의 수학자로 이란의 카샨에서 태어났다. 그는 유클리드 기하에서 임의의 각도를 피타고라스의 정리에 적용하는 방법을 발견했다. 피타고라스의 정리는 직각 삼각형에서 짧은 변이 a 와 b 이고 빗변이 c 일 때

$$c^2 = a^2 + b^2$$

임을 말한다. 알카시의 정리는 두 짧은 변 사이의 각도가 θ 일 때 임의의 각도에 대해

$$c^2 = a^2 + b^2 - 2ab\cos\theta$$

임을 말한다.

[2] 훨씬 더 궁극적인 목표는 시공간의 기하를 공간 속에서 질량 및 그와 관련된 개념들의 분포와 연결하는 것이다. 이는 아인슈타인의 장 방정식이 될 것이며, 9강의 주제이다.

우리가 사용하는 가속틀에 인한 것이다. 그 시공간은 내재적으로 평평하다. 따라서 우리는 다음과 같은 수학적 질문을 따지고 싶다.

식 (1)과 같이 시공간 계측이 주어졌을 때, 시공간은 정말로 평평한가 아닌가? 또는, 달리 말해 기조력이 있는가 없는가?[3]

이 수학적 질문은 어렵다. 이번 강의와 다음 강의가 진행되는 동안 우리를 바쁘게 할 것이다.

「시작하며」에서 말했듯이 우리는 먼저 리만 기하에서 이 질문을 고려할 것이다. 리만 기하에서는 거리가 국소적으로 정의되며 언제나 양수이다.

하지만 그 전에 우리는 텐서를 더 잘 알아야 한다. 우리는 1강에서 텐서에 대해 말하기 시작했다. 기본적인 반변 및 공변 변환 규칙을 소개했다. 이 강의에서 우리는 텐서를 더 정형화된 형태로 표현하려고 한다.

스칼라와 벡터는 텐서의 특별한 경우들이다. 이제 우리는 텐서의 일반적인 범주에 관심을 갖고 있다.

---

3) 기조력이 있다면, 일반 상대성 이론에서 시공간의 기하라는 의미에서 그 공간은 정말로 평평하지 않다.

스칼라, 벡터, 텐서장

우리에게 텐서는 좌표계에 의존하는, 첨자가 붙은 값들의 모둠이다. 게다가 텐서는 하나의 좌표계에서 다른 좌표계로 옮겨 갈 때 어떤 규칙에 따라 변환한다.

우리는 공간의 모든 점 P에서 (점 P는 어떤 좌표계에서 그 좌표 X로 위치가 정해진다.) 그 점과 관련된 어떤 물리량이 있는 그런 공간에 관심을 가지려 한다. 공간의 모든 점에 어떤 대상(스칼라, 벡터, 텐서 등)을 연관 짓는 그런 함수를 **장**(각각 스칼라장, 벡터장, 텐서장 등)이라 부른다. 우리가 관심 있는 것, 또는 관심 있는 양은 텐서이다. 텐서가 아닌 모든 종류의 양도 있을 것이다. 그러나 우리는 대부분 텐서장에 관심을 가질 것이다.

가장 간단한 종류의 텐서장은 **스칼라장**(scalar field) $S(X)$이다. 스칼라장은 공간 속 모든 점에 하나의 숫자를 연관 짓는 함수이다. 어떤 좌표계를 사용하더라도 모두가 그 스칼라의 값에 동의한다. 말하자면 X^m 좌표에서 Y^m 좌표로 이동할 때의 변환 속성은 단지 주어진 점 P에서 S의 값이 변하지 않는다는 것이다.

이 사실을 가장 명확한 방식으로 표현하기 위해 극도로 번거로운 표기법을 사용할 수도 있다. 그러나 우리는 간단하게 이를

$$S'(Y) = S(X) \qquad (2)$$

라 표기할 것이다. 좌변과 우변은 **똑같은 점 P에서 똑같은 장의 값**

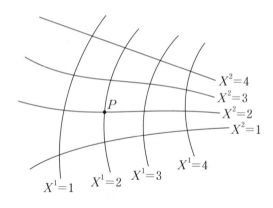

그림 2 곡면일 가능성이 있는 표면 위에서의 곡선 좌표 X.

을 나타내는데, 하나는 Y 좌표계에서, 또 다른 하나는 X 좌표계에서의 값이다. 다차원 양인 Y는 Y 좌표계에서 P의 좌표이고 X는 X 좌표계에서 P의 좌표이다. 편의상 우리는 Y 좌표계를 사용해 P에서의 값을 말할 때 S에 프라임을 붙인다. 1강에서 봤듯이 때로는 프라임 부호 없이 진행하지만, (예컨대 우리가 연쇄 규칙을 소환할 때) 여기서 우리는 명확히 하기 위해 프라임을 유지할 것이다. 연습하면 식 (2)가 분명하고 애매하지 않을 것이다.

공간을 실수에 사상하는 모든 함수가 스칼라장이 아님을 기억하라. 스칼라장은 좌표가 바뀔 때 변하지 않아야 한다. 예를 들어, 어떤 좌표계에서 벡터장을 볼 때, 만약 우리가 오직 그 첫 번째 성분만 보기로 했다면 그것은 스칼라장이 아닐 것이다.

2차원 표면에서 X 좌표계를 나타내 보자. 이제는 혼란을 피

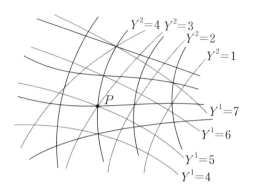

그림 3 표면 위에서의 두 번째 좌표인 Y 좌표계.

하기 위해 표면을 어떤 더 큰 유클리드 공간에도 끼워 넣지 않기로 하자. 하지만 그 표면은 정말로 굽었을 수도 있다.

표면 위의 임의의 점 P는 X 좌표계에서 두 좌표 X^1과 X^2의 값을 알면 위치를 정할 수 있다. 우리가 좌표 첨자를 위층에 붙였다는, 즉 당분간은 우리가 위 첨자를 사용한다는 사실에 주의를 기울이기 바란다.

물론 우리는 더 높은 차원의 공간을 생각했을 수도 있었다. 그랬다면 더 많은 좌표가 있었을 것이다. 그걸 포괄적으로 우리는 X^m으로 표기한다.

이제 똑같은 공간에서 그림 3에서 보듯이, 또 다른 좌표계인 Y 좌표계가 있어 P의 위치를 정할 수 있을 것이다. 그 그림에서 점 P는 X 좌표계에서 좌표 (2, 2)를, Y 좌표계에서 (5, 3)

을 갖는다. 물론 이 좌표들은 정수일 필요는 없다. 실수 집합에서
자기 값을 가질 수 있다.

유의해야 할 중요한 사항은 임의의 점 P에서 2개의 좌표 모
둠 X^m과 Y^m이 있다는 것이다. X^m과 Y^m은 서로 연관되어
있다. 임의의 점 P에서 각 좌표 X^m은 모든 Y^m의 함수이다.
그 역도 마찬가지이다. 우리는 이 사실을 이렇게 쓴다.

$$X^m = X^m(Y) \qquad\qquad (3a)$$
$$Y^m = Y^m(X). \qquad\qquad (3b)$$

식 (3a)는 좌표 변환이며 식 (3b)는 그 역이다. 이들이 일대일 대
응 관계라면 아주 복잡할 수도 있다. 우리는 또한 식 (3a)와 식
(3b)로 정의되는 함수들이 연속적이며 필요할 때 미분할 수 있
다고 가정한다. 더 이상의 가정은 없다.

스칼라장은 자명하게 변환한다. 한 점 P에서 S의 값을 알
면 여러분이 사용하는 좌표계가 무엇이든 그 값을 알 수 있다.

다음은 벡터이다. 우리에게 벡터는 두 가지 향취로 다가온
다. 먼저 반변 벡터가 있는데 위층 첨자 V^m으로 나타낸다. 그리
고 공변 벡터가 있는데 아래층 첨자 V_m으로 표기한다. 지난 강
의에서 우리는 이들을 이야기했다. 이제 우리는 이들의 기하학적
해석에 더 깊이 빠져들 것이다. 반변적 또는 공변적이라는 것이
직관적으로는 무슨 뜻일까?

벡터의 반변 및 공변 성분에 대한 기하학적 해석

이 절, 그리고 이어지는 「수학적 막간」에서는 벡터와 숫자를 가능한 한 명확하게 구분하기 위해 벡터에는 굵은 글씨체를, 그리고 숫자에는 보통 글씨체를 사용할 것이다. 그러나 그다음 절 「텐서 수학」과 그 후부터는 모든 것이 평범한 글씨체로 돌아갈 것이다. 벡터를 굵은 글씨체로 쓰면 이점이 있긴 하지만, 방정식이 더 지저분해지는 대가를 치러야 한다. 일반 상대성 이론의 방정식들은 이미 충분히 복잡하다!

하나의 좌표계를 생각하고 그 축을 직선으로 그려 보자. 왜냐하면 당장은 좌표들이 곡선일 수 있고 위치에 따라 방향이 변할 수도 있다는 사실에 관심이 없기 때문이다. 우리는 또한 좌표들을 **국소적으로** 생각할 수 있어서, 모든 다양체는 근사적으로 평평(국소적으로 매끈한 표면은 평면과 비슷하다.)하며 모든 좌표계는 근사적으로 직선들, 또는 2차원 이상의 차원에 있다면 표면들로 형성된다.

우리는 좌표축이 수직이 아닐 수도 있다는 사실과 이 좌표들의 그런 비직교성이 갖는 의미에 주로 관심이 있다. 게다가 두 축, 예컨대 $X^1 = 0$과 $X^1 = 1$ 사이의 거리가 반드시 1일 필요는 없다. 좌표값들은 단지 **숫자적인 표지**일 뿐이며 직접적으로 거리를 뜻하지는 않는다.

이제 좌표축을 따라 가리키는 어떤 보통의 벡터를 도입하자. 우리의 2차원 표면에서는 그림 4에서 보듯이 두 벡터 e_1과 e_2를 도입한다.

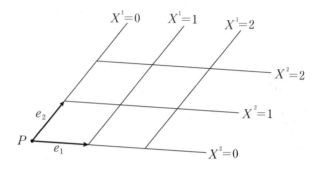

그림 4 좌표계 X. 간단히 하기 위해 우리는 고려 중인 점 P를 좌표계의 원점에 두었다.

만약 3차원이라면 지면에서 튀어나오는, 기울어져 있을 수도 있는 세 번째 벡터 e_3이 있을 것이다. 우리는 이 벡터들을 e_i로 표지할 수 있다. 첨자 i는 1부터 차원의 숫자까지 움직이므로 기하학적 벡터 e_i는 좌표계의 다양한 방향에 상응한다.

벡터의 반변 및 공변 성분을 기하학적으로 설명하는 다음 단계로 임의의 평범한 벡터 V를 생각해 보자. 그림 5를 보라.

고등학교 이래로 우리는 벡터 V가 e_i의 선형 결합으로 전개될 수 있음을 알고 있다.

$$V = V^1 e_1 + V^2 e_2 + V^3 e_3.$$ (4)

이 공식의 우변에서 벡터인 양은 e_i들이다. V^i들은 단지 숫자들의 모둠이다. 1강에서 설명했듯이 이들은 e_i의 기저에서 벡터

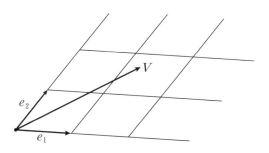

그림 5 벡터 V.

V 의 **반변** 성분들이다.

요컨대, 반변 성분은 V 의 전개 계수, 즉 주어진 벡터를 기저 벡터에 공선인 벡터들의 합으로 표현하기 위해 3개의 벡터 e_1, e_2, e_3 앞에 두어야만 하는 숫자들이다. 이는 이전에 우리가 말했던 것과 일치한다. 가장 평범한 벡터들(위치, 이동, 속도 등에 이용되는 벡터들)은 반변 벡터이다.

앞서 나는 리만 기하에서 벡터는 (반변도 공변도 아닌) 그냥 벡터이지만 반변 및 공변 성분을 갖는다고 말했다. 우리가 다음으로 할 일은 똑같은 벡터 V 의 공변 성분이 무슨 의미인지를 이해하는 것이다.

다음 내용을 미리 살펴보자면 이렇다. 우리는 벡터 V 에, 이번에는 V_j 로 표기된 또 다른 숫자 모둠을 부여할 것이다, 이들은 V 와 같은 선형 결합을 만들기 위해 단위 벡터 e_1과 e_2 앞에 놓는 숫자들이 아닐 것이다. 이들은 다른 것들이다.

하지만 먼저, 짧은 막간이 있다.

수학적 막간: 두 벡터의 점곱

두 벡터 사이의 점곱이라는 기초 개념을 떠올려 보자. 나는 여러 분이 점곱을 이전에 본 적이 있다고 가정하고(예컨대『물리의 정석: 고전 역학 편』52쪽) 간단히 설명할 것이다.

임의의 두 벡터 V 와 W 가 주어졌을 때, 이들의 점곱은 다음과 같이 정의된다.

$$V \cdot W = |V||W| \cos \theta. \tag{5}$$

여기서 $|V|$ 와 $|W|$ 는 벡터 V 와 W 의 길이를 나타내며, θ 는 두 벡터들 사이의 각도이다. 예를 들어, V 와 W 가 똑같은 방향을 가리키고 있다면($\theta = 0$), 그러면 점곱은 단지 이 길이들의 곱이다. 반면 만약 두 벡터가 정반대 방향을 가리키면($\theta = \pi$), 그러면 점곱은 이 길이들의 곱의 음수이다. 만약 V 와 W 가 수직이면($\theta = \pi/2$), 이들의 점곱은 0이다.

만약 우리에게 마음대로 사용할 수 있는 정규 직교 기저가 있다면, 그래서 만약 V 가 그 기저에서 $V^1, V^2, \cdots, V^N$ 의 성분을 가지고 W 가 $W^1, W^2, \cdots, W^N$ 의 성분을 가진다면(여기서 N 은 공간의 차원이다.) 우리는 점곱이 또한 간단하게 표현됨을 알고 있다.

$$V \cdot W = V^1 W^1 + V^2 W^2 + \cdots + V^N W^N. \qquad (6)$$

연습 문제 1: 정규 직교 기저에서 식 (5)는 식 (6)과 동일함을 증명하라.

힌트: 2차원에서 증명해 보라. 그러고는 (약간 더 복잡하지만) 임의의 차원에서 증명해 볼 것을 권한다.

막간 종료.

우리는 V 와 e_1의 점곱을 생각해 볼 것이다. e_1은 벡터이지만 $(V \cdot e_1)$은 숫자임에 유의하라. 그런 까닭에 점곱은 또한 **스칼라곱(scalar product)**으로도 부른다.

정의에 따라 $(V \cdot e_1)$, $(V \cdot e_2)$, $\cdots$, $(V \cdot e_N)$은 벡터 V 의 **공변 성분**이라 부른다. 우리는 이를 아래 첨자로 표기한다.

$$V_i = V \cdot e_i. \qquad (7)$$

앤디: 이봐, 레니, 내가 고등학교에 가서 벡터를 배울 때 선생님은 결코 공변이나 반변 성분을 말하지 않았어. 그냥 평범하고 오랜 성분들만 말해 줬지. 왜 그럴까?

레니: 그래, 그건 선생님이 보통의 데카르트 좌표를 사용하고 있었기 때문이지. 내가 설명해 줄게. 데카르트 좌표들은 서로가

직교하고 e_i들은 단위 벡터들이야. 이런 경우 반변 성분과 공변 성분은 정확히 똑같아. 하지만 만약 좌표들이 더 일반적이라면, 예를 들어 만약 좌표들이 특정한 각도로 교차한다면 이 성분들은 전혀 똑같지 않을 거야.

앤디: 말도 안 돼, 레니. 왜 고등학교 때의 옛날 옛적 데카르트 좌표를 사용해서 이 모든 복잡함을 피하지 않는 거지?

레니: 좋은 질문이야. 자네가 말해 줘.

앤디: 아 그래, 깜빡했네. 굽은 공간에서는 데카르트 좌표가 없지.

레니: 맞아.

반변 성분 V^m과 공변 성분 V_n을 어떻게 관련지을 수 있는 지 알아보자. 그 목적에 도달하기 위해 식 (4)의 각 변에 e_n의 점곱을 취한다. 그 결과는

$$V \cdot e_n = V^m e_m \cdot e_n \qquad (8)$$

이다. 좌변의 $V \cdot e_n$은 방금 우리가 V_n으로 정의했던 것이다. 하지만 $e_m \cdot e_n$는 뭔가 새로운 것이다. 이들은 2개의 아래 첨자를 갖고 있음에 유의하라. 그래서 이들이 어떤 종류의 텐서 성분이라는 기대를 갖게 된다. 사실 $e_m \cdot e_n$은 e_i의 기저로 표현된 계측 텐서인 것으로 드러날 것이다.

식 (8)의 우변에서 합이 수행되어야 함에도 주목하기 바란다. 첨자 m은 합을 수행해야 할 가짜 첨자이다. 벡터와 다양한 그 성분들에 대한 우리 작업이 간단해진 것은 합 규약의 훌륭한 사후 효과이다.

$e_m \cdot e_n$과 계측 텐서 사이의 관계가 어떻게 도출되는지 알아보자.

벡터 길이의 제곱은 벡터와 그 자신과의 점곱이다. V의 길이를 계산해 보자. 식 (4)를 두 번 이용하면 (길이의 제곱을) 다음과 같이 쓸 수 있다.

$$V \cdot V = V^m e_m \cdot V^n e_n. \qquad (9)$$

우리는 2개의 다른 첨자 m과 n을 사용해야 한다. 사실 암묵적인 합 공식 $V^m e_m$에서는 기호 m이 유일한 가짜 첨자임을 상기하라. 그래서 이것저것 뒤섞이지 않도록 하기 위해 V에 대한 두 번째 표현에서는 또 다른 가짜 첨자 n을 사용한다. 만약 아직도 아인슈타인의 합 규약에 완전히 익숙해지지 않았다면 식 (9)의 우변을 명시적으로 쓰면

$$\left(V^1 e_1 + V^2 e_2 + V^3 e_3 \right) \cdot \left(V^1 e_1 + V^2 e_2 + V^3 e_3 \right)$$

에 다름 아님을 기억하라. 이제 점곱의 분배 법칙을 이용하면 식

(9)의 우변은

$$V \cdot V = V^m V^n (e_m \cdot e_n) \tag{10}$$

와 같이 다시 재구성할 수 있다. $e_m \cdot e_n$ 이라는 양을 우리는 g_{mn} 이라 부른다. 따라서 식 (10)은

$$V \cdot V = V^m V^n g_{mn} \tag{11}$$

이 된다. 이것이 바로 계측 텐서가 해야 할 일이다. 즉 계측 텐서 는 벡터의 길이의 제곱(따라서 길이)을 어떻게 계산하는지 알려 준 다. 벡터는 예컨대 작은 변위 dX 일 수도 있다.

앞으로는 표기법을 지저분하지 않게 하기 위해 dX 를 말할 때는 벡터를 표기하기 위해 굵은 글씨체를 쓰지 않을 것이다. 그 리고 마지막으로 다음 절 「텐서 수학」을 시작하면서 벡터에 대한 굵은 글씨체를 모두 없앨 것이다.

벡터 dX 의 경우 식 (11)은 이웃한 두 점 사이의 작은 간격 의 길이의 제곱을 계산하는 것이다.

$$dX \cdot dX = dX^m dX^n g_{mn}.$$

더 관례적으로 쓰면

$$dX \cdot dX = g_{mn} dX^m dX^n \qquad (12)$$

이다. 이제 우리는 공변 및 반변 첨자들, 즉 벡터의 공변 및 반변 성분들 사이의 차이를 더 잘 이해할 수 있다.

반변 성분은 기저 벡터로부터 하나의 벡터 V 를 구축하기 위해 사용하는 계수이다. 공변 성분은 V 와 그 기저 벡터의 점곱이다.

두 유형의 성분은 다른 기하학적 개체를 기술한다. 그러나 보통의 데카르트 좌표(그 기저가 서로 직교하며 각각이 단위 길이를 가진 벡터로 만들어졌다는 뜻이다.)를 말하고 있다면 이들은 똑같다.

우리가 이 논의를 넣은 것은 독자들이 공변 및 반변의 의미가 무엇인지 그리고 계측 텐서가 무엇인지에 대한 어떤 기하학적 개념을 전달하기 위함이다. 한 모둠의 기저 벡터 e_i 와 벡터 V 가 주어졌을 때 이 모든 것을 다음 쪽의 글상자 안에 요약해 두었다. 또 다른 중요한 공식도 포함할 예정이다.

벡터의 반변 성분을 그 공변 성분과 관련짓는 정말로 아주 중요한 방정식이 있다. 이는 계측 텐서 g_{mn} 을 사용한다. 그 관계는

$$V_n = g_{nm} V^m \qquad (13)$$

이다. 이 증명은 독자에게 남겨 두겠다. 또한 계측의 이중 반변

형태, 즉 g^{mn} 의 도움을 받아 다른 방향으로 이 관계를 만나게 될 것이다. 다만 이는 나중에 보게 될 것이다.

당분간 우리가 확립한 중요한 관계를 다시 요약해 보자.

$$V = V^m e_m$$
$$V_n = V \cdot e_n \tag{14}$$
$$g_{mn} = e_m \cdot e_n$$
$$V_n = g_{nm} V^m$$

이 관계가 핵심이다. 우리는 일반 상대성 이론을 구축할 때 이들을 자주 사용할 것이다.

좌표축이 정규 직교 기저로부터 데카르트 좌표인 경우에 대해 한 가지 논평만 더 하려고 한다. 이때는 우리가 봤듯이 V 의 반변 및 공변 성분이 똑같으며 계측 텐서는 단위 행렬이다. 이는 기저 벡터들이 수직이고 단위 길이임을 뜻한다는 점을 강조하고 싶다.

사실, 기저 벡터들은 단위 길이가 아니면서 직교할 수도 있다. 극좌표(1강의 그림 14를 보라.)에서는 구 위의 임의의 점 P 에서 기저 벡터가 직교하지만 모두 단위 길이는 아니다. 세로 방향의 기저 벡터의 길이는 위도에 좌우된다. 우리는 위도의 코사인 과 같은 계수를 사용해야 한다. 그래서 반지름이 1인 구 위에서 는 dS 라는 요소의 길이 제곱을 계산하기 위해 피타고라스의 정리를 이용할 수 있지만 $d\theta^2$과 $\cos^2\theta d\phi^2$을 보태야만 한다. (1강의 식 (16)을 보라.)

이제 이 책의 나머지 부분에서 두루 필요하게 될 텐서 수학을 알아보자.

텐서 수학

이제는 여러 차례 말했듯이, 그리고 앞으로도 계속 말하겠지만, 텐서란 좌표 변환 하에서 변환하는 방식으로 특징지어지는 개체이다. 우리가 알게 된 것을 빨리 복습하고 진도를 더 나가 보자. 벡터의 반변 및 공변 성분들의 변환 속성은 1강의 식 (24a)와 식 (24b)로 주어진다. 여기서 새로운 번호로 다시 써 보자.

반변 성분

$$(V')^m = \frac{\partial Y^m}{\partial X^p} V^p. \tag{15a}$$

공변 성분

$$(W')_m = \frac{\partial X^p}{\partial Y^m} W_p. \tag{15b}$$

랭크가 더 높은 텐서를 생각해 보자. 랭크가 더 높은 텐서란 간단히 말해 첨자가 더 많은 텐서를 뜻한다. 다시 말하지만, 2강에서 교육적 효과와 완결성을 높이기 위해 1강의 끝에서 말했던 것과 일부 겹치는 부분이 있다.

하나의 반변 첨자와 하나의 공변 첨자를 가진 랭크 2의 텐서부터 시작하자. 이는 주어진 기저에서 한 모둠의 숫자들로 표현되는 수학적 '개체'이다.[4] 이 숫자들은 2개의 첨자들로 표지된다. 게다가 또 다른 기저에서는 똑같은 '개체'가 다른 모둠의 숫자들로 표현되며 두 모둠은 두 기저들 사이의 관계와 관련이 있는 특정한 변화 규칙을 만족한다. Y 기저, 즉 Y 좌표계에서 텐서를 생각해 보자. 우리는 이를

$$(W')^{m}_{\ n}$$

으로 표기한다. 이런 것의 가장 간단한 예는 두 벡터의 외적으로서, 하나는 반변 첨자를, 다른 하나는 공변 첨자를 갖고 있다. '벡터의 외적'이란 성분의 모든 곱의 모둠을 뜻한다.[5] 그 개체를 텐서로 만드는 것은 그 변환 속성이다. 따라서 이를

$$(W')^{m}_{\ n} = \frac{\partial Y^m}{\partial X^p} \frac{\partial X^q}{\partial Y^n} W^{p}_{\ q} \qquad (16)$$

---

4) 텐서는 정의에 따라 사용되는 기저에 의존하지 않는 기하학적 표현을 갖고 있다. 하지만 이 과정에서는 텐서의 이런 측면에 많은 시간을 쓰지는 않을 것이다. 우리에게, 일반 상대성 이론에서는 그 성분들의 변환 속성이 핵심적이다.

5) 외적은 때때로 텐서곱이라고도 부른다.

로 쓰자. 이는 하나의 반변 첨자와 하나의 공변 첨자를 가진 랭크 2 텐서가 어떻게 변환하는지를 말해 준다. 좌변의 각각의 첨자에 대해 우변에는 $\partial Y / \partial X$ 또는 $\partial X / \partial Y$ 가 있어야만 한다. 첨자들이 어디로 흘러가는지 그냥 추적해 보라.

2개의 공변 첨자를 가진 랭크 2 텐서의 또 다른 사례를 보자.

$$(W')_{mn}.$$

이는 어떻게 변환할까? 이제 여러분은 기계적으로 이렇게 쓰기 시작해야 한다.

$$(W')_{mn} = \frac{\partial X^p}{\partial Y^m} \frac{\partial X^q}{\partial Y^n} W_{pq}. \tag{17}$$

이 규칙들은 아주 일반적이다. 임의의 개수의 첨자를 가진 텐서가 있다 해도 이 패턴은 언제나 똑같다. 프라임이 없는 좌표계 X 에서 프라임이 있는 좌표계 Y 로 변환하는 규칙을 표현하기 위해 여러분은 우리가 했던 것처럼 어떤 의미에서든 우변에 편미분을 도입하고 반복되는 첨자에 대해 더하면 된다.

텐서의 한 가지 중요한 성질에 주목하기 바란다. 하나의 틀에서 텐서가 0이면 다른 임의의 틀에서도 반드시 0이다. 이는 스칼라의 경우 명백하다. 하나의 틀에서 스칼라가 0이면 모든 틀에서 0이다. 왜냐하면 그 값은 스칼라를 측정한 기하학적 지점에만 의존하며 그 점의 좌표에는 의존하지 않기 때문이다. 이제 어떤 틀, 예컨대 X 틀에서 벡터 V가 0이라고 가정하자. V가 0이라고 말하는 것은 몇몇 성분이 0과 같다고 말하는 것이 아니라 그 모든 성분이 0이라는 뜻이다. 그러면 식 (15a)와 식 (15b)에 따라 임의의 틀에서 그 성분이 모두 0이 될 것이다.

마찬가지로 임의의 텐서에 대해, 만약 그 모든 성분이 하나의 틀, 즉 하나의 좌표계에서 0이라면, 그러면 그 모든 성분은 모든 틀에서 0이다.

이로부터 중요하고 아주 유용한 결과가 뒤따른다. 하나의 틀에서 두 텐서를 같게 놓는 방정식을 쓰면, 예를 들어

$$T^{lmn}_{pqr} = U^{lmn}_{pqr}$$

이 식은 다음과 같이 다시 쓸 수 있다.

$$T^{lmn}_{pqr} - U^{lmn}_{pqr} = 0.$$

따라서, $T - U$가 여전히 텐서임을 고려하면(다음 절인 「텐서 대수」를 보라.) 다음을 알 수 있다.

만약 두 텐서가 하나의 틀에서 똑같다면 이들은 임의의 틀에서도 똑같다.

이것이 텐서의 기본적인 가치이다. 텐서 덕분에 여러분은 다양한 형태의 방정식, 운동 방정식, 여러분이 작업하고 있는 그 어떤 방정식이라도 그와 똑같은 정확한 방정식이 임의의 좌표계에서도 사실인 그런 형태로 표현할 수 있다. 물론 이는 텐서를 생각할 때 얻을 수 있는 큰 장점이다.

우리는 또한 텐서가 아닌 다른 개체들을 광범위하게 만나고 또 이용할 것이다. 불행히도 이들은 어떤 틀에서는 0이지만 다른 틀에서는 0이 아닐 수도 있다. 이 때문에 우리의 인생이 좀 더 복잡해지겠지만, 그걸 어떻게 다룰지 알게 될 것이다.

텐서는 어떤 불변성을 갖고 있다. 그 성분들은 불변이 아니다. 성분들은 틀에 따라 바뀐다. 하지만 하나의 텐서가 다른 텐서와 같다는 진술은 틀과는 독립적이다. 덧붙여, 텐서 방정식을 쓸 때는 그 성분들이 반드시 일치해야 한다. p가 반변이고 q가 공변인 W^p_q가, 두 첨자가 모두 반변인 T^{pq}와 같다는 식의 방정식을 쓰는 것은 말이 되지 않는다. 물론 여러분은 여러분이 좋아하는 무엇이든 쓸 수 있지만, 만약 예컨대 하나의 좌표계에서 방정식 $W^p_q = T^{pq}$가 우연히도 사실이라 하더라도 (모든 p, q 쌍에 대해 이들은 결국 단지 숫자일 뿐이며 따라서 의미가 없는 것은 아니다.) 다른 좌표계에서는 보통 사실이 아닐 것이다. 그래서 보통 우리는 그런 식으로 방정식을 쓰지 않는다.

벡터와 더 높은 랭크의 텐서와 관련된 사항이 하나 더 있다. 유클리드 기하, 또는 양정치 거리의 비유클리드 기하에서

$V = W$ 가 성립하려면 $V - W$ 의 크기가 0과 같다는 것이 필요 충분 조건이다.

하지만 이 진술은 상대성 이론의 민코프스키 기하에서는 사실이 아니다. 여기서는 두 사건들이 똑같은 사건이 아니더라도 두 사건 사이의 고유 거리가 0일 수도 있다. 벡터의 크기와 벡터 자체는 서로 다른 것이다. 벡터의 크기는 스칼라이지만 벡터는 복잡한 개체이다. 벡터는 성분을 갖고 있다. 벡터는 방향을 가리킨다. 두 벡터가 같다고 말하는 것은 두 벡터의 크기가 똑같고 그들의 방향이 똑같음을 뜻한다. 랭크가 높은 텐서는 훨씬 더 복잡한 개체여서 여러 개의 방향을 가리킨다. 텐서는 하나의 방향을 가리키는 어떤 측면도 있고 다른 방향을 가리키는 어떤 측면도 갖고 있다. 우리는 텐서의 기하에 대해 조금 이야기할 것이다. 하지만 당분간은 텐서를 그 변환 속성으로 정의한다.

텐서 수학의 다음 주제는 텐서 연산이다. 일반적으로 **텐서 대수**(tensor algebra)라는 특정한 명칭이 붙어 있다.

텐서 대수

새로운 텐서를 생성하는 텐서로 무엇을 할 수 있을까? 여기서 우리는 텐서들로 수행할 수 있는, 하지만 텐서가 아닌 다른 종류의 개체를 생성하는 그런 연산에는 관심이 없다. 텐서로 수행할 수 있는, 새로운 텐서를 생성하는 연산에 관심이 있다. 그런 식으로 우리는 아주 유용한 특징을 갖는 틀에 무관한 방정식을 구축할 수 있을 것이다.

먼저 우리는 텐서에 숫자를 곱할 수 있다. 그 결과는 여전히 텐서일 것이다. 이 규칙은 명백해서 여기에 시간을 쓰지 않아도 된다.

우리는 추가로 세 가지 대수 연산을 살펴볼 것이다.

1. **텐서의 합.** 우리는 똑같은 유형, 즉 똑같은 랭크와 똑같은 수의 반변 첨자와 공변 첨자를 가진 두 텐서를 더할 수 있다. 물론 덧셈에는 뺄셈도 포함된다. 텐서에 음수를 곱해서 더하면 뺄셈을 하는 것이다.
2. **텐서의 곱.** 우리는 임의의 텐서쌍을 곱해서 또 다른 텐서를 만들 수 있다.
3. **텐서의 축약.** 어떤 텐서들로부터 우리는 더 낮은 랭크의 텐서를 생성할 수 있다.

텐서의 합

여러분은 텐서의 첨자가 일치하고 같은 종류일 때만 더할 수 있다. 예를 들어,

$$T = T^{m\cdots}_{\cdots p}$$

의 텐서가 있어서 위층 반변 첨자들 모둠과 아래층 공변 첨자의

모둠을 갖고 있고, 그리고 같은 종류의 또 다른 텐서

$$T = S^{m \cdots}_{\cdots p}$$

가 있다면, 즉 이 첨자들이 정확하게 일치한다면, 그러면 여러분은
이 둘을 더해 새로운 텐서를 만들 수 있으며 다음과 같이 표기한다.

$$T + S.$$

이 텐서는 명확한 방식으로 구축되었다. 합의 각 성분

$$(T + S)^{m \cdots}_{\cdots p}$$

은 그저 T와 S의 해당 성분의 합이다. $T + S$가 T 및 S와
똑같은 규칙에 따라 텐서로서 변환한다는 것도 확인해 보면 명
확하다. $T - S$에 대해서도 똑같이 사실이다. 이것도 텐서이다.
$T - S = 0$이 텐서 방정식이기 때문에 이는 텐서 방정식이 모든
기준틀에서 똑같다고 말하는 준거가 된다.

텐서의 곱

합과는 달리 텐서의 곱은 다른 랭크와 유형의 텐서들로도 수행할
수 있다. 텐서의 랭크는 그 첨자들의 숫자이다. 우리는 각각의 첨

자에 대해 두 유형이 반변과 공변임을 알고 있다. 우리는 T_{mn}^{l}에 S_{q}^{p}을 곱할 수 있다. 텐서의 곱셈이란 바로 성분들의 곱이고 첨자들 숫자의 곱이어서 우리는 P_{mnq}^{lp} 형태의 텐서를 얻을 것이다.

이미 우리가 마주했던 간단한 예를 다시 살펴보자. 두 벡터의 텐서 곱셈, 또는 **텐서곱**이다. V^{m}을 반변 첨자를 가진 벡터라 하자. 여기에 공변 첨자를 가진 벡터 W_{n}을 곱해 보자. 그 결과 하나의 위층 첨자 m과 하나의 아래 첨자 n을 가진 텐서가 생성된다.

$$V^{m} W_{n} = T_{n}^{m}. \qquad (18)$$

텐서는 0개(스칼라의 경우), 1개(벡터의 경우), 또는 여러 개의 첨자로 표지된 값들의 집합이다. 식 (18)의 텐서 T는 각각 반변 및 공변 유형인 두 첨자 m과 n으로 표지된 값들의 집합(여러 차례 말했듯이 우리가 텐서를 보고 있는 좌표계에 의존한다.)이다. 이는 한 첨자가 반변이고 다른 첨자가 공변인 랭크 2의 텐서이다.

우리는 어떤 다른 벡터 X^{n}으로 곱했을 수도 있었다. 이때는 어떤 다른 텐서

$$V^{m} X^{n} = U^{mn} \qquad (19)$$

이 생성됐을 것이다.

텐서곱은 이따금 기호 $\otimes$로 표기하기도 한다. 식 (18)과 식

(19)는

$$V^m \otimes W_n = T^m_n$$
$$V^m \otimes X^n = U^{mn}$$

로 쓸 수 있다. 이 책에서 우리는 텐서곱을 그냥 텐서들을 나란히 줄지어 적는 것으로 표기한다.

두 벡터의 텐서곱은 임의의 텐서들의 곱으로 일반화된다. 우리는 피승수(multiplicand)의 모든 성분을 그냥 어떻게든 나란히 세워서 더 높은 랭크의 텐서를 생성한다. $V^m X^n$에는 얼마나 많은 성분이 있을까? 우리는 대체로 시공간에서 4-벡터로 작업을 하고 있으니까 V와 X가 모두 4-벡터라 하자. 각각은 반변 첨자를 가진 랭크 1의 텐서이다. 이들의 텐서곱 U는 랭크 2의 텐서이다. 이는 16개의 독립적인 성분을 갖고 있다. **각 성분은 평범하게 두 숫자를 곱한 것이다.**

$$U^{11} = V^1 X^1,\ U^{12} = V^1 X^2,\ U^{13} = V^1 X^3,\ \cdots$$
$$\cdots\ U^{43} = V^4 X^3,\ U^{44} = V^4 X^4.$$

두 벡터의 텐서곱은 벡터의 점곱이 **아님**을 보라. 곧 우리는 두 벡터의 점곱이 어떻게 텐서 대수와 연관되는지 보게 될 것이다. 점곱은 16개가 아니라 오직 하나의 성분만 가지며 여러분은 그것이 스칼라라고 의심할 것이다. 맞다. 점곱은 틀에 독립적인 숫자이다.

대체로 두 텐서의 텐서곱은 곱해지는 텐서들 중 그 어떤 것도 아닌 다른 랭크의 텐서이다. 똑같은 랭크의 텐서를 만드는 유일한 방법은 곱해지는 인수들 중 하나가 스칼라인 경우이다. 스칼라는 랭크 0인 텐서이다. 여러분은 언제나 텐서에 스칼라를 곱할 수 있다. 임의의 스칼라 S를 잡고 여기에 예컨대 V^m을 곱한다. 여러분은 랭크 1의 또 다른 텐서, 즉 또 다른 벡터를 얻는다. 그건 단지 S의 값으로 길쭉해진 V이다. 하지만 일반적으로 여러분은 명확히 더 많은 첨자를 가진 더 높은 랭크의 텐서를 얻게 된다.

텐서의 축약

축약 또한 쉬운 대수적 과정이다. 하지만 텐서 축약의 결과가 텐서임을 증명하려면 조그만 정리가 필요하다. 수학자들은 이를 정리라고 부르지 않을 것이다. 수학자들은 기껏해야 보조 정리로 부를 것이다. 여기 보조 정리의 내용이 있다. 다음 양을 생각해 보자.[6]

$$\frac{\partial X^b}{\partial Y^m}\frac{\partial Y^m}{\partial X^a}. \tag{20}$$

---

6) 우리는 첨자로 a, b, c 등의 문자 또한 사용하기 시작한다. 왜냐하면 m의 범위나 p의 범위에 우리가 필요로 하는 충분한 문자가 없기 때문이다.

m이 위층과 아래층에 있다는 것은 암묵적으로 m에 대해 합이 수행됨을 뜻한다는 것을 기억하라. 표현식 (20)은

$$\sum_m \frac{\partial X^b}{\partial Y^m} \frac{\partial Y^m}{\partial X^a} \qquad (21)$$

과 똑같다. 식 (20) 또는 식 (21)에 있는 개체는 무엇인가? 그게 무엇인지 알아보겠는가? 이는 Y^m을 약간 변화시켰을 때 X^b의 변화 곱하기 X^a를 약간 변화시켰을 때 Y^m의 변화를 m에 대해 더한 것이다. 즉 우리는 Y^1을 약간 변화시키고 그리고 Y^2를 약간 변화시키고, …… 등등을 하는 것이다. 식 (21)이 무엇이라 생각되는가?

자세하게 살펴보자. X^b 대신 임의의 함수 F를 생각해 보자. F는 $\left(Y^1, Y^2, \cdots, Y^M\right)$에 의존하며 Y^m은 X^a에 의존한다. 그러면 기초 미적분으로부터 다음의 양

$$\frac{\partial F}{\partial Y^m} \frac{\partial Y^m}{\partial X^a}$$

은 X^a에 대한 F의 편미분에 다름 아니다. (편미분인 이유는 Y^m이 의존하는 다른 X^n이 있을 수 있기 때문이다.) 즉

$$\frac{\partial F}{\partial Y^m} \frac{\partial Y^m}{\partial X^a} = \frac{\partial F}{\partial X^a}$$

이다. F가 하필 X^b면 어떻게 될까? 자, 이 공식에는 특별한 게 없다. 우리는

$$\frac{\partial X^b}{\partial Y^m} \frac{\partial Y^m}{\partial X^a} = \frac{\partial X^b}{\partial X^a}$$

를 얻는다. $\partial X^b / \partial X^a$는 무엇인가? 자명해 보인다. X^n은 독립 변수이며 따라서 하나에 대한 다른 하나의 편미분은 둘이 똑같으면 1이거나 그렇지 않은 경우는 0이다. 따라서 $\partial X^b / \partial X^a$는 크로네커 델타 기호이다. 우리는 이를

$$\delta_a^b$$

로 표기할 것이다. 위 첨자와 아래 첨자를 사용함에 주목하라. 우리는 δ_a^b 자체가 또한 우연히도 텐서임을 알게 될 것이다. 이는 약간 이상하다. 왜냐하면 크로네커 델타는 단지 숫자들의 집합이기 때문이다. 하지만 크로네커 델타는 하나의 반변 첨자와 하나의 공변 첨자를 가진 텐서이다.

　이제 첨자 축약을 이해하기 위해 필요한 작은 보조 정리를 설명했으니 예를 하나 들어 보자. 그러고는 더 일반적으로 축약을 정의할 것이다.

　하나는 반변 성분을 가졌고 다른 하나는 공변 성분을 가진

두 벡터로 만든 텐서를 생각해 보자.

$$T_n^{\ m} = V^m\,W_n.\qquad\qquad (22)$$

축약이 뜻하는 것은 이렇다. **임의의 위 첨자와 임의의 아래 첨자를 취해 이들을 똑같이 놓고 이들에 대해 더한다.** 즉

$$V^m\,W_m\qquad\qquad (23)$$

를 취하는 것이다. M이 우리가 작업하고 있는 공간의 차원이라면, 식 (23)은 $V^1\,W_1 + V^2\,W_2 + V^3\,W_3 + \cdots + V^M\,W_M$이다. 우리는 위 첨자를 아래 첨자와 일치시켰다. 2개의 위 첨자, 또는 2개의 아래 첨자로 그렇게 할 수는 없다. 하지만 하나의 위 첨자와 하나의 아래 첨자를 취할 수는 있다. 식 (23)이 어떻게 변환하는지 알아보자. 이를 위해 식 (22)에 먼저 적용된 변환 규칙을 살펴보자. 우리는 이미 이것이 텐서임을 알고 있다. 그 텐서가 변환하는 방식은 이렇다.[7]

---

7) 우리는 $(V^m W_n)'$이라고 썼지만, 또한 $(V^m)'(W_n)'$이라고 쓸 수도 있었다. 왜냐하면 이들이 똑같음을 알기 때문이다. 사실 두 벡터의 외적이 텐서를 형성한다고 말할 때 우리가 뜻하는 바는 바로 이것이다. 즉 임의의 좌표계에서 이 성분들의 곱의 모둠을 취할 수 있다는 뜻이다. 임의의 두 좌표계에서 계산한 $(V^m)'(W_n)'$과 $V^m W_n$은 식 (24)로 연관되어 있을 것이다.

$$(V^m W_n)' = \frac{\partial Y^m}{\partial X^a} \frac{\partial X^b}{\partial Y^n} (V^a W_b). \qquad (24)$$

식 (24)는 텐서 T^m_n의 변환 속성으로서, 하나의 위층 첨자와 하나의 아래층 첨자를 갖고 있다.

이제 $m = n$이라 하고 위 첨자와 아래 첨자를 일치시켜 축약하고 그리고 **그에 대해 더한다.** 좌변에서 우리는

$$(V^m W_m)'$$

을 얻는다. 얼마나 많은 첨자가 있는가? 0이다. 따라서 $V^m W_n$의 축약은 또 다른 텐서, 즉 스칼라를 만든다.

우리는 식 (24)가 무엇을 말하는지 따져 볼 수 있다. $(V^m W_m)'$이 $V^m W_m$과 똑같다는 것을 확증해야 한다. 이제 우리의 작은 보조 정리가 도움이 된다. 식 (24)의 우변에서 $m = n$이라 놓고 m에 대해 더하면 편미분 곱의 합은 δ^b_a이다. 따라서 우변은 $V^a W_a$이다. 하지만 a나 m은 단지 가짜 첨자들일 뿐이다. 따라서 식 (24)는 정말로

$$(V^m W_m)' = V^m W_m$$

임을 말하고 있다.

위층 및 아래층 첨자가 임의의 개수로 많은 첨자를 가진 임

의의 텐서

$$T^{nmr}_{pqs} \tag{25}$$

를 취해 그중에 한 쌍(하나의 반변과 하나의 공변), 이를테면 r 와 q 를 축약하면

$$T^{nmr}_{prs} \tag{26}$$

를 얻는다. 이 식은 r 에 대해 성분을 더한다는 것을 암묵적으로 말하고 있으며 이것은 새로운 텐서이다. 이는 증명하기 쉬우니 독자들이 증명해 보기 바란다.

식 (25)의 텐서는 6개의 첨자를 갖고 있으나 식 (26)의 텐서는 4개만 갖고 있음에 주목하라.

또한 주목해야 할 사항이 두 가지 더 있다.

1. $V^m W^n$ 을 보면 우리는 축약할 수 없는 텐서를 다루고 있다. 식 (24)와 유사하게 쓰면

$$\frac{\partial Y^m}{\partial X^a} \frac{\partial Y^n}{\partial X^b}$$

을 수반할 것이다. 이 양은 $m = n$ 이라 놓고 이에 대해 더

하더라도 크로네커 델타가 되지 않는다. $\sum_m (V^m)'(W^m)'$ 의 합은 $\sum_m V^m W^m$ 과 같지 않을 것이다.

2. 두 벡터 V와 W의 점곱은 텐서 $V^m W_n$의 축약이다. 하지만 이 경우 한 벡터는 반변 첨자를 가져야 하고 다른 벡터는 공변 첨자를 가져야 한다.

즉 축약은 내적이라고도 불리는 두 벡터의 점곱을 일반화한 것이다. 우리는 계측 텐서를 다시 다룬 직후 내적을 다루려고 한다.

계측 텐서에 대해 좀 더

리만 기하의 모든 텐서 중에 계측 텐서가 가장 중요하다. 식 (14)에서 우리는 기저 벡터 e_m들로 계측 텐서를 구축하는 것을 기술했다.

$$g_{mn} = e_m \cdot e_n.$$

이제 계측 텐서를 그 자체의 용어 위에 추상적으로 정의해 보자. 이는 이미 우리가 이전에 다뤘던 것들이지만, 텐서를 더 많이 연습했으니 다시 진행해 보자.

계측 텐서를 정의하기 위해 그림 6처럼 점 P에 위치한 변위 벡터 dX의 성분을 나타내는 미분 요소 dX^m을 생각해 보자. 그리고 우리는 무한소 변위를 생각하고 있으며 이를 dX라 부른다.

그림 6 변위 벡터 dX.

dX의 반변 성분은 식 (4)의 전개에서 벡터 dX의 성분들이다. 3차원인 경우

$$dX = dX^1 e_1 + dX^2 e_2 + dX^3 e_3 \qquad (27)$$

이다. 이 변위 벡터의 거리는 무엇인가? 여기 답하기 위해 우리는 기하에 대해 더 많이 알 필요가 있다. 특히 계측 텐서 $g_{mn}(X)$와 이것이 위치에 따라 어떻게 변하는지를 알 필요가 있다. dX의 길이를 dS라 쓰면 피타고라스 정리의 일반화된 형태는

$$dS^2 = g_{mn}(X)dX^m dX^n \qquad (28)$$

이다.

수학적 막간: 계측은 대칭 텐서이다

임의의 랭크 2 텐서(T라 부르자.)는 대칭 텐서와 반대칭 텐서의

합으로 쓸 수 있다.

$$T_{mn} = S_{mn} + A_{mn}.$$

여기서 대칭 부분은

$$S_{mn} = S_{nm}$$

을 만족하며 반대칭 부분은

$$A_{mn} = -A_{nm}$$

을 만족한다. 따라서

$$dS^2 = S_{mn}dX^m dX^n + A_{mn}dX^m dX^n$$

이다. A가 반대칭이므로 둘째 항은 항상 0이 될 것임에 주목하라. 따라서 일반성을 잃지 않고서 우리는 계측 텐서가 대칭적이라 가정할 수 있다.

$$g_{mn} = g_{nm}.$$

	X^1	X^2	X^3	X^4
X^1	✓	✓	✓	✓
X^2		✓	✓	✓
X^3			✓	✓
X^4				✓

그림 7 g_{mn} 의 독립적인 성분.

여느 다른 랭크 2 텐서와 마찬가지로 계측은 N^2 의 성분을 가진 행렬로 나타낼 수 있다. 예를 들어, 공간이 4차원이라면 그 행렬은 16개의 성분을 가진 4 × 4 행렬일 것이다. 하지만 대칭적이기 때문에 그림 7에서 보듯 오직 10개의 독립적인 성분만 있다.

이와 비슷하게 3차원 공간에서는 g_{mn} 에 6개의 독립적인 성분이 있을 것이다. 2차원에서는 3개가 있을 것이다.

막간 종료.

지금까지 우리는 g_{mn} 이 텐서임을 증명하지 않았다. 나는 그것을 계측 텐서라 불렀지만, 이제 이것이 정말 그런 개체인지 증명해 보자. 증명으로 안내하는 기본 원칙은 벡터의 길이는 스칼라이며, 모두가 그 길이에 동의한다는 점이다. 다른 좌표계를 사용하는 사람들은 dX (그림 6을 보라.)의 성분에 동의하지 않겠지만, 그 길이에는 동의할 것이다. dX 의 길이, 아니면 대신 그 제곱을 다시 써 보자.

$$dS^2 = g_{mn}(X)dX^m dX^n. \tag{29}$$

이제 X 좌표계에서 Y 좌표계로 옮겨 가 보자. dS^2은 불변이므로 다음 관계가 성립한다.

$$g_{mn}(X)dX^m dX^n = g'_{pq}(Y)dY^p dY^q. \tag{30}$$

이제 기초 미적분 공식을 사용해 보자.

$$dX^m = \frac{\partial X^m}{\partial Y^p}dY^p. \tag{31}$$

식 (30)의 dX^m과 dX^n에 식 (31)을 꽂아 넣으면 다음을 얻는다.

$$g_{mn}(X)\frac{\partial X^m}{\partial Y^p}\frac{\partial X^n}{\partial Y^q}dY^p dY^q = g'_{pq}(Y)dY^p dY^q. \tag{32}$$

식 (32)의 양변은 dY^p에 대해 똑같은 2차식 형태의 표현이다. 이는 그 계수들이 똑같아야만 성립한다. 따라서 우리는 다음의 변환 속성을 설정하게 된다.

$$g'_{pq}(Y) = g_{mn}(X)\frac{\partial X^m}{\partial Y^p}\frac{\partial X^n}{\partial Y^q}. \tag{33}$$

이는 정확하게 2개의 공변 첨자를 가진 텐서의 변환 속성이다. 따라서 우리는 계측 텐서가 사실 정말로 텐서임을 알게 되었다. 계측 텐서는 텐서처럼 변환한다. 여기에는 수많은 응용 분야가 있다. 계측 텐서는 식 (29)에서 위 첨자를 가진 미분 변위 dX^m 과 곱해지기 때문에 2개의 아래 첨자를 갖고 있다.

계측 텐서는 또한 mn 첨자를 가진 행렬로도 보여 줄 수 있다. $g_{ij} = g_{ji}$ 임을 기억하면 다음 행렬이 된다. 우리는 여전히 g_{mn} 으로 표기할 것이다.

$$g_{mn} = \begin{pmatrix} g_{11} & g_{12} & g_{13} & g_{14} \\ g_{12} & g_{22} & g_{23} & g_{24} \\ g_{13} & g_{23} & g_{33} & g_{34} \\ g_{14} & g_{24} & g_{34} & g_{44} \end{pmatrix}.$$

이는 대칭 행렬이다.

이 행렬, 즉 하나의 행렬로 여겨지는 텐서 g_{mn} 에 대해 한 가지 사실이 더 있다. 고유치(eigenvalue)이다. 이 고유치들은 양수이며 결코 0이 아니다.

고유치가 결코 0이 아닌 것은 0의 고유치가 길이가 0인 고유 벡터에 해당하기 때문이다. 하지만 길이가 0인 벡터는 없다. (물론 그 성분이 모두 0이 아니라면 말이다.) 리만 기하에서는 모든 방향이 그와 연관된 양의 길이를 갖고 있다.

계측의 역행렬

대칭적이며 고유치가 모두 0이 아닌 행렬에 대해 우리가 알고 있는 것은 무엇인가? 답은 "역행렬을 갖고 있다."이다. 계측 텐서(g_{mn} 또는 간단히 g로 표기하는)의 행렬은 역행렬 g^{-1}를 갖는다. 그 성분들은 비록 공변 원소들이긴 해도 그 자체가 텐서의 성분들이다. g^{-1}의 성분들은 g^{mn}으로 쓴다.

행렬 용어를 쓰자면 행렬 g와 g^{-1}의 곱은 단위 행렬이다. 이는 공식으로 표현된다.

$$g^{-1}g = \text{단위 행렬.}$$

성분을 쓰면 다음의 형태를 취한다.

$$g_{mn}g^{np} = \delta_m^p. \tag{34}$$

여기서 δ_m^p은 단위 행렬이다.

식 (34)는 역행렬의 정의이지만, 또한 텐서 방정식이기도 하다. 우리는 이미 크로네커 델타 δ_m^p이 하나의 아래 첨자와 하나의 위 첨자를 가진 텐서임을 알고 있다. 그 정도면 g^{np}가 2개의 위 첨자를 가진 텐서임을 증명하기에 충분하다.

사실 3개의 텐서 g_{mn}, g^{mn}, g^n_m은 세 가지 형태로 쓴 하나의 텐서에 불과하다.[8] 첫째는 2개의 공변 첨자, 둘째는 2개의 반변 첨자, 셋째는 하나의 공변 및 하나의 반변 첨자를 갖고 있다.

아래층 첨자를 가진 계측 텐서와 위층 첨자를 가진 계측 텐서가 있다는 사실은 중요한 역할을 하게 될 것이다.

지금까지 우리가 텐서에 대해 봐 왔던 모든 것은 쉬웠다. 본질적으로는 그 표기법을 배우고 익숙해지는 것이었다.

이 강의는 텐서 대수에 관한 것이었다. 다음 강의는 텐서 미적분을 다룬다. 특히 텐서의 평행 운송, 텐서의 미분, 그리고 가장 중요한 것으로 도함수로부터의 곡률 텐서 구축 같은 그런 흑마술을 다룰 것이다. 기하가 평평한지 휘었는지, 그리고 일반 상대론에서 중력장이 기조력을 발휘하는지 여부를 우리에게 알려주는 것은 곡률 텐서이다.

---

8) 마찬가지로 우리는 랭크 1 텐서, 즉 우리가 1강에서 추상적인 벡터라 불렀던 것이 반변 형태와 공변 형태를 갖고 있음을 확인했다.

평평함과 곡률

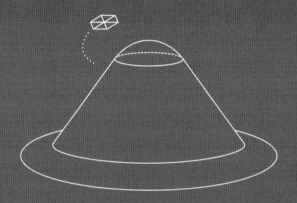

레니: 오늘은 평평한 공간과

평평하지 않은 공간 사이의 차이를 공부할 거야.

앤디: 나도 알 것 같아.

우린 항상 무한히 많은 수의 똑같은

평평한 사각형 타일을 평면에 깔 수 있지.

그리고 그건 우리가 어떤 이유로 곡선 좌표를

사용할 수 있다는 사실과는 관계가 없어.

하지만 우린 그런 방식으로 지구 표면에 타일을 깔 수는 없지.

레니: 바로 그거야.

앤디: 하지만 3차원 공간이라면,

우린 언제나 똑같은 정육면체로 채울 수 있어!

유치원 시절이 기억나.

레니: 오직 국소적으로만 그렇지.

광역적으로는 우주의 모양이 어떤지 확실하진 않아.

그건 다음 권에서 이야기할 거야.

앤디: 아, 알겠어.

글로벌하게 생각하고 로컬하게 행동하라는 말과 비슷하네.

레니: 그런 셈이지.

이건 주제와 전혀 관련이 없는 제안에 대한 일종의 상냥한 답변이야. :-)

시작하며

일반 상대성 이론은 아주 어렵다고 정평이 나 있다. 내 생각에 그 이유는 일반 상대성 이론이 정말로 아주 어렵기 때문이다. 기호, 첨자, 경외심을 불러일으키는 방정식 등 일반 상대성 이론은 계산이 어렵다. 사람들이 더 간결한 표기법으로 그런 것들을 표현하기 위해 고안한 방법들이 있지만, 그걸 익히는 것 자체가 하나의 일이다. 피어바인, 형식, 스피너, 트위스터 같은 것들, 그리고 모든 종류의 다른 수학적 개체들이 있다. 원한다면 이들 중 많은 것들은 단지 표기법상의 도구라 부를 수도 있다. 그리고 이들 덕분에 정말 방정식들이 간단해진다. 그래서 나는 때때로 내 방식대로 이것들을 표현할 때, 마치 자신의 방정식의 모든 식을 하나씩 적어 내려간 맥스웰[1]처럼 느껴지기도 한다. 처음 맥스웰은 모두 20개의 식을 썼다. 지금 우리는 겨우 4개만 쓴다. 보통 우리는 방정식의 모든 성분을 쓰지 않는다. 우리는 그들 모두를 벡터 표기법 등으로 정리한다. 우리가 똑똑하다면 델, 컬, 라플라시안 같은 기호를 고안해 심지어 첨자들을 피할 수도 있다. 일반 상대성 이론에서도 어느 정도까지는 똑같은 일을 할 수 있다. 그러나 결

---

1) 제임스 클러크 맥스웰(James Clerk Maxwell, 1831~1879년), 스코틀랜드의 이론 물리학자.

국에는 계산 기법이 의문의 여지 없이 더 어렵다.

　나는 계산적인 측면을 중시하지 않고 원리들에 집중하려 한다. 여러분이 정말로 일반 상대성 이론에서의 계산에 관심이 있다면 패키지들이 있다. 여러분이 그냥 위치의 함수로서의 계측을 집어넣으면 컴퓨터가 여러분이 요구하는 다양한 텐서들을 뱉어 낼 것이다. 리만 텐서, 리치 텐서, 아인슈타인 텐서, 이런저런 종류의 텐서. 그러면 여러분은 그 결과를 심지어 쳐다보지도 않고 이렇게 말할 수도 있다. "좋아, 컴퓨터 씨, 부탁인데 아인슈타인 텐서를 에너지 운동량 텐서와 같다고 두고 무슨 결과가 나오는지 내게 말해 줘." 그렇다, 컴퓨터는 우리보다 훨씬 더 잘할 수 있다.

현대 물리학에서 일반 상대성 이론

1960년대 내가 젊은 물리학자였을 때 일반 상대성 이론은 이론 물리학에서 약간 벽오지(僻奧地)였다. 이는 부분적으로 미묘한 비(非)뉴턴 효과를 감지하는 기술이 대부분 아직 존재하지 않았기 때문이었다. 그뿐만 아니라 나 같은 물리학자들은 이론 물리학의 근본적인 측면들에 관심이 있어서 다른 중요한 일들이 있었다. 기본 입자 물리학(이론과 실험 모두)은 거의 매년 새로운 발견으로 황금기를 구가하고 있었다.

　그 후로 상황이 바뀌었다. 새로운 기술 덕분에 새로운 실험과 천문학적 관측이 가능했고 결국 일반 상대성 이론이 옳고 중요하다는 것에 대한 그 어떤 의심도 일소해 버렸다. 아인슈타인의 이론은 우주의 기원과 구조를 연구하는 우주론에 절대적인 핵심이라는 것이 명확해졌다. 블랙홀들이 은하 중심에서 발견되었다. 일반 상대성 이론의 방정식을 수치적으로 푸는 계산 도구를 확보하는 것이 다급해졌다. 그 결과 이 방정식들을 더 깊이 이해할 수 있게 되었다. 수치 상대론(numerical relativity)이라는 분야가 태어나 번성했다.

이론적인 면에서는 원래 입자 물리학을 위해 고안되었던 끈 이론이 중력을 분석하는 데에 새롭고도 강력한 도구를 제공했다. 아마도 훨씬 더 중요한 것은 양자 역학과 일반 상대성 이론 사이에서 발견된 충돌이었다. 2000년까지는 대안이 없었다. 이론 물리학자들에게 주된 질문은 양자 역학과 일반 상대성 이론을 어떻게 조화시킬 것인지, 또는 심지어 통합할 것인지 그 방법을 이해하는 것이었다.

한 가지가 더 있었다. 내가 매우 놀란 것 중 하나는 중력과 양자 중력의 이론적 도구들이 응집 물질 물리학과 양자 컴퓨터 과학을 포함해 다른 분야에 적용되는 방식이었다. 요컨대 일반 상대성 이론은 이제 벽오지가 아니라, 주류이다.

리만 기하

이번 강의는 실제로 중력을 논의하지 않고 리만 기하 그 자체를 공부하는 마지막 강의이다. 다음 강의에서 우리는 정말로 중력으로 들어갈 것이다. 이 모든 텐서 기법들이 중력과 무슨 상관이 있을까? 우리는 이미 1강에서 그 답을 슬쩍 보았다.

단지 굽은 좌표의 어떤 부산물이 아니라 정말로 중력장이 있는지 여부를 알아내는 문제는 (그 계측 텐서로 특정지을 수 있는) 어떤 기하가 평평한가 아닌가를 알아내는 문제와 수학적으로 동일하다.

먼저 2차원 공간 또는 '다양체'부터 생각해 보자. 이는 각 점의 위치가 2개의 실수 좌표 X^1과 X^2로 정해지는 표면 S를 뜻한다. 1강의 그림 12를 보라. 거기서는 편의상 보통의 3차원 공간 속에 포함된 것으로 그려져 있다.

우리는 S가 무한소 길이를 정의하는 계측을 갖는다고 가정한다. 무한소 길이의 제곱은

$$dS^2 = g_{mn}(X)dX^m dX^n \qquad (1)$$

으로 주어진다. 여기서 m과 n은 첨자 {1, 2}의 값을 갖는다.

평평한 기하란 유클리드의 모든 공리, 특히 **유클리드의 공준**[2]이라 불리는 유명한 다섯 번째를 포함해서 모두가 옳은 그런 기하이다. 점, 선, 평행선, 거리, 직각, 등등 우리가 고등학교에서 배웠던 모든 것들을 유클리드 기하라 부른다. 게다가 표면 S(3차원 속에 포함되어 있다고 생각하면)는 평면일 필요가 없지만, 그 내재적

---

[2] 사람들의 인식이 더 정교해지기 전까지 2,000년 동안 이는 '현실에서 정말로 사실'이라고 생각했기 때문에 **공준**이라 불렸다.

기하에 어떤 왜곡을 가하거나 늘리거나 또는 압축하지 않고 평면 위에 펼쳐 놓을 수 있다. 3차원 공간 속의 그런 표면을 **전개 가능**(developable)하다고 말한다. 원기둥과 원뿔이 그 예이다.

평평한 기하는 우리가 새로운 좌표계 Y를 찾을 수 있어서 임의의 점 P(이제는 Y 좌표계에서 위치가 정해지는)에서 계측이 간단한 형태

$$dS^2 = (dY^1)^2 + (dY^2)^2 \qquad (2)$$

를 갖는 그런 기하이다. 그런 변환은 임의의 **주어진** 점 P에서 국소적으로 항상 가능하다. 왜냐하면 국소적으로는 임의의 매끈한 표면이 평면과 비슷하기 때문이다. 그러나 전체 표면에 대해 광역적으로는 그런 변환을 찾는 것이 항상 가능한 것은 아니다. 즉 위치에 따라 변하는 임의의 계측이 주어졌을 때(공간이 매끈하고 모든 좋은 미분적 속성을 갖고 있다고 가정하고) 그런 좌표를 찾는 것이 항상 그 풀이를 갖는 것은 아니다. 그리고 그런 것이 존재하는가 그렇지 않은가를 판별하는 것은 일반적으로 어려운 문제이다.

이 문제에 대한 나쁜 접근법은 가능한 모든 좌표계 Y를 찾아보고 변환된 계측이 크로네커 행렬인지를 알아보는 것이다. 이건 무한대의 시간이 걸릴 것이다.

우리에겐 더 나은 기법이 필요하다. 더 나은 기법이란 우리 또는 컴퓨터가 계산할 수 있는, 계측과 그 도함수로 구성된 어떤

진단량(diagnostic quantity)을 탐색하는 것이다. 만약 그것이 어디서나 0이라면 그 공간은 평평하다. 만약 어떤 지점에서 0이 아니라면, 그 공간은 거기서 어떤 곡률이 있음을 우리에게 알려 줄 것이다.

2차원의 경우 그 일을 하는 진단량은 **가우스 곡률**이라 부른다. 일반적으로 더 높은 차원에서는 그것이 **곡률 텐서**이다. 다소 어렵지만 노력할 만한 가치가 있다. 일단 곡률 텐서를 숙달하게 되면 우리는 순수 기하학에 대해서도 그리고 중력을 이해하는 데 있어서도 아주 강력한 도구를 갖게 된다.

어디서부터 시작할까? 공간에서부터 시작한다. 공간이란 무엇보다 여러 차원을 뜻한다. 리만 기하에서는 차원의 숫자가 임의의 양수일 수 있다. 원칙적으로는 심지어 0차원 공간도 가질 수 있지만, 그것은 단지 점일 뿐이다! 점의 기하에 대해서는 별로 할 말이 없다. 그래서 그 다음 수의 차원으로 가 보자.

앤디: 레니, 자넨 라이프니츠의 단자(monad)[3]를 잘 알지 못하는 것 같군. 사실 오직 하나의 점으로만 구성된 공간은 환상적이

---

3) 라이프니츠의 단자는 세상에 대한 그 어떤 흥미로운 이해로 이어지지는 않았다. 그렇다면 왜 라이프니츠는 그런 이상한 개념을 고안했을까 궁금할 것이다. 그 이유는 아마도 라이프니츠가 적분법을 발명한 데서 찾을 수 있을 것이다. 적분법은 어마어마한 성공을 거두었으며 무한히 작은 양에 의존하고 있었다. 단자는 그런 것들과 사촌지간이다. 19세기에 확고한 기반을 다진 무한소가 지금까지 아주 유용한 것으로 드러난 반면, 단자는 그렇지 못했다.

거든! :-)

레니: 확실히 라이프니츠는 그렇게 생각했지. 뉴턴은 그 정도까지는 아니었지만. :-(

1차원 공간은 무한한 선이거나 닫힌 곡선, 즉 고리이다. 만약 닫힌 고리라면, 그것은 내재적으로 무엇으로 특징지어지는가? 하나, 오직 하나로서 그 곡선의 전체 길이이다. 모든 고리는 같은 길이의 다른 모든 고리와 동등하다. 달리 말하자면 이렇다. (잠시만 이를 생각해 보자.) 그 자체로 닫혀 고리를 형성하며 어떤 길이를 갖고 있는 밧줄 한 조각을 가져온다. 그 어떤 방식으로 고리를 흔들거나 휘어지게 하더라도 언제나 항상 정확히 똑같은 길이의 또다른 밧줄 조각으로 사상하거나 또는 그 위에 얹을 수 있다. 그고리 위에 살고 있는 1차원적 벌레에게 다른 것은 더 없다. 그저 길이만 있을 뿐이다.

벌레가 할 수 있는 일이란 고리 주변을 걸을 때 걸리는 걸음수를 세는 것뿐이다. 예를 들어, 그 벌레는 어딘가에 처음 표시를 남기고, 그러고는 그 표시로 되돌아올 때까지 고리 주변을 돌면서 걸었던 걸음 수를 기록한다. 벌레가 고리에 대해 말하거나 측정할 수 있는 유일한 것이 그것이다.

요컨대, 1차원 공간에서는 곡률이라는 개념이 없으며 오직 길이의 개념만 있다. 독자들은 이를 이상하다고 여길지도 모른다. 왜냐하면 우리가 길(1차원 공간) 위로 차를 몰 때 직선 구간도 있고 회전 구간도 있기 때문이다. 맞는 말이지만, 길에서의 회전이라는 개념은 우리가 그 길이 적어도 2차원, 즉 평면 또는 표면, 또는 3차원 공간 등의 공간 속에 포함되어 있다고 여길 때만 의미가 있음을 이해해야만 한다.

2차원 공간은 상황이 더 복잡해지고 더 흥미로워지기 시작하는 출발점이다. 평평한 공간도 있고 굽은 공간도 있다. 평평한 공간은 평면이다. 굽은 공간은 구일 수 있다. 돌기가 있는 공간일 수도 있고 산과 계곡을 품고 있는 지구의 표면일 수도 있다. 심지어 이상한 위상을 가질 수도 있다. 예컨대 원환면이라고도 불리는 도넛의 표면일 수도 있다. 원환면에 다른 구멍을 뚫어 2개의 구멍을 가진 원환면 등등을 만들 수도 있다.

차원이 증가할수록 상황은 더 나빠질 뿐이다. 3차원, 4차원 그리고 고차원 공간 속의 다양한 유형의 공간들은 당황스러울 정도이지만, 운 좋게도 우리는 몇몇 간단한 경우들에 대해서만 알면 된다.

어떤 텐서가 0인지 아닌지의 여부로 공간이 평평한지 아니면 굽었는지 여부를 구분할 수 있는 그런 텐서를 찾는 우리의 주된 목표로 돌아오자. 왜 텐서인가? 왜냐하면 평평함은 좌표의 선택에 의존하지 않기 때문이다. 그리고 텐서는 한 틀에서 0이면 모든 틀에서 0이다. 곡률 텐서는 전통적으로 리만을 기려 R로 표기한다. 우리는 곡률 텐서의 랭크가 4로서 4개의 첨자를 가지고 있음을 알게 될 것이다.

가우스 정규 좌표

만약 N 차원 공간이 평평하다면 우리는 계측이

$$dS^2 = (dY^1)^2 + (dY^2)^2 + \cdots + (dY^N)^2 \qquad (3)$$

의 형태, 또는 크로네커 델타 기호를 이용했을 때

$$dS^2 = \delta_{ij}\, dY^i dY^j \qquad (4)$$

의 형태를 가지는 좌표를 고를 수 있다. 좌표를 선택해서 어느 정도까지 계측이 이와 비슷하게 보이도록 할 수 있을까? 일반적으로 우리가 할 수 있는 최선은 계측 텐서가 한 점 주변 공간의 작은 영역에 대해 근사적으로 δ_{ij}가 되도록 하는 것이다.

여기 우리에게 아주 유용할 정리가 있다.

공간 속에서 임의로 주어진 점 P에서 우리는 그 점으로부터 작은 편차의 1차까지 계측이 δ_{mn}인 좌표계를 찾을 수 있다. 그림 1을 보라. 일반적으로 공간이 평평하지 않다면 그런 시도는 1차 이상에서 실패할 것이다.

그런 좌표를 **점 P에서의 가우스 정규 좌표**라 부른다. 진행 방법은 다음과 같다. 우리 자신을 점 P에 위치시키고 임의의 첫 방향을 따라 우리가 할 수 있는 가능한 한 직선으로 움직인다. 나

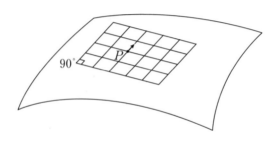

그림 1 표면을 따라 그리고 접평면을 따라 똑같은 방향으로 ΔS 길이의 변위. 좌표는 P에서의 접평면 위에 나타나 있다. 좌표를 (약간 굽은) 표면 자체 위에 나타냈을 수도 있었다.

중에 우리는 '우리가 할 수 있는 가능한 한 직선으로'가 무슨 뜻인지 알게 될 것이다. 이는 측지선(geodesic)을 따라감을 뜻한다. 그렇게 여러분이 할 수 있는 가능한 쭉 뻗은 곡선을 만든다.

예를 들어, 여러분이 2차원 표면 위에서 조그만 차를 몰고 있는 작은 벌레라고 가정해 보자. 여러분은 운전대를 정면으로 향하게 하고 표면을 따라 움직인다. 이것이 바로 '가능한 한 직선으로'의 의미이다.

이렇게 하나의 좌표축이 정의된다. 그러고는 점 P로 다시 돌아온다. 여러분은 어떤 탐색 도구를 갖고 있어서 어떤 방향이 처음 선과 직각을 이루는지 알아낼 수 있다. 2차원 표면에서는 (어떤 의미에서든) 오직 하나의 다른 방향이 존재한다. 3차원에서는 평면 전체가 존재한다. 여러분은 직교 방향으로 최대한 직선으로 출발한다. 그런 식으로 여러분은 이 방향들을 기초로 좌표의 완전 집합을 구축한다.

정리에 따르면 표면의 모든 점 P에서 여러분은 좌표가, 말하자면 X_0인, 그 점에서

$$g_{mn}(X_0) = \delta_{mn} \qquad (5)$$

인 그런 가우스 정규 좌표를 고를 수 있다.

여러분은 이를 한 가지 이상의 방식으로 할 수 있다. 여러분이 식 (5)가 사실인 좌표를 찾았다면, 여러분은 분명히 그 좌표를 회전할 수 있다. 이렇게 하면 새로운 집합에서 식 (5)가 여전히 사실인 그런 다른 축들의 집합을 만들 수 있다. 그림 1에서 P 주변으로 좌표계를 회전시키는 것을 생각해 보라.

그뿐만 아니라 정리에 따르면 점 P에서 일단 여러분이 방향을 정했다면 여러분은 또한 그 점에서의 계측 텐서 $g_{mn}(X)$의 임의의 원소를 공간 속의 임의의 방향 X^r에 대해 **미분**한 도함수가 0과 같도록 놓을 수 있다.

$$\frac{\partial g_{mn}}{\partial X^r} = 0. \qquad (6)$$

증명은 사실 아주 간단하다. 단지 숫자를 세는 논증일 뿐이다. 얼마나 많은 독립 변수를 갖고 있는지, 얼마나 많은 제한 조건을 만족해야 하는지를 세면 된다.

식 (6)은 주어진 점에서 오직 1계 도함수에만 사실이다. 공간이 평평하지 않다면 그 점에서의 고계 도함수는 0이 아닐 것이다.

$$\frac{\partial^2 g_{mn}}{\partial X^r \, \partial X^s} \neq 0. \tag{7}$$

따라서 한 점에서는 계측을, 말하자면, 평평한 것과 비슷하게 고를 수 있다고 말해 봐야 사실상 내용이 없다. 1계 도함수가 포함될 때까지는 언제나 그렇게 될 수 있다.

공간의 평평함 또는 평평하지 않음이 나타나기 시작하는 것은 계측 텐서의 2계 도함수에서다.

어떻게 증명할까? 앞서 말했듯이 사실 어렵지 않다. 증명해 보자. 우리가 관심 있는 점을 P라 하고 그 좌표가 X_0일 때 그 점을 원점으로 잡는다.

$$X_0 = 0.$$

이제 우리가 어떤 일반적인 계측과 그 계측이 식 (6)을 만족하지 않는 어떤 형태를 가지는 어떤 좌표 Y를 가지고 있다고 가정한다.

Y의 함수들인 어떤 X를 찾아 다음과 같이 골라 보자.

$X = 0$인 곳, 즉 원점에서 $Y = 0$이라 또한 가정한다. 따라서 두 좌표 집합은 똑같은 원점을 갖고 있다. 이는 X가 Y 더하기 Y의 어떤 2차식을 더한 것과 같이 시작될 것임을 뜻한다.

$$X^m = Y^m + C_{nr}^m Y^n Y^r. \tag{8}$$

여기에 좀 더 복잡한 항들이 더해진다. 우리는 단지 각 X^m을 Y^1, Y^2, $\cdots$, Y^N의 차수로 전개하고 있다. 여기서 N은 공간의 차원수이다.

C_{nr}^m는 몇 개가 있을까? 우리가 4차원에서 작업하고 있다고 가정하자. 그러면 $Y^n Y^r = Y^r Y^n$이므로 10개의 구분되는 조합 $Y^n Y^r$가 있다. 각각의 n과 r에 대해 우리는 4개의 C_{nr}^m를 갖고 있다. 여기서 m은 1부터 4까지 변한다. 이는 40개의 독립적인 계수가 있음을 뜻한다. 이제 g의 독립적인 성분은 몇 개인가? 답은 10개이다. 따라서 40개의 식 (6)이 있다. 마지막으로 우리는 40개의 방정식과 40개의 풀어야 할 미지수까지 이르렀다. 이 덕분에 우리는 점 P에서 $g_{mn}(X) = \delta_{mn}$일 뿐만 아니라 g_{mn}과 δ_{mn}의 도함수도 2차식의 차수까지 일치할 것임을 확신할 수 있다.[4] 이는 우리가 40개의 방정식 (6)을 풀 수 있으며 게다가 방

---

4) 40개의 미지수를 가진 40개의 방정식이 기존의 고유한 풀이를 구할 수 있는 그런 경우에 해당함을 쉽게 확인할 수 있다. 독자들은 2차원에서 이를 확인해 보기 바란다.

정식 (7)의 좌변을 0과 같다고 놓는 데에 실패할 것임을 뜻한다.

요약하자면 이렇다. 임의의 점 P에서 매끈한 공간(또는 표면, 또는 다양체)은 국소적으로 평평하다. 우리는 그림 1처럼 그 공간을 접하는 공간으로 근사할 수 있다. 그리고 우리는 P가 원점에 놓여 있고 계측 텐서가

$$g_{mn}(X) = \delta_{nm} + o(X) \qquad (9)$$

의 형태를 갖는 좌표 X를 구성할 수 있다. 여기서 $o(X)$는 2차 및 그보다 더 높은 차수의 항들을 나타낸다. 식 (9)는 계측이 국소적으로는 2차 차수까지는 유클리드적임을 말한다고 우리는 해석한다.

일반적으로 우리가 이 식을 높은 차수까지 만족하지 못한다는 사실은 일반적으로 공간이 평평하지 않음을 보여 준다.

우리의 다음 목표는 위치에 대해 텐서장을 미분해 새로운 텐서를 만드는 법을 배우는 것이다. 이는 텐서의 **공변 미분**이라는 아주 중요한 개념으로 이어지는 절묘한 작업이다.

공변 미분

텐서를 위치에 대해 미분하려면 이렇게 생각할 수 있다. '좋아. 텐서의 성분들, 예를 들어 반변 성분들을 잡고 그냥 미분하면 돼.' 그러면 단지 처음 텐서 성분들의 도함수일 뿐인 새로운 성분

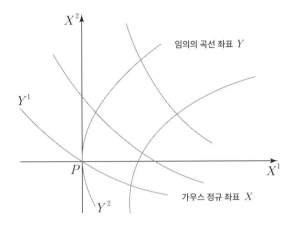

그림 2 P에서 바라본 표면. 가우스 정규 좌표 X와 임의의 곡선 좌표 Y가 있다.

들의 모둠(첨자가 하나 더 많은)이 나올 것이다. 그러나 우리는 문제에 봉착할 것이다. 그 문제가 무엇인지 살펴보자.

　예를 들어 벡터의 도함수를 생각해 보자. 우리는 각 성분을 각 방향에 대해 미분할 수 있다. 확실히 우리는 그렇게 할 수 있다. 이렇게 하면 2차원의 값들의 모둠을 생성할 것이다. **하지만 이는 텐서가 아닐 것이다.** 이유는 이렇다.

　그림 2에서 어떤 표면과 그 위의 점 P를 생각해 보자. 우리는 표면 위에서 좌표 X와 좌표 Y라는 2개의 좌표 집합을 갖고 있다.

　만약 공간이 평평하다면 X에 대해 우리는 그냥 보통의 평평한 데카르트 좌표계를 이용하면 된다. 또는 만약 공간이 휘었다면 우리는 앞서 설명했듯이 P에서의 가우스 정규 좌표, 즉 P에서 국소적으로 가능한 한 곧고 직교하는 좌표 X의 집합을 이용하면 된다. 그리고 또 다른 좌표 집합, 예를 들어 초기 좌표 Y가 있다. 편의상 P에서 우리는 X^2 축을 Y^2 축과 접하도록 고른다. 우리는 우리가 구성한 가우스 좌표를 회전시켜 우리가 원하는 그 어떤 목적에도 부합하도록 할 수 있음을 기억하라. 따라서 X^2 축이 Y^2 축과 평행하도록 만드는 것은 문제가 아니다.

표면 위에서 정의된 벡터장을 생각해 보자. 벡터장은 모든 점에서 다른 벡터로 만들어진다. 그림을 지저분하지 않게 하기 위해 아직 이 벡터들은 그림 2에 그리지 않았다. P에 하나가 있고 P 주변에 엄청나게 많이, 점마다 하나씩 있다.

벡터장을 어떻게 미분할지를 묻기 전에, 벡터장이 공간에서 상수라는 것이 무슨 뜻인지 따져 보자. 우리는 다음과 같은 어려움에 봉착한다. 공간이 굽어 있기 때문에 한 점에서의 벡터를 다른 점에서의 벡터와 비교하는 것이 어려워진다.

좌표 X는 모든 곳에서 평평하게 고를 수가 없다. 그렇다면 한 점에서 벡터가 다른 점에서의 벡터와 같다고 말하는 것이 정확하게 무슨 뜻일까? 사실상 아무런 의미가 없다. 왜냐하면 P에서의 벡터를 Q에서의 벡터와 비교하려면, 전체 표면에 걸쳐 훌륭하고도 평평한 좌표를 갖고 있지 않는 이상, 그렇게 비교할 수 있는 고유한 방법이 없기 때문이다. 이를 자세하게 살펴보자.

만약 공간이 정말로 평평하다면, 그러면 우리는 그 표면의

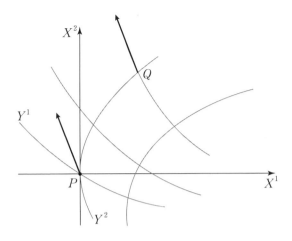

그림 3 P와 Q에서 똑같은 두 벡터.

한 점 P에서의 벡터가 그 표면의 또 다른 점 Q에서의 벡터와 똑같다는 것이 무슨 의미인지 알고 있다. 그림 3을 보라. 두 벡터가 같은 방향을 가리키고 길이가 같다는 뜻이다. 그러므로 X 좌표에서 이들은 똑같은 성분을 갖는다.

Y 좌표계에서 그 성분들은 어떻게 될까?

무슨 일이 일어나고 있는지 명확하게 이해하기 위해, 특별한 경우를 생각해 보자. 두 벡터가 모두 X 축에서 수직 방향을 가리킨다고 가정한다. 그림 4를 보라. 이 경우 V_P는 평평한 좌표에서 오직 X^2의 성분만 가진다. V_Q도 마찬가지이다. 이들은 X 축에서 똑같은 성분을 갖는다.

Y 좌표계에서도 V_P와 V_Q의 성분들이 똑같을까? 답은 "아

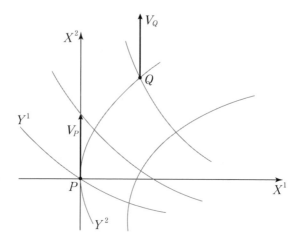

그림 4 P 와 Q 에서 2개의 같은 수직 벡터. (점 P 의 주변에서 Y 축들의 일부 격자를 나타냈지만 X 축에서는 그러지 않았다. X 축들에서는 격자가 근사적으로 유클리드 기하에서처럼 직사각형이다.)

니오."이다. Y 축을 따라 V_Q 는 Y^1 성분과 Y^2 성분을 갖고 있지만 V_P 는 오직 Y^2 성분만 갖고 있다.

벡터 V_P 와 V_Q 가 똑같다 하더라도 이들의 성분은 Y 좌표계에서는 똑같지 않음이 명확하다.

이는 공변 성분이든 반변 성분이든 사실일 것이다. 곡선 좌표가 있으면 우리는 떨어져 있는 점에서의 두 벡터가 같은지 여부를 쉽게 판단할 수 없다.

게다가, 설상가상으로(또는 더 흥미롭게도), 굽은 공간에는 오직 곡선 좌표만 있다.

똑같은 사실을 다른 식으로 말하자면, 좌표계의 r 번째 방향에 대한 V의 m 번째 성분의 도함수가 하나의 좌표계에서는 0일 수 있고 다른 좌표계에서는 0이 아닐 수가 있다.

$$\frac{\partial V_m}{\partial X^r} = 0$$

$$\frac{\partial V'_m}{\partial Y^r} \neq 0.$$

그림 3 또는 그림 4에서처럼 심지어 하나의 좌표계에서 V_m의 **모든 도함수**가 0이지만 다른 좌표계에서는 0이 아닌 경우도 있을 수 있다. 이는 벡터들이 변하고 있기 때문이 아니라 좌표들이 이동하고 있기 때문이다.

우리가 무엇을 추구하고 있는지 알 수 있을 것이다. 벡터의 도함수가 모두 0과 같다고 말하는 방정식이 하나의 기준틀에서 맞을 수는 있으나 다른 틀에서는 아닐 수도 있다. 따라서 이는 텐서 방정식이 아니다. 이 사실을 강조해 보자.

벡터의 성분을 좌표에 대해 평범하게 미분하면 그 자체가 텐서를 만들지는 않는다.

만약 도함수들이 텐서의 성분이었다면, 우리는

$$T_{mr} = \frac{\partial V_m}{\partial X^r}$$

이 양을 m 첨자와 r 첨자를 가진 랭크 2 텐서라 생각했을 것이다. 하지만 이것이 텐서라면 다음 사실이 진실이어야 한다. 만약 T_{mr}가 하나의 틀 또는 하나의 좌표계에서 0이라면 그것은 모든 좌표계에서 0이다. 그러나 이는 그냥 T_{mr}에게는 사실이 아니다. 벡터가 점마다 변해서가 아니라 우리가 보여 줬듯이 좌표들의 방향이 변하기 때문이다.

우리에겐 단지 벡터의 성분을 미분하는 것보다 더 훌륭한 벡터의 도함수에 대한 정의가 필요하다. 우리에겐 만약 한 틀에서 0이면 모든 틀에서 0인 뭔가가 필요하다.

벡터의 도함수를 어떻게 정의할 것인지 그 방법이 여기 있다. 예비 단계로서, 점 P에서 도함수를 정의하려면 단지 P 주변의 점들을 살펴보기만 하면 된다는 점에 주목하라. 처음으로 할 일은 점 P에서 가우스 정규 좌표의 집합을 구성하는 것이다. 기억하라. 가우스 정규 좌표는 P 근처에서 가능한 한 직선이다. 정규 좌표는 전체 공간에 걸쳐 잘 정의되어 있으며, P **근처에서** 근사적으로 유클리드 좌표계를 구성한다. 따라서 우리는 벡터장의 모든 벡터를 P에서 국소적으로 유클리드적인 새로운 좌표 X로 다시 표현한다.

이 과정을 기하학적으로 따라가기 위해, 벡터장의 두 벡터를 다시 살펴보자. 하나는 점 P에 해당하는 (또는 '부착된') 벡터이고

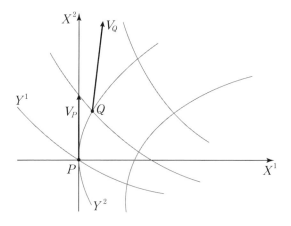

그림 5 인근 점들에 해당하는 두 벡터.

다른 하나는 그림 5에서와 같이 점 Q 근처에 해당하는 벡터이다. 명확히 하기 위해 두 번째 벡터 또한 첫 번째 벡터와 약간 다르게 한다. 그리고는 가우스 정규 좌표가 P의 근방 전체에 걸쳐 정말로 훌륭하고 평평한 좌표인 체한다. 시각적으로 벡터 V_Q를 이동시켜 그 원점이 V_P의 원점과 똑같게 하고, V_Q와 V_P의 차이점을 살펴보자.

가우스 정규 좌표에서 V_Q와 V_P의 차이의 성분은 P에서 우리가 벡터장의 도함수를 정의하는 데에 사용하게 될 그런 종류의 원소들이다. 예를 들어, 우리가 PQ 방향을 따라가는 도함수에 관심이 있다면, 그것은 근사적으로 벡터 $V_Q - V_P$를 P와 Q 사이의 작은 거리로 나눈 것이다. 하지만 우리는 X 축을 따라가는 V 의 도함수에 관심이 있다.

이제 가우스 정규 좌표에서 도함수 $\partial V_m / \partial X^r$ 은 P 에서 V 의 도함수를 **정의**한다.

마지막으로, 만약 우리가 처음 Y 좌표로 작업을 하려 한다면, 우리는 점 P 에서 가우스 정규 좌표에서의 미분으로 만들어진 이중 첨자의 편미분 모둠을 얻게 된다. 우리는 이를 텐서로 다루었다. 즉 우리는 이 모둠을 X 좌표에서 텐서의 성분으로 여겼다. 그리고 우리는 X 와 Y 를 연결하는 텐서 방정식을 이용해 이를 다시 Y 좌표로 변환한다. 이는 필연적으로 텐서를 만들어 낸다. 왜냐하면 Y 좌표에서 X 좌표로 변환하면 똑같은 것을 주기 때문이다.

일반적인 좌표 Y 에서 벡터의 도함수를 살펴보면, 우리는 두 항의 합을 갖게 될 것이다. 하나는 벡터가 변하고 있기 때문이고 다른 하나는 좌표가 변하고 있기 때문이다. 앞서 봤듯이, 심지어 벡터가 변하지 않아도 좌표는 이동할 수도 있고 여러분 아래에서 회전할 수도 있다. 그림 3과 그림 4를 보라.

이 두 항을 살펴보기 전에, 체계적인 절차에 따라 이 규정을 반복해 보자.

우리가 얻은 결과를 살펴보고 각 항에 대해 논평해 보자. 이 새로운 정의에서 P 에서의 도함수는 예전의 도함수에 또 다른 항을 더해 보정됨을 알게 되었다.

우리는 임의의 좌표계 Y를 장착한 공간 위에 벡터장 V를 갖고 있다. 우리는 점 P에서 V의 도함수를 계산하고자 한다. 그러면 우리는 다음 단계를 따라간다.

1. 좌표를 바꿔 P에서의 가우스 정규 좌표를 이용한다. 이를 X라 부른다. (이는 전체 공간에 걸쳐 유효하며 P에서는 근사적으로 평평함에 주목하라.)

2. X 좌표를 사용해 보통의 방식으로 P에서 V를 미분한다.

3. 우리가 얻은 편미분 도함수 모둠을 X 좌표에서 랭크 2인 텐서의 성분으로 여긴다.

4. 원래 우리의 좌표계 Y로 되돌리고, 우리가 얻은 텐서를 X와 Y를 연결하는 텐서 방정식을 이용해 원래 좌표계에서 다시 표현한다.

$$D_r V_m = \partial_r V_m - \Gamma^t_{rm} V_t. \tag{10}$$

식 (10)을 독해하는 방법은 이렇다.

1. $D_r V_m$이라는 표기법은 정의상 위 과정으로부터 얻은, X에서의 r 번째 방향에 대한 V_m의 편미분 도함수이다. 즉 가우스 정규 좌표 X에서 미분하고 그리고 Y 좌표에서 다시 표현했다.

2. $\partial_r V_m$ 항은 Y 좌표에서 곧바로 계산한, Y에서의 r 번 째 방향에 대한 V_m의 평범한 편미분 도함수이다. ∂_r는 $\dfrac{\partial}{\partial Y^r}$의 속기 표현이다.

3. 마지막으로 $-\Gamma^t_{rm} V_t$는 좌표 Y 자체가 P 근처에서 변 한다는 사실 때문에 추가된 항이다. 음의 부호는 순전히 관례적이다. 식 (10) 우변의 이 둘째 항 전체는 분명히 V_t 에 비례해야 한다. 만약 V_t의 크기를 2배로 늘렸다면 이 또한 2배로 커져야 한다. V_t 앞의 계수 Γ^t_{rm}은 미분 과정 에서 나타난 새로운 수학적 개체이다. 이에 대해 더 자세 히 이야기할 것이다.

$\Gamma^t_{rm} V_t$ 항은 벡터와 관련된 도함수를 갖고 있지 않다. 왜냐 하면 이는 벡터가 변하고 있다는 사실에서 온 것이 아니기 때문 이다. 이 항은 좌표가 P 근처에서 변하고 있다는 사실에서 기인 한 것이다.

식 (10)의 우변은 여러분이 벡터를 취해 가우스 정규 좌표에 서 미분하고, 그리고 그 이중 첨자의 도함수 모둠을 다른 좌표로 텐서로서 변환하면 얻을 수 있는 것이다. 다른 임의의 좌표계에 서 여러분은 그 좌표계에서의 보통의 도함수 빼기 어떤 개체 곱 하기 V 자체의 성분들을 얻게 될 것이다. 평소대로 $\Gamma^t_{rm} V_t$는 t 에 대한 합을 뜻한다. 식 (10)은 어떤 임의의 좌표계에서도 성립 한다. 물론, V_m이나 V_t 그리고 Γ^t_{rm}은 그 좌표계에 의존한다.

단 하나의 숫자 Γ^t_{rm} 만 있는 것이 아님에 주목하라. 이들은 첨자가 셋인 모둠이다.

우리는 일종의 벡터 도함수를 정의하는 데 성공했다. 그 도함수는 실제로 텐서이다. 이는 V_m의 **공변 미분**이라 부른다.

앤디: 멋진걸! 그리고 내 생각에 그 첨자가 아래층에 있어서 공변 미분이라 부르는 거 같아.

레니: 훌륭해, 앤디! 하지만 틀렸어. 이 맥락에서는 공변이라는 용어가 첨자의 위치와 아무런 상관이 없어. 이는 단지 이 과정이 또 다른 텐서를 돌려준다는 뜻일 뿐이야. 자넨 첨자를 올려서 반변으로 만들 수도 있고, 그건 공변 미분의 반변 성분이 될 거야. 알겠어?

앤디: 그래? 너무 빨리 나가진 마…….

레니: 뭐랄까, 공변은 잊어버리고, 그냥 "얼간이처럼변하는 도함수"라 부르자고.

앤디: 나 알 거 같아. 그러니까 식 (10)은 얼간이처럼변하는 도함수의 공변 성분이라는 거지?

레니: 그래. 이제 다시 공변 미분이라 부를 수 있을까?

크리스토펠 기호

계수 Γ^t_{rm}의 이름은 2개다. **접속 계수**(connection coefficient), 그리고 **크리스토펠 기호. 접속 계수**라는 이름은 이들이 이웃한 점들을 연결하며 심지어 좌표계가 변하고 있다 하더라도 벡터장이 한 점에서 근처의 다른 점으로 변하는 비율을 어떻게 계산하는지 알려준다는 사실로부터 유래했다.

이들은 또한 엘빈 크리스토펠[5]의 이름을 따서 **크리스토펠 기호**라 부른다. 매우 복잡해 보이기 때문에 가끔은 '크리스트 아우풀(Christ awful, 지독하게 끔찍한)' 기호로도 알려져 있다. 그러나 어느 정도 연습하면 그렇게까지 복잡하지 않다는 것을 알게 될 것이다. 크리스토펠 기호는 단지 부가적인 선형항일 뿐이다. 하지만 크리스토펠 기호가 충분히 복잡하며 호감이 가지 않는다는 점은 인정한다.

공변 미분과 크리스토펠 기호의 정의로부터 어떤 결과가 나오는지 조사해 보자. 우리는 우리가 언급하는 모든 사실 하나하나를 증명하지는 않을 것이다. 왜냐하면 작은 조각들이 너무나 많기 때문이다. 하지만 쉽게 확인할 수 있다. 공변 미분(즉 점 P에서 벡터 V를 미분하고, 점 P에서 가우스 정규 좌표 집합으로 가서, 보통의 방법으로 그 벡터를 미분하고, 여러분이 얻은 것을 두 첨자를 가진 텐서로 다뤄 좌표를 바꾸는 것, 등등)의 정의로부터 크리스토펠 기호는 대칭성을 갖는다.

---

5) 엘빈 브루노 크리스토펠(Elwin Bruno Christoffel, 1829~1900년)은 1871년부터 1918년까지 독일 제국 시기의 스트라스부르 대학교에서 활동한 수학자로, 미분 기하에서 핵심적인 연구를 수행했다.

$$\Gamma_{rm}^{t} = \Gamma_{mr}^{t}. \qquad (11)$$

비틀림이 있는 기하라 불리는 일반화된 리만 기하가 있는데, 거기서는 이 대칭성이 사실이 아니다. 그러나 그런 기하는 보통의 중력 이론에서는 널리 사용되지 않는다. 일반 상대성 이론의 기하는 민코프스키-아인슈타인 기하로서, 양정치가 아닌 계측을 가진 리만 기하의 확장판이다. 하지만 비틀림을 수반하지는 않는다. 따라서 우리가 사용할 크리스토펠 기호는 식 (11)에서처럼 대칭적이다.

물리적 직관을 키우기 위해, 거의 평평한 또는 가능한 한 평평한 가우스 정규 좌표에서 도함수를 계산하고, 그리고 우리가 얻은 것을 그 자체로 하나의 개체로 취급하는 것은 우리가 자유 낙하틀에서 뭔가를 계산할 때 중력 이론에서 우리가 행하는 것과 아주 비슷함을 직시하자.

예를 들면 1강에서 우리는 자유 낙하틀에서 빛이 엘리베이터를 가로질러 어떻게 움직이는지 계산했고 그러고는 그것을 엘리베이터가 가속하고 있는 기준틀로 변환했다.[6] 이는 이 강의에서 우리가 하고 있는 연산과 깊은 관련이 있다. 우리는 가능한 한

---

6) 만약 우리가 질량 근처에서 광선의 궤적을, 그 질량을 향해 자유 낙하하는 작은 실험실을, 그리고 그 실험실을 가로지르는 광선을 생각한다면 우리는 연구실 안에서 빛이 직선으로 움직이는 모습을 보게 될 것이다.

평평한 좌표에서 어떻게 해야 할지를 알고 있기 때문에 뭔가를 계산한다. 그것은 일반 상대성 이론에서 자유 낙하틀일 것이다. 그러면 우리는 그것을 우리가 원하는 임의의 좌표, 가속된 좌표든 우리가 필요로 하는 어떤 좌표에서든 변환하고, 그리고 하나의 좌표계에서 다른 좌표계로 그 진술을 번역한다. 공변 미분을 구축할 때 이 점에서 저 점까지 벡터의 변화는 처음에는 가우스 정규 좌표에서 계산했고, 다음에는 임의의 좌표계로 변환되었다. 식 (10)을 여기서 다시 쓰면

$$D_r V_m = \partial_r V_m - \Gamma^t_{rm} V_t \qquad (12)$$

이다. 이는 각 구성 요소에 해당하는 모둠에 대해 우리가 얻은 형태이다. 이는 텐서이다. 그러나 $\partial_r V_m$은 텐서가 아니다. 따라서 $\Gamma^t_{rm} V_t$는 텐서일 수가 없다. 그리고 Γ^t_{rm} 또한 텐서일 수가 없다.

우리는 Γ^t_{rm}이 계측의 도함수 $\partial_r g_{mn}$으로부터 구축된다는 것을 알게 될 것이다. 사실 계측의 도함수가 0인 좌표계에서는 크리스토펠 기호가 0이다. 하지만 텐서는 만약 한 좌표계에서 0이라면 모든 좌표계에서 0이다. 이는 무엇보다 텐서가 그렇게 쓸모 있는 이유이다. 따라서 이는 크리스토펠 기호가 텐서일 수 없음을 알게 되는 또 다른 방식이다.

이제 랭크가 더 높은 텐서의 공변 미분을 살펴보자. 곡률에서 필요할 것이다. 하나 이상의 첨자를 가진 텐서, 예컨대

$$T_{mn}$$

을 r 번째 축을 따라 미분하려 한다고 하자. 그 결과로 나오는 텐서를

$$D_r T_{mn}$$

으로 표기한다. 이 표현은 식 (12)와 비슷하다. 다만 텐서 T_{mn}의 모든 첨자에 대해 $\Gamma^t_{rm} V_t$ 같은 항들이 있을 것이다. 이것이 어떻게 작동하는지 더 자세히 살펴보자.

먼저 첨자 n은 비활성화해 놓고 오직 첨자 m에서만 작업한다. 식 (12)에 상당하는 식을 써 보면

$$D_r T_{mn} = \partial_r T_{mn} - \Gamma^t_{rm} T_{tn} - \cdots$$

이다. 이는 우리가 원하는 것의 일부일 뿐이다. 이번에는 m을 비활성화해 놓고 첨자 n에 대해 정확하게 똑같은 작업을 수행해야 한다.

$$D_r T_{mn} = \partial_r T_{mn} - \Gamma^t_{rm} T_{tn} - \Gamma^t_{rn} T_{mt}. \tag{13}$$

이것이 점 P에서 텐서 T_{mn}의 공변 미분 형태이다. 규칙은 똑같다. P에서 가우스 정규 좌표로 바꾸고, 그리고 각 방향 X^r에

대해 보통의 텐서 미분을 한다. 이렇게 되면 T_{mn} 을 형성한 성분들의 모둠에 첨자가 하나 추가된다.[7] 그러고는 보통의 텐서 방정식(2강의 식 (16)과 식 (17) 및 그 일반화)으로 원래 좌표계에서 새로운 텐서를 다시 표현한다.

이로써 우리는 임의의 텐서를 미분할 수 있다. 당장은 우리가 공변 첨자를 가진 텐서만 다루고 있다. 잠시 뒤에는 반변 첨자를 가진 텐서로 돌아갈 것이다.

독자들은 궁금증을 가질 수도 있다. 텐서의 공변 미분이라는 이 모든 복잡한 작업은 대체 무엇을 위한 것인가?

이는 다른 점들에서 뭔가를 비교하기 위한 것이다. 우리가 작업하고 있는 좌표계와 상관없이 존재하는 것들로, 좌표선들을 따라 뭔가가 변하는 비율에 대해 이야기할 수 있기를 바란다.

보통의 3차원에서의 벡터는 우리가 사용하는 기저와 상관없이 존재한다. 벡터로 어떤 작업을 하거나 계산을 하기 위해 (전부는 아니라 하더라도) 우리는 기저에서 벡터를 표현할 필요가 있다. 벡터를 표현하고 함께 작업하는 성분들의 모둠은 기저에 따라 다

---

7) 방정식을 더 지저분하게 하지 않기 위해 우리는 더 이상 하나의 좌표계에 프라임 부호를, 다른 좌표계에 프라임이 붙지 않은 부호를 사용하지 않을 것이다. 이 강의에서 그렇게 했던 마지막은 그림 4 뒤에 나오는 논평에서였다.

르지만, 우리가 말하고 있는 벡터는 똑같다.[8]

공변 미분을 우리는 어디서 쓰려는 걸까? 답: 장 방정식에서다. **장 방정식**은 장소에 따라 장이 어떻게 바뀌는지를 나타내는 미분 방정식이 될 것이다. 그러나 우리는 모든 기준틀에서 장 방정식이 똑같은 방정식이 되기를 원한다. 어떤 특별한 틀에만 특정한 방정식을 쓰고 싶지는 않다. 우리는 방정식이 일반적으로 유효하길 원한다. 즉 방정식이 한 틀에서 성립한다면 모든 틀에서 성립할 것이다. 이는 방정식이 텐서 방정식이어야 함을 뜻한다. 따라서 우리는 텐서를 미분해서 다른 텐서를 얻는 방법을 알아야만 한다.

또 다른 사항을 강조할 필요가 있다. 만약 여러분이 재미있는 좌표계를 고른다면, 평면이나 이 지면, 또는 보통의 3차원 유클리드 공간 같은 평평한 공간에서도 크리스토펠 계수가 식 (13)에서 존재할 것이다. 2강의 그림 1을 보라. 이는 중요한 점이다. 재미있는 좌표를 고른다면 $\Gamma^t_{rm} T_{tn}$ 같은 항들은 평평한 공간에서도 존재한다. 사실 만약 여러분이 g_{mn}의 도함수가 0이 아닌 그 어떤 좌표, 즉 좌표가 점마다 꼬불꼬불하게 변하는 (예컨대 그 좌표를 품고 있는 공간에서 봤을 때) 좌표를 고른다면 $\Gamma^t_{rm} T_{tn}$ 같은 항

---

8) 이는 어떤 개체와 그 표기 사이의 차이와 아주 비슷하다. 우리가 10진법에서 12, 또는 2진법에서 1100을 말한다면, 우리는 사실상 똑같은 것을 말하는 셈이다. 숫자 12 — 다른 사람들은 이를 두즈(douze, 프랑스 어) 또는 식얼(shí'èr, 十二의 중국어 발음), 드베나짯트 (двенадцать, 러시아 어) 등등으로 말한다.

들은 존재할 것이다.

텐서의 공변 미분에서 $\Gamma^t_{rm} T_{tn}$ 같은 항의 존재는 굽은 공간의 특징적인 성질이 아니며 굽은 좌표의 성질이다.

우리의 새로운 도구를 처음으로 써 보기 위해 식 (13)을 계측 텐서 자체에 적용해 보자. 하지만 계측 텐서에는 뭔가 특별한 것이 있다. 가우스 정규 좌표에서는 그 도함수가 모두 0이다. 확인하기 쉽다. 하지만 이는 이제 다음 사실을 의미한다.

계측 텐서의 공변 미분은 0이다.

이 간단한 결과는 아주 강력한 것으로 드러난다. 이 때문에 우리는 크리스토펠 기호를 계산할 수 있다. 식 (13)을 계측 텐서에 대해 다시 써 보자.

$$D_r g_{mn} = \partial_r g_{mn} - \Gamma^t_{rm} g_{tn} - \Gamma^t_{rn} g_{mt}.$$

우리는 이것이 0임을 안다. 왜냐하면 앞서 말했듯이 가우스 정규 좌표에서 계측 텐서의 평범한 미분은 0이기 때문이다. 그래서 임의의 좌표계에서 우리는

$$\partial_r g_{mn} - \Gamma^t_{rm} g_{tn} - \Gamma^t_{rn} g_{mt} = 0 \qquad (14a)$$

을 얻는다. 똑같은 식을 첨자의 순서를 바꿔 써 보자. 이는 크리스토펠 기호로부터 가능한 한 많은 결과를 얻기 위한 작은 기교이며, 결국 몇몇 항들이 훌륭하게 소거되며 하나의 크리스토펠 기호를 혼자 남겨 두고 이를 임의의 좌표계의 축에 대한 g의 보통의 편미분 항으로 표현할 수 있게 된다. 식 (14a)는

$$\partial_m g_{rn} - \Gamma^t_{mr} g_{tn} - \Gamma^t_{mn} g_{rt} = 0$$

이 된다. 가운데 항은 대칭성으로 인해 m과 r를 바꿔 다시 쓸 수 있다.

$$\partial_m g_{rn} - \Gamma^t_{rm} g_{tn} - \Gamma^t_{mn} g_{rt} = 0. \qquad (14b)$$

마찬가지로 우리는

$$\partial_n g_{rm} - \Gamma^t_{rn} g_{tm} - \Gamma^t_{mn} g_{rt} = 0 \qquad (14c)$$

으로 쓸 수 있다. 이 세 가지 흥미로운 식들을 서로 나란히 써서 더 편리하게 살펴보자.

$$\partial_r g_{mn} - \Gamma^t_{rm} g_{tn} - \Gamma^t_{rn} g_{mt} = 0$$

$$\partial_m g_{rn} - \Gamma^t_{rm} g_{tn} - \Gamma^t_{mn} g_{rt} = 0 \qquad (15)$$

$$\partial_n g_{rm} - \Gamma^t_{rn} g_{tm} - \Gamma^t_{mn} g_{rt} = 0.$$

이들을 어떻게 더하거나, 빼거나, 또는 다른 똑똑한 짓을 해서 감마(Γ)를 가진 오직 하나의 항만 남겨 둘 수 있을까?

식 (14b)를 식 (14c)에 더하고 식 (14a)를 뺀다. 물론 우리는 $\partial_n g_{rm} + \partial_m g_{rn} - \partial_r g_{mn}$ 더하기 몇몇 다른 항들을 갖게 될 것이다. 그러나 식 (14a)의 가운데 항, $\Gamma^t_{rm} g_{tn}$ 은 사라질 것이고, 또 식 (14a)의 마지막 항인 $\Gamma^t_{rn} g_{mt}$ 도 사라질 것이다. 우리에겐 감마를 가진 똑같은 마지막 항인 $\Gamma^t_{mn} g_{rt}$ 의 2배가 남을 것이다. 우리는 운이 좋은 편이다. (14b)+(14c)-(14a)를 하면

$$\partial_n g_{rm} + \partial_m g_{rn} - \partial_r g_{mn} = 2\Gamma^t_{mn} g_{rt} \qquad (16)$$

를 얻는다. 아직 다 끝난 것은 아니다. 우리는 Γ^t_{mn} 그 자체를 갖고 싶어 한다. 사실 우리의 목표는 크리스토펠 기호가 계측의 도함수를 써서 어떻게 되는가를 알아내는 것이다. 거의 다 왔다. 독자들은 아마 우리가 무엇을 하려는지 짐작할 것이다.

식 (16)은 만약 계측의 모든 도함수가 0이라면 크리스토펠 기호가 0이어야 함을 보여 준다는 점에 주목하라.

식 (16) 우변의 g_{rt} 를 어떻게 없애려는 걸까? g_{rt} 가 역수를

갖고 있음을 상기한다면 답이 나온다. 우리는 행렬 방정식의 형태에서, 그리고 텐서 방정식의 형태에서 그것을 봤다. 2강의 식 (34)를 보라. 식 (16)의 양변에 역텐서를 곱하고 인수 2 또한 옮긴다. 그 결과는

$$\Gamma^t_{mn} = \frac{1}{2} g^{rt} \left[\partial_n g_{rm} + \partial_m g_{rn} - \partial_r g_{mn} \right] \qquad (17)$$

이다. 이것이 크리스토펠 기호를 계측 텐서의 보통의 도함수를 써서 표현한 것이다.

꽤나 간단하다. 첨자 m과 n은 대칭적이다. 이 둘을 바꾸더라도 크리스토펠 기호는 변하지 않는다. 양의 항이 둘이고 음의 항이 하나이다. 아주 복잡하진 않다. 문제는 그 수가 너무 많다는 것이다. 4차원 공간을 떠올리고 모든 계수가 1부터 4까지 변하게 하면 크리스토펠 기호가 상당히 많아진다. 그 때문에 일반 상대성 이론에서 계산을 수행하는 것은 아주 지루한 작업이다. 본질적으로 어려운 것은 없다. 그러나 일반 상대성 이론의 맥락에서 계산을 수행하면 보통은 단지 이런 도함수를 계산하고 이들을 모두 짜 맞추는 것 정도로 복잡하지도 않은 작업들로 몇 페이지를 가득 채우게 된다.

식 (17)은 임의의 좌표계와 임의의 계측 텐서에 대해 성립한다. 우리의 모든 계산은 하나의 점 P에서 수행됨에 주목하라. 우리의 다양체가 그 어떤 좌표계를 장착하고 있다 하더라도 우

리를 그 속의 한 점에 위치시키고, 거기서 계측 텐서 g_{mn}을 고려하고, 그리고 거기서 식 (17)로 감마들을 계산하면 된다. P에서 가우스 정규 좌표를 사용한 것은 단지 중간 단계의 추론과 계산과 증명이 목적이었다. 우리는 이제 우리 공간의 초기 좌표계로 돌아왔다. g_{mn}, g^{mn}, 그리고 Γ^t_{mn} 모두 P에 의존한다. 이들은 장이다. 하지만 식 (17)은 일반적이다. 모든 점에서 접속 계수(크리스토펠 기호의 다른 이름)를 g의 도함수를 써서 표현한다. 이 접속 계수들 덕분에 우리는 우리가 좌표선을 따라 약간 움직일 때 임의의 벡터나 텐서가 어떻게 변하는지 알 수 있다.

크리스토펠 기호의 문제는 텐서가 아니라는 점이다.[9] 하나의 기준틀에서는 0일 수 있지만 다른 기준틀에서는 0이 아닐 수도 있다. 예를 들어, 점 P에서의 어떤 가우스 정규 좌표 집합에서 모든 Γ^t_{mn}은 0과 같다. 이는 여러 가지 방법으로 보일 수 있다. 이 경우 계측 텐서는 상수(심지어 크로네커 델타 텐서와 같지만, 그것까지도 필요 없다.)이므로 식 (17)은 $\Gamma^t_{mn} = 0$임을 말한다. 그러나 다른 어떤 좌표계에서는 크리스토펠 기호가 모두 0이 아니다.

여러 차례 말했듯이 내재적으로 평평한 공간에서조차 계측

---

9) 고등 수학을 몇 쪽 진행한 이 시점에서 독자들은 잠깐 멈추고 간단하면서도 익숙한, 아주 유용하지만 그러나 텐서의 훌륭한 속성을 갖고 있지 않은 어떤 사례를 떠올리는 것이 좋겠다. 점 P에서 보통의 반변 벡터는 (하나의 위 첨자를 가진 랭크 1의) 텐서이지만, 그 벡터의 첫 번째 성분은 스칼라 텐서(랭크 0의 텐서)가 아니다. 왜냐하면 그 성분은 좌표계에 따라 변할 것이기 때문이다.

텐서가 상수가 아닌 그런 좌표를 가질 수 있다. 그러면 크리스토 펠 기호는 0이 아닐 것이다. 반복한다. **크리스토펠 기호는 공간의 내재적 기하가 아니라 좌표계와 관련이 있다.**

구는 내재적으로 평평하지 않다. 극좌표 θ와 ϕ에서 (1강의 그림 14를 보라.) g의 성분은 상수가 아니고, 따라서 크리스토펠 기호는 그 좌표계에서 0이 아니다. 그러나 심지어 구에서조차 임의의 주어진 점에서 우리는 가우스 정규 좌표 집합을 구성할 수 있고(지도가 그렇게 하듯) 그러면 그 점에서의 크리스토펠 기호는 0일 것이다.

연습 문제 1: 왜 공간은 평평할 수 있음에도 크리스토펠 기호는 0이 아닐 수 있는지 설명하라.

연습 문제 2: 계측 텐서의 공변 미분은 왜 항상 0인지 설명하라.

연습 문제 3: 극좌표 θ가 위도이고 ϕ가 경도인 지구 위에서, 다음을 구하라.

1. 계측 텐서 g_{mn}
2. 그것의 역 g^{mn}
3. 점 (θ, ϕ)에서의 크리스토펠 기호.

이 모든 것을 처음 접하게 되면 개념적으로 까다로워 보인다. 하지만 결국 규칙은 간단하다. 크리스토펠 기호를 계산하고, 그리고 많은 상황에서 보통의 미분을 공변 미분으로 대체한다.

여러분의 방정식을 가우스 정규 좌표에서 쓸 수 있을 것이다. 그러면 그 식은 단지 보통의 도함수만 수반할 것이며 우리는 크리스토펠 기호라는 강을 헤쳐 나가지 않아도 된다. 그러나 여러분이 똑같은 식을 일반적인 좌표에서 원한다면 그렇다면 보통의 미분을 공변 미분으로 대체하라.

이것이 바로 절차이다. 이에 대해 독자 스스로 생각해 볼 필요가 있다. 자리에 앉아 조심스럽게 추론을 따라가고 우리가 제안하는 연습 문제를 풀어 보고 더 많은 것들을 해야 한다. 그러면 우리가 무엇을 하고 있는지 명확해질 것이다.

곡률 텐서

곡률이란 무엇인가? 2차원 곡률부터 시작하는 것이 가장 쉽다. 직관적으로 곡률은 이해하기 쉽다. 곡률이란 뭔가 둥글고 평평하게 만들 수 없는 특성이다. 하지만 우리는 뭔가 좀 더 수학적인 정의를 부여하고자 한다. 우리는 곡률을 어떻게 규명할까?

굽은 공간을 그리면서 시작해 보자. 구도 굽어 있지만, 원뿔을 닮은 곡면이 우리의 목적을 더 잘 보여 줄 것이다. 둥근 정상을 가진 원뿔이 제격이다. 그림 6을 보라.

옆면은 화산처럼 훌륭하고 평평하며 정상은 둥근 산의 꼭대

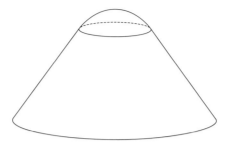

그림 6 둥근 정상의 원뿔.

기를 생각해 보자.

만약 여러분이 점선 아래로 산의 정상으로부터 멀어져 있으면 여러분 주변의 표면은 평평하다.[10] 1강 그림 10의 말린 지면처럼 우리가 산을 3차원 유클리드 공간 속에 끼워 넣어 나타냈기 때문에 평평해 보이지 않을 수도 있다. 그러나 그 표면은 수학자들이 **전개 가능**하다고 부르는 것이다. 산의 옆면에서 잘라 낸 구멍이 없는 임의의 단면은 왜곡 없이 평면 위에 평평하게 만들 수 있다.

둥근 원뿔은 정상 주변에서만 평평한 공간과 다르다. 이를 알아보기 위해 그냥 점선 아래 똑같은 공간을 취해 이를 계속 연

---

10) 기술적으로 그렇다. 왜냐하면 그 면의 2개의 1차원 주곡률이 0이기 때문이다. 따라서 두 주곡률의 곱인 가우스 곡률은 0이며, (점선 아래) 그 표면은 반드시 평평한 표면에 펼쳐 놓을 수 있다. 곡선과 표면에 대한 좋은 참고 자료로 A. Aleksandrov, A. Kolmogorov, M. Lavrentyev, *Mathematics*, Dover, 1999의 7장을 보라. 앙드레가 이 책의 팬이다.

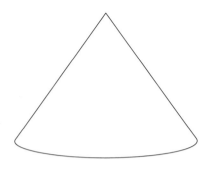

그림 7 진짜 원뿔.

장시켜 그림 7처럼 정말로 진짜 원뿔을 만들게 한다.

그러고는 모선, 즉 꼭대기로 가고 있는 원뿔의 직선을 따라 원뿔을 자른다. 그러고는 펼친다. 여러분은 여러분이 얻은 모양을 평면 위에 평평하게 펼쳐 놓을 수 있다. 그 모양은 빠진 조각을 가진 원반이다. 그림 8을 보라.

빠진 조각을 결손각, 또는 **원뿔 결손**(conical deficit)이라 부른다. 원뿔 결손이 클수록 원뿔은 더 뾰족해짐을 알 수 있다.

이제 그림 8의 **평평한 표면 위에서** 그림 9에서 보는 것과 같이 그 도형 주변에 배열된 똑같은 벡터들의 모둠을 생각해 보자.

평평한 표면 위에서는 모든 벡터가 똑같은 방향을 가리키고 있다. 하지만 우리가 그 도형을 접어 원뿔을 만들면 그 벡터들이 더는 똑같은 방향을 가리키지 않음을 알게 된다. 벡터들이 아주 작아서 구부릴 필요가 없다고 생각해 보자. 왼쪽 첫 번째 벡터는

원뿔 결손

그림 8 원뿔을 열고 평평하게 놓는다. (그림 7보다 척도와 각도가 더 작다.)

모선을 따라 놓여 있지만, 오른쪽 마지막 벡터는 그로부터 멀어
지는 쪽을 가리킨다.

우리는 이 효과를 다른 식으로 기술할 수 있다. 이 표면 위
우리의 벌레가 짧은 벡터(표면에 놓여 어떤 방향을 가리키는 화살표)를
갖고 있다고 가정하자. 벌레가 움직일 때마다 벡터의 방향을 고
정시키는 데에 매우 주의해야 한다. 3차원에서는 자이로스코프
의 도움으로 그렇게 할 수 있다. 2차원에서도 비슷한 장치를 상
상할 수 있다.

만약 벌레가 폐쇄 회로로 돌아다닌다면, 벌레가 출발점으로
돌아왔을 때 그 벡터는 출발했을 때와 똑같은 방향을 가리킬 것
이라고 여러분이 생각할 수도 있다. 하지만 만약 벌레의 궤적이
원뿔의 끝 주변을 돌아간다면 여러분이 틀렸다. 이 경우 벡터는

그림 9 똑같은 벡터들.

회전하게 된다. 그림 9에서 이를 확인할 수 있다.[11] 회전 각도는 원뿔 결손과 똑같다.

정확하게 똑같은 것이 그림 6의 둥근 원뿔에서도 사실이다. 점선 아래 평평한 면에서 벡터를 하나 잡고 표면을 열어 평면 위에 펼쳐 놓았을 때 그 벡터가 항상 똑같은 방향을 가리키고 있도록 그런 방식으로 벡터를 산 주변으로 움직이면, 우리가 다른 면으로 돌아왔을 때 그 벡터가 회전된 방향을 가리키고 있을 것이다.

이것이 곡률의 효과이다. 곡률이 있는 어떤 영역 주변의 닫힌 고리로 벡터를 평행 운송하면, 여러분이 그 벡터를 처음 방향과 평행하게 유지하려고 아무리 노력해도 그 벡터는 회전하게 된다.

이것을 동등하지만 실제로는 더 유용한 다른 방식으로도 말할 수 있다. 그림 10에서처럼 점 P에서 어떤 곡률이 있는 곡면을 생각

---

11) 4강의 그림 3에서도 명확하게 보여 준다.

두 번째 작은 변위 dX^r

첫 번째 작은 변위 dX^s

그림 10　두 축을 따라 벡터장을 미분하기 위한 변위.

해 보자. 벡터장을 하나 잡고 하나의 축을 따라 미분한다. (그림 10의 첫 번째 변위) 그리고는 두 번째 축을 따라 미분한다. (그림 10에서 두 번째 변위) 즉 P에서 벡터장을 생각한다. 그리고는 하나의 축을 따라 약간 움직이고 I에서 그 벡터장의 새 값을 생각한다. 그리고는 두 번째 축을 따라 또 약간 움직여 Q에서 그 벡터장의 값을 생각한다.

각 변위에 따라 벡터는 변할 것이다. 얼마나 변할까? 그 벡터는 일반적으로 두 축을 따라 순차적으로 미분해 바뀐다. 먼저 하나의 축을 따라 벡터를 미분하고 그리고는 두 번째 축을 따라 미분한다. 그 결과 두 미분으로 인해 벡터가 약간 변한다.

벡터의 전체 변화는 2개의 변화로 구성되어 있다. 그리고 그 전체 변화는 2계 도함수에 비례한다. 이는 모든 좌표에서 사실이다. 만약 벡터를 Q와 P에서 비교하기 위해 여러분이 I에서의 벡터와 P에서의 벡터를 비교하고, 그리고는 Q에서의 벡터와 I에서의 벡터를 비교한다면, 여러분이 계산하고 있는 것은 두

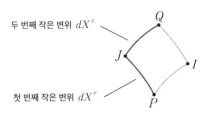

두 번째 작은 변위 dX^s

첫 번째 작은 변위 dX^r

그림 11 다른 순서에서의 변위.

방향에 대한 벡터의 2계 편미분이다.

그림 10에서 만약 첫 번째 변위가 X^s 방향이고 두 번째 변위가 X^r 방향이라면, 그렇다면 벡터 V의 m 번째 성분(공변 첨자를 갖고 있다고 하자.)의 변이는

$$D_r D_s V_m \qquad (18)$$

일 것이다. 이 표현식은 공변적으로 계산했다. 가우스 정규 좌표에서는 표현식 (18)이 그냥 보통의 도함수를 포함할 것이다.

그림 11에서처럼 우리는 다른 방향으로 갔을 수도 있다. 즉 먼저 r 방향으로 가고 그러고는 s 방향으로 가고, 그리고 벡터가 P에서 J로 그러고는 J에서 Q로 변하는 방식을 계산했을 수도 있었다.

그러면 V의 변이는

$$D_s D_r V_m \qquad\qquad (19)$$

일 것이다. 보통은, 그리고 일반적으로 평평한 공간에서는 표현식 (18)과 (19)가 서로 같다.

$$D_r D_s V_m = D_s D_r V_m. \qquad\qquad (20)$$

이는 미적분에서 잘 작동하는 다변수 함수의 편미분을 여러분이 원하는 순서대로 취할 수 있다는 사실의 한 변형이다. (『물리의 정석: 고전 역학 편』 117쪽의 막간 3을 보라.)

식 (20)은 굽은 공간에서는 사실이 아니다. 이 경우 일련의 미분 2개 사이의 차이

$$D_r D_s V_m - D_s D_r V_m$$

는 닫힌 고리

$$P \;\rightarrow\; I \;\rightarrow\; Q \;\rightarrow\; J \;\rightarrow\; P$$

주변으로 벡터를 가져가면서 생각할 수 있다.

진짜 원뿔(그림 7)이든 아니면 점선 아래 부분에서 바라본 둥근 정상을 가진 원뿔(그림 6)이든 우리의 원뿔로 돌아가 보자. 원

뿔을 열어 평평하게 펼쳤을 때 상수인 벡터장을 하나 생각한다. 평평한 도형을 접어 원뿔을 만든다. 만약 우리가 정상 주변 닫힌 고리로 벡터장을 따라가면 우리가 출발했던 것과 똑같은 벡터로 돌아가지 않는다는 것을 이미 알고 있다. 이는 다음의 사실 때문으로, 강조할 만큼 중요하다.

평평한 공간에서는 공변 미분이 교환 가능하다. 굽은 공간에서는 그렇지 않다.

이 덕분에 우리는 공간이 평평한지 아닌지 검증할 수 있다.

우리는 텐서, 특히 벡터를 반대 순서로 미분한 것이 똑같은 결과를 줄 것인지를 검증할 것이다.

- 만약 그 답이 공간의 어디에서나 임의의 벡터에 대해 "예."라면, 그 공간은 평평하다.
- 만약 그 공간에서 미분의 순서가 다른 답을 주는 위치들이 있음을 알게 된다면, 그 공간은 그 속에 (진짜 원뿔의 점 같은) 어떤 종류의 결손이 있거나 또는 (둥근 원뿔의 꼭대기처럼) 곡률을 갖고 있음을 알게 된다.

우리가 해야 할 일은 벡터의 2계 공변 미분을 반대 순서로 계산해 비교하는 것이다. 원칙적으로는 복잡하지 않다. 실제로는 약간 복잡하지만 다룰 만하다. 우리는 모든 도구를 우리 마음대로 쓸 수 있다. 이제는 순전히 끼워넣기로 구성된 기계적인 연산 작업이다. 우리는 그 단계의 밑그림을 그린 다음 답을 알려 줄 것이다.

공변 성분으로 표현된 벡터로부터 시작한다.

$$V_n.$$

r 방향으로 이 벡터의 공변 미분을 계산한다.

$$D_r V_n.$$

그러고는 s 방향으로 여전히 공변적으로 이를 미분한다.

$$D_s D_r V_n. \tag{21}$$

이 단계를 끝낸 뒤, 첨자 s와 r를 바꾸고 뺄셈을 할 것이다.

r에 대한 V_n의 첫 번째 공변 미분을 식 (12)에서 주어진 표현식으로 대체하자. 그러면

$$D_s D_r V_n = D_s \left[\partial_r V_n - \Gamma^t_{rn} V_t \right]$$

을 얻는다. $[\partial_r V_n - \Gamma^t_{rn} V_t]$이 텐서임에 주목하라. 우리는 이를 어떻게 미분하는지 알고 있다. 식 (13)을 이용하면 된다. 기계적으로 계산을 계속 진행한다. 결국에는 2개의 2계 공변 미분 사이의 차이가 $\mathcal{R}^t_{srn}$으로 표기하는 텐서에 V_t가 곱해진 결과를 얻는다.

$$D_s D_r V_n - D_r D_s V_n = \mathcal{R}^t_{srn} V_t. \tag{22}$$

여기 그 텐서가 있다.

$$\mathcal{R}^t_{srn} = \partial_r \Gamma^t_{sn} - \partial_s \Gamma^t_{rn} + \Gamma^p_{sn} \Gamma^t_{pr} - \Gamma^p_{rn} \Gamma^t_{ps}. \tag{23}$$

크리스토펠 기호의 도함수를 수반하는 두 항과 크리스토펠 기호의 곱이 p에 대해 더해진 두 항이 있다.

텐서 $\mathcal{R}^t_{srn}$이 **곡률 텐서**이다. **리만 곡률 텐서**(Riemann curvature tensor) 또는 **리만-크리스토펠 텐서**(Riemann-Christoffel tensor)로도 부른다.

곡률 텐서의 표현식은 복잡하다. 크리스토펠 기호가

$$\Gamma^t_{mn} = \frac{1}{2} g^{rt} [\partial_n g_{rm} + \partial_m g_{rn} - \partial_r g_{mn}]$$

의 식으로 주어진다는 점을 기억하면 훨씬 더 복잡하다. 식 (23)으로 주어진 곡률 텐서의 요소들이 무엇인지 살펴보자. 크리스토펠 기호는 g의 미분을 수반한다. 따라서 다시 미분하면 g의 2계 도함수를 생성한다. g의 2계 도함수는 일반적으로 우리가 0과 같다고 놓을 수 없는 것임을 기억하라. g의 1계 도함수에 대해서는 0과 같은 기준틀을 찾을 수 있음을 알고 있다. 하지만 g의 2계 도함수에 대해서는 그렇게 할 수 없다. 따라서 우리가 곡률 텐서 계산을 끝냈을 때쯤이면 g의 2계 도함수가 들어와 있다. 2계 도함수는 단순히 1계 도함수보다 표면의 기하를 좀 더 철저하게 검증하고 탐색한다. 비슷한 방식으로, 함수 이론에서 여러분이 점 x에서 $f(x)$와 $f'(x)$와 $f''(x)$를 안다면, 여러분이 그냥 $f(x)$와 그 1계 도함수 $f'(x)$를 아는 것보다 더 나은 결과를 얻는다.

따라서 곡률 텐서는 계측 g의 2계 도함수를 포함하고 있으며, 그 제곱 또는 g의 1계 도함수의 2차식들을 갖고 있다. 복잡한 놈이다. 실제로 우리가 계측을 써서 곡률 텐서를 쓰려고 하면, 또는 주어진 계측에 대해 이걸 계산하려고 하면 금방 지면을 채워 버릴 것이다. 하지만 개념적으로 곡률 텐서가 수행하는 것은 그림 11의 고리 주변으로 모든 과정을 수행할 때까지 벡터를 모든 점에서 가능한 한 국소적으로 그 자체와 평행하게 유지하며 운송할 때 단지 그 차이를 계산하는 것이다. 이는 고리 주변을 돌아가는 평행 운송에서 벡터의 작은 변화를 계산한다.

곡률 텐서는 복잡한 공식을 갖고 있지만 계산할 수 있다. 컴퓨터에 계측 텐서를 넣고 물어 볼 수 있다. "곡률 텐서가 0인가?" 대수를 수행할 수 있는 소프트웨어를 갖고 있다면 훨씬 더 좋다.

만약 여러분이 어떤 대수적 형태의 계측을 갖고 있다면, 여러분은 식 (17)과 식 (23)의 모든 연산을 수행할 수 있고 그러고는 곡률 텐서가 모든 곳에서 0인지 여부를 검증할 수 있다. 만약 곡률 텐서가 모든 곳에서 0이라면, 즉 그 모든 성분이 모든 곳에서 0이라면, 그러면 여러분의 공간은 평평하다.

우리는 곡률 텐서를 좀 더 공부할 것이다. 앞서 말했듯이 곡률 텐서는 복잡한 놈이다. 주된 용도는 공간이 평평한지 여부를 알려 주는 것이다. 그리고, 만약 그렇지 않다면, 얼마나 평평하지 않은지를 알려 준다.

이는 중력 물리학에서의 어떤 양과 밀접하게 관련이 있다. 어떤 것인지 짐작할 수 있겠는가? 공간이 평평하지 않다고 말해 주는 국소적인 양이다. 중력장이 정말로 존재하는지 아닌지 여부를 알려 주는 어떤 것임에 틀림없다. 답은 기조력이다. 곡률 텐서는 정확하게 기조력, 중력장 속에서 물체를 한쪽으로 쥐어짜고 다른 쪽으로 늘리는 그런 것들과 관련이 있다. 기조력은 곡률 텐서로 표현된다.

곡률 텐서가 무엇인지 느낄 수 있는 또 다른 방법이 여기 있다. 돌출부가 있는 중심의 점에서 멀어질수록 평평한 표면을 상상해 보자. 둥근 원뿔일 필요는 없다. 그림 12에서처럼 단순히 돌출부를 가진 평면일 수 있다.

여러분은 말단에 모두 경첩이 달린 팅커토이 막대의 작은 구조물을 갖고 있어서 부착되어 있는 상태로 막대의 방향들이 서로

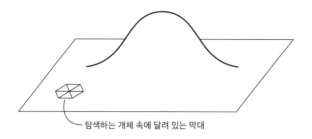

탐색하는 개체 속에 달려 있는 막대

그림 12 팅커토이 막대의 작은 구조물로 곡률 탐색하기.

자유롭게 움직일 수 있다. 먼저 이 탐색 구조물은 그 자체로 평평하기 때문에 표면의 평평한 부분에서 압축이나 왜곡 없이 평평하게 놓을 수 있다.

그러고는 이 탐색기를 움직이기 시작한다. 평평한 영역에서 움직이는 동안에는 아무런 일이 일어나지 않는다. 완벽하게 행복한 상태를 유지한다. 늘어나지도 않고 왜곡되거나 변형되지도 않는다. 한편 이것은 정상에서 멀리 떨어진 둥근 원뿔의 측면에 대해서도 마찬가지였을 것이다.

탐색기를 굽은 영역 속으로 움직이려고 하면 어떤 일이 벌어질까? 그러면 탐색기는 몇몇 길이를 늘리거나 압축하지 않고 그 곡률을 따라갈 수 없다. 굽은 공간의 계측 속성을 따라가야만 한다. 특히, 여러분이 탐색기 주변을 돌아다니면, 그것은 어떻게든 식 (18)과 식 (19)의 이중 공변 미분의 견본을 만드는 것이다. 여러분은 막대들 사이의 다양한 각도가 평평한 공간에서의 그 값들에서 변한다는 것을 알게 될 것이다. 막대들의 길이 또한 바뀐다. 늘어나고 뒤틀린다. 탐색기가 국소적으로 얼마나 압박을 받는가 하는 정도는 곡률 텐서로 주어진다.

곡률은 중요한 속성이다. 왜냐하면 만약 여러분이 곡률이 있는 지역에 있다면 중력장 속의 기조력으로든 또는 그림 12의 실험에서의 탐색기로든 그것을 느낄 수 있기 때문이다.

균일한 중력장에는 곡률이 없다. 그래서 완전히 균일한 중력장 속에서 자유 낙하하면 여러분은 그냥 아무것도 느끼지 못한다. 사실, 균일한 중력장은 기조력을 만들지 않는다. 물론, 자연에서는 완전히 균일한 중력장이 정말로 존재하지 않는다. 가속도로 흉내 낼 수는 있지만, 자연에서 볼 수는 없다. 여러분이 자신을 작은 입체각으로 한정한다면 크고 무거운 물체의 표면에서 오직 근사적으로만 존재한다. 이로부터 마지막 이야기가 이어진다.

기조력, 또는 표면에서의 곡률은 더 큰 물체에서 더 큰 효과를 갖는다. 지구를 향해 자유 낙하하는 3,200킬로미터 길이의 사나이는 자유 낙하하는 박테리아보다 더 강력하게 기조력을 느낄 것이다. 마찬가지로 그림 12에서 만약 탐색기가 돌출부와 비교해 작다면 돌출부 위로 지나갈 때 많이 변형되지 않을 것이다. 반면, 만약 탐색기가 예를 들어 더 많은 육각형으로 만들어졌고, 바닥 타일처럼 평면의 더 큰 지역을 덮고 있으며, 하지만 여전히 경첩이 달려 있어 연결된 임의의 두 막대들이 서로 자신들의 방향을 바꿀 수 있으나 길이는 못 바꾼다면, 그렇다면 그 탐색기는 곡률을 더 강하게 느낄 것이다.

잠시 멈추고 우리가 어디까지 왔는지 살펴보자. 이 3강의 끝에서 우리는 곡률 텐서에 이르렀다. 곡률 텐서는 복잡하다. 식 (23)이 곡률 텐서를 표현하고 있다. 기호와 첨자의 바다 없이 할 수 있었으면 하지만, 우리가 곡률 텐서의 본성을 정말로 이해하고자 한다면 그건 불가능하다. 그럼에도 본질적인 점은 우리가 그것을 계산할 수 있다는 사실이다.

종종 계측 텐서가 어떤 해석적인 형태로 주어질 것이다. 그에 대한 공식이 있을 것이다. 그 공식으로 여러분은 미분을 수행할 수 있다. 그러면 모든 것이 여러분이 계산할 수 있는 해석 함수로 구성될 것이다.

따라서 마침내 우리는 우리의 처음 목표에 이르렀다. 그것은 공간이 평평한지 여부를 결정하는 방법을 찾는 것이었음을 기억하라. 정의상 계측 텐서가 모든 곳에서 크로네커 델타 텐서와 같은 좌표 집합이 존재한다면 그 공간은 평평하다. 가능한 모든 좌표 집합을 시도하고, 모든 점에서 그걸 확인하는 것은 실용적인 해결책이 아니다. 그래서 우리는 곡률 텐서를 찾았다. 만약 모든 곳에서 곡률 텐서가 0이라면, 그렇다면 우리는 모든 곳에서 계측 텐서가 크로네커 델타 텐서와 같은 좌표 집합을 찾을 수 있다. 여러분은 그냥 자신을 임의의 고정된 점에 위치시키고 우리가 가우스 정규 좌표를 구축할 때 했던 것처럼 유클리드 좌표를 구축하기 시작하면 된다. 만약 우리 공간에 곡률이 없으면 이 유클리드 좌표는 작은 주변에 제한되지 않을 것이다.

요약하면 이렇다.

- 곡률 텐서가 모든 곳에서 0과 같으면 오직 그럴 때만 공간은 평평하다.

- 곡률 텐서는 식 (23)으로 주어지는 복잡한 형태이다. 그러나 우리가 계측을 알 때 곡률 텐서는 공간의 모든 점에서 계산할 수 있다. 따라서 이는 실용적인 도구이다.

모든 점에서 공간의 계측을 아는 것이 엄격한 조건은 아니다. 우리가 계측에 대해 알아야 하는 기본 지식이다. 만약 우리가 계측을 모른다면 우리의 공간이 어떻게 생겼는지 정말로 알 수 없다.

우리는 리만 기하, 계측, 텐서, 곡률 등에 대한 수학 공부를 마쳤다. 이 주제들의 수학적 면모 속으로 더 깊이 들어가고 싶은 관심 있는 독자들은 응용에 중점을 둔 훌륭한 미분 기하 설명서를 펼쳐 볼 수도 있다. 우리 입장에서는 새로운 도구 상자가 이제 완성되었다. 그걸 사용할 준비가 된 것이다.

다음 강의에서 우리는 중력 세상으로 들어갈 것이다. 리만 기하에서 아인슈타인 기하로 가기 위해서 무엇을 바꿔야 하는지 보게 될 것이다. 그러고는 유명하고도 간단한 사례인 슈바르츠실트 기하를 공부할 것이다. 이는 블랙홀, 별, 그리고 임의의 중력 작용을 하는 질량의 기하이다.

⟨◉⟩ 4강 ⟨◉⟩

측지선과 중력

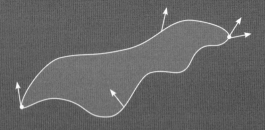

앤디: 레니, 만약 내가 내 코를 따라 똑바로 계속 간다면,

내가 측지선을 따라가는 걸까?

레니: 그럼, 바로 그거야. 하지만 '똑바로'가 무엇을 뜻하는지는

표면의 기하에 좌우되지. 그건 질량의 존재에 영향을 받아.

앤디: 그러니까 술집에서 술집으로 돌아다니고 여러 번 거리를 가로지르는

술 취한 녀석이 측지선을 따라간다는 거지?

레니: 글쎄. 내 생각에 술집은 질량과도 같아서 끌어당기는 힘을

발휘한다고 말할 수 있겠네.

시작하며

이 강의에서 우리는 두 점 사이의 거리의 제곱이 항상 양수인 리만 기하에서, 두 점, 즉 시공간에서의 두 사건 사이의 '거리'의 제곱이 양수나 0, 또는 음수일 수도 있는 민코프스키 기하로 점차 옮겨 갈 것이다.

리만 기하에 대한 이전 강의에서 확립한 기본 공식들을 상기하는 것으로 시작해 보자. 그중 많은 공식은 변화 없이 (민코프스키 기하로) 옮겨 갈 것이지만, 계측은 덜 직관적일 것이다.

가장 단순한 종류의 텐서(스칼라는 제쳐 두고)의 공변 미분은, **공변 벡터**[1]를 생각했을 때, 다음의 공식으로 주어진다.

$$D_r V_m = \partial_r V_m - \Gamma_{rm}^{t} V_t. \qquad (1)$$

여기서 Γ_{rm}^{t} 은 크리스토펠 기호라 부른다.

더 많은 공변 첨자를 가진 텐서에 대한 공식은 각각의 첨자

---

[1] 우리는 지난 강의에서 벡터는 반변 형태, 즉 반변 성분의 모둠, 그리고 또한 공변 형태를 가진 추상적인 것임을 알았다. 우리가 공변 벡터에 대해서 말할 때는 더 엄격하게 공변 성분으로 표현된 벡터를 뜻한다.

에 대해 부가적인 크리스토펠 기호를 가지고 식 (1)을 간단히 일반화하면 된다.

$$D_r T_{mn} = \partial_r T_{mn} - \Gamma_{rm}^t T_{tn} - \Gamma_{rn}^t T_{mt}. \qquad (2)$$

식 (1)과 (2)는 임의의 좌표계에서 유효하다. 임의의 주어진 점에서 만약 우리가 가능한 한 데카르트 좌표계에 가까운 좌표계를 국소적으로 사용한다면 크리스토펠 기호는 0이며 우변은 그 첫째 항, 즉 보통의 미분으로 축소된다.

이제 특정한 텐서, 즉 계측 텐서를 살펴보자. 데카르트 좌표는 정의상 계측이 점 P에 의존하지 않으며 나아가 크로네커 델타 텐서와 같은 좌표계이다. 그런 좌표계를 찾을 수 있는 공간은 평평하다고 한다.

이와 비슷하게, **국소적으로**, 가우스 정규 좌표는 계측 텐서가 국소적으로 2차 근사까지 크로네커 델타 텐서인 좌표이다. (즉 1차 근사까지는 여전히 크로네커 텐서처럼 행동하지만 2차 근사에서는 아니다.) 따라서, 임의의 주어진 점 P에서의 가우스 정규 좌표 집합에서 계측 텐서 성분의 보통의 편미분은 0이다.

$$\partial_r \, g_{mn} = 0 \qquad (3)$$

이는 오직 주어진 점에서의 가우스 정규 좌표 집합에서만 사실이다.

그 결과 우리가 정의한 방식을 고려하면, 표면 위 임의의 점 P에서 임의의 좌표계에서의 계측 텐서의 공변 미분(이는 그 자체로 항상 텐서이다.)은 0과 같다.

$$D_r\, g_{mn} = 0. \tag{4}$$

식 (1)과 (2)에 나타나는 크리스토펠 기호를 다시 살펴보면 왜 크리스토펠 기호가 텐서가 아닌지 여러 가지로 알 수 있다. 텐서와 달리 크리스토펠 기호는 하나의 좌표계에서는 0일 수 있으나 다른 좌표계에서는 0이 아닐 수도 있다. 우리는 임의의 주어진 좌표계에서 계측 텐서 성분들의 보통 편미분을 써서 그 값을 계산했다.

$$\Gamma^t_{mn} = \frac{1}{2} g^{rt} \left[\partial_n g_{rm} + \partial_m g_{nr} - \partial_r g_{mn} \right]. \tag{5}$$

식 (5)는 만약 계측 텐서 성분의 보통 편미분이, 국소적 최적 좌표계에서 그런 것처럼 0이라면, 그러면 크리스토펠 기호는 그 좌표계에서 0임을 다시 보여 준다. 만약 크리스토펠 기호가 텐서라면 임의의 좌표계에서 0이어야만 했을 것이지만, 그렇지 않다.

앤디: 레니, 식 (5)를 어떻게 기억할 수 있을까?

레니: 게티즈버그 연설하고 똑같아. 그냥 외워.(미국 학생들은 역사나 시민 교육 수업에서 게티즈버그 연설문 외우기를 과제로 받는다. — 옮긴이)

공변 미분은 우리가 공간에서 움직일 때 틀과 독립적인 방식으로 텐서의 변이 비율을 연구하도록 고안되었다. 공변 미분은 우리가 전부 다 풀어 쓴다면 꽤 복잡한 녀석이다. 크리스토펠 기호는 이를 간단하게 하는 약어이다.

식 (1)은 공변 성분을 가진 벡터의 공변 미분이다. **반변** 성분을 가진 벡터의 공변 미분에 대해 이야기해 보자. 이를

$$D_r \, V^m$$

으로 표기한다. 언제나처럼 보통의 편미분으로 시작하며, 그리고 또 다른 항이 있다. 그 계산은 우리가 공변 벡터의 공변 미분을 계산하기 위해 했던 것과 정확하게 똑같다. 그 계산을 하기 위해 다음 기법을 기억하라. 벡터의 공변 형태와 반변 형태 사이에는 간단한 관계가 성립한다. 우리는

$$V^m = g^{mp} \, V_p$$

로 쓸 수 있다. 이는 2강의 식 (14)에서 네 번째 식의 변형이다.

그러고는 양변에 공변 미분을 취한다. 최적 좌표 집합[2]에서는 공변 미분이 표준 미분이므로 곱에 대한 미분의 규칙을 만족하리라는 점을 쉽게 확인할 수 있다. (『물리의 정석: 고전 역학 편』 2강을 보라.)

$$D_r V^m = \left(D_r g^{mp} \right) V_p + g^{mp} \left(D_r V_p \right). \qquad (6)$$

우변에는 역계측의 공변 미분이 있다. $D_r g_{mp} = 0$과 마찬가지로 (식 (4)를 보라.) 이는 역계측에 대해서도 또한 사실이어야 함을 쉽게 증명할 수 있다. 즉 $D_r g^{mp} = 0$이다. 따라서 첫 번째 항은 사라지며 식 (6)은

$$D_r V^m = g^{mp} \left(D_r V_p \right) \qquad (7)$$

이 된다. 우리는 아래 첨자를 가진 벡터의 공변 미분을 어떻게 계산하는지 알고 있다. 그것은 식 (1)이다. 이를 식 (7)에 대입하면, 약간의 대수적 조작을 거쳐 여러분은 반변 첨자, 즉 위 첨자를 가진 벡터를 공변적으로 미분하는 공식을 얻게 될 것이다. 그 결과가 여기 있다.

---

2) 이는 비공식적으로 국소적 가우스 좌표를 부르는 방법이다.

$$D_r V^m = \partial_r V^m + \Gamma_{rt}^m V^t. \qquad (8)$$

이전처럼 이 공식은 간단한 미분으로 시작한다. 그러고는 최적
좌표 집합에서는 0이었을 항을 가지고 있다. 왜냐하면 공변 미분
은 간단히 보통의 미분일 것이기 때문이다. 그러나 일반적인 좌
표에서는 0이 아니다. 크리스토펠 기호가 있는 이 둘째 항에서는
t에 대한 합이 있다. 일반적으로 말해 식 (8)에서 우리는 모든
첨자가 기대했던 위치에 있음을 확인할 수 있다. 유일한 특징은
식 (1)에서처럼 아래 첨자를 가진 벡터의 공변 미분에서 나타나
는 음의 부호 대신 양의 부호이다. 그 음의 부호는 관례였다. 여
기서도 마찬가지이지만, 반드시 반대 부호이어야만 한다.

우리가 식 (1)에서 식 (2)로 옮겨 갔을 때 공변 벡터의 공변
미분을 공변 첨자를 가진 텐서로 일반화했듯이, 우리는 공변 미
분을 임의의 아래 첨자와 위 첨자 모둠을 가진 텐서로 일반화할
수 있다. 아래 첨자는 음의 부호의 크리스토펠 기호를 가진 부가
적인 항을 수반할 것이며, 반면 위 첨자는 양의 부호의 크리스토
펠 기호를 가진 부가적인 항을 수반할 것이다.

이제 우리는 평행 운송이라는 개념에 이르렀다. 이미 우리는
지난 강의에서 이를 슬쩍 다뤘다. 하지만 이제 자세히 설명해 보자.

평행 운송

곡면, 또는 고차원의 굽은 공간과 그 위에서 정의된 어떤 벡

터장이 있다고 가정하자. 즉 공간의 모든 점에서 벡터가 붙어 있다. 우선 앞으로는 벡터장의 벡터는 언제나 공간의 접평면(또는 더 높은 차원의 평평한 접공간)에 있을 것이다.

그림 1에서와 같이 우리가 공간 위의 곡선을 따라 움직일 때 장이 그 자신과 평행하게 머물러 있는지를 우리는 알고 싶어 한다. 그림에서 우리는 공간과 곡선을 나타냈지만, 벡터장의 벡터나 표면 위의 곡선 좌표는 나타내지 않았다.

곡선 위의 각 점에서 벡터가 있다고 생각한다. 곡선을 따라 움직이자. 우리가 알고 싶은 것은 그 벡터(또는 원한다면 장)가 그 자신에 평행하게 머물러 있는지 여부이다. 곡선 위의 X 와 $X + dX$ 사이에서 '자신에게 평행하다.'라는 것은 다음을 뜻한다.

X 에서 $X + dX$ 로 움직일 때 만약 그 점 X 에서 곡선 방향으로의 공변 미분이 0이면 벡터가 자신에 평행하게 머문다고 정의한다.

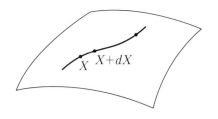

그림 1 공간 위의 벡터장과 곡선.

공변 미분은 국소 최적 좌표에서 썼을 때 $X + dX$에서의 벡터와 X에서의 벡터의 차이를 dX의 성분으로 나눈 것이다. 반변 벡터의 공변 미분인 텐서를 다시 써 보자.

$$D_m V^n = \frac{\partial V^n}{\partial X^m} + \Gamma_{mr}^n V^r. \qquad (9)$$

이제 우리는 그 궤적 또는 곡선을 따라 도함수를 고려하려 한다. 벡터는 점들 사이에서 어떻게 변할까? 그건 단순히 공변 미분 $D_m V^n$을 취해 dX^m을 곱하는 것에 해당한다. 따라서 벡터의 작은 변화는

$$D_m V^n dX^m \qquad (10)$$

이다. 이 공식은 우리가 한 점에서 다른 점으로 옮겨 감에 따라 좌표 자체가 변화할 수 있다는 사실을 설명한다. 이것이 바로 공변 미분의 본질이다.

표현식 (10)은 한 점에서 그 이웃으로 움직일 때 벡터의 작은 변화로, 최적 좌표 집합에서 그 성분의 변화로 측정한 다음 임의의 좌표계에서 추상적으로 고려했다. 여기 이름을 붙이자.

$$DV^n = D_m V^n dX^m. \qquad (11)$$

이는 궤적 위의 한 점에서 이웃한 점으로 움직이는 벡터의 **공변 변화**(covariant change)이다.

이 공변 변화를 우리가 갖고 있는 구성 요소로 표현해 보자. 식 (9)의 우변에 dX^m을 곱하면

$$DV^n = \frac{\partial V^n}{\partial X^m} dX^m + \Gamma^n_{mr} V^r dX^m \qquad (12)$$

을 얻는다.

우변의 첫째 항은 해석이 간단하다. 이는 좌표에서의 가능한 변화와 관련된 모든 것을 무시하는 평범한 V에서의 변화이다. 이를 dV^n으로 표기한다. 식 (12)는

$$DV^n = dV^n + \Gamma^n_{mr} V^r dX^m \qquad \textbf{(13)}$$

이 된다.

이 공식은 다음과 같이 읽을 수 있다. V의 공변 변화는 V의 평범한 변화에다 V^r과 dX^m이 곱해진 크리스토펠 기호와 같은 항이 더해진 것과 같다. 이 두 번째 항은 물론 합 규약에 따라 이중합이다.

식 (13)은 벡터가 한 점에서 다른 점으로 어떻게 변하는지를 말해 주는 공식이다.

곡선을 따라 움직이면서 그 자신에 평행한 벡터를 찾는 데에 관심이 있다고 해 보자. '자신에 평행하다.'라는 것은 우리가 X 에서 $X + dX$로 움직일 때 변하지 않는다는 뜻이다. 각 점 X 에서 우리는 어떤 최적 좌표를 세우고 그 좌표에서 우리는 벡터가 변하고 있는지 여부를 검증한다. 만약 1차 차수에서 변하지 않는다면(즉 그 1계 도함수가 0이라면) 우리는 "좋아, 그 벡터는 작은 구간을 따라 상수이다."라고 말한다. 이제 다음의 작은 구간으로 이동해서 새로운 점에서 최적 좌표를 세우고 다시 검증한다. 이를 전체 곡선을 따라 수행한다. 일련의 검증에서 벡터가 1차 차수에서 결코 변하지 않는다면, 그 벡터는 곡선을 따라 자신에 평행하다고 말한다.

요컨대, 만약 곡선을 따라 벡터 V 가

$$dV^n + \Gamma^n_{mr} V^r dX^m = 0 \qquad (14)$$

을 만족하면, 그 벡터는 자신에 평행한 관계를 유지한다.

한 점에서 벡터를 잡아 그 자신에 평행하게 유지되는 방식으로 이처럼 주어진 곡선을 따라 운송하는 것을 **평행 운송**(parallel transport)이라 한다. 상서로운 신조어를 만들자면 우리는 벡터를 "평행 운송한다."라고 말한다.

곡면에서 평행 운송의 아주 중요한 사실은 **궤적에 의존한다**는 점이다. 그림 2의 표면에서 만약 우리가 점 A에서 출발해 거

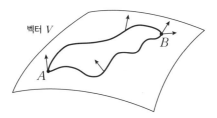

그림 2 A에서 B까지 V의 평행 운송. 따라가는 경로에 의존하기 때문에 B에서의 마지막 벡터는 똑같지 않다.

기서 접평면에 있는 벡터 V를 취해 B로 평행 운송하면, 그러면 우리가 B에서 얻게 되는 벡터는 우리가 A에서 B까지 따라가는 경로에 의존할 것이다.

　　그림 2는 A에서 벡터 V를 나타냈고 두 경로를 따른 그 변화를 보여 준다. 우리는 그 어떤 좌표계도 보여 주지 않았다. 사실 평행 운송은 궤적에 의존하지만, 그 표면에서 점들의 위치를 정하는 데 사용되는 어떤 좌표계에도 독립적이다. 어쨌든 각 점에서 우리는 최적 국소 좌표 집합을 이용해 거기서 벡터의 무한소 평행 운송을 수행한다. 우리가 B에 도달했을 때, 우리가 얻게 되는 최종 벡터는 물론 V에 의존할 뿐만 아니라, 우리가 따라간 경로에도 의존한다. 최종 벡터는 우리가 경로를 따라 마주했던 요철, 즉 그 경로에 따른 국소적 곡률에 의존한다. 우리가 똑같은 점 A로 돌아간다 하더라도 우리가 따라가는 고리 모양의 경로에 따라 이런저런 벡터로 끝나게 될 것이다. 만약 평평하

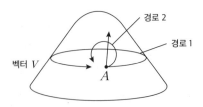

그림 3 2개의 다른 경로를 따라가는 원뿔 위 벡터 V 의 평행 운송. 두 경로 모두 A 에서 시작하고 끝난다.

게 연결된(즉 평평하고 구멍이 없는) 지역이 있고 그 지역에서만 전적으로 순환 경로를 따라간다면 우리는 똑같은 벡터 V 로 끝나게 될 것이다.

우리는 이미 지난 강의의 원뿔(뾰족하든 둥글든 그건 중요하지 않다.)에서 이 현상을 봤다. 원뿔의 옆면에서 벡터를 출발시켜 **원뿔 주위로** 평행 운송했을 때, 똑같은 벡터로 끝나지 않았다. 원뿔의 정상 주변을 돌아가지 않는 대안의 경로를 생각할 수 있는데, 이 경우 우리는 똑같은 벡터로 끝나게 될 것이다. 이는 두 경로가 언제나 똑같은 결과를 초래하는 것은 아니라는 사실을 보여 준다. 그림 3을 보라.

원뿔의 옆면은 우리가 그것이 3차원 속에 끼워진 것으로 봐서 보통의 언어로는 평평하지 않지만, 우리의 정의에 따르면 평평함을 기억하라. 원뿔의 옆면은 **내재적으로** 평평하다. 왜냐하면 구멍이 없는 옆면의 임의의 단면을 평면 위에 그 어떤 왜곡도 가하지 않고 펼쳐 놓을 수 있기 때문이다. 더 수학적으로 말하자면,

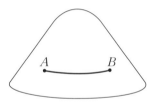

그림 4 원뿔 위에서 A에서 B로 가기.

임의의 옆면의 연결된 단면은 전체 단면에 걸쳐 그 계측이 크로네커 델타 텐서인 좌표계가 존재하기 때문에 평평하다.

벡터의 평행 운송, 즉 표면 위에서 벡터의 공변 미분이 0인 채로 유지하면서 그 벡터를 움직이는 것은 또한 벡터의 길이를 보존한다. 이는 식 (14)의 결과로 보일 수 있다.

다음 주제는 곡선의 접벡터로서, 접벡터가 상수로 남아 있는지 아닌지 여부이다. 접벡터가 그 자신에 평행한 채로 머물러 있을 때 우리는 그 곡선이 **측지선**임을 보일 것이다. 측지선은 직관적이다. 하지만 생각보다 좀 까다롭다. 예를 들어, 그림 4에서 보는 것처럼 원뿔 위에서 만약 우리가 A에서 B로 원뿔을 돌아간다면(3차원에서는 수평면에 평행한 상태를 유지하면서) 우리는 측지선을 따라가지 않은 것이다.

우리는 측지선이 최단 곡선임을 보일 것이다. 그림 4에서 보여 주듯 A에서 B로 가는 것은 최단 곡선이 아니다. 아주 평평한 원뿔에서 생각해 보면 이는 명백하다.

지구 위에서 배나 비행기는 측지선을 따라가려고 한다. 가장 경제적인 경로이기 때문이다. 그 경로는 이른바 **대원(great circle)** 이다. 아주 먼 목적지까지 가면서 비행기에 앉아 있는 동안 승무원들이 스크린에 경로를 보여 주면, 우리는 종종 우리가 '직선'을 따라가지 않는다는 것을 알고 놀라곤 한다. 이는 대원이 보통 지구를 평평하게 표현할 때 직선으로 사상되지 않기 때문이다.

접벡터와 측지선

우리는 곡선에 대한 접벡터와 측지선이라는 개념에 이르렀다. 우리가 두 점 A와 B를 고려하는 표면 위에서 A와 B 사이의 측지선은 특정한 성질을 만족하는 곡선이다. 측지선은 여러 방식으로 정의할 수 있다.

1. A와 B 사이의 최단 거리 곡선이 측지선이다.
2. 흔들었을 때 길이가 고정된 곡선이 측지선이다.
3. 세 번째, 더 나은 정의는 곡선을 따라 국소적으로 일어나는 일을 살펴보는 것이다. 즉 각 점에서 가능한 한 가장 직선인 곡선이 측지선이다.

물론, 마지막 정의는 수학적이라기보다 직관적이다. 좀 더 엄밀하게 정의해 보자. 만약 곡선을 따라 모든 점에서 그 접벡터[3]

---

3) 우리가 더 특정하지 않고 접벡터를 말할 때, 그 길이는 1이다.

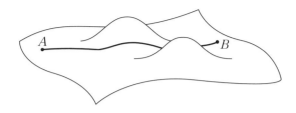

그림 5　굽은 지역에서 차를 똑바로 몰기.

의 공변 미분이 0이라면, 즉 만약 접벡터가 변하지 않는다면, 그러면 그 곡선은 가능한 한 가장 곧은 곡선이다.

　수학으로 넘어가기 전에 측지선에 대한 직관력을 좀 더 키워 보자. 먼저 그림 5에서처럼 굴곡진 지역을 상상해 보자. 편의상 이는 2차원 예이지만, 측지선의 개념을 정의하는 데에 2차원 공간에 특별한 뭔가는 없다. 그다음 우리가 이 지역에서 차를 몰고 있다고 상상해 보자. 그리고 차의 크기, 특히 앞바퀴들 사이의 거리는 임의의 곡률과 비교했을 때 작고 운전대는 똑바른 위치로 잠겨 있다고 가정하자. 우리는 A에서 출발해 어떤 방향으로, 위에서 말한 의미에서 직선으로 차를 몰아 (운전대를 절대 돌리지 않고) B에서 여정을 끝낸다. 우리의 궤적은 언덕들 사이에서 휘어질 것이다. 우리는 또한 언덕 꼭대기, 즉 곡률이 뚜렷한 점에서 시작할 수도 있지만, 그렇다고 해서 바뀌는 것은 없다. 그럼에도, 우리가 공간에서 운전대를 똑바로 유지하면서 자동차로 만들어 낼 곡선은 가능한 한 가장 똑바른 곡선일 것이다. 이는 공간에서

곡선

$X+dX$

X

그림 6 점에서 접벡터 구축하기.

측지선이 될 것이다.

측지선을 특징짓는 또 다른 방법은 곡선을 따른 접벡터가 상수라고 말하는 것이다. 우리는 접벡터가 무엇인지 직관적으로 인식하고 있다. 하지만 더 엄밀하게 정의해 보자. 곡선과 그 위의 좌표 X에서의 점을 생각해 보자. 그리고 이웃한 점을 잡는다. 그림 6을 보라. 점 X와 $X + dX$는 dX만큼 떨어져 있으며, 이를 또한 텐서 형태로 dX^m으로 표기할 수도 있다. 원점이 X에 있고 $X + dX$를 관통해 지나가는 길이 1인 벡터를 생각해 보자. 그러고는 두 번째 점 $X + dX$가 첫 번째 점 X로 다가가는 극한을 취한다. 그 결과로 나오는 벡터를 X에서 곡선에 대한 **접벡터**(tangent vector)라 부른다.

두 점 X와 $X + dX$ 사이의 거리 dS를 생각해 보자.

기억하겠지만, 그 거리는

$$dS^2 = g_{mn}dX^m dX^n \qquad (15)$$

으로 정의된다. X 좌표계에서 접벡터를 구성하는 방법은 아주 간단하다. 그 벡터의 m 번째 성분은

$$t^m = \frac{dX^m}{dS} \qquad (16)$$

이다. 식 (16)은 길이가 1인 벡터를 생성함을 보일 수 있다. 이는 독자들에게 연습 문제로 남겨 두었다. 곡선을 따라 각 점마다 이런 벡터가 하나씩 있다. 앞서 말했듯이 이는 우리가 접벡터라 부르는 것이다. 접벡터는 이웃한 두 점 사이의 방향을 가리키며 길이가 1이다.

접벡터가 상수인 곡선에 주의를 돌려 보자. 식 (14)에 접벡터를 대입하면 이 곡선들은 다음 식을 만족한다.

$$dt^n + \Gamma^n_{mr} t^r dX^m = 0. \qquad \textbf{(17)}$$

식 (17)이 성립하는 이유는 일단 여러분이 운전대를 똑바로 놓아두면 여러분은 여러분이 할 수 있는 한 가장 똑바로 움직이고 있는 것이기 때문이다. 따라서 접벡터의 공변 변화는 0이다. 다음으로 직관력을 키울 예를 들어 보자.

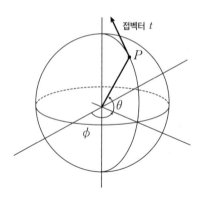

접벡터 t

P

θ

ϕ

그림 7   2차원 구와 극좌표.

크리스토펠 기호로 계산하는 예

측지선은 쉽게 오해할 수 있기 때문에 올바른 직관을 키우는 것이 중요하다. 둥근 언덕처럼 표면에 곡률이 있는 경우엔 더욱 그렇다. 사실 우리가 보통 표면의 내재적 곡률을 바라보는, 표면을 품고 있는 3차원 공간은 실제로는 그렇지 않음에도 접벡터가 변하는 것처럼 보이게 한다.

구의 표면 위 점 P를 생각해 보자. 그림 7을 보라. 수학자들은 이런 표면을 2차원 구라 부른다. 왜냐하면 그 점들을 2개의 좌표로 위치시킬 수 있기 때문이다. 보통의 위도 θ와 경도 ϕ, 그리고 우리가 익숙한, 예컨대 지구 위에서의 평범한 거리를 이용하자.

이 연습 문제의 목적은 자오선이 측지선임을 보이는 것이다.

연습 문제 1: 그림 7에서와 같이 우리는 반지름이 1이고 극좌표 θ와 ϕ를 가지고 있는 2차원 구 위에 있다.

1. 평범한 거리의 계측이 다음과 같음을 보여라.

$$\begin{pmatrix} 1 & 0 \\ 0 & \cos^2\theta \end{pmatrix}$$

2. 이 계측을 이용해 8개의 크리스토펠 기호를 표현하라.

$$\Gamma^1_{22} = \sin\theta \, \cos\theta$$
$$\Gamma^2_{12} = \Gamma^2_{21} = -\tan\theta$$

이고 다른 모든 것들은 0임을 보여라.

3. 자오선의 접벡터는 어디서나 $t^1 = 1$과 $t^2 = 0$의 성분을 가짐을 보여라.

4. 이 접벡터의 공변 미분인 텐서는 다음과 같음을 보여라.

$$\begin{pmatrix} 0 & 0 \\ 0 & -\tan\theta \end{pmatrix}$$

5. 만약 우리가 자오선을 따라가면 그 접벡터의 공변 변화는 항상 0임을 보여라.

즉 우리가 자오선을 따라가면 접벡터는 변하지 않는다.

이 연습 문제를 하다 보면, 간단한 예에서조차 크리스토펠 기호로 실제 계산하는 작업은 금방 지면을 채우게 된다는 것을 알게 될 것이다. 또한 곡률이 있는 표면 위에서도 접벡터가 변하지 않는 경로가 있음을 알게 될 것이다. **이것이 측지선이다.**

연습 문제에서 우리는 자오선을 살펴보았다. 극좌표가 공부하기에 간단하기 때문이다. 그러나 대칭성으로 인해 임의의 대원은 측지선이다.

그림 7에서 우리는 자오선을 따라 움직일 때 접벡터가 변할 것 같이 느낄 수도 있지만, **이는 우리가 3차원 유클리드 공간이 품고 있는 2차원 구를 보기 때문이다.**

그러나 만약 우리가 운전대를 돌린다면, 그리고 접평면에서 직선 경로를 벗어난다면, 그건 전혀 다른 이야기가 될 것이다. 그때는 우리 경로의 접벡터가 변할 것이다.

측지선에 대해 좀 더

측지선에 대한 식 (17)은 약간 더 깔끔한 형태로 쓸 수 있다. 방정식의 양변을 dS, 즉 X와 $X + dX$ 좌표를 가진 두 이웃한 점들 사이의 작은 거리로 나눠 보자. 그림 6을 보라.

식 (17)은

$$\frac{dt^n}{dS} = -\Gamma_{mr}^n t^r \frac{dX^m}{dS}$$

이 된다. 하지만 dX^m/dS은 t^m이어서 식 (17)은

$$\frac{dt^n}{dS} = -\Gamma^n_{mr}\ t^r\ t^m \qquad (18)$$

과 같이 다시 쓸 수 있다. 이 식은 접벡터만 수반하고 있다. 물론 크리스토펠 기호도 갖고 있지만 그건 주어져 있다고 가정하자. 그러면 식 (18)은 측지선의 '운동 방정식'이다.

한 가지 더: 접벡터 t 자체가 도함수이므로 우리는 좌변을 2계 도함수로 쓸 수 있다.

$$\frac{d^2 X^n}{dS^2} = -\Gamma^n_{mr}\ t^r\ t^m. \qquad (19)$$

익숙해 보이는가? 우리가 S를 곡선을 따라 움직일 때의 어떤 시간을 측정하는 단위로 생각하면, 그러면 좌변에서 위치의 2계 도함수는 가속도가 될 것이다. 따라서 만약 S가 시간과 비슷하다면, 또는 시간에 따라 균일하게 증가한다면, 식 (19)는 이렇게 읽을 수 있다. 가속도는 계측과 접벡터 성분에 비례하는 어떤 양과 같다. 심지어 우변에서 일종의 힘이 보일 수도 있다.

당분간은 식 (19)가 뉴턴 방정식의 모습을 하고 있다고 그냥 직시하자. 가속도는 중력장에 의존하는 뭔가와 같다. 왜냐하면,

곧 알게 되겠지만, 계측이 중력장이기 때문이다. 우리는 식 (19)가 중력장 속 입자의 운동에 대한 뉴턴 방정식임을 알게 될 것이다. 즉 어떤 의미에서는 중력장 속의 입자는 가능한 가장 곧은 궤적을 따라 움직인다. 하지만 그 입자는 단순히 공간 속이 아니라 **시공간 속에서** 가능한 가장 곧은 궤적을 따라 움직인다.

시공간

지금까지 우리는 리만이 이해했던 것처럼 굽은 공간의 수학을 공부해 왔다. 그러나 리만의 공간은 말하자면 거리가 국소적으로 피타고라스의 정리로 결정되는 (적절한 기준틀에서) 보통의 굽은 공간이다. 특히 리만 공간에서는 거리의 제곱이 언제나 양수이다. 그러나 일반 상대성 이론은 단지 공간에 대한 것만이 아니다. 일반 상대성 이론은 **시공간** 기하의 이론이다.

시공간의 좌표는 공간 좌표 x, y, z, 그리고 시간 t 이다. 종종 우리는 더 대칭적인 표기법을 사용할 것이다.

$$x = X^1, \; y = X^2, \; z = Z^3, \; ct = X^0.$$

여기서 c 는 광속이다.

시공간 또한 곡선을 따라, 또는 시공간 속에서 **사건**이라 불리는 (이웃한 점들이든 아니든) 두 점들 사이에 자연스러운 거리 척도를 갖고 있다. 리만 기하에서와 마찬가지로 민코프스키 기하에서도 거리는 일반적으로 제곱으로 표현된다. 그러나 민코프스키 공간에서 이 제곱은 서로 다른 사건들에 대해 0이거나 심지어 음수일 수도 있다.

데카르트 좌표와 비슷한 평평한 시공간부터 시작해 보자. 평평한 시공간의 이론은 물론 특수 상대성 이론으로, 『물리의 정석: 특수 상대성 이론과 고전 장론 편』의 주제였다. 특수 상대성 이론에서 시공간 거리의 제곱은

$$(\Delta\tau)^2 = (\Delta t)^2 - (\Delta X)^2$$

으로 주어짐을 상기할 것이다.[4] 여기서 $(\Delta X)^2$은 $(\Delta x)^2 + (\Delta y)^2 + (\Delta z)^2$의 약식 표기이다. 우리는 또한 방금 말했던 더 상대론적인 표기법을 사용할 수도 있다.

$$(\Delta\tau)^2 = (\Delta X^0)^2 - (\Delta X)^2.$$

세 가지 가능성이 있다. $(\Delta\tau)^2$은 양수일 수 있다. 이 경우에 두 점들 사이의 이격은 **시간성**이라 말한다. 음수일 수도 있는데, 이때 이격은 **공간성**이다. 또는 $(\Delta\tau)^2$은 0일 수도 있다. 이때 그 이

---

4) 간단히 하기 위해 우리는 광속이 1과 같은 단위를 사용하고 있다. 더 일반적인 공식은 $(\Delta\tau)^2 = (\Delta t)^2 - \dfrac{1}{c^2}(\Delta X)^2$이다.

격은 **광선성**이다.

이격이 시간성일 때 우리는 $\Delta\tau$을 두 점 사이의 **고유 시간**이라 부른다. $(\Delta\tau)^2$이 음일 때 우리는 정의를 다시 해서 $\sqrt{(\Delta X)^2 - (\Delta t)^2}$를 두 점 사이의 **고유 거리**라 부른다.

그러면 $\Delta\tau = 0$인 경우가 남는다. 그런 이격은 **영**이라 부른다. 이는 시공간에서 광선으로 연결될 수 있는 두 사건을 나타낸다. 영 이격은 광선성이라고도 부른다.

평평한 공간에서 이 정의들은 멀리 떨어져 있든, 가까이 있든, 심지어 무한히 가깝든 임의의 사건 쌍에 적용된다. 사건들이 무한히 가까울 때 고유 거리의 제곱은

$$(d\tau)^2 = (dX^0)^2 - (dX)^2$$

으로 다시 쓴다. 우리는 모든 간격 주변에 괄호를 넣어 그 간격의 제곱을 취했음을 명확히 했다. 하지만 나중에는 필요하지 않은 경우 표기법의 의미가 명확하다고 가정하고 식에서 이 괄호들을 뺄 것이다. 따라서 앞의 식은 간단히

$$d\tau^2 = (dX^0)^2 - dX^2 \tag{20}$$

로 쓸 수 있다.

또한 X^0은 t와 같은 것임을 기억하라.

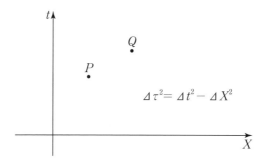

$$\Delta \tau^2 = \Delta t^2 - \Delta X^2$$

그림 8 두 사건 P와 Q 사이의 고유 시간 τ. ($\Delta \tau^2$ 이라 쓰면 $(\Delta \tau)^2$ 이라는 뜻이다. 다른 간격들에 대해서도 마찬가지이다.)

$d\tau^2$ 이 음수일 때 관례적으로 식 (20)은

$$dt^2 - dX^2 = -dS^2$$

로 다시 쓴다. 여기서 S는 **고유 거리**라 부른다. (dt^2 앞에 광속의 제곱이 있다. 그러나 우리는 이를 1과 같다고 두었다.)

또 다른 관례에서는 식 (20)을

$$dS^2 = g_{\mu\nu} \, dX^\mu \, dX^\nu \qquad (21a)$$

또는

$$d\tau^2 = -g_{\mu\nu} \, dX^\mu \, dX^\nu \qquad (21b)$$

라 쓴다. 여기서 『물리의 정석: 특수 상대성 이론과 고전 장론 편』을 읽은 독자라면 그리스 위 첨자를 가진 X^μ의 표기법에 익숙할 것이다.

$$X^\mu = \begin{pmatrix} t \\ x \\ y \\ z \end{pmatrix}.$$

표준 표기법에 따르면 이는 또한 이따금

$$X^\mu = \begin{pmatrix} X^0 \\ X^1 \\ X^2 \\ X^3 \end{pmatrix}$$

로 표기하기도 한다. 여기서 그리스 첨자 μ는 0에서 3까지 변한다.

라틴 첨자를 사용할 때는 오직 3개의 공간 좌표만 뜻한다. 여러분이 X^i를 읽게 된다면 이는 i가 1, 2, 3으로 변한다는 뜻이다. 즉 X^i는 오직 공간 좌표에 대해서만 변한다.

식 (21a)에 대해 설명해 보자. 첨자 μ와 ν는 0부터 3까지 변한다. 이 식은 우리가 이미 종종 사용했던 리만 기하에서 거리에 대한 보통의 방정식과 정확하게 똑같은 형태이다. 예를 들어

3강의 식 (1)을 보라.

민코프스키 기하에서 유일하게 새로운 것은 계측 텐서 $g_{\mu\nu}$ 또는 그것에 해당하는 행렬이다. 이는 여전히 대각 행렬이지만 시간축에 해당하는 -1과 공간축에 해당하는 3개의 $+1$을 갖고 있다. 계측 텐서가 핵심적인 역할을 하기 때문에 이름이 따로 있다. 우리는 이 행렬에 그리스 문자 η ("에타"라고 발음한다.)라 이름 붙인다. 그리고 이를 $\eta_{\mu\nu}$ ("에타 뮤 뉴"라고 발음한다.)라 쓴다.

$$\eta_{\mu\nu} = \begin{pmatrix} -1 & 0 & 0 & 0 \\ 0 & 1 & 0 & 0 \\ 0 & 0 & 1 & 0 \\ 0 & 0 & 0 & 1 \end{pmatrix}. \qquad (22)$$

계측 텐서가 이런 형태이기 때문에 우리는 고유 시간을 표현하는 식 (21b)가

$$d\tau^2 = dt^2 - dx^2 - dy^2 - dz^2$$

와 똑같은 식임을 확인할 수 있다.

지금까지는 특수 상대성 이론에 대해 이야기해 왔다. 일반 상대성 이론에서는 계측 텐서가 공간과 시간의 함수가 된다. 그래서 우리는 $g_{\mu\nu}(X)$라 부른다. (여기서 X는 시공간에서 하나의 사

건, 즉 4개의 좌표를 가진 하나의 점을 나타낸다.) 식 (21b)는

$$dt^2 = -g_{\mu\nu}(X)\ dX^\mu\ dX^\nu \qquad (23)$$

가 된다.

상대성 이론에서 계측 텐서와 관련해 처음부터 강조해야만 하는 중요한 사실이 하나 더 있다. 식 (22)의 행렬과 유클리드 계측의 단위 행렬 사이의 차이는 무엇인가? 자, 식 (22)는 첫 위치에 -1을 갖고 있다. 하지만 더 중요하게도, $g_{\mu\nu}(X)$에 대해서는 불변의 개념이 있다. 즉 음의 고유치 하나와 양의 고유치 3개가 있다. 이 네 부호는 이른바 **특성 부호**(signature)를 정의한다. 일반 상대성 이론에서는 시공간이 아무리 휘어져 있거나 또는 익숙하지 않아도, 민코프스키 계측의 특성 부호는 언제나 똑같을 것이다. 즉 양의 부호 3개와 음의 부호 하나, 또는 더 간결하게 $(-\ +\ +\ +)$로 표기한다.

이 수학 개념을 다루는 데 많은 시간을 허비하지는 않을 것이다. 다행히도 일반 상대성 이론의 방정식들은 자동적으로 특성 부호가 항상 $(-\ +\ +\ +)$임을 보장한다.

음의 고유치가 1개, 양의 고유치가 3개 있다는 것은 무슨 뜻일까? 이는 하나의 시간 차원과 3개의 공간 차원이 있음을 뜻한다. 우리는 대각 원소에 2개의 음의 부호를 가진 계측을 쓸 수도 있었을 것이다. 이는 2개의 시간 차원과 2개의 공간 차원을 가진

이상한 공간에 해당할 것이다. 다행히 그런 계측은 허용되지 않을뿐더러, 일반 상대성 이론의 방정식들을 옳게 푼다면 결코 나타날 수 없다.

그밖에도 우리가 리만 기하에서 했던 모든 것들, 계측, 공변 미분, 곡률, 측지선, 등등을 수반하는 모든 방정식은 일반 상대성 이론의 민코프스키-아인슈타인 시공간 기하에서 정확하게 똑같을 것이다.

이제 중요한 질문이 나온다. **시공간에서 평평하다는 건 무슨 뜻일까?** 이는 더 이상 계측이 크로네커 델타인 좌표계가 있다는 것을 뜻하지는 않는다. 이는 이제 계측이 식 (22)의 $\eta_{\mu\nu}$ 형태를 갖는 좌표계가 있음을 뜻한다.

리만 기하에서는 광역적으로 평평하려면 모든 곳에서 크로네커 기호로 구축된 계측이 존재해야만 했다. 이와 비슷하게 시공간에서는 광역적으로 평평하기 위해서는 모든 곳에서 계측이 $\eta_{\mu\nu}$의 형태를 갖는 좌표계가 존재해야만 한다.

시공간이 굽어 있는지 여부는 어떻게 검증할 수 있을까? 리만 기하에서 했던 것과 정확히 비슷하게 진행하면 된다.

다음은 지금까지 우리가 이미 해 왔던 유사점과 앞으로 보게 될 유사점을 요약한 것이다.

평평한 공간

유클리드 기하 → 민코프스키 기하

크로네커 δ 텐서 → η 텐서

뉴턴 물리학 → 특수 상대성 이론

평평하지 않은 공간(언제나 국소적으로 평평하다.)

휘어진 계측 → 중력장

리만 기하 → 아인슈타인 일반 상대성 이론

실제 중력장 때문에, 즉 무거운 물체의 존재 때문에 곡률이 생기는 그런 공간 속으로 들어가기 전에, 민코프스키 기하의 '평평한' 공간에서 조금 시간을 보낼 것이다.

우리는 그것을 일반적인 극좌표가 아닌 쌍곡선 극좌표에서 보게 될 것이다. 이름은 어마어마하지만 개념은 간단하며 시공간과 그 속에서 움직이는 입자들, 특히 그 속에서 가속하는 입자들에 잘 적용된다.

1강에서부터 우리는 중력과 가속도가 연결되어 있음을 알고 있고 우리의 궁극적인 목표는 중력장 속에서 입자의 상대론적 운동을 기술하는 것이기 때문에, 특수 상대성 이론의 틀 속에서 가속하는 입자를 공부하는 것부터 시작하는 편이 자연스럽다.

특수 상대성 이론

우리는 **민코프스키 공간**이라 부르는, 특수 상대성 이론의 시공간 안에 있다. 그 계측은 텐서

$$\eta_{\mu\nu} = \begin{pmatrix} -1 & 0 & 0 & 0 \\ 0 & 1 & 0 & 0 \\ 0 & 0 & 1 & 0 \\ 0 & 0 & 0 & 1 \end{pmatrix} \tag{24}$$

로 정의된다. 우리의 목적은 특수 상대성 이론에서 균일하게 가속되는 기준틀이라는 개념을 정의하는 것이다.

우리는 1강에서 균일하게 가속되는 엘리베이터와 함께 등가 원리를 선보였을 때 균일하게 가속되는 틀을 이미 만났다. 지구의 중력장(중력장이 균일하다고 볼 수 있는 작은 영역 속에서)과 균일하게 가속되는 엘리베이터 안에서 경험하는 겉보기 장은 구분할 수 없다. 그러나 1강에서 우리는 뉴턴 물리학을 사용했다.

특수 상대성 이론에서는 균일하게 가속되는 기준틀이라는 개념에 어려움이 있다. 더 이상 뉴턴 역학에서만큼 간단하고 직관적이지 않다.

그 어려움이 무엇인지, 어떻게 그걸 다루는지 살펴보자. 그림 9에서처럼 고정된 거리만큼 떨어져 있는 한 무리의 점 같은 관측자들을 고려해 보자. 이들이 틀을 형성한다고 생각하라.

그림 9 고정된 간격을 가진 공간의 점들. 우리는 이들을 '균일하게' 가속하려 한다.

관측자들이 X 축을 따라 각자가 똑같은 일정한 가속도로 가속하고 있다고 가정하자. 우리는 이들이 똑같은 거리만큼 계속 떨어져 있을 것이라 생각할 것이다. 이는 뉴턴 역학에서는 사실이지만 특수 상대성 이론의 거리에서는 속도가 증가함에 따라 시간과 동시성이 기이하게 행동한다.

만약 우리가 모든 관측자를 똑같이 가속시킨다면, 첫 관측자의 정지틀에서 봤을 때 두 번째 관측자까지의 거리가 증가하는 것을 알게 될 것이다. 만약 두 관측자 사이에 줄이 있다면 두 관측자가 동시에 움직이기 시작했으므로 그 끈은 늘어나 결국 끊어질 것이다. 이는 우리가 균일하게 가속되는 기준틀을 비상대론적 물리학으로부터 익숙한 방식으로 생각하는 것과 다르다. 비상대론적 물리학에서 균일하게 가속되는 기준틀에 대해 좋은 것은 똑같은 구조와 똑같은 모양을 유지한다는 점이다. 점들 사이의 거리는 똑같이 유지된다. 점들을 잇는 끈이 있다면 늘어나지 않을 것이다. 그러나 상대성 이론에서는 그렇지 않다.

특수 상대성 이론에서는 균일한 가속이라는 단순한 개념에 대해 두 번째 어려움이 있다.

균일하게 가속되는 기준틀이라는 소박한 개념에서는 우리가 충분히 오

래 기다린다면 관측자들이 결국 광속을 능가할 것이다. 그러나 상대성 이론에서는 우리가 관측할 수 있는 입자들이 결코 광속을 넘어설 수 없다.

균일한 가속도는, 그것이 존재하고 훌륭한 물리적 의미를 갖는 범위 안에서, 그림 9의 점들이 모두 똑같은 가속도로 움직이는 것만큼이나 그리 간단하지 않다.

우리는 상대성 이론가(상대성 이론의 전문가)가 균일하게 가속되는 기준틀이라 부르는 것을 구축하려고 한다. 이를 위해 그림 10에서처럼 극좌표에서의 유클리드 공간으로 돌아가는 것이 도움이 될 것이다. 아주 놀랍게도 상대론적 시공간에서는 균일하게 가속되는 좌표계가 보통 공간에서의 극좌표와 비슷하다.

여기 독자들에게 익숙한, 극좌표에서 데카르트 좌표로의 좌표 변환을 표현하는 식이 몇 개 있다.

$$x = r \cos \theta$$
$$y = r \sin \theta. \tag{25}$$

우리에겐 또한

$$\cos^2 \theta + \sin^2 \theta = 1 \tag{26}$$

이 있으며 이는

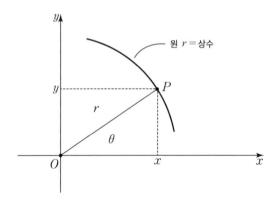

그림 10 평면에서의 유클리드 및 극좌표.

$$x^2 + y^2 = r^2 \tag{27}$$

이라고 말하는 것과 같다. 마지막으로 기억해 둬야 할 식이 2개 더 있다.

$$\cos\theta = \frac{e^{i\theta} + e^{-i\theta}}{2}$$

$$\sin\theta = \frac{e^{i\theta} - e^{-i\theta}}{2i}. \tag{28}$$

여러분은 $\cos^2\theta$ 와 $\sin^2\theta$ 의 합이 1과 같다는 것을 확인할 수 있을 것이다. 이는 모든 가능한 각도 θ 에 대해 성립하는 간단한 항등식이다. 식 (25)부터 식 (28)까지는 보통의 극좌표를 지배하는 기본 식들이다.

원점 주변의 원의 방정식은 무엇일까? 그건 그냥

$$r = \text{상수}$$

이다. 그 원 주변을 균일한 속도, 따라서 균일한 각속도로 움직이는 입자를 생각해 보자. 그러면 그 점의 가속도의 크기는 원 주변으로 상수이며, 벡터인 가속도는 항상 원의 중심을 가리킨다.

그게 상대성 이론과 무슨 관계가 있을까? 상대성 이론에서 우리는 균일하게 가속되는 점을 정의하기 위해 거의 똑같은 방정식을 쓴다는 것을 알게 될 것이다.

시공간의 기본적인 도식적 표현으로 돌아가 보자. 특수 상대성 이론에서 이는 뉴턴 물리학에서의 그림 10과 비슷하다. 그것이 그림 11이다.

그림 11에는 광뿔, 즉 2개의 대각 직선이 있다. 『물리의 정석: 특수 상대성 이론과 고전 장론 편』에서 우리는 이들이 시간 0에 원점에서 출발해 오른쪽 또는 왼쪽으로 움직이는 광선의 궤적을 나타냄을 알고 있다. 다음 쪽의 가장 단순한 민코프스키 도표에는 오직 하나의 공간 차원만 있음을 기억하라. 모든 것은 공간 속 X 축 직선 위에서 움직인다.

표기법: 우리는 변수 X 와 T 를 사용한다. 왜냐하면 나중에

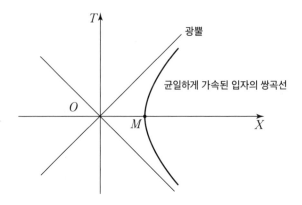

그림 11 광뿔. 공간 좌표가 2개 더 있었다면 이는 정말 원뿔이었을 것이다. 이 익숙한 민코프스키 도표에는 오직 하나의 공간 차원만 있다는 사실에 주목하라.

1강의 엘리베이터처럼 균일하게 가속되는 틀을 공부할 때 좌표를 바꿔 변수 y와 t(소문자 t)에 이르게 될 것이기 때문이다. 1강에서 이미 목격했듯이 균일하게 가속되는 틀은 가짜 중력을 생성한다는 것을 알게 될 것이다.

잠시 그림 10의 원과 닮은꼴을, 그러나 민코프스키 공간에서 생각해 보자. 원은 물론 원점에서 고정된 거리를 가진 점들의 자취이다.

$$x^2 + y^2 = r^2.$$

여기서 유추해 우리는 그림 11의 원점으로부터 공간성 민코프스키 거리가 일정한 모든 점들의 자취를 생각할 수 있다. 그 자취는 쌍곡선의 형태를 갖는다.

$$X^2 - T^2 = r^2.$$

이로부터 특수 상대성 이론에서 균일하게 가속되는 입자에 대한 정의를 다음과 같이 제안할 수 있다. 당장은 균일하게 가속된 관측자를 그림 11에서 보여 준 것처럼 쌍곡선 위를 움직이는 관측자로 **정의할** 것이다. 이 관측자는 분명히 X 축을 따라 일정한 속도로 움직이는 것이 아니라 가속하고 있다. 사실 일정한 속도는 45도보다 더 높은 기울기를 가진 직선에 해당할 것이다. 왜냐하면 물체가 광속보다 더 빨리 갈 수는 없기 때문이다.

그림 11에서 우리는 과거에서 시간 0까지 (즉 X 축 밑 도표의 아래 부분) 점 또는 입자 또는 관측자(앞으로 우리는 이런 위치에서는 입자보다 관측자라 말할 것이다.)는 공간적으로 X 축 위에서 왼쪽으로 최소점 M을 향해 움직인다. M에서 그 속도는 0에 이르게 된다. 따라서 (X, T) 도표에서 M에서는 궤적의 접선이 수직이다. 점 M 이후로 관측자는 경로를 바꿔 다시 오른쪽으로 나아간다. 민코프스키 도표에서 점이 계속 위로 움직이기 때문에 궤적에 대한 접선은 45도에 점점 더 가까워진다. 즉 관측자는 X 축 위에서 광속에 점점 더 가깝게 움직인다. 하지만 결코 광속을 넘어서지는 못한다.

그림 11의 쌍곡선에 대해, O가 중심인 원을 기술하는 식

(25)과 비슷한 식이 있다. 삼각 함수 사인과 코사인을 그 쌍곡 대응물인 쌍곡 사인[5]과 쌍곡 코사인으로 간단히 바꾸면 그 식을 얻게 된다. 그 대응 관계는

$$\cos \theta \ \rightarrow \ \cosh \omega$$
$$\sin \theta \ \rightarrow \ \sinh \omega$$

이다. 쌍곡 사인과 쌍곡 코사인 함수에 대한 수학적 정의는 보통의 사인과 코사인에 대한 정의와 아주 비슷하다.

그러나 식 (28)과는 달리 지수와 분모에 더 이상 $i = \sqrt{-1}$ 가 없다.

$$\cosh \omega = \frac{e^{\omega} + e^{-\omega}}{2}$$

$$\sinh \omega = \frac{e^{\omega} - e^{-\omega}}{2}. \tag{29}$$

식 (26)과 비슷하게 독자들은

---

5) 쌍곡 사인은 sinh로 표기한다. 레니는 이를 "신치(cinch)"라 발음하길 좋아한다. 아마도 우리가 잠시 뒤 이 함수가 그 발음의 영어 단어 뜻처럼 아주 쉽다는 것을 알게 되기 때문일 것이다.

$$\cosh^2 \omega - \sinh^2 \omega = 1 \qquad (30)$$

임을 확인할 수 있다.

(X, T) 도표에서 점 P의 좌표는 이제

$$X = r \cosh \omega \qquad (31)$$
$$T = r \sinh \omega$$

이다.

식 (31)은 X와 T로부터 r와 ω를 **정의한다**. 매개 변수 ω는 기하학적 각도는 아니다. 하지만 우리가 광선 궤적을 점근선으로 하는 쌍곡선을 따라 움직일 때 (그림 11) ω는 $-\infty$에서 $+\infty$로 증가하는 양이다. 이는 θ가 우리가 원점을 중심으로 한 원을 따라 움직일 때 변하는 매개 변수였던 것과 아주 비슷하다. 그런 쌍곡선 위에서 r는 변하지 않는다. 매개 변수 ω는 쌍곡선 위에서 원 위의 각도의 역할을 한다. ω는 이따금 **쌍곡각 (hyperbolic angle)**이라 부른다.

이전처럼 식 (31)은 민코프스키 좌표 (X, T)와 쌍곡 좌표 (r, ω) 사이의 좌표 변환을 표현한 것에 다름 아니다. 시공간에서 하나의 사건은 지면에서의 **점 하나**에 상응함을 상기하라. 사건은 민코프스키 좌표 (X, T) 또는 쌍곡 좌표 (r, ω), 또는 우리가 좋아하는 임의의 다른 좌표로 위치를 정할 수 있다. 이것이

바로 기준틀이다. 수학은 변하지만, 물리학(즉 시공간과 그 속에서 일어나는 일)은 변하지 않는다.

그림 12에서 쌍곡선 위의 모든 점은 똑같은 r를 가진다. 이를 **쌍곡 반지름**(hyperbolic radius)이라 부른다. 그 값은 O와 M 사이의 거리이다. r는 쌍곡선을 특징짓는다. 한편 쌍곡각 ω는 우리가 쌍곡선 위에서 그 점근선에 점점 더 가까이 움직임에 따라, 즉 관측자가 공간적으로 X 축 위에서 점점 더 오른쪽으로 멀어짐에 따라 무한대까지 증가한다.

따라서 우리는 민코프스키 기하에서 유클리드 기하의 원과 비슷한 것을 갖게 되었다. 그림 11과 12에서처럼 식 (31)로 주어진 쌍곡 극좌표에서의 쌍곡선은 일정 값 r와 $-\infty$에서 $+\infty$로 변하는 매개 변수 ω에 해당한다. 이는 균일하게 가속되는 입자를 공부하는 데에 편리할 것이다. 왜냐하면 정의상 그 입자는 그런 궤적을 따라 움직이기 때문이다.

원 위에서의 식 (27)과 비슷한 쌍곡선 위의 식은

$$X^2 - T^2 = r^2 \qquad (32)$$

이다. 두 좌표 r와 ω에서 둘 중 하나는 공간성이고 다른 하나는 시간성이다. 아마도 여러분은 어떤 좌표가 어떤 성질인지 짐작할 수 있겠지만, 그 이유를 살펴보자. X 축에서 $\cosh\omega = 1$이고 따라서 만약 우리가 이 축 위에서 오른쪽으로 움직인다면 우리는

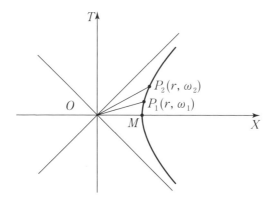

그림 12 쌍곡선과 쌍곡 좌표.

그냥 r를 증가시키게 된다. 따라서 r는 **공간 좌표와도 같다.**

반면 우리가 점 M에서 그림 12의 쌍곡선 위에서 위쪽으로 움직인다면 r는 고정되어 있고 우리는 ω를 증가시키게 된다. 위쪽으로 간다는 것은 그림 10에서 원 주변으로 각도가 증가하게 움직이는 것과 비슷하다. 하지만 이 경우 우리는 시간성 방향으로 움직인다. 따라서 ω는 **시간 좌표와도 같다.**

그림 12의 쌍곡선 위에서 ω는 그 궤적을 따라 측정된 고유 시간에 비례한다. 더 엄밀하게, 이는 고유 시간 τ를 r의 단위로 측정한 것이다.

$$\omega = \frac{\tau}{r}.$$

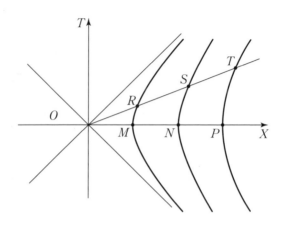

그림 13 다른 값의 r에 대한 쌍곡선.

만약 고정된 값 r의 위치에 있는 관측자가 손목시계를 지니고 있다면 그 시계는 그 궤적을 따라 고유 시간 $r\omega$를 기록할 것이다.

원에 불변성(임의의 점에서 여러분은 반지름 r를 정의할 수 있으며 그 값은 상수이다.)이 있는 것과 마찬가지로 쌍곡선에도 비슷한 불변성이 있다. 쌍곡 반지름 r는 쌍곡선 위에서 상수이다. 그림 13은 다른 값의 r에 대한 쌍곡선들을 보여 준다.

(그림 9에서 먼저 보여 준 것처럼) 똑같은 거리만큼 떨어져 있는 가속 관측자 모임으로 돌아가 보자. 이들은 그림 13에 다시 나타냈다.

고정된 ω 값에서 $r = 1$, $r = 2$, $r = 3$에 상응하는 관측자

들 사이의 거리는 언제나 똑같다. 그림 13에서 두 점 M과 N 사이의 고유 거리를 $|MN|$으로 정의한다면, 우리의 구성에 따르면

$$|MN| = |NP|$$

이다. 하지만 관측자들이 똑같이 떨어져 있다는 것은 나중의 ω 값에 대해서도 또한 사실임을 어렵지 않게 보일 수 있다.

$$|MN| = |NP| = |RS| = |ST|.$$

이는 특수 상대성 이론을 다룬 3권에서 우리가 배웠던 도구들로 확인할 수 있다.

연습 문제 2: 그림 13에서 R, S, 그리고 T를 동시적인 사건으로 바라보는 관측자의 속력은 정지틀에 대해 상대적으로 얼마인가?

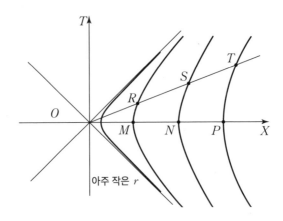

그림 14 아주 작은 r를 가진 쌍곡선은 아주 높은 가속도에 해당한다.

균일한 가속도

방금 우리가 알아본 것들은 모두 로런츠 기준틀이 가속함에 따라 이웃한 관측자들 사이의 거리가 실제로 똑같이 머물러 있음을 뜻한다. 그러나 대가를 지불해야만 한다. 비상대론적으로 가속된 기준틀과 다른 점은, $r = 1$, $r = 2$, $r = 3$에 해당하는 다른 궤적을 따라가는 가속도가 **다르다**는 점이다.

이는 그림 14의 다양한 궤적을 살펴보면 직관적으로 알 수 있다.

r가 아주 작은 쌍곡선에서는 궤적이 원점에 가까이 다가감에 따라 급격하게 방향을 바꾸며, 그러고는 아주 빠르게 오른쪽으로 다시 속도를 낸다. 이는 그 궤적의 가속도가 크다는 것을 암시한다. 반대로 오른쪽 가장 멀리 있는 궤적은 훨씬 더 부드럽게

방향을 바꾼다. 이는 가속도가 더 작다는 것을 암시한다. 이 모든 것은 직관적이지만, 지금까지 우리는 그 어떤 체계적인 방식으로도 상대론적 가속도를 정의하지 않았다.

그렇게 하기 위해, 먼저 속도부터 시작하자.

• 입자의 **보통 속도**는 입자의 공간 위치의 시간 도함수로 정의되는 3-벡터이다. 이는 다음과 같이 표현된다.

$$v^i = \frac{dx^i}{dt}.$$

• **상대론적 속도**는 다음과 같이 정의되는 4-벡터이다.

$$u^\mu = \frac{dX^\mu}{d\tau}.$$

여기서 τ는 궤적을 따라가는 고유 시간이다.

입자가 천천히 움직이는 한 상대론적 속도의 공간 성분은 보통의 속도 v에 아주 가깝다.

가속도에 대해서도 마찬가지이다. 상대론적 가속도 또한 4-벡터로서 다음과 같이 정의된다.

$$a^\mu = \frac{d^2 X^\mu}{d\tau^2}.$$

"가속도가 쌍곡선 궤적을 따라 상수이다."라고 말할 때 그게 무슨 뜻일까? 그건 a'' 의 고유 길이가 상수라는 뜻이다. 즉

$$|a|^2 = (a^1)^2 - (a^0)^2 = 상수.$$

X^0 과 X^1 은 그림 14에서 T 와 X 를 말한다는 점을 기억하라.

이 점을 $r = 1$인 쌍곡선 궤적을 따라가는 운동에 대해 확인해 보자. 식 (31), 그리고 ω 와 고유 시간 τ 가 $r = 1$일 때 똑같다는 사실을 이용하면 그 궤적은

$$X = \cosh \tau$$
$$T = \sinh \tau$$

로 기술된다. 이제 가속도의 성분을 아주 쉽게 계산할 수 있다. sinh와 cosh의 성질을 이용하면 이 공식들로부터

$$a^1 = \cosh \tau$$
$$a^0 = \sinh \tau$$

임을 쉽게 알 수 있다.

마지막으로 항등식 $\cosh^2 \tau - \sinh^2 \tau = 1$을 이용하면

$$|a|^2 = 1$$

을 얻는다.

따라서 우리는 정말로 $r = 1$에 해당하는 쌍곡선 위에서 가속도의 크기가 상수임을 확인했다. 그림 14의 (다른 가속도를 가진) 각 쌍곡선 위에서도 이는 똑같이 사실이다.

그 증명은 연습 문제로 남겨 둔다. 더 엄밀하게는 임의의 r에 대해 가속도의 크기는

$$|a| = \frac{1}{r} \qquad\qquad (33)$$

이다. 『물리의 정석: 특수 상대성 이론과 고전 장론 편』에서 이미 했던 것처럼 단위에 대한 질문으로 넘어가 보자. 식 (33)은 단위에 대해 일관적으로 보이진 않는다. 가속도의 단위는 무엇인가? 그것은 길이를 시간으로 나눈 것을 다시 시간으로 나눈 것, 즉 $[\mathrm{L}]/[\mathrm{T}]^2$이다. 이 차원을

$$\frac{1}{[\mathrm{L}]} \frac{[\mathrm{L}]^2}{[\mathrm{T}]^2}$$

로 다시 써 보자. 식 (33)의 단위를 회복하기 위해서 우리가 해야 할 일은 단지 c^2이라는 인수를 도입하는 것이다.

$$|a| = \frac{c^2}{R}. \tag{34}$$

이는 인간의 척도에서 고정된 반지름 R에 대해(말하자면 $R = 1$미터) 그림 9의 입자(또는 그에 상응하는 쌍곡선 위의 관측자)의 가속도가 극도로 강력함을 뜻한다. 적절한 가속도의 궤적을 다루기 전에 우리는 아주 큰 R로 가야 한다.

한편, 그림 14에서 주어진 궤적 위에서의 가속도, 예를 들면 $R = 2$인 쌍곡선 위의 점 N에서의 가속도는 보통의 가속도이다. 그리고 이는 전체 궤적을 따라 우리가 겪게 될 일정한 가속도이다.

균일한 중력장

우리는 정지틀에 대해 다소 임의적인 좌표 집합 X, T를 도입했다. 그 좌표 집합에서 우리는 이제 이른바 가속된 좌표 r, ω에서 측지선에 대한 운동 방정식을 쓰려고 한다. 그 방정식은 균일한 중력장 속에서 떨어지는 입자와 아주 많이 비슷하다는 것을 알게 될 것이다.

먼저 그림 10에서 보듯 보통의 극좌표에서 유클리드 평면의 계측에 대해 말해 보자.

$$dS^2 = r^2 d\theta^2 + dr^2. \tag{35}$$

이 2차원 계측에 대한 행렬은

$$g_{mn} = \begin{pmatrix} r^2 & 0 \\ 0 & 1 \end{pmatrix} \qquad (36)$$

의 형태를 갖는다. 왜 크로네커 델타가 아닌가? 이는 공간이 굽어져 있어서가 아니라, 좌표가 곡선이기 때문이다. 공간 그 자체는 평평하다. 사실, 공간은 평면이고 우리는 계측이 크로네커 델타인 데카르트 좌표 (x, y)로 돌아갈 수도 있다.

평평한 평면을 유지하면서, 쌍곡선 좌표 (r, ω)를 써서 그와 유사한 계측을 써 보면

$$d\tau^2 = r^2 d\omega^2 - dr^2 \qquad (37)$$

이다. 우리는 여전히 시간 T 와 하나의 공간 좌표 X 만 있는 오직 2차원만 고려하고 있다. 당분간은 Y 와 Z 를 무시한다.

우리가 관심 있는 입자는 X 로 표기한 축(보통의 민코프스키 도표에서 이는 수평이지만, 우리는 여기 익숙해져 있다.)을 따라 중력장 속에서 떨어지고 있다. 좌표 Y 와 Z 는 다른 공간 좌표들이다. 그러나 이들은 우리가 논의하고 있는 문제에는 중요하지 않다. 우리가 관심을 가질 두 좌표는 ω 와 r 다. 식 (37)이 계측이다.

주석: 이 대목이 뒤로 돌아가 1강에서 균일하게 가속되는 엘리베이터 안에서 뉴턴의 방정식을 살펴봤을 때 우리가 공부했던 것을 복습하기에 좋은 지점일 것 같다. 우리는 뭔가 비슷한 것을

민코프스키 공간에서 하려고 한다.

앞 절에서 가속도에 대한 공식이

$$\frac{c^2}{R}$$

임을 상기하자. 익숙한 표기를 위해 우리는 이를 g, 즉 지구 표면에서의 가속도와 같게 놓고자 한다. 이는 대략 초의 제곱당 9.80미터이지만 그냥 10을 쓰자. 그 결과는

$$R = \frac{c^2}{g}$$

이다. 우리는 가속도 g를 갖는 관측자를 찾기 위해 O에서 이 거리만큼 밖으로 가야 한다. 광속은 초속 $c = 3 \times 10^8$ 미터이고 따라서 c^2은 대략 10^{17}이다. 그 결과 R는 대략 10^{16} 미터와 같다. 따라서 대략적으로 지구 표면 위에서 우리가 익숙한 가속도를 가진 관측자를 찾으려면 10조 킬로미터 밖으로 나가야 한다.

그러면 거기까지 가 보자!

거기 있는 동안 우리가 r 방향으로[6] 너무 많이 움직이지 않는다면 가속도 $g = c^2/R$는 많이 변하지 않을 것이다. 이는 지구

---

6) r 방향은 그림 14의 민코프스키 도표에서 X 축에 다름 아니다.

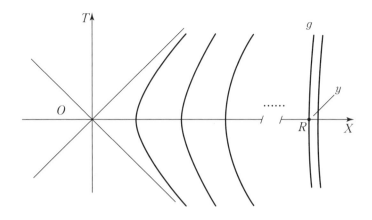

그림 15 R 와 $R+y$ 에서의 쌍곡선. 둘 다 거의 수직선이다.

표면 가까이에서 수직축으로 움직이는 것과 비슷하다. 중력장은 많이 변하지 않는다.

이제 우리는 엘리베이터가 균일하게 가속하고 있을 때(즉 거의 수직인 쌍곡선을 따라 시간에 따라 변화할 때) R 의 위치에서 엘리베이터 안에 있는 관측자가 무엇을 느끼는지 분석할 것이다. 그림 15에서 공간축은 수평이다. 따라서 엘리베이터는 어떻게든 옆으로 누워 있다. 하지만 물론 우리는 그것이 수직이라고 생각해야 한다. 우리는 민코프스키 도표에서 공간축을 이렇게 나타내는 데에 익숙하다. 우리는 가짜 중력이 있음을 보일 것이다. 우리는 점 R 주변에 집중하고 있으므로 R 로부터의 거리를 측정하는 새로운 공간 좌표 y 를 도입하자.

R 근처에서 우리에게 익숙한 민코프스키 방정식과 가능한

한 많이 비슷한 방정식에 이르기 위해 우리는 또한 시간 변수도 바꿀 것이다.

다음과 같이 정의한다.

$$y = r - R. \tag{38}$$

작은 y 값을 가진 모든 관측자들은 대략적으로 똑같은 가속도 g를 가지고 있다. 그러면 우리는 새로운 국소 좌표 y ($dr = dy$임을 주목하라.)를 이용해 식 (37)의 계측을 다시 쓸 수 있다.

$$d\tau^2 = (R^2 + 2Ry + y^2)d\omega^2 - dy^2. \tag{39}$$

이 식을

$$d\tau^2 = \left(1 + \frac{2y}{R} + \frac{y^2}{R^2}\right)R^2 \ d\omega^2 - dy^2 \tag{40}$$

로 나타내 보자. 이를 R 주변의 제한된 영역에 집중해서 간단히 할 것이다.

좌표와 관련해 한 단계가 더 있다. 이미 말했듯이 우리는 또한 새로운 시간 좌표를 도입한다. $R\omega$에 새 이름을 부여해 t라 부른다.

식 (40)을 간단히 하기 위해, y/R는 아주 작다는 것을 직시하자. 사실, y는 미터 또는 아마도 킬로미터로 측정되는 양이고 반면 R는 어마어마하다.

y^2/R^2이라는 양은 훨씬 더 작다. 따라서 우리는 y/R는 유지하고 y^2/R^2은 무시할 것이다. 이 모든 치장이 끝나면 식 (40)은

$$d\tau^2 = \left(1 + \frac{2y}{R}\right)dt^2 - dy^2 \qquad (41)$$

이 된다. 작은 양인 $2y/R$를 제쳐 놓으면 우리는 옛날 옛적의 민코프스키 계측 $dt^2 - dy^2$과 아주 비슷해 보이는 계측에 이르게 되었다. 이는 다소간 평범한 방식에서의 공간과 시간이지만 약간의 수정항도 있다. 그 작은 수정항 $2y/R$가 가속된 기준틀에서 중력을 설명한다. 하지만 우리는 여전히 1강의 가속하는 엘리베이터를 타고 움직일 때와 마찬가지로 평평한 공간 속에 있음을 명심하라. 지금까지 우리는 그 어떤 곡률도 다루지 않았다.

변수를 바꾸면 우리는 평평한 공간을 정의하는 민코프스키 계측으로 돌아갈 수 있다. 따라서 우리가 발견하는 모든 중력은 어떤 의미에서 우리가 1강에서 알아낸 가짜 중력과 똑같다.

한발 물러서서 우리가 어디에 있는지 살펴보자. 우리는 가속 좌표계에서의 물리학을 공부하고 있다. 그 좌표계는 오른쪽을 향해 (왜냐하면 보통의 도표에서 공간축은 수평이기 때문이다.) 당겨지고 있는 엘리베이터이다. 우리는 무엇을 알게 될까? 그 엘리베이터 안에서 **유효 중력장**(가짜 중력장이라고도 부르는)이 있음을 알게 될

것이다. 식 (41)에서 $2y/R$ 항과 관련이 있는 것이 이 장이다.

이 연관성을 더 잘 이해하기 위해, 식 (41)로 주어진 계측에서의 입자의 운동을 이제 공부해 보자. c가 1과 같은 단위에서는 $g = 1/R$이다. 따라서 계측은 다음과 같이 쓸 수 있다.

$$d\omega^2 = (1 + 2gy)dt^2 - dy^2. \tag{42}$$

균일한 장 속에서 중력을 공부할 때 gy라는 표현식을 본 적이 있는가? 입자의 질량 m을 도입하면 mgy는 단순히 퍼텐셜 에너지이다. gy 항은 **중력 퍼텐셜**(gravitational potential)로 부른다. 그리고 $(1 + 2gy)$ 항은 1 더하기 2배의 중력 퍼텐셜이다.

이는 대단히 일반적이다. 임의의 종류의 중력장에서, 중력장이 시간에 대해 다소간 상수이기만 하면, 그리고 상대론적으로 너무 극단적인 뭔가를 하지 않는다면, 계측에서 dt^2 앞에 있는 계수는 언제나 1 더하기 2배의 중력 퍼텐셜이다.

우리는 왜 gy를 그것이 그냥 그렇게 보이는 것처럼 부르지 않고 중력 퍼텐셜이라 부를까? 그것은 만약 우리가 식 (42)로 주어진 계측에서 입자의 운동 방정식을 풀면 입자가 천천히 움직이고 있는 한, 우리가 뉴턴 역학으로 잘 근사할 수 있는 한, 모든 것이 너무 상대론적이지 않는 한, 우리가 알게 될 운동 방정식이 고전 역학에서 계산했던 것처럼 균일한 중력장 속에서 y 축을 따라 낙하하고 있는 입자의 운동 방정식과 똑같을 것이기 때문이다.『물리의 정석: 고전 역학 편』을 보라. y 축이 뜻하는 바는 물론 여전히 유일한 공간축, 하지만 점 R 근처인 공간축이다.

앞선 「균일한 가속도」 절의 요점은 균일하게 가속된 기준틀은 그냥 X 축을 따라 관측자 무리를 가속하는 것보다 뭔가 좀 더 미묘하다는 것을 설명하는 것이었다. 우리는 균일한 가속틀이 무슨 뜻인지 **정의**해야만 했다. 그 결과 O에서 다른 거리에 있는 점들이 예컨대 시간 0에서 측정했을 때 각각이 고정된, 하지만 점마다 다른 고유 가속도를 가지는 구조물에 이르게 되었다. 한편, 속도 v로 움직이는 점들 중 하나의 틀에서는 로런츠 변환을 이용해 P가 동시에 측정한 점들 사이의 거리는 변하지 않음을 확인할 수 있다. 이는 또한 쌍곡선 좌표와 그림 13으로 이어졌다.

다소 화려해 보이는 수학을 제외하면 이는 실제로 아주 평범한 물리학이다. 그림 16에서 보듯 M에서 가속 엘리베이터가 있다. N에는 또 다른 가속 엘리베이터가 있다. P에 하나가 있고 R에도 하나가 있다, 등등. 균일 가속틀은 단지 다른 위치에서 서로 다른 가속도로 각각이 가속되는 엘리베이터의 모둠에 지나지 않는다. 이들은 식 (34)에 따라 c^2/R의 가속도로 가속되어야만 한다.

그림 16에서 우리는 쌍곡 반지름이 R인 곳의 가속 엘리베이터에 관심이 있다. 물론, 엘리베이터는 옆으로 누워 있는 것으로 상상해야 함을 다시 한번 강조하자.

엘리베이터의 바닥은 쌍곡 반지름 R를 가진 궤적을 따라간

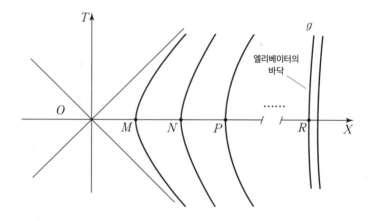

그림 16 반지름 R에서 균일하게 가속되는 엘리베이터의 바닥에서 관측자는 가짜 중력 g를 경험한다. 이 도표에서는 모든 것이 수평으로 방향 잡고 있지만, X 축을 수직으로 생각하라.

다. 이는 그림 16에서 굵은 궤적이다.

균일하게 가속되는 엘리베이터 안의 것들을 위치시키기 위해 우리가 만들었던 좌표계 (t, y)에서 시공간의 계측은 식 (42)로 주어지며 여기 다시 쓴다.

$$d\tau^2 = (1 + 2gy)dt^2 - dy^2.$$

우리는 마지막 방정식에 이르기 위해 어떤 작업을 했어야 했다. 이제는 그것이 당연한 일이 될 것이다. 이는 가속도 g로 움직이는 점 근처의 점들에서 (t, y) 좌표계에서의 계측이다. 균일한 가속도와 중력장이 등가임을 보이기 위해 우리는 가속도 g를 지구의 중력장과 똑같은 값으로 골랐다.

입자의 운동

입자가 어떻게 움직이는지를 알아내는 규칙은 무엇일까? 그 규칙은 자유 입자는 측지선(공간의 측지선이 아니라 시공간의 측지선) 위에서 움직인다는 것이다.

이는 우리가 식 (19)로 증명했던 중요한 점이며 일반 상대성 이론의 핵심이다. 그래서 한 번 더 강조하자.

시공간에서 자유 입자는 언제나 측지선을 따라 움직인다. 이는 시공간이 평평하든 질량으로 인해 휘어져 있든 진실이다.

시공간이 질량으로 인해 휘어져 있으면 측지선은 더 이상 간단한 직선(민코프스키 좌표를 사용할 때의)이 아니다. 그림 5에서 나타낸 것과 비슷하게 기하학적인 왜곡이 있다.

달리 말해, 우리는 그게 무엇이든 간에 시공간의 계측을 잡고 정확하게 이와 똑같은 조작을 수행한다.

우리에게 주어진 시공간의 계측은 식 (42)이다. 그리고 입자의 운동 방정식은 식 (19)이다. 부호를 바꾸고 새로운 번호로 이를 다시 써 보자.

$$-\frac{d^2 X^n}{dS^2} = \Gamma^n_{mr} \ t^r \ t^m. \tag{43}$$

이는 측지선을 따라 움직이라고 말하는 운동 방정식이다. 똑바로 가라. 하지만 공간에서 똑바로가 아니라 **시공간에서 똑바로**이다. 그렇지 않으면 이 식들은 똑같다. 우리는 dS 대신 $d\tau$를 사용해 약간 다르게 이 식을 쓸 것이다. $c = 1$로 작업하면 $d\tau^2$은 단지 dS^2의 반대 부호일 뿐임을 기억하라. 따라서 식 (43)의 좌변은

$$\frac{d^2 X^n}{d\tau^2} \tag{44}$$

이 된다. 이는 **고유 가속도(proper acceleration)**라 부른다. 엘리베이터가 천천히 움직이고 있는 한, 즉 광속 가까이 이를 만큼 충분히 오래 가속하고 있지 않은 이상, 고유 시간과 보통의 시간은 본질적으로 똑같다. 그리고 식 (44)는 그냥 보통의 가속도이다.

우리는 X를 y가 되게 고른다. 우리는 가속도의 y 성분을 원한다. 그러면 식 (44)는 간단히

$$\frac{d^2 y}{d\tau^2}$$

이다. 이제 식 (43)의 우변으로 돌아가 보자. X의 n 번째 성분은 y를 나타낸다. t^r는 무엇인가? dX^r/dS이다. 왜냐하면 우리는 측지선 위에 있기 때문이다. 그리고 dS는 $id\tau$이다. 따라서

식 (43)은

$$\frac{d^2 y}{d\tau^2} = - \Gamma^y_{mr} \frac{dX^r}{d\tau} \frac{dX^m}{d\tau} \tag{45}$$

이 된다. m과 r는 각각 4개의 좌표에 걸쳐 변하므로[7] 우변은 전체 항들을 갖고 있다. 엄밀하게는 그들 중 10개이다. 왜냐하면 감마가 m과 r에 대칭이기 때문이다. 다행히 그들 중 대부분은 엘리베이터가 천천히 움직이고 있는 한, 그리고 우리가 관심을 가지고 있는 물체, 즉 좌표 y를 가진 입자의 운동이 느린 한, 대단히 작다. 이런 조건들 속에서 오직 하나의 조합인 $\Gamma^y_{mr} \frac{dX}{d\tau} \frac{dX}{d\tau}$ 만이 중요하다.

느린 운동에서 $dt/d\tau$의 값은 무엇인가? 본질적으로 1이다. 왜냐하면 이 경우 시간과 고유 시간은 거의 같기 때문이다. 식 (45)의 우변에서 미분 요소는 입자의 4-벡터의 성분들이다. 방금 우리는 $\frac{dX^0}{d\tau}$가 본질적으로 1임을 알았다.

τ에 대한 공간 성분의 미분은 무엇인가? 이들은 실제 보통의 공간 속도에 비례한다. 우리는 공간 속도가 광속에 비해 작다고 가정하고 있다. 따라서 식 (45)의 우변에서 유일하게 중요한 항은 r와 m이 시간 첨자일 때이다. 시간 첨자로 0 대신 t를 사

---

7) 상대성 이론의 표준 표기법과 일치하기 위해서는 μ와 ν를 쓰는 것이 더 좋다. 이 가짜 변수들을 보통의 변수로 바꾸는 일은 독자들의 몫으로 남겨 둔다.

용하자. 식 (45)는

$$\frac{d^2 y}{d\tau^2} = -\Gamma^y_{tt} \tag{46}$$

이 된다. 우변은 틀림없이 중력일 것이다. 즉 중력 퍼텐셜 에너지의 도함수일 것이다.

식 (5)에서 봤듯이 계측을 써서 크리스토펠 기호의 표현으로 돌아가 보자. 약간 다른 형태로 여기 다시 써 보면

$$\Gamma^p_{rs} = \frac{1}{2} g^{pn} \left[\frac{\partial g_{nr}}{\partial X^s} + \frac{\partial g_{ns}}{\partial X^r} - \frac{\partial g_{rs}}{\partial X^n} \right] \tag{47}$$

이다. 우리에겐 2개의 시간 공변 첨자와 하나의 공간 반변 첨자를 가진 기호가 필요하다. 공간 첨자는 y 이다. g^{yn} 의 항들 중에서 무시할 수 없는 유일한 것은 g^{yy} 이며 그것은 1이다. X^t 는 단지 우리가 t 라 표기한 것이며 X^y 는 y 라 표기한 것이므로,

$$\Gamma^y_{tt} = \frac{1}{2} \left(\frac{\partial g_{yt}}{\partial t} + \frac{\partial g_{yt}}{\partial t} - \frac{\partial g_{tt}}{\partial y} \right)$$

를 얻는다. $\frac{\partial g_{yt}}{\partial t}$ 와 $\frac{\partial g_{yt}}{\partial t}$ 의 항들은 서로 같으며 모두 0이다. 따라서 최종적으로

$$\Gamma^y_{tt} = -\frac{1}{2} \frac{\partial g_{tt}}{\partial y}$$

이다. 식 (46)은 다음과 같이 다시 쓸 수 있다.

$$\frac{d^2 y}{d\tau^2} = \frac{1}{2} \frac{\partial g_{tt}}{\partial y}. \qquad (48)$$

식 (48)과 같이 시간에 대해 공간 좌표 y의 2계 도함수가 y에 대한 어떤 양의 1계 도함수에 비례하는 방정식은 퍼텐셜 에너지가 있는 운동 방정식을 떠올린다. 어떻게든 g_{tt}의 절반은 틀림없이 퍼텐셜 에너지와 반대일 것이다. 그런데 우리는 정말로 그것이 $m = 1$인 퍼텐셜 에너지(또한 중력 퍼텐셜로도 부르는)의 음수임을 보았다.

식 (42)에서, 여기 다시 쓰면

$$d\tau^2 = (1 + 2gy)dt^2 - dy^2.$$

g_{tt}는 dS^2을 정의하는 계측에서의 계수 $-(1 + 2gy)$이다. dS^2은 $d\tau^2$과 같고 부호가 반대이다. 따라서 y에 대한 g_{tt}의 도함수의 절반은 $-g$이다. 식 (48)은 최종적으로

$$\frac{d^2 y}{d\tau^2} = -g \qquad (49)$$

가 된다. 이는 균일한 중력장 속 입자의 운동 방정식이다. 여기이르기 위해 우리는 꽤나 복잡한 유도 과정을 거쳐 왔지만, 그러

는 와중에 다음 사항들을 알게 되었다.

1. 시공간은 계측을 갖고 있다. 임의의 좌표에서 계측은 상당히 복잡한 구조를 가질 수 있다. 그러나 균일하게 가속되는 좌표계에서는 거의 민코프스키 계측과 같고, 다만 식 (42)의 부가적인 항 $2gy$를 갖고 있다.

2. 시공간 속의 측지선을 따라가는 운동 방정식은 (모든 것이 천천히 가고 있는 한, 즉 뉴턴적 근사가 유효한 한[8]) 단지 균일한 중력장 속에서의 뉴턴 방정식이다.

균일한 중력장, 일정한 가속도, $-g$와 같음, 등등은 우리가 기대했던 것들이다. 그러나 계측과 크리스토펠 기호와 측지선과 기타 등등을 사용해 물리학을 적절하게 분석하기 위해 우리는 상당히 힘든 과정을 따라왔다.

아인슈타인은 추측했다. 시공간 속의 측지선을 따라 입자가 움직인다는 가정이 그의 출발점이었고, 그러고는 반대 방향으로 나아갔다. 아인슈타인은 균일하게 가속되는 좌표계를 알았지만 크리스토펠 기호에 대해서는 몰랐다. 우리의 유도 과정 어딘가가 아인슈타인의 출발점이었다. 그리고 균일한 가속도에 대해서는 (뉴턴적 근사와 함께) 계측이 식 (42)로 간단하게 주어진다.

---

8) 이는 분모에서 c가 나타나는 항들을 0으로 둔다는 뜻이다.

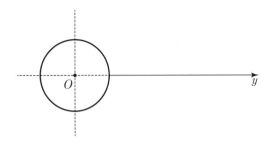

그림 17 질량 M 인 중력 작용을 하는 물체와 중력 퍼텐셜 $-G/y$.

우리는 어떤 종류의 중력을 발생시키는, 평평한 뉴턴 공간에서 가속되는 엘리베이터를 공부했던 1강으로부터 한 바퀴를 돌아왔다. 우리는 민코프스키-아인슈타인 시공간에서 균일하게 가속되는 기준틀은 비슷하게 유효 중력장을 야기한다는 것을 알게 되었다.

하지만 지금까지 우리는 실제 중력장에 이르지는 못했다. 우리가 관측한 중력장은 진짜 중력장이 아니다. 왜냐하면 우리의 모든 분석은 평평한 시공간에서 이루어졌기 때문이다. 식 (42)의 계측을 잡고 곡률 텐서를 계산하면 정확히 0일 것이다. 이는 계측이 $dT^2 - dX^2$ 이라는 간단한 형태인 좌표계가 존재함을 암시한다.

따라서 우리가 경험하는 중력은 정말로 정확하게 가속된 기준틀에 의한 것이지 그 어떤 진짜 중력 작용을 하는 물질에 의한 것이 아니다.

우리는 진짜 중력 작용을 하는 물질의 효과가 무엇인지 추측할 수 있다. 식 (42)의 $2gy$ 대신 중력 작용을 하는 물체에 의한 중력 퍼텐셜은 무엇인가? 그것은 $-G/y$이다.[9]

진짜 중력장의 계측을 공부하면 이렇게 생긴 뭔가를 갖게 될 것으로 기대할 수 있다.

$$d\tau^2 = \left(1 - \frac{2GM}{y}\right)dy^2 - dy^2. \qquad (50)$$

여기서 G는 뉴턴 상수이며 M은 그림 17에 보여 준 것과 같이 중력 작용을 하는 물체의 질량이다.

이는 거의 슈바르츠실트 계측이지만 아주 같지는 않다. 우리는 중력 작용을 하는 물체의 슈바르츠실트 계측이 무엇인지 알아볼 것이다.

식 (50)은 이상한 현상으로 안내할 것이다. y가 크면 $2GM/y$ 항은 작다. 이때 $1 - 2GM/y$은 양수이므로 좋은 일이다. 하지만 y가 $2GM$ 같은 점에서는 뭔가 말도 안 되는 일이 벌어진다. 계수의 부호가 바뀌는 그 점 y를 블랙홀의 **지평선**이라 부른다.[10]

---

9) 관례에 따라 균일한 중력장에 대해서는 중력 퍼텐셜이 지면에서 0이 되게, 높이가 증가하면 $+\infty$로 증가하는 것으로 잡는다. 반면 물체가 생성하는 방사형 장에 대해서는 중력 퍼텐셜이 무한히 멀리서 0이 되게 잡고 반지름이 0으로 가면 $-\infty$로 간다. 그런 까닭에 지금은 y가 분모에 있으며 음의 부호가 있다.

10) 지구의 경우 모든 질량이 거의 점과 같다고 가정하면 그 지평선은 9밀리미터이다.

진짜 중력장과 슈바르츠실트 계측은 다음 강의의 주제이다. 우리는 그 계측을 순전히 우리가 이미 알고 있는 것들로부터 유도하지 않을 것이다. 이를 유도하려면 장 방정식이 필요하다. 우리는 아직 장 방정식을 논의하지 않았으며, 9강까지도 그러지는 않을 것이다.

지금까지 우리는 겨우 기하, 평평함, 곡률, 측지선 등등만 논의해 왔을 뿐이다. 우리가 최종적으로 상대성 이론의 시공간과 그 독특한 기하에 이르렀을 때, 시공간에서 균일하게 가속되는 기준틀에서 측지선을 따라가는 운동이 어떻게 뉴턴의 방정식을 만들어 내는지 살짝 보여 주면서 끝내게 되었다.

5강에서 우리는, 기본적으로 평평한 시공간에서 오직 유효[11] 곡률만 알게 되었던 4강과는 반대로, 실제 시공간의 곡률을 만들어 내는 중력 작용을 하는 질량들이 있는 시공간 속에 마침내 있게 될 것이다.

우리는 블랙홀과 그런 물체가 만들어 내는 시공간의 계측을 공부하는 것으로 시작할 것이다. 왜냐하면 블랙홀은 일반 상대성 이론에서 가장 간단한 종류의 무거운 물체이기 때문이다. 이는 뉴턴 물리학에서의 점입자와 동등하다.

---

11) 여기서 (우리가 기억하기로) **유효**하다는 것은 **실제**의 반대말이다.

중력장의 계측

앤디: 아, 이제 그 미스터리한 이름 슈바르츠실트까지 왔구만.

항상 당황스러웠거든. 그 이름은 블랙홀의 아들이란 뜻인가?

레니: 아냐. 하지만 카를 슈바르츠실트는 아인슈타인 방정식으로

블랙홀이 반드시 존재해야 한다는 가설로 이르게 되는

어떤 근본적인 연구를 했지.

앤디: 그런데 블랙홀이 뭐야?

레니: 인내심을 가져. 블랙홀을 다룰 때가 오고 있으니까.

하지만 먼저 해야 할 일이 있어.

앤디: 지평선에서 어렴풋이 보이는군.

시간성, 공간성, 그리고 광선성 간격과 광뿔

시간성, 공간성, 그리고 광선성 간격으로 시작해 보자. 이를 위해 특수 상대성 이론으로 돌아가서 이게 무슨 뜻인지 설명해 보자. 우리는 여러 차례 계측을 논의했다. 우리는 그것을 고유 시간이라 불렀다.

고유 시간의 제곱은

$$d\tau^2 = dt^2 - dx^2 - dy^2 - dz^2 \qquad (1)$$

으로 정의된다. 식 (1)은 광속이 $c = 1$인 단위에서 우리가 작업할 때 고유 시간을 표현한 것이다. 광속을 명시적으로 표기한 전체 표현은

$$d\tau^2 = dt^2 - \frac{1}{c^2}(dx^2 + dy^2 + dz^2) \qquad (2)$$

이다. 또한 시공간의 네 변수 t, x, y, z에 대해 더 상대론적인 표기법인 X^0, X^1, X^2, X^3을 사용할 수도 있다. 그러면 식 (1)은

$$dτ^2 = (X^0)^2 - (X^1)^2 - (X^2)^2 - (X^3)^2 \qquad (1')$$

이 된다. 그리고 식 (2)는

$$dτ^2 = (X^0)^2 - \frac{1}{c^2}\left[(X^1)^2 + (X^2)^2 + (X^3)^2\right] \qquad (2')$$

이 된다. 또한 라틴 첨자를 가진 X^m 표기법을 사용할 때는 공간 좌표 (X^1, X^2, X^3)의 3-벡터를 뜻하며 그리스 첨자를 가진 $X^μ$를 사용할 때는 전체 4-벡터 (X^0, X^1, X^2, X^3)를 뜻한다. 여기서 첨자가 0인 첫 번째 좌표는 시간이다.

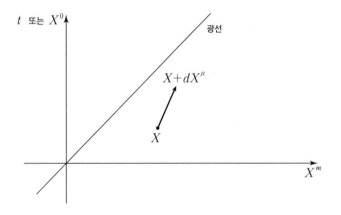

그림 1 보통의 민코프스키 도표에서의 평평한 시공간, 그리고 4-벡터 $dX^μ$로 표현한 작은 변위.

이따금 식 (2) 또는 상대론적 표기법을 사용한 그 변형인 식 (2′)에서 광속을 명시적으로 도입한 이유는 어떤 상황 속에서 무엇이 작고 무엇이 큰지를 계속 추적하기 위해서이다. 예를 들어, 우리가 비상대론적 극한, 즉 모든 것이 천천히 움직이는 극한으로 가고자 한다면 c를 다시 집어넣는 것이 좋다. 왜냐하면 그렇게 함으로써 광속이 문제 속의 다른 어떤 속도보다 훨씬 더 크다는 점을 상기할 수 있기 때문이다. 또한 그 덕분에 어떤 항을 무시할 수 있고 어떤 항을 무시할 수 없는지를 쉽게 알 수 있다.

앞으로는 명시적으로 c를 보여 줘야 할 필요가 없는 경우 우리는 c를 1과 같다고 놓을 것이다. 상대성 이론의 표준 민코프스키 도표에서는 우리가 $c = 1$로 잡았기 때문에 광선의 기울기는 45도이다.[1] 시간 차원 말고도 2개의 공간 차원을 나타낼 때는 광뿔의 모선이 45도 기울어져 있다.

$d\tau^2$의 부호를 살펴보자. 물론, 우리가 실수만 다룰 때는 그 제곱이 항상 양수이다. 그러나 $d\tau^2$은 실수의 제곱으로 정의된 것이 아니라, 식 (1) 또는 (2)로 정의된다. 이 값은 $dx^2 + dy^2 + dz^2$이 dt^2보다 더 작은지, 같은지, 아니면 더 큰지에 따라 양수이거나 0이거나 음수일 수도 있다.

만약 $d\tau^2 > 0$이면 앞쪽 그림 1의 작은 요소 dX^μ는 **시간성**

---

1) 수직축에 t 대신 ct로 표기한 또 다른 도표를 만날 수도 있다. 이때도 광선은 단위에 상관없이 여전히 45도이다.

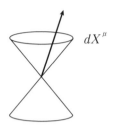
dX^μ

그림 2 시간성 간격.

(time-like)이라 말한다. 말하자면, 공간을 포함하고 있는 것보다 시간을 더 많이 포함하고 있다. 그 수직 성분이 그 수평 성분보다 더 크다. 기울기는 45도보다 더 크다.

이 경우 dX^μ의 시간성 특성은 그림 2에서 보듯이 광뿔을 써서도 기술할 수 있다. 만약 우리가 시간 좌표 t에 더해 2개의 공간 좌표 x와 y, 그리고 중심이 X에 있는 광뿔을 나타내면, $d\tau^2 > 0$ 가 뜻하는 바는 작은 4-벡터 dX^μ가 광뿔의 내부에 있다는 것이다. 또한 똑같은 그림에서 뒤쪽 방향으로 과거를 가리키며 놓여 있을 수도 있다. 어느 쪽이든 dX^μ는 시간성 간격이라 부른다.

공간성(space-like)은 정확히 시간성의 반대이다. 이는 $d\tau^2 < 0$에 해당하며 $dx^2 + dy^2 + dz^2$가 dt^2보다 더 크다는 것과 동등하다. 이 경우 우리는 보통 고유 거리라 부르는 또 다른 양 dS를 정의한다. 이게 무엇인지 상기하기 위해 임시로 c를 명시적으로 다시 도입하자. 정의에 따라 고유 거리의 제곱은

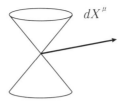

dX^μ

그림 3 공간성 간격.

$$dS^2 = dx^2 + dy^2 + dz^2 - c^2 dt^2 \qquad (3)$$

이다. $c = 1$인 단위에서는 dS^2이 식 (1)에서 보여 준 $d\tau^2$과 똑같은 형태이며 부호만 다르다. 달리 말하자면 일반적으로 $dS^2 = -c^2 d\tau^2$이다.

공간성 벡터는 $dS^2 > 0$인 벡터들이다. 이전처럼 X에서 원뿔로 표현하면 공간성 작은 간격 dX^μ는 그림 3이 보여 주는 것과 같다.

마지막으로 **광선성**(light-like) 벡터가 있다. 이들은 $d\tau^2 = 0$인, 따라서 동등하게도 $dS^2 = 0$인 벡터들이다. 표준 도표에서 이들의 기울기는 45도이다. 이들은 광선의 궤적이며 그림 3의 원뿔 표면에 놓여 있다.

이들이 민코프스키 공간에서 세 가지 종류의 4-벡터들이다.

계측의 정의에서 양의 부호 하나와 음의 부호 3개 대신 양의 부호 2개와 음의 부호 2개가 있었다면 그게 무슨 의미일지 잠시 생각해 보자. 이는 2개의 시간 차원에 해당할 것이다. 물리학에서는 아무런 의미가 없다. 2개의 시간 차원은 결코 존재하지 않는다. 항상 하나의 시간과 3개의 공간 차원이 있을 뿐이다. 2개의 시간을 가진 세상을 상상할 수 있는가? 개인적으로 나는 2개의 다른 시간 차원을 갖는다는 것이 무슨 의미인지 상상할 수 없다. 따라서 우리는 간단히 그게 선택 사항이 아니라는 입장을 가질 것이다. 식 (1)의 계측 또는 그 변형된 형태에서, 항상 하나의 시간성 차원과 3개의 공간성 차원이 있다.

그렇다고 해서 시간성인 방향이 유일하다는 의미는 아니다. 그림 2의 광뿔 속에는 많은 시간성 방향이 있다.

임의의 점에서 하나의 시간과 3개의 공간 변수가 있다는 사실에 해당하는 불변의 성질은 계측 텐서와 관련이 있다. 우리는 다음과 같은 계측 텐서의 표현에 익숙하다.

$$d\tau^2 = - g_{\mu\nu} \, dX^\mu \, dX^\nu. \qquad (4)$$

$g_{\mu\nu}$ 앞의 음의 부호는 관례이다. 우리가 무한소의 고유 거리의 제곱인 dS^2을 이용하기로 한다면 위와 똑같지만 음의 부호가 없는 표현식으로 주어진다.

그 제곱이 식 (4)로 정의되는 **고유 시간** $d\tau$에 대해 다음의 중요한 사항을 강조하고자 한다. 고유 시간은 그 궤적을 따라 입자와 동행하는 시계(원한다면 손목시계)가 기록한 시간이다. 달리 말해, 고유 시간은 물리적으로 실질적인 의미가 있으며, 기억해 두면 유용할 때가 많다. 물론, 천천히('천천히'란 초속 수천 킬로미터 정도까지를 뜻한다.) 움직이는 입자들에 대해서는 고유 시간이 본질적으로 그림 1의 정지틀에 있는 정지한 관측자의 표준 시간 t와 똑같다. 이는 식 (2)에서 쉽게 유도된다. 왜냐하면 c가 보통의 속도와 비교했을 때, 또는 4-벡터의 공간 성분들과 비교했을 때 아주 크기 때문이다. (이 아이디어들을 복습할 필요가 있다면 『물리의 정석: 특수 상대성 이론과 고전 장론 편』을 보라.)

마찬가지로, 입자의 궤적을 따라가는 **고유 거리** dS는 입자가 지니고 다니는 미터자가 측정한 거리이다.

요약하자면, 고유 거리 $\sqrt{dS^2}$는 정말로 거리이며 고유 시간 $\sqrt{d\tau^2}$은 정말로 시간이다. 이를 명심하자.

식 (3)은 좌표 (t, x, y, z)를 가진 계측의 정의이다. 이는 항상 행렬을 써서 쓸 수 있다. 이 경우 ($c = 1$로 다시 돌려놓는다.) 계측은 행렬 η로 다음과 같다.

$$\eta_{\mu\nu} = \begin{pmatrix} -1 & 0 & 0 & 0 \\ 0 & 1 & 0 & 0 \\ 0 & 0 & 1 & 0 \\ 0 & 0 & 0 & 1 \end{pmatrix}. \tag{5}$$

이는 민코프스키 공간에서 크로네커 델타와 비슷함을 기억하라. 크로네커 델타는 유클리드 공간에서 그저 단위 행렬일 뿐이다.

행렬 η는 명백히 양의 고유치 3개와 음의 고유치 하나를 갖고 있다. 이것이 불변성에 관한 이야기이다. **계측에는 항상 음의 고유치가 오직 하나 있다.** 특수 상대성 이론에서뿐만 아니라 일반 상대성 이론에서도 계측이 무엇이든 간에 그리고 좌표계가 무엇이든 간에 이는 여전히 사실일 것이다. 일반적으로 계측은 우리가 들여다보고 있는 시공간에서의 점에 의존하므로, 이 불변성에 관한 진술은 임의의 점에서 사실이다.

음의 고유치 2개, 또는 음의 고유치 3개를 가진 계측은 하나 이상의 시간 **차원**을 갖고 있을 것이다. (시간성 방향과 혼동해서는 안 된다. 시간성 방향은 민코프스키 원뿔[2] 안에 있는 것들로서 많이 있다.) 우리는 여러 개의 시간 **차원**에 대해서는 그냥 생각조차 하지 않을 것이다. 여러 개의 시간축은 물리학에서 뭔가 별다른 용도가 있을 것 같지 않다.

시간성, 공간성, 그리고 광선성 변위라는 개념은 특수 상대성 이론에 국한되지 않는다. 이 개념들은 일반적으로 계측이 무엇이든, 우리가 무슨 점을 생각하든 적용된다. 앞선 논의에서 우리는 특수 상대성 이론의 평평한 공간 속에 있었지만, 그 개념은 공간이 내재적으로 평평하지 않은 일반 상대성 이론에서도 적용된다.

이제 $\eta_{\mu\nu}$보다 더 일반적인 계측을 생각해 보자. 그것을 $g_{\mu\nu}(X)$로 표기한다. 모든 X (시공간의 모든 사건)에서 하나의 행

---

2) 광뿔의 다른 이름이다.

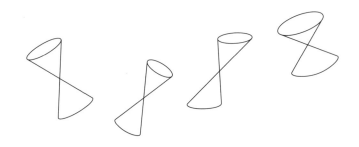

그림 4 각 점에서의 광뿔.

렬이 있다. 게다가 그 행렬은 반드시 음의 고유치 하나와 양의 고유치 3개를 가져야만 한다. 달리 말하자면, 여러분이 어디에 서 있든, 여러분은 시간 차원 하나와 공간 차원 3개를 가진 세상, 더 정확하게는 음의 고유치 하나와 양의 고유치 3개를 가진 계측을 경험하게 될 것이다.

이는 공간의 모든 점은 그와 결부된 광뿔을 가진다는 뜻이다. 그림 4를 보라. 이 광뿔들은 각 점에서 좌표들의 휘어진 양상에 따라 기울어져 있거나 모양을 바꿀 수도 있다.

하지만 각 점에서 계측은 양의 고유치 3개와 오직 하나의 음의 고유치를 가진다. 그리고 각 점에서 시간성 변위, 공간성 변위, 그리고 광선성 변위라는 개념이 존재한다.

특정한 수의 양의 고유치와 특정한 수의 음의 고유치를 갖는 특성을 계측의 특성 부호라 부른다. 우리는 이미 4강에서(4강의 식 (23) 이후의 문단에서) 특성 부호라는 개념을 제시했음을 상기하라. 보통의 평평한 공간의 계측의 특성 부호는 무엇인가? 보통의 시공간에 대해 말하는 것이 아니다. 여러분이 읽고 있는 지면을 말하고 있다. 그 특성 부호는 + +이다. 그리고 특수 상대성 이론에서 3개의 공간 좌표를 가진 민코프스키 계측의 특성 부호는 − + + +이다.

누군가 우리에게 하나의 계측을 줬을 때, 또는 어디서 우리가 계측을 얻었든(우편을 통해 선물로 받을 수도 있고, 또는 어떤 운동 방정식이나 어떤 장 방정식으로부터 계산했을 수도 있다.) 그 계측은 − + + +의 특성 부호를 가진다는 점을 명확히 해야 한다. 만약 그렇지 않다면, 뭔가 잘못됐다는 뜻이다. 게다가, 우리는 어떤 점에서 그 특성 부호를 가져야 할 뿐만 아니라, 시공간의 모든 점에서 가져야만 한다.

광뿔의 모양, 특히 그것이 열려 있는 각도는 순전히 좌표의 문제이다. 그림 2, 3, 4를 보라. 특히, 표준 민코프스키 계측과 그림 2의 표현에서 우리가 광속이 1이 아닌, 예컨대 3×10^8 이라는 엄청난 숫자인 단위를 고른다면, 광뿔은 극단적으로 평평할 것이며 그 그림은 아주 유용하지 않을 것이다. 우리는 이미 『물리의 정석: 특수 상대성 이론과 고전 장론 편』에서 이를 언급했다.

계측의 특성 부호는 여기까지이다.

이 강의에서 우리의 궁극적인 목적은 무거운 물체 주변의, 더 구체적으로는 특별한 종류의 무거운 물체, 즉 블랙홀 주변의 계측을 공부하는 것이다. 하지만 먼저, 시공간의 측지선으로 다시 돌아가 우리가 이전에 했던 것과 다른 방식으로 측지선을 유도해 보자.

측지선과 오일러-라그랑주 방정식

우리는 4강을 통해 시공간에서 측지선의 정의를 배웠다.[3]

균일하게 가속되는 기준틀에서 움직이는 자유 입자의 예에서 그에 해당하는 방정식(4강의 식 (19))을 사용했다. 측지선은 곡선을 따라 접벡터가 그 자신과 평행하게 유지되는 곡선이다. 좀 더 격의 없이 달리 말하자면, 측지선은 우리가 항상 직선으로만 나아가는 궤적이다.

이 강의에서 우리는 다른 정의를 사용할 것이다. 이는 많은 면에서 더 유용하다. 하지만 먼저 원래 정의를 상기해 보자.[4]

$$\frac{d^2 X^\mu}{d\tau^2} = -\Gamma^\mu_{\sigma\rho} \frac{dX^\sigma}{d\tau} \frac{dX^\rho}{d\tau}. \qquad (6)$$

---

3) 보통의 휘어진 공간, 즉 리만 공간에서의 측지선은 꽤나 직관적인 개념이다. 측지선은 보통의 거리를 최소화하는 곡선이다. 예컨대 지구 위에서는 측지선이 대원의 일부이다. 시공간에서의 측지선은 덜 직관적이다. 우리는 이미 4강에서 '똑바름'과 관련된 기술적인 정의를 주었고 다른 것들도 언급했다. 이제 우리는 이것을 최소화 문제의 결과로 공부할 것이다.

4) 이는 4강의 식 (19)이다. 여기서 우리는 S 대신 τ로, 그리고 우변에서 접벡터 성분을 더 구체적으로 표현해 적고 있다.

좌변은 어떤 곡선을 따르는 접벡터의 도함수이다. 이는 곡선을 따라 우변의 크리스토펠 기호를 수반하는 이중합과 같아야 한다. 이것이 측지선에 대한 표준 정의이다.

4강에서 우리는 또 다른 것을 언급했음을 기억하라. 그것은 평범한 공간에서의 측지선의 정의, 즉 두 점 사이의 최단 거리 곡선과 비슷하다.

아니면 더 좋은 방법이 있다. 측지선은 길이가 고정된 두 점 사이의 곡선이다.

측지선 위에서는 접벡터의 공변 미분이 어디서나 0임을 또한 기억하라.

식 (6)에 이르는 또 다른 방법은 두 점 사이의 곡선의 길이를 '극단화'(내가 의미하는 바는 최솟값을 만드는 것이다.)하는 것이다.

측지선에 대한 기억을 되살리기 위해 **평범한 공간부터 시작해 보자.** 우리는 이 책의 지면 위에 있거나 또는 언덕과 계곡이 있는 지면의 휘어진 변형본(예컨대 비를 맞았다가 마른 뒤의 책 지면) 위에 있다. 그림 5에서처럼 그 공간 속의 두 점과 그들 사이의 임의의 곡선을 취한다. 우리는 곡선을 따라 거리를 계산한다.

그러고는 그림에서 **최단 곡선**이라 표기된, 그 길이를 최소화 하는 곡선을 찾는다.

어떻게 계산할까? 그 **논리**를 설명해 보자. 앞서 말했듯이 우리는 A와 B 사이의 임의의 곡선 C로 시작한다. 그림 5에서 회색으로 그려져 있듯이 그런 곡선은 아주 많다. 그렇게 고른 곡

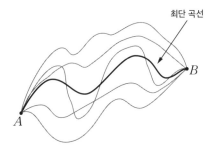

최단 곡선

그림 5 A와 B 사이의 측지선 결정. 공간이 평평할 때는 이들을 잇는 직선 선분이 측지선이다.

선 C 위에서, 그 곡선이 무엇이든 간에, 곡선을 따라가는 각각의 작은 부분에 대해

$$dS^2 = g_{mn}(X)\, dX^m\, dX^n \tag{7}$$

$$dS = \sqrt{g_{mn}(X)\, dX^m\, dX^n} \tag{8}$$

이다.

이는 단지 곡선 C 위의 작은 부분에 피타고라스 정리를 적용한 것이다. 그러고는 이들을 모두 더한다. 그 결과 우리가 고른 곡선 C를 따라가는 거리를 얻는다.

$$S = \int_{\text{along curve } C} \sqrt{g_{mn}(X)\, dX^m\, dX^n}. \qquad (9)$$

마지막으로 우리는 S를 최솟값 또는 극값을 갖도록 하는 곡선 C를 찾는다. 이것이 계산을 위한 논리이다. 지금 우리는 이 논리를 구현할 수학을 잘 알고 있다.『물리의 정석: 고전 역학 편』에서 배웠다. 이는 변분법의 문제로, 궤적을 따라가는 입자의 작용을 최소화하는 것과 비슷하다.

달리 말하자면, 우리는 식 (9)를 곡선 C를 따라 A에서 B까지 움직이는 입자의 작용을 표현하는 것으로 생각할 수 있다. 그러면 측지선을 계산하는 규칙은 그 양을 '극단화', 또는 더 정확하게는 그 양을 고정시키는 것이다. 식 (9)의 S 같은 양을 최소화하는 방법을 알려 주는 방정식을 오일러-라그랑주 방정식이라 부른다.

우리가 최소 작용의 원리로부터 오일러-라그랑주 방정식까지 나아갈 때 최소 작용의 원리는 라그랑지안을 수반하는 미분 방정식으로 전환된다. 대체로, 가능한 명시적으로 썼을 때 오일러-라그랑주 방정식은 $F = ma$ 유형의 방정식이 된다. 식 (9)의 양을 최소화해서 식 (6)으로 가는 과정도 정확하게 똑같은 연산이다. 사실 식 (6)은 가속도를 어떤 것과 같다고 놓은 것처럼 보인다. 그 어떤 것은 일종의 힘이다.

이제 상대성 이론으로 돌아와 측지선이라는 실제 우리의 문제로 돌아오자. 여기서 우리는 보통의 거리가 아니라 고유 거리 또

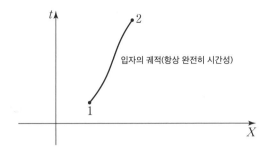

그림 6 입자의 궤적: 시공간에서의 측지선.

는 그에 상응하는 고유 시간에 관심이 있다.

만약 우리가 고유 시간을 수반하는 최소화할 양을 표현하려 한다면, 계측 앞의 음의 부호만 제외하고는 식 (9)에서와 정확히 똑같은 표현을 다루면 된다. 식 (4)로부터 우리는 시공간에서 점 1과 점 2 사이의 고유 시간은 다음과 같이 주어짐을 알게 된다.

$$\tau = \int_1^2 \sqrt{-g_{\mu\nu}(X)\, dX^\mu\, dX^\nu}. \qquad (10)$$

이것이 우리가 최소화하고자 하는 표현식이다.

시간성 측지선은 고유 시간을 **최대로** 만든다는 점에 유의하라. (이것이 쌍둥이 모순을 설명하는 한 방법이다.) 작용에 대한 정의는 보통 고유 시간의 **음수에** 비례한다.

$$\text{action} = -m \int d\tau.$$

작용을 최소화한다는 것은 식 (10)을 최대화한다는 뜻이다.

식 (10)으로 정의한 표현식이 정말로 그림 6에서처럼 시공간의 점 1에서 출발해 점 2에서 끝나는 입자의 운동에 해당한다고 가정해 보자.

우리가 관심 있는 작용이 의존하는 양이 하나 더 있다. 작용은 입자의 질량 m에 의존한다. 그러면 실제 작용은

$$A = -m \int_1^2 \sqrt{-g_{\mu\nu}(X)\ dX^\mu\ dX^\nu} \qquad (11)$$

이다. 이것이 질량의 정의이다. 여기서 질량이라 부르는 계수를 집어넣는 것이 에너지 등등에 대해 생각하는 데에 중요하다는 것을 알게 될 것이다. 그리고 음의 부호는 엄격하게 질량의 정의에서의 관례이다. 우리는 이 작용 A를 고정시키려 한다.

식 (11)의 우변으로 우리는 무엇을 할까? 이는 선험적으로 우리의 수학적 도구 상자로 작업하기에는 완전히 인식할 수 없는 대상이다. 즉 우변은 단지 무한히 많은 무한히 작은 요소들의 합일 뿐이다.[5] 하지만 미분 요소는 어디에 있는가? 적분해야 할 변수는 무엇인가?

---

5) 수학적으로 말하자면 이는 요소들의 개수 N이 무한대로 가고 요소들의 크기가 0으로 갈 때, $f(u_n)\Delta u_n$ 형태의 요소 N개의 유한한 합의 극한으로 엄밀하게 정의된다. 이런 정의 또한 리만 덕분이다.

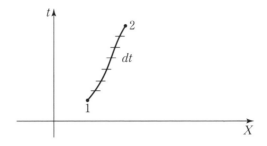

그림 7 궤적을 작은 시간 간격 dt 로 쪼갠다.

우리가 어떻게 계산해야 할지 또는 적어도 어떻게 다루어야 할지 아는 적분은 대개

$$\int F(\text{어떤 변수}) \, d \text{ 어떤 변수}$$

의 형태를 갖고 있다. 여기서 변수는 어떤 공간의 양이거나 시간일 수도 있고 또는 어떤 다른 명확하게 확인된 물리량일 수도 있다. 일반적으로 우리는 적분 기호 안에 근호가 있고 그 근호 안에 $dX^\mu \, dX^\nu$ 같은 미분의 곱이 있는 그런 적분을 보지 못한다.

이미 『물리의 정석: 특수 상대성 이론과 고전 장론 편』에서 똑같은 종류의 적분을 만났음을 기억하라.

우선 입자의 궤적을 그림 7에서와 같이 작은 시간 간격인 dt 로 쪼개 보자. 식 (11)은

$$A = -m \int_1^2 \sqrt{-g_{\mu\nu}(X)\frac{dX^\mu}{dt}\frac{dX^\nu}{dt}dt^2} \qquad (12)$$

이 된다. 미분 dX^μ들 중 몇몇은 사실 dt이다. 왜냐하면 t
는 $X^\mu = (t, x, y, z)$에서 네 좌표들 중 하나이기 때문이다.
$c = 1$로 놓았음을 기억하라. 그렇지 않았다면 X^μ는 $(ct, x, y$
$, z)$였을 것이다. 그 결과 질량 m 다음 인수에 c^2이라는 계수가
생겼을 것이다. 다음 장에서 슈바르츠실트 계측을 공부할 때 c^2
을 다시 삽입할 것이다.

dt/dt가 있으면 무슨 일이 벌어질까? 이는 그냥 1이다.
dx/dt나 y 또는 z에 대해 비슷한 것이 있을 때는 무슨 일이 벌
어질까? 이는 그냥 보통의 속도이다. 우리는 또한 dt^2을 근호 밖
으로 끄집어내어 적분에서 표준적인 미분 요소 dt를 얻게 된다.

$$A = -m \int_1^2 \sqrt{-g_{\mu\nu}(X)\frac{dX^\mu}{dt}\frac{dX^\nu}{dt}}dt. \qquad (13)$$

매시간 t마다, 시간에 대해 적분해야 할 $\sqrt{-g_{\mu\nu}(X)\frac{dX^\mu}{dt}\frac{dX^\nu}{dt}}$라
는 양은 궤적을 따라 명확한 값을 가지고 있다. 이는 속도와 위치
X에 대한 어떤 함수이다. 따라서 우리는 작용에 대한 식 (11)을
그림 7의 궤적을 따라가는 시간에 대한 통상적인 적분으로 변환
했다.

식 (13)의 피적분 함수(적분 기호 속에 m을 다시 집어넣었다.)는
라그랑지안이다. 이는 측지선 계산에서, 우리가 고전적인 비상대

론적 물리학에서 입자의 궤적을 계산하기 위해 최소 작용의 원리를 적용할 때 라그랑지안과 정확하게 똑같은 역할을 하는 양이다. 작용은 정의에 따라 라그랑지안의 적분과 같으며, 라그랑지안은 그 자체로 속도와 위치의 함수이다.

$$A = \int \mathcal{L}(\dot{X}, X)dt. \qquad (14)$$

요컨대, 식 (13)에서 주어진 작용을 '극대화'하는 것은 우리가 『물리의 정석: 고전 역학 편』에서 이미 만났던 문제로 되돌아가는 것이다. 작용으로부터 어떻게 운동 방정식을 찾는가? 그러기 위해서 우리는 라그랑지안이 만족해야만 하는 오일러-라그랑주 방정식(또는 방정식들)을 푼다.

지금 우리의 문제에서 라그랑지안은

$$\mathcal{L} = -m\sqrt{-g_{\mu\nu}(X)\frac{dX^{\mu}}{dt}\frac{dX^{\nu}}{dt}} \qquad (15)$$

이다. 그런데 근호 안의 양은 양수인가?[6] $g_{\mu\nu}$ 앞에 음의 부호가 있음에도 근호를 취할 수 있을까? 답은 "그렇다."이다. $-g_{\mu\nu}(X)$

---

[6] 우리가 작용과 라그랑지안을 다룰 때 우리는 실수 양들을 다루고 있다. 그래야 최대화 또는 최소화가 의미를 가지게 된다. 만약 우리가 복소수를 다루고 있다면 그렇지 않을 것이다.

$dX^\mu \, dX^\nu$의 양은 궤적을 따라 작은 요소 dX에 대한 고유 시간의 제곱이다. 식 (1)을 보라. 이는 시간성 궤적에 대해서는 항상 양수이다. 그리고 이미 4강에서(또한 『물리의 정석: 특수 상대성 이론과 고전 장론 편』 많은 곳에서) 말했듯이 입자는 언제나 시간성 궤적 위를 움직인다. 이는 입자가 결코 광속을 초과하지 않는다고 말하는 것과 등가이다.

이는 강조할 필요가 있는 사항이다.

입자들은 광속보다 더 빨리 움직이지 않는다.

그러므로 표준 민코프스키 도표에서 입자의 궤적은 기울기가 45도보다 더 낮은 접선을 결코 가지지 않는다. 가장 간단한 예는 물론 민코프스키 도표의 기준틀에서 움직이지 않는 입자, 즉 시공간에서 그 궤적이 수직선인 입자이다.

우리는 또한 4강에서 균일한 가속이라는 개념을 공부할 때 한 무리의 관측자들이 동시에 움직이는 포물선들에서 그 사실을 확인했다. 그래서 그림 6과 그림 7에서 접선이 항상 45도보다 더 높도록 곡선을 그리려고 주의를 기울였다.

이 말을 마무리하자면, 공간성 궤적은 점이 광속보다 더 빨리 움직이는 궤적이다. 그러나 이는 불가능하다. 따라서 공간성 간격에서는(예를 들어 가장 간단한 것으로 수평 선분에서는) 반드시 많은 다른 입자들을 보게 된다. (이는 시간이 똑같기 때문에 또한 명확하다.)

라그랑지안이 만족해야 할 오일러-라그랑주 방정식이 무엇인지 기억을 되살려 보자. 우선 우리는 $\mathcal{L}$을 각각의 변수 X^μ에 대해 편미분을 취할 것이다. 하지만 이 변수들의 첫 번째는 시간에 대한 시간의 미분으로서 그냥 1이다. 여기 상응하는 방정식은 없다. 우리는 오직 보통의 속도 성분에 대한 3개의 $\mathcal{L}$의 편미분에만 관심을 가지면 된다. 좌변에서는 이 각각의 편미분에 대해 우리는 시간에 대한 미분을 취하고 이를 그에 상응하는 위치 성분에 대한 $\mathcal{L}$의 편미분과 같다고 놓는다. 따라서 오일러-라그랑주 방정식은 다음의 세 방정식이다.

$$\frac{d}{dt}\frac{\partial \mathcal{L}}{\partial \dot{X}^m} = \frac{\partial \mathcal{L}}{\partial X^m}. \tag{16}$$

여기서 m은 1부터 3까지 변한다. 우리는 이것들을 고전 역학에서 배웠다.

중요한 사실은 만약 여러분이 계측 $g_{\mu\nu}(X)$를 안다면 식 (16)으로부터 여러분은 입자의 운동 방정식을 풀 수 있다는 점이다. 그 입자의 운동은 곡선을 따라 적분했을 때 최단 고유 시간의 궤적이라는 의미에서 측지선일 것이다.

이것이 어떻게 식 (6)에서 주어진 측지선의 정의와 관련이 있는가? 답은 이렇다. 만약 여러분이 주어진 계측 $g_{\mu\nu}(X)$로 식 (16)을 정확하게 푼다면 여러분은 정확하게 식 (6)에 이르게 될 것이다.

연습 문제 1: 계측 $g_{\mu\nu}(X)$이 주어졌을 때, 시공간의 궤적을 따라가는 고유 시간을 최소화하는 오일러-라그랑주 방정식 (16)('들'은 뺐다.)

$$\frac{d}{dt}\frac{\partial \mathcal{L}}{\partial \dot{X}^m} = \frac{\partial \mathcal{L}}{\partial X^m}$$

은, 여기서 라그랑지안 $\mathcal{L}$이

$$\mathcal{L} = -m\sqrt{-g_{\mu\nu}(X)\frac{dX^\mu}{dt}\frac{dX^\nu}{dt}}$$

일 때, 식 (6)으로 주어지는 측지선의 정의와 동등함을 보여라. 식 (6)은 시공간 속 궤적에 대한 접벡터가 상수로 머물러 있음을 뜻한다.

$$\frac{d^2 X^\mu}{d\tau^2} = -\Gamma^\mu_{\sigma\rho}\frac{dX^\sigma}{d\tau}\frac{dX^\rho}{d\tau}.$$

일반적으로, 식 (13)으로 정의한 작용과 이 작용을 최소화하는 과정에서 도출된 오일러-라그랑주 방정식 (16)으로 계산하는 편이 식 (6)으로 정의된 측지선으로 계산하는 것보다 훨씬 더 쉽다.

우리는 특정한 계측 속 입자에 대한 어떤 운동 방정식을 계산하려고 한다. 그 계측은 누구나 좋아할 계측, 즉 슈바르츠실트 계측이다.

슈바르츠실트 계측

태양, 지구, 또는 다른 무거운 구형 대칭 물체의 **실제 중력장** 속에서 시공간의 계측과 입자의 운동에 대한 질문을 던져 보자.

그림 8에서처럼 우리는 물체의 질량 바깥쪽에, 물체로부터 어떤 거리만큼 떨어져 있다고 가정한다. 우리는 점 X에서 공간의 계측에 관심이 있다. 먼저 우리는 계측에 대한 공식을 쓸 것이고, 그러고는 그 공식이 정말로 의미가 있는지 확인할 것이다. 즉 운동 방정식 (16)을 사용하면 아주 익숙해 보이는 뭔가, 즉 중력장 속에서 움직이는 입자의 뉴턴 방정식을 얻게 될 것이라는 말이다. 적어도 우리가 중력 작용을 하는 물체로부터 멀리 떨어져 있어서 중력이 상당히 약할 때 그렇다.

우리가 사용하고자 하는 계측이 여기 있다. 무엇보다 만약 우리가 평평한 공간 속에 있다면, 계측은

$$d\tau^2 = dt^2 - \frac{1}{c^2}dX^2 \qquad (17)$$

그림 8 무거운 물체와 그 중력장, 그리고 그 물체로부터 어떤 거리만큼 떨어진 공간 속 점 X.

의 형태를 가질 것이다. 여기서 앞으로 dX^2은 $dx^2 + dy^2 + dz^2$을 나타낸다. 사실 중력 작용을 하는 물체로부터 멀리 떨어짐에 따라 거기서의 시공간은 평평해 보일 것으로 기대된다.

하지만 중력 작용을 하는 물체는 시공간에 뭔가를 한다는 것을 우리는 알고 있다. 즉 시공간을 휘어지게 한다. 따라서 식 (17)은 그 물체가 생성하는 시공간의 계측으로 아주 옳지는 않을 것이다. 그 식은 우리가 멀리 떨어져 있는 극한에서만 옳아야 한다. 그러므로 우리는 다음과 같이 dt^2 앞에 계수를 더하고 dX^2의 부분은 그대로 남겨 둔다.

$$d\tau^2 = \left(1 + \frac{2U(X)}{c^2}dt^2 - \frac{1}{c^2}dX^2\right). \qquad (18)$$

우리는 4강에서(4강의 식 (50)에서) $U(X)$는 그림 8의 무거운 물체에 의한 중력 퍼텐셜이라고 추측했다.

입자가 천천히 움직이는 한, 라그랑지안 형태의 측지선 방정식 (16)이 그냥 중력 퍼텐셜 $U(X)$ 속에서 움직이는 입자에 대한 뉴턴의 방정식이 된다는 점을 확인해 보자.

라그랑지안의 일반적인 형태는 식 (15)에 주어져 있다. 여기서 근호 안에는 $d\tau^2$만 있다. 우리는 식 (18)로부터 계측을 알고 있으므로 라그랑지안 또는 작용을 더 명시적으로 쓸 수 있다.

$$A = -mc^2 \int \sqrt{\left(1 + \frac{2U(X)}{c^2}\right)dt^2 - \frac{1}{c^2}\frac{dX^2}{dt^2}dt^2}. \quad (19)$$

$\dfrac{dX^2}{dt^2}$이 $\dot{X}^2$임에 주목하며 약간 재배열하면 이 식은

$$A = - mc^2 \int \sqrt{\left(1 + \frac{2U(X)}{c^2}\right) - \frac{\dot{X}^2}{c^2}}\, dt \qquad (20)$$

이 된다. 앞서 말했듯이 우리가 공식에서 c를 명시적으로 드러내 놓고 작업을 할 때는 작용에 대한 표현식이 질량 다음에 c^2을 달고 다닌다. 우리는 여기 익숙하다. 이는 차원 분석으로부터 유도할 수 있다. 즉 작용은 에너지에 시간을 곱한 단위를 가지고 있음을 우리는 기억하고 있다.

우리는 라그랑지안 그 모습대로(적분 안에 $- mc^2$을 되돌려 놓고) 계산할 수도 있겠지만, 우리가 관심 있는 것은 c에 비해 느린 속도로 우리가 움직일 때 무슨 일이 일어나는지이다. 따라서 다음 단계는 라그랑지안을 근사해 그렇게 근사된 라그랑지안으로 오일러-라그랑주 방정식을 살펴보는 것이다.[7]

우리는 이 방정식들을 광속이 아주 큰 비상대론적 극한에서 공부할 것이다. 여기에는 우리가 진도를 나가면서 설명할 몇몇 근사들이 포함될 것이다.

우리는 식 (20)이 비상대론적 극한에서 정말로 뉴턴 방정식

---

7) 여느 때처럼 우리는 이 경우, 먼저 오일러-라그랑주 방정식을 제대로 풀고 그다음 $\dot{X}$이 작은 극한에서 살펴보기보다, 먼저 라그랑지안을 근사하고 그다음 오일러-라그랑주 방정식을 풀어도 좋다는 수학적 사실에 기대고 있다. 달리 말하자면, 여기서 우리는 두 가지 큰 연산의 순서를 바꿀 수 있다.

을 유발한다는 것을 보이고 싶기 때문에 느린 운동에 관심이 있다. 이는 c를 아주 크게 잡는 극한이다. 때문에 이 장에서 우리는 c를 명시적으로 드러내는 것이다.

근호 안에서 우리는 항들을 1 더하기 작은 양으로 재구성할 수 있다.

$$\sqrt{1 + \frac{1}{c^2}\left(2U - \dot{X}^2\right)}. \qquad (21)$$

다음으로 우리는 이항 정리의 앞부분을 이용한다.

$$\sqrt{1 + \epsilon} \approx 1 + \frac{\epsilon}{2}.$$

앞서 말했듯이 우리가 c^2이 $\left(2U - \dot{X}^2\right)$보다 훨씬 더 큰 상황을 살펴보고 있기 때문에 사실 $\frac{1}{c^2}\left(2U - \dot{X}^2\right)$이라는 양은 작다. 따라서 식 (21)은

$$1 + \frac{1}{2c^2}\left(2U - \dot{X}^2\right) \qquad (22)$$

로 근사할 수 있다.

식 (20)의 작용에 대한 표현으로 돌아가면, 우리는

$$A = \int \left(-mc^2 - mU + \frac{m}{2}\dot{X}^2 \right) dt \qquad (23)$$

를 얻는다.

적분 안에서 우리는 입자의 속력이 작을 때의 라그랑지안을 갖고 있으며 비상대론적 근사를 할 수 있다.

오일러-라그랑주 방정식에서 이 라그랑지안을 사용하면, 상수항인 $-mc^2$은 아무런 효력이 없다. 우리가 라그랑지안으로 행하는 유일한 것은 라그랑지안을 미분하는 것이다. 상수를 미분하면 0을 얻는다. 따라서 $-mc^2$은 무시할 수 있다.

라그랑지안의 다른 두 항은 통상적인 운동 에너지 $\frac{m}{2}\dot{X}^2$ 빼기 퍼텐셜 에너지 $mU(X)$이다. 퍼텐셜 에너지는 사실 X에 의존한다. 퍼텐셜 에너지에 대해 우리는 우리가 원하는 함수를 고를 수 있다. 그런데 중력 문제에서 입자의 퍼텐셜 에너지는 항상 그 질량에 비례한다.

마지막으로, 이 라그랑지안을 이용하면 우리가 『물리의 정석: 고전 역학 편』에서 정확하게 똑같은 계산을 수행했을 때 그랬던 것과 꼭 마찬가지로, 오일러-라그랑주 방정식은 당연하게도 중력장 $U(X)$ 속에서의 입자에 대한 뉴턴 방정식을 간단히 만들어 낼 것이다.

우리는

$$m\ddot{X} = -m\frac{\partial U}{\partial X} \qquad (24)$$

에 이르게 된다. 우변은 힘이다. 좌변은 가속도 곱하기 질량이다. 질량은 상쇄된다.

여기서 중요한 점은, 식 (13)으로 주어진 작용은 식 (6)으로 주어진 측지선과 동등하며, 오일러-라그랑주 방법을 사용해서 쉽게 계산할 수 있다는 것이다. 비상대론적 극한에서는 훨씬 더 계산하기 쉽다. 비상대론적 극한에서는 c가 아주 크고 $1/c^2$이 아주 작으며, 작용의 표현식 속의 근호를 간단히 전개할 수 있다.

이 계산을 수행하면서 우리가 배운 중요한 점은 적어도 어떤 1차 근사에서 우리가

$$-g_{00} = \left(1 + \frac{2U(X)}{c^2}\right) \qquad (25)$$

로 쓸 수 있다는 점이다. 사실 이는 정확한 g_{00}임이 드러난다.

물론 우리가 τ^2에 대해서 쓴 식 (18)에서 $1/c^2$보다 훨씬 더 작은 항들, $1/c^4$, 또는 $1/c^6$인 항들, …… 등등이 있을 것이다. 하지만 그런 항들은 비상대론적 극한에서는 중요하지 않다.

간단히 말해, 우리는 $-g_{00}$가 1 더하기 입자의 퍼텐셜 에너지의 2배 나누기 c^2이라고 완전히 확실하게 말할 수 없다. 그러나 그것이 작은 양의 1차까지는 사실임에 틀림없다고 말할 수 있다. 여기서 작은 양이란 $1/c^2$을 가진 양을 뜻한다.

그림 9에서처럼 질량 M인 물체가 공간에서 생성하는 중력 퍼텐셜 에너지에 대해 이제 우리는

$$U(X) = -\frac{MG}{r} \qquad (26)$$

를 이용할 것이다. 여기서 G는 뉴턴 상수이며 r는 물체의 중심으로부터 떨어진 거리이다.

우리는 그림 8에서 중력 질량을 둘러싼 시공간의 계측에 우리의 첫 추측을 써 내려갈 수 있다. 그것은

$$d\tau^2 = \left(1 - \frac{2MG}{c^2 r}\right)dt^2 - \frac{1}{c^2}(dx^2 + dy^2 + dz^2) + \cdots \quad (27)$$

이며, 여기서 $r = \sqrt{dx^2 + dy^2 + dz^2}$이다. 공간 항 다음의 세 점은 더 작은 것들, 하나 또는 더 높은 크기 차수를 가진 $1/c^2$보다 더 작은 항들을 나타낸다.

우주론[8]에 익숙한 독자들은 슈바르츠실트 계측, 또는 블랙홀의 계측을 알아볼 수 있겠지만 아주 확실하지는 않을 것이다.

다음 항

$$dx^2 + dy^2 + dz^2 \qquad (28)$$

으로 관심을 돌려 보자. 이는 3차원 공간의 평범한 계측이다. 무거운 물체가 생성하는 시공간 계측을 정의하는 식 (27)에서 우리

---

8) 우주론은 이 시리즈 다음 권의 주제이다.

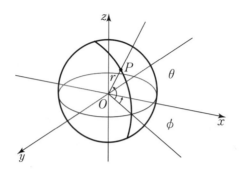

그림 9 구형 극좌표.

는 지금까지 계측의 시간-시간 성분만 만지작거렸다. 계측의 공
간-공간 성분과 그 밖의 모든 것은 아직 자세하게 공부하지 않았
다. 그러나 곧 공부하게 될 것이다.

식 (27)의 공간-공간 성분은 보통의 평범한 공간의 계측이
다. 3차원 극좌표에서 평평한 공간을 생각해 보자. 이 좌표들은
반지름, 즉 말하자면 태양의 중심으로부터의 거리(만약 우리가 그
림 8에서의 그 물체를 태양이라 생각한다면), 그리고 한 쌍의 각도로 특
징지어진다. 이 각도들은 그림 9에서 보듯이 극각과 방위각일 수
있다.

좌표 r는 태양 O에서 P까지의 거리이다. 각도 θ는 극에
서부터 또는 적도에서부터 잡을 수 있다. 이 각은 지구 구면에서
처럼 적도로부터 측정하자. 이는 위도이다. 그리고 방위각 ϕ(또
는 그 반대각)는 경도이다.

보통의 3차원 유클리드 계측 $dx^2 + dy^2 + dz^2$은 구형 극좌표에서 어떻게 표현될까? 독자들이 아마도 삼각법에서 배웠을 공식은 이렇다.

$$dx^2 + dy^2 + dz^2 = dr^2 + r^2 \left(d\theta^2 + \cos^2\theta \ d\phi^2 \right). \quad (29)$$

보기엔 복잡해 보여도, 이는 단지 우리가 이미 마주했던 구면 위에서의 길이 요소의 제곱인 $r^2(d\theta^2 + \cos^2\theta d\phi^2)$에 dr^2을 더해 3차원에서 피타고라스 정리를 완성한 것이다.

왜 우리는 극좌표를 고려하고 있는가? 단지 극좌표가 중심력 문제를 공부하는 데에 가장 적절한 좌표이기 때문이다. 따라서 우리는 식 (27)로 주어진 계측을 극좌표로 표현할 것이다.

편리한 표기법을 도입하자. 반복해서 쓰지 않을 수 있게 $d\theta^2 + \cos^2\theta d\phi^2$에 이름을 부여한다. 우리는 이를 $d\Omega^2$이라 부른다. θ와 ϕ를 포함한 전체 표현에서 매번 이것을 쓰는 것을 피하는 것 말고 다른 이유는 없다. 식 (27)은 다음과 같이 다시 쓸 수 있다.

$$d\tau^2 = \left(1 - \frac{2MG}{c^2 r} \right) dt^2 - \frac{1}{c^2} dr^2 - \frac{1}{c^2} r^2 d\Omega^2 + \cdots. \quad (30)$$

변수 r는 반경 거리이다. 그리고 $d\Omega^2$은 단위 구의 표면에서의 계측이다. r를 고정하면 $r^2 d\Omega^2$ 항은 구 위에서 우리가 어떤 각도 θ 와 ϕ 만큼 움직일 때 시공간의 계측에 기여하는 항이다.

데카르트 좌표에서의 식 (27)이든 극좌표에서의 식 (30)이든, 이제 우리가 이 계측을 살펴보면, 뭔가 끔찍하게 잘못되었다. 우리가 멀리 떨어져 있을 때는 괜찮다. 하지만 우리가 중심으로 가까이 다가갈 때 뭔가 불편한 느낌이 깊게 든다.

r 가 감소하면 무슨 일이 벌어질까? 어떤 점에서는 $2MG/c^2r$ 가 1보다 커서

$$\left(1 - \frac{2MG}{c^2 r}\right)$$

라는 계수가 음수가 된다. 즉 고유 시간 $d\tau$ 의 제곱의 시간-시간 부분인 $-g_{00}$ 계수가 음수가 된다.

식 (30) 또는 (27)에서 주어진 $d\tau^2$ 의 정의에서 공간-공간 부분인 다른 항들 또한 음수이므로, 문제가 생긴다. 계측 텐서를 표현하는 행렬 $g_{\mu\nu}(X)$ 는 비대각 항들이 모두 0이고, 대각 원소로 모두 양의 항들만 가지게 된다. 따라서 계측은 응당 그러해야 하듯 하나의 음수 및 3개의 양수 대신 양의 고유치를 4개 갖게 된다.

어디서 문제가 생겼을까? 부호가 바뀌는 $(1 - 2MG/c^2r)$ 에서 문제가 생겼다. 즉

$$r \geq \frac{2MG}{c^2} \tag{31}$$

일 때이다. $2MG/c^2$ 라는 양은 그림 8에서 우리가 살펴보고 있는 물체의 특정한, 어떤 양의 숫자일 뿐이다. 계측은 더 이상 양의 고유치 3개와 음의 고유치 하나를 갖지 않는다. 물론 이는 물체의 모든 질량이 어찌되었든 점과 같은[9] 경우에 발생한다.

이로써 우리는 블랙홀이라는 주제로 넘어가게 된다.

블랙홀

블랙홀은 그 질량 M 이 아주 작은 구 안에 극도로 집중된 무거운 천체이다. 블랙홀은 반지름이 $2MG/c^2$ 의 값보다 작은 구 안에 집중되어 있다. 이 값은 계측에서 문제의 원인인 것으로 우리가 알고 있다.

$2MG/c^2$ 는 블랙홀을 특징짓는 거리로서 블랙홀의 **슈바르츠실트 반지름**이라 부른다. 나중에 우리는 이 값이 또한 블랙홀의 **지평선**의 반지름임을 알게 될 것이다.

우리가 예컨대 반지름 방향으로 블랙홀에 접근할 때, 우리가 슈바르츠실트 반지름을 건너갈 때의 어떤 점에서 계수 $-g_{00}$ 는 부호를 바꿔 음수가 된다. 즉 같은 말이지만 g_{00} 는 양수가 되며 식 (30)의 전체 계측은 이제 양의 고유치 4개를 가진다.

---

9) 독자들이 알고 있듯이, 만약 우리가 지구 안으로 들어가면 우리는 오직 우리가 있는 곳보다 반지름이 더 짧은 질량이 생성하는 중력장에만 굴복하게 되고, 지구 안에서 우리보다 더 멀리 떨어져 있는 질량은 아무런 역할을 하지 않는다.

이것의 의미는 우리가 어찌되었든 4개의 공간 방향이 있지만 시간 방향은 하나도 없는 영역으로 들어갔다는 것이다. 이건 나쁜 일이다. 우리가 원하는 뭔가가 아니다. 일반 상대성 이론, 또는 단순히 물리학은 이를 허용하지 않는다.

정말로 무슨 일이 일어나는 걸까? 9강에서 일반 상대성 이론의 장 방정식을 공부할 때 우리는 정말로 무슨 일이 일어나는지 알게 될 것이다. 당분간은 그냥 $(1 - 2MG/c^2r)$라는 양이 부호를 바꾸는 지점에서 식 (30)의 나머지 또한 부호를 바꾼다고만 말해야겠다. 계측 텐서의 시간-시간 성분이 부호를 바꿀 때 r-r 성분 또한 부호를 바꾸는 효과를 노려 우리는 식 (30)의 dr^2/c^2 항 앞에 추가로 계수를 넣을 것이다.

그러면 어떤 일이 벌어질까? $(1 - 2MG/c^2r)dt^2$ 항은 공간 방향으로 바뀌지만 동시에 dr^2을 가진 항은 시간 방향으로 바뀐다. 하나의 시간성 차원과 3개의 공간성 차원으로 계측의 특성 부호는 지켜진다.

식 (30)에서 시간-시간 성분이 부호를 뒤집을 때 dr^2/c^2의 항 앞에 무엇을 집어넣어 부호를 뒤집게 할 수 있을까? 물론 우리는 dr^2/c^2 앞에도 $(1 - 2MG/c^2r)$를 넣을 수 있을 것이다. 그래서 만약 우리가 슈바르츠실트 반지름을 건너간다면, 첫째 항은 부호를 바꿀 것이고 dr^2의 항 또한 부호를 바꿀 것이다. 그러나 이는 아주 옳은 일은 아닌 것으로 드러난다.

아인슈타인의 장 방정식은 다른 답을 준다. dt^2 앞에서와 똑같은 계수 대신 그 역수를 사용한다. 이제부터는 $1/c^4$의 작은 항 또는 그보다 더 작은 항은 무시하고 다음 계측을 사용할 것이다. 이것이 그 모든 영광을 담고 있는 슈바르츠실트 계측이다.

$$dt^2 = \left(1 - \frac{2MG}{c^2 r}\right)dt^2 - \left(\frac{1}{1 - \frac{2MG}{c^2 r}}\right)\frac{1}{c^2}dr^2 - \frac{1}{c^2}r^2 d\Omega^2. \tag{32}$$

우리가 슈바르츠실트 반지름을 건너가면 두 계수 모두 부호를 바꾼다. 특성 부호 $- + + +$는 유지된다. 하지만 뭔가 아주 이상한 일이 벌어진다. 우리가 t라 부르고 있는 것이 공간성 차원이 되고 우리가 r라고 부르고 있는 것이 시간성 차원이 된다. 이들이 뒤집어진다.

이를 시각화하는 건 쉽지 않지만, 나중에 이를 시각화하는 도구를 선보일 것이다. 우리가 어떤 문턱, 즉 반지름이 $r = 2MG/c^2$인 구의 표면을 건너갈 때 어떤 일이 일어난다. 반지름 r는 시간 변수가 되고 시간 t는 공간 변수가 된다. 지금으로서는 이것이 완전히 불가사의한 일이지만, 몇 가지 도표들이 슈바르츠실트 반지름에서 무슨 일이 일어나는지를 명확히 해 줄 것이다.

우리가 블랙홀을 향해 반지름 방향으로 움직이고 있을 때, 슈바르츠실트 반지름을 건너는 데에 좌표 시간 t로는 무한한 양의 시간이 걸리지만, 고유 시간 τ로는 유한한 시간이 걸린다는 것을 알게 될 것이다. 달리 말하자면, 손목시계를 차고 블랙홀로 떨어지고 있는 누군가는 그 문턱을 건너가는 데에 유한한 양의 시간이 걸린다고 말할 것이다. 하지만 바깥에 서서 블랙홀 속으로 떨어지는 그 사람을 바라보고 있는 누군가는 무한한 양의 시간이 걸린다고 말할 것이다. 이것이 식 (32)로 주어지는 계측의 특성이다. 그리고 이것이 이 강의에서 다루고자 하는 내용들 중 하나이다.

블랙홀 사건의 지평선

시간과 공간이 뒤바뀌는 독특한 현상은 $r = 2MG/c^2$인 좌표에서 일어난다. 광속 c는 엄청나게 큰 숫자이며 그 제곱이 분모에 들어가 있다. 따라서 연역적으로 r는 아주 짧은 거리이다. 그러나 이런 주장은 M 자체가 아주 크지 않을 때에만 옳다. 왜냐하면 슈바르츠실트 반지름은 중력 작용을 하는 물체의 질량에 의존하기 때문이다. 만약 지구의 질량이 1센티미터보다 더 짧은 거리에 집중되어 있다면 지구의 슈바르츠실트 반지름은 약 1센티미터이다.

우리가 슈바르츠실트 반지름을 건너갈 때 독자들은 그 사람의 손목시계에는 무슨 일이 일어날지 궁금할 것이다. 시계가 공간의 거리를 기록하기 시작할까? 아니다. 시간 차원에서 계속 째깍거린다. 시계는 우리가 어떤 좌표를 사용하는지 상관하지 않는다.

시간-공간이 뒤집히는 현상은 우리 좌표계의 부작용임을 알게 될 것이다. 슈바르츠실트 반지름에서 계속 나아갈 때 뭔가 특별한 것은 없다. (t, τ, θ, ϕ)가 단지 어색한 좌표였을 뿐임을 알게 될 것이다. $r = 2GM/c^2$에서 뭔가 이상한 일이 일어날 것처럼 보이도록 한 것은 바로 이 좌표들이다.

슈바르츠실트 반지름에서는 이상한 일이 일어나지 않는다. 우리는 이 문제를 해결하고 그 이유를 정확히 알아볼 것이다. 하지만 지금으로서는 거기서 어떤 일이 벌어지고 있는 것처럼 보인다. (t, τ, θ, ϕ)의 좌표로 표현된 계측 텐서를 살펴보면 g_{tt} 계수가 0이 되면 g_{rr} 계수는 무한대가 된다. 따라서 기하에 끔찍한 일이 벌어지는 것처럼 보인다.

사실 그 기하는 $r = 2GM/c^2$인 문턱 너머로 완전히 매끄럽다. 광뿔은 모든 지역에 걸쳐 그리고 슈바르츠실트 반지름 주변에서 완전히 정상적이다. 그러나 이 점을 명확히 하기 위해서는 어떤 작업을 해야만 한다.

역사적인 이야기를 하자면, 아인슈타인은 자신의 장 방정식을 1915년 11월 25일 프로이센 과학 아카데미에 제출했다. 그때 슈바르츠실트[10]는 아인슈타인의 논문을 연구했고 1915년 12월 제1차 세계 대전 동안 러시아 전선에서 싸우고 있던 와중에, 우리가 중력 작용을 하는 물체의 바깥에 있을 때 그 물체의 계측에 대

---

10) 카를 지그문트 슈바르츠실트(Karl Siegmund Schwarzschild, 1873~1916년), 독일의 천체 물리학자. 그는 괴팅겐 대학교에서 가르쳤으며 동료인 민코프스키와 힐베르트가 거기 함께 있었다.

한 식 (32)를 적었다. 불행히도 그는 얼마 지나지 않아 사망했다.

아인슈타인은 그 계측에 대해 이미 뭔가를 알고 있었을까? 아인슈타인은 dt^2 앞의 첫째 항을 알고 있었으며 식 (32)의 dr^2 앞의 둘째 항 일부를 알고 있었다.

이게 무슨 뜻인지 이해하기 위해 r가 아주 작지 않을 때, 즉 $2MG/c^2r$가 작을 때 이 둘째 항을 살펴보자. 식 (32)에서 근사를 하기 위해 우리의 최애 도구(이항 정리)를 사용하면 dr^2 앞의 계수는 다음과 같이 전개할 수 있다.

$$\frac{1}{1 - \frac{2MG}{c^2 r}} = 1 + \frac{2MG}{c^2 r} + \left(\frac{2MG}{c^2 r}\right)^2 + \cdots. \qquad (33)$$

우변에서 1 다음의 첫째 항은 $1/c^2$을 갖고 있고 둘째 항은 $1/c^4$이고, …… 등등이다. 달리 말해, 식 (32)에서 우리가 하고 있는 일은 식 (30)의 dr^2/c^2을 아주 작은(차수 크기가 $1/c^4$이거나 또는 그보다 더 작은) 보정항들로 보정하는 것이다. 이들은 입자들의 운동에 기여하지만 비상대론적 극한에서는 그렇지 않다.

우리가 비상대론적 극한을 공부하고 있지 않다면, 우리는 식에서 c를 유지할 필요가 없다. 우리는 c가 1과 같은 단위를 고를 수 있다. 그러면 계측은 이와 같은 모습이다.

$$d\tau^2 = \left(1 - \frac{2MG}{r}\right)dt^2 - \left(\frac{1}{1 - \frac{2MG}{r}}\right)dr^2 - r^2 d\Omega^2. \quad (34)$$

그림 10 블랙홀을 향해 낙하하고 있는 우주선의 방사상 궤적.

두 종류의 궤적이 공부하기 쉽다. 원형 궤도와 방사상 궤적이다. 둘 다 흥미로운 놀라움을 가져다줄 것이다. 이 강의에서는 방사상 궤적을 공부해 보자. 로켓 우주선이 직선을 따라 낙하하고 있으며 블랙홀 속으로 충돌할 것이다.

질문은 이렇다. 우주선이 지평선에 이르는 데에 얼마나 오래 걸릴까? 우리는 두 가지 관점에서 이 지속 시간을 측정할 것이다.

1. 좌표 시간 t를 이용하는 외부 관측자의 관점, 그리고
2. 우주선의 고유 시간 τ를 사용하는 우주선 안의 우주 비행사의 관점.

그 결과는 아주 다르다.

이런 종류의 계산을 해야 할 때 입자의 라그랑지안으로 시작해 오일러-라그랑주 방정식을 푸는 것이 제일 좋다. 우리가 사용할 수 있는 기교들이 있다. 이 문제를 풀게 해 주는 몇몇 기교를 선보일 것이다.

낙하하는 입자 또는 로켓에 대한 라그랑지안으로 돌아가 보자. 입자는 시공간의 측지선을 따라가므로, 식 (11)에서 라그랑지안은 그냥 $-m\sqrt{\left(\dfrac{d\tau}{dt}\right)^2}$ 임을 기억하라. $d\tau^2$은 식 (34)에서 얻는다. 우주선이 직선으로 나아가고 Ω가 변하지 않는다고 가정하면 $r^2 d\Omega^2$ 항은 생략할 수 있다. 따라서 고정시켜야 할 작용은

$$A = -m \int \sqrt{\left(1 - \frac{2MG}{r}\right)dt^2 - \left(\frac{1}{1 - \frac{2MG}{r}}\right)dr^2}$$

이다. 앞서 했던 것처럼 이 적분을 이해하기 위해 적분 기호 안에서 근호 안은 dt^2으로 나누고 동시에 근호 밖에 dt를 곱한다.

$$A = -m \int \sqrt{\left(1 - \frac{2MG}{r}\right) - \left(\frac{1}{1 - \frac{2MG}{r}}\right)\frac{dr^2}{dt^2}}\, dt.$$

dr^2/dt^2의 비율은 방사상 속도의 제곱, 즉 $\dot{r}^2$이다. 따라서 다음의 라그랑지안을 얻었다.

$$\mathcal{L} = -m\sqrt{\left(1 - \frac{2MG}{r}\right) - \left(\frac{1}{1 - \frac{2MG}{r}}\right)\dot{r}^2}. \qquad (35)$$

무엇보다, 에너지라는 이름의 보존량이 있다.

라그랑지안의 관점에서 에너지는 무엇인가? 『물리의 정석: 고전 역학 편』에서 최소 작용의 원리를 다룬 6강을 기억하라. 거기서 우리는

에너지는 해밀토니안이다.

라는 것을 알았다. 해밀토니안 자체는 라그랑지안을 써서 표현된
다. 해밀토니안을 계산하기 위해 먼저 해야 할 일은 r의 일반화
된 켤레 운동량을 계산하는 것이다. 그것은

$$p = \frac{\partial \mathcal{L}}{\partial \dot{r}}$$

이다. 일반적인 경우 하나의 좌표 r 대신 좌표 q_i 및 그 켤레
p_i의 모둠을 갖고 있다면 해밀토니안에 대한 일반적인 공식[11]은

$$H = \sum_i p_i \dot{q}_i - \mathcal{L}$$

이다. 우리의 경우 이는 간단히 $H = p\dot{r} - \mathcal{L}$이 된다. 계산은 독
자들에게 남겨 둔다. 그 결과는

$$H = \frac{m(1 - 2MG/r)}{\sqrt{(1 - 2MG/r) - \dot{r}^2/(1 - 2MG/r)}} \qquad (36)$$

이다. 표현식이 추하긴 해도, 이건 명확한 양이다. H는 무엇에
의존하는가? 입자 또는 우주선의 질량 m, 블랙홀의 중심까지의

---

11) 『물리의 정석: 고전 역학 편』 8강의 식 (4)이다.

거리 r, 그리고 속도 $\dot{r}$에 의존한다. 이것은 에너지이다. 우리는 이를 H 대신 E라 부를 것이다. 에너지는 시간에 따라 변하지 않는다.

그러면 식 (36)이 에너지를 주기 때문에 우리는 $\dot{r}$을 그 에너지 E의 함수로 표현할 수 있다. 약간의 계산을 거치면 우리는

$$\dot{r}^2 = \left(1 - \frac{2MG}{r}\right)^2 - \frac{\left(1 - \frac{2MG}{r}\right)^3}{E^2} \qquad (37)$$

을 얻는다. 이 표현식도 역시 거추장스러워 보인다. 하지만 그건 문제가 되지 않는다. 중요한 것은 이로부터 r가 $2MG$에 다가갈 때, 즉 우주선이 블랙홀의 반지름(또는 지평선)에 가까워졌을 때 무슨 일이 일어나는지 쉽게 알 수 있다는 점이다.

식 (37)에 따르면 우주선이 블랙홀의 지평선에 다가감에 따라 그 속도는 느려지다가 0이 된다. 직관과는 반대로 우주선이 슈바르츠실트 반지름을 향해 낙하할 때 가속하지 않고, 그 속도는 점점 더 작아진다!

연습 문제 2: 에너지에 대한 식 (36)과 $\dot{r}^2$에 대한 식 (37)로부터 다음이 도출됨을 보여라.

$$\dot{r} \approx \frac{r - 2MG}{2MG} \text{ as } r \to 2MG. \qquad (38)$$

식 (38)은 또 다른 방식으로 r 가 $2MG$ 에 다가감에 따라 우주선이 감속한다는 것을 알려 준다.

그 속력은 점근적으로 0에 수렴하며 우주선은 결코 슈바르츠실트 반지름을 건너가지 못한다. 여러분은 비유적으로 우주선이 지평선에 이르는 데에 영원한 시간이 걸린다고 말할지도 모른다. 하지만 우리가 강조했듯이 이는 외부 관측자의 시간틀에서이다.

식 (34)로 주어진 슈바르츠실트 계측으로 돌아가 보자. 어떤 역할도 하지 않는 $d\Omega^2$ 은 제쳐 두고 계측을 다시 써 보자.

$$d\tau^2 = \left(1 - \frac{2MG}{r}\right) dt^2 - \left(\frac{1}{1 - \frac{2MG}{r}}\right) dr^2. \qquad (39)$$

우리는 광선이 어떻게 움직이는지 검토해 보려 한다. 이 강의를 마치며 우리는 **방사상** 광선을 살펴볼 것이다.

광선의 운동

방사상 광선의 운동은 식 (38)의 특별한 경우에 이르게 된다. 이는 특별히 풀기 쉽다. 사실 우리는 실제로 라그랑지안 운동 방정식이 필요하지 않다. 광선이 **0 궤적**을 따라 움직인다는 것만 알면 된다. 이는 $d\tau^2 = 0$ 을 만족하는 궤적에 주어진 이름이다.

0 궤적을 따라 광선은

그림 11　위치 r에서 각 방향으로 쏘아 준 방사상 광선.

$$\left(1 - \frac{2MG}{r}\right)^2 dt^2 = dr^2$$

을 만족한다. 이는

$$\frac{dr}{dt} = \pm\left(1 - \frac{2MG}{r}\right) \qquad (40)$$

와 같다. 광선은 물론 존재할 수 있는 가장 빠른 것이다. 정말로 광선은 광속으로 움직인다.[12] r가 크면 식 (40)의 우변은 절대값이 거의 1이며 이는 지금의 단위에서 광속이다.

　하지만 r가 슈바르츠실트 반지름으로 감소함에 따라 우리는 방사상 속도의 크기 $(r - 2MG)/r$가 0으로 가는 것을 알 수 있다. 달리 말해, 심지어 광선조차 블랙홀의 지평선에 다가갈수록 어쨌든 막히게 된다!

---

12)　광선은 **우리가 관측할 수 있는** 가장 빠른 것이다. 광속보다 더 높은 속력으로 우리에게서 멀어질 수 있는 아주 멀리 있는 별에 대해서 이야기하는 것이 아니다.

광선이 광속으로 움직이고 있을까? 물론 그렇다. 광선은 광속으로 움직이고 있다. 광선이 다른 무슨 일을 할 수 있겠나? 그러나 광속 c는, **특별한 좌표 집합 (t, r, θ, ϕ)에서 dr/dt로 측정했을 때 슈바르츠실트 반지름에 점점 더 가까이 다가감에 따라 0으로 가는 이런 성질**을 갖고 있다. 따라서 광선을 포함해 그 어떤 것도 지평선의 표면을 지나갈 수 없다. 또는 그렇게 보인다.

우리가 들어가고 있든 나오고 있든 지평선에서는 속도가 0으로 간다. 그러므로 우리가 어디에 있든 지평선 너머에서는 이상한 일이 벌어진다. 우리는 그 문제를 해결할 것이다.

그림 10의 우주선과 함께, 또는 그림 11의 광자와 함께 움직이는 어떤 사람으로 돌아가 보자. 낙하하고 있는 사람의 관점에서는 시간이 고유 시간 τ이다. 이 사람은 그냥 슈바르츠실트 반지름을 바로 통과해 항해해 나갈 것이다. dr/dt가 0으로 가는 현상은 정지틀에서 사용한 특별한 구형 극좌표의 $r = 2MG/c^2$에서의 부작용이다. 실제로 그 거리에서 이상한 일은 아무것도 일어나지 않는다. 게다가 그 사람은 유한한 양의 고유 시간 안에 블랙홀에 도착할 것이다.

우리는 이 현상을 6강에서 더 자세하게 검토할 것이다. 특히 우리는 정지 시간 t와 고유 시간 τ 사이의 관계를 알아볼 것이다. 식 (39)는 r가 슈바르츠실트 거리에 다가갈 때 계수 $(1 - 2MG/r)$가 0으로 간다는 것을 보여 준다. 그 계수가 0으로 가고 있을 때 주어진 양의 dt는 점점 더 작은 양의 고유 시간

$d\tau$에 해당한다. 그 결과 고유 시간은 어떤 의미에서 '느려진다.' 그래서 하나의 틀(시간이 t인 틀)에서는 뭔가가 무한대의 시간이 걸리고 다른 틀(시간이 τ인 틀)에서는 유한한 양의 시간이 걸릴 수 있다.

우리가 강조하고 싶은 마지막 사항은, 정말로 태양이나 지구에 대해 말해 보자면, 이 천체들은 블랙홀이 될 만큼 충분히 조밀하지 않다는 점이다. 반복해서 말한다.

블랙홀은 슈바르츠실트 반지름 안에 그 질량을 품고 있는 천체이다.

그 반지름은 태양의 경우 약 3킬로미터이고 지구의 경우 약 9밀리미터이다.

계측에 대한 식 (32) 또는 (34), 또는 $\dot{r}$에 대한 식 (37)은 오직 중력 작용을 하는 천체 그 자체의 **바깥**에서만 유효하다. 만약 지구가 어떻게든 9밀리미터의 반지름 속으로 (그 질량은 유지하면서) 붕괴했을 때에만, 우리가 말했던 슈바르츠실트 반지름이 있을 것이고, 우리가 중심에서 9밀리미터 안쪽으로 다가갈 때 dr/dt가 0으로 가게 되고 등등의 일이 일어날 것이다.

태양에 대해서도 똑같은 진술이 적용된다. 만약 반지름이 3킬로미터보다 더 작은 구 속으로 태양이 붕괴했을 때만 블랙홀 지평선을 가질 것이며, 거기서 이상한 좌표의 부작용이 발생할 것이다.

중력 작용을 하는 물체의 안쪽에서는 계측이 식 (34)로 표현된 것과 다르다. 그리고 지구 안쪽에서는, 그 중심 근처에서 그 어떤 기괴한 일도 일어나지 않는다. 거기는 어떤 종류의 블랙홀 지평선 따위는 없다.

다음 강의는 블랙홀에 대한 우리의 지식을 심화하는 데 집중할 것이다.

블랙홀

앤디: 레니, au secours, je tombe dans un trou noir !

(도와줘, 블랙홀에 빠지고 있어!)

레니: 뭐라 말한 거야?

앤디: D′epêchez-vous, l'horizon approche !

(지평선이 다가오고 있어!)

레니: 잠깐만. 프랑스 어 사전 가져올게.

앤디: Trop tard, je pense que je l'ai franchi.

(너무 늦었어, 이미 선을 넘은 거 같아.)

레니: 미안하지만 자네 목소리를 들을 수가 없어. [1]

---

1) 레니가 지평선으로부터 어떤 거리만큼 떨어져 블랙홀 바깥에 머물러 있다면 레니의 고유 시간에서는 앤디가 지평선을 넘어가는 것이 무한한 양의 시간이 지난 뒤에 일어난다. 따라서 레니는 앤디의 마지막 말을 결코 듣지 못한다.

슈바르츠실트 계측

지난 강의에서 우리는 블랙홀과 블랙홀이 생성하는 슈바르츠실트 계측의 성질을 논의하기 시작했다. 진도를 계속 나가기 전에 우리가 했던 것을 빨리 복습해 보자.

슈바르츠실트 풀이는 이상화된 풀이이다. 이는 뉴턴의 힘의 법칙

$$F = - \frac{mMG}{r^2} \qquad (1)$$

를 중력장을 만들어 내는 질량이 좌표의 원점에 있는 점이라는 가정에서 이상화한 것과 똑같은 의미에서 그렇다.

만약 질량이 퍼져 있다면, 당연하게도 우리는 식 (1)이 질량이 있는 곳의 내부에서도 성립하리라고 정말로 믿지는 않는다. 예를 들어, 지구의 내부에서는 식 (1)이 올바르지 않다. 하지만 지구 외부, 지구의 표면 너머에서는 정확하다. 적어도 대기와 다른 형태의 질량을 무시한다면 말이다.

뉴턴 역학의 점입자는 분명히 하나의 이상화이다. 왜냐하면 결코 한 점에 모든 질량을 집중시킬 수 없기 때문이다. 실제 물질은 일정한 강성을 갖고 있다. 물질을 압축할 수는 있지만, 무한히

작은 반지름으로 결코 쥐어짤 수는 없다. 물질은 압착에 대해 일정한 저항력을 갖고 있다.

중력은 매우 강할 뿐이다. 비록 중력장이 짧은 거리에서 아주아주 커지는 것처럼 보이지만 말이다. 모든 물질은 언제나 임의로 작은 거리까지 압착되었을 때 다시 튀어 오르는 그런 본성을 갖고 있다.

그러나 이렇게 자연스러운 고려 사항들도 어떤 심오한 변화 없이는 일반 상대성 이론으로 전이되지 않는다. 물질이 특이점 (그 자체로 정의상 $r = 0$에 있는)에 너무 가까워지면 뉴턴 중력에서는 일어나지 않는 방식으로 빨려 들어가는 그런 사례를 알아볼 것이다.

뉴턴 물리학과 일반 상대성 이론 사이의 차이점에 대한 또 다른 사례를 들자면 이렇다. 뉴턴 물리학에서는 만약 힘의 중심이 있고 우리가 힘의 중심을 향해 방사상 방향을 따라 무한히 정밀하게 입자를 쏘면 그 입자는 정말로 중심을 맞힐 것이다. 하지만 만약 완벽한 방사형 조준에서 조금이라도 벗어난다면 (이는 입자에 주어진 운동량 mv가 특별히 크지 않더라도 사실이다.) 입자는 중심을 맞히지 못할 것이다. 입자는 그림 1에서 보는 것처럼 그 주변을 맴돌 것이다.

중심으로부터 입자를 밀어내는 일종의 유효 힘이 존재한다.[2]

---

2) 여기서의 물리적 맥락에서는 '유효한'이라는 단어는 '가짜'와 동의어임을 기억하라.

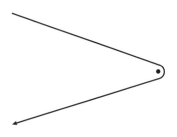

그림 1 완벽한 정밀도 없이 힘의 중심을 향해 발사한 입자. 뉴턴 역학에서는 그 결과 궤적이 쌍곡선의 한 갈래이다. 멀리서 보면 거의 2개의 반직선처럼 보인다.

그것은 원심력이다. 완벽하게 조준하지 않는다면 입자는 중심에 대해 어떤 각운동량을 갖게 될 것이고 유효 원심력이 입자가 중심으로 가는 것을 방해할 것이다.

뉴턴 역학에서는 그 중심이 모든 것을 자신을 향해 아주 강력하게 끌어당기더라도, 그럼에도 거기 가까이 다가갔을 때, 낙하하는 점입자가 실제로 그 중심을 맞힐 일은 무한히도 일어나지 않을 것이다.

일반 상대성 이론에서는 상황이 아주 다르다. 중력이 훨씬 더 강력하다. 너무나 강력해서 원심력의 장벽을 압도하고 모든 것을 중심으로 끌어당긴다.

5강에서 공부하기 시작한 슈바르츠실트 계측으로 돌아가 보자. 우리는 이를 유도하지 않았음에 유의하라. 우리는 다양한 발견적 방법으로 정당화하며 그냥 그 계측을 적었다. 슈바르츠실트 계측이 어떤 방정식의 풀이임을 보이려면 아인슈타인의 장 방정식이 필요하다. 이는 9강에서 도입할 것이다. 지금까지 우리에게 슈바르츠실트 계측은 하나의 특정한 계측, 즉 주어진 특정한 기하이다. 지금 우리의 목적은 그 계측의 결과를 분석하는 것이다. 슈바르츠실트 계측은 다음 공식으로 표현된다. ($c = 1$이다.)

$$d\tau^2 = \left(1 - \frac{2MG}{r}\right)dt^2 - \left(\frac{1}{1 - \frac{2MG}{r}}\right)dr^2 - r^2 d\Omega^2. \qquad (2)$$

또는 똑같지만

$$dS^2 = -\left(1 - \frac{2MG}{r}\right)dt^2 + \left(\frac{1}{1 - \frac{2MG}{r}}\right)dr^2 + r^2 d\Omega^2 \qquad (2')$$

으로 쓸 수도 있다. c가 어디에 나타나는지 알아보려면 5강의 식 (32)를 보라.

$d\Omega^2$은 단순히 단위구 위에서 2개의 구면각, 즉 적도로부터의 각도 θ와 방위각 ϕ로 표현한 보통의 계측임을 기억하라. 5강의 그림 9와 식 (29)를 보라. 따라서 단위구 위의 계측은 구면 좌표에서, $r = 1$이고, 다음과 같이 표현된다.

$$d\Omega^2 = d\theta^2 + \cos^2\theta \ d\phi^2. \qquad (3)$$

r가 $2MG$의 값을 건너갈 때 식 (2)에서 dt^2 앞에 있는 계수는 부호를 바꾸지만, dr^2 앞에 있는 계수도 부호를 바꾸며 따라서

계측 dS^2 (이는 $c=1$로 작업할 때 단순히 $d\tau^2$과 부호가 반대이다.)의 특성 부호는 본질적으로 똑같은 구조를 유지함을 또한 기억하라.

2개의 구면각 θ와 ϕ에 대해 가끔 우리는 둘 중 하나에만 관심을 가질 수도 있다. 원 궤도(circular orbit)가 그런 경우이다. 예를 들어, 궤도를 돌고 있는 입자를 연구할 때 우리는 그 입자를 시공간 속에서 t와 ϕ로 위치를 정할 수 있다. 반지름 r는 상수를 유지할 것이고, 만약 우리가 5강의 그림 9에서처럼 적도로부터 측정한 위도를 이용한다면 $\theta=0$이다. 만약 우리가 극각(극에서 측정한 위치)을 이용한다면 $\theta=\pi/2$일 것이다.

슈바르츠실트 반지름 또는 블랙홀 사건의 지평선

시간축 t를 수직으로 삼고, 2개의 공간축 x와 y가 $t=0$에서 수평면을 형성하게 해 슈바르츠실트 계측을 그림으로 그려 보자. 그림 2를 보라. 물론 3개의 공간축 x, y, z가 있어야 하고 $t=0$에서 평면은 정말로 3차원 공간이어야 하지만, 지면에 그런 것을 시간축과 함께 그리는 것은 가능하지 않다.

원기둥[3)]에 해당하는 반지름 $r=2MG$는 **슈바르츠실트 반지름**, 또는 블랙홀 **사건의 지평선**(event horizon)이라 부른다. 왜 그런지 진도를 나가면 알게 될 것이다.

---

3) 그림 2의 (x, y) 평면에서 원기둥을 자른 원을 우리는 습관적으로 구라 부를 것이다. 왜냐하면 3개의 공간 좌표를 생각하고 있기 때문이다.

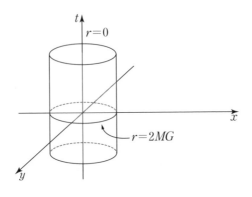

그림 2 블랙홀 주변에서의 시공간.

아주 멀리서 무슨 일이 벌어지는지 살펴보자. r가 아주 크면 식 (2)에서 dt^2 앞의 계수는 거의 1이 되며 dr^2 앞의 계수는 거의 -1이다. 그러면 이는 그냥 극좌표에서 평평한 시공간이다.

r가 줄어드는 방향으로 움직여 결국 $r = 2MG$로 정의되는 구를 건너게 되면, 뭔가 일이 벌어진다. 기하가 아주 달라진다. 그 r의 값에서는 뭔가가 나빠 보인다. 우선, dt^2의 계수는 0이 된다. 그러나 더 나쁜 것은 dr^2의 계수는 무한대가 된다. 우리 방정식은 어떻게든 폭발해 버린다.

그러나 $r = 2MG$에서 실제로 특이한 일이 일어나지는 않는다는 사실을 알게 될 것이다. '폭발'은 좌표의 부작용으로, 새로운 좌표를 고르면 없앨 수 있다.

$r = 0$에서 방정식에 또 문제가 생긴다. 그리고 이번에는 이

것이 물리학에서 실제 특이점에 해당한다. dt^2 앞의 계수는 무한대가 되고, dr^2 앞의 계수는 0이 된다. $r = 0$에서 일어나고 있는 일은 거기서 곡률이 무한대가 된다는 것이다.

슈바르츠실트 반지름인 $r = 2MG$에서는 어떤 큰 곡률이나 평평한 공간에서 엄청나게 벗어나는 것이 관찰되지 않는다. 하지만 $r = 0$에서는 모든 지옥의 문이 열린다. 그 중심에서 기하가 얼마나 휘어져 있는지 알아보기 위해 곡률 텐서를 계산하면 그 모든 성분이 무한대가 됨을 알게 된다.

다른 방법으로도 그 현상을 기술할 수 있다. 곡률은 기조력을 뜻한다. 그 속으로 낙하하는 무엇이든 $r = 0$과 부딪혔을 때 무한히 강력한 기조력을 겪으며 조각조각 찢겨질 것이다. 방사형 방향으로는 늘어날 것이고 2개의 각도 방향 사이에서는 무한한 정도로 압축될 것이다. 따라서 $r = 0$은 재앙이 일어나는 실제 장소이다. 사건의 지평선에서가 아니다.

우리는 방사형 방향으로 떨어지는 물체에 대해 이야기했다. 우리가 도달한 결론을 살펴보자. 다시 수학 속으로 들어갈 필요는 없을 것이다. 왜냐하면 이번에는 무슨 일이 일어나고 있는지 그림의 도움으로 알아볼 것이기 때문이다. 하나의 관점에서는 뭔가가 $r = 2MG$를 건너가는 데에 무한대의 시간이 걸리고, 반면 다른 관점에서는 짧은 시간이 걸린다는 것을 다시 알게 될 것이다.

그림 2에서 시간 t가 상수인 표면은 높이가 다른 수평면들이다. x 축을 따라 떨어지고 있는 뭔가는 그림 3에 보여 준 궤적

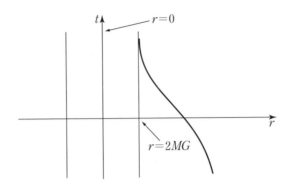

그림 3 ($\theta = \phi = 0$인) 구면 극좌표에서 블랙홀을 향해 떨어지고 있는 입자의 궤적.

을 가질 것이다.

그 입자 또는 물체는 한동안 가속한다. 그러나 지평선에 점점 더 가까이 다가감에 따라 그 궤적은 점근적으로 수직축 $r = 2MG$에 다가가지만, 결코 완전히 거기에 이르지는 못한다. 만약 그 물체가 낙하 중인 미터자이고 그 방향이 중심을 가리키고 있다면, 즉 방사형 방향이라면, 그 앞쪽 끝과 뒤쪽 끝은 그림 4에서 보여 주는 궤적을 따를 것이다.

이 현상을 이해할 유일한 방법은, **적어도 이 좌표에서는** 미터자의 앞쪽 끝과 뒤쪽 끝 사이의 r 간격이 0으로 줄어든다고 말하는 것이다.

이는 실제로 로런츠 수축의 한 형태이다. 뭔가가 낙하할 때 속도가 느려지는 것처럼 보인다 하더라도, 그 운동량은 사실상 증가하고 있어서 그 물체는 로런츠 수축된다.

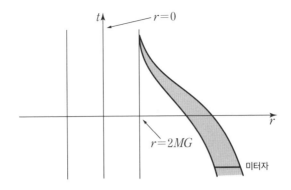

그림 4 방사형으로 낙하하는 미터자.

다음으로 시계를 생각해 보자. 미터자가 시계였다고 상상해 보자. 미터자이기도 한 시계를 어떻게 만들 수 있을까? 미터자 양 끝단에 각각 하나씩 2개의 거울을 사용해 광선이 왔다 갔다 할 수 있게 하고 반사되는 횟수를 셀 수 있다. 그러나 시계는 움직임에 따라(어떤 형태로 움직이든) 식 (2)의 시간 t로 째깍대지는 않는다. 시계는 고유 시간으로 째깍거린다. 그것이 고유 시간의 의미이다. 고유 시간은 우리가 연구 중인 움직이는 물체와 함께 진행하는 시계가 째깍거리는 시간이다.

식 (2)의 시간 t를 **좌표 시간**(coordinate time)이라 부른다. 이는 단지 우리가 전체 계를 기술하기 위해 사용하는 좌표일 뿐이다. 시공간은 우리가 그것을 기록하는 좌표계와 무관하게 존재함을 기억하라. 우리는 많은 다른 좌표를 사용할 수 있다. 슈바르츠실트 계측은 식 (2)에서 블랙홀 바깥에 앉아 있는 정지한 관측자의 구면 극좌표로 표현되어 있다.

만약 우리가 굉장히 멀리 떨어져 있어서 r이 아주 크다면, 그리고 우리가 움직이지 않고 있다면, $d\tau$는 dt와 같다. 적어도 아주 좋은 근사로 그렇다. 왜냐하면 $1 - 2MG/r$가 본질적으로 1이기 때문이다. 그리고 움직이지 않는 사람에게는 dr와 $d\Omega$가 0이다. 다시 말해, 아주 멀리서는 고유 시간과 보통의 시간이 똑같다.

그러나 우리가 블랙홀에 점점 더 가까이 다가감에 따라 dt라는 주어진 양에 대해 우리는 식 (2)로부터 고유 시간의 증가량이 점점 더 작아진다는 것을 알 수 있다. 예를 들어, t_1에서 t_2까지 좌표 시간의 흐름을 생각해 보자. t_1과 t_2를 그림 4에서 수평선이라 생각한다. 이 두 수평선 사이에서 **물체의 궤적을 따라** 고유 시간은 얼마나 흘렀을까? t_2가 t_1에서 dt만큼 증가할 때, 그에 상응하는 고유 시간 증가분 $d\tau$는 t_1과 t_2의 값들이 점점 더 커짐에 따라 점점 더 작아진다.

블랙홀의 슈바르츠실트 반지름에 이르는 데에 걸리는 좌표 시간의 양이 무한대인 것으로 보이는 반면, 낙하하고 있는 물체가 마침내 지평선에 이르기까지 τ는 얼마나 많이 흘렀는지 물을 수 있다. 그리고 그 고유 시간은 유한하다. 다시 우리는 그 어떤 수학 없이 이를 그림 속에서 살펴보려고 한다.

시계와 함께 낙하하고 있는 누군가를 생각해 보자. 그 사람은 지평선에 이르기 전에 무한한 양의 시간을 경험할까, 아니면 유한한 양의 시간을 경험할까? (그런데 그 시계는 기계적 장치일 필요는 없다. 그 사람이 느끼는 시간이란 '경험'을 뜻한다. 심장 박동일 수도 있고 또는 시간을 재는 다른 여느 생리학적 과정일 수도 있다.) 답은 이렇다. 그 사람은 고유 시간을 경험한다. 그렇다면 질문은 이렇다. 지평선에 이르기까지 얼마나 많은 고유 시간이 걸릴까?

이 질문에 답하기 위해 우리는 계산을 하고 적분을 할 수도 있다. 그러나 다행히 그럴 필요가 없다. 도표가 직접 답을 줄 것이기 때문이다.

도표로 돌아가기 전에, 또 다른 문제를 풀어 보자. 이는 블랙홀 속으로 떨어지는 누군가와는 상관이 없고, 또 다른 현상, 즉 블랙홀 궤도를 도는 현상과 관계가 있다.

블랙홀 주변을 맴도는 광선

블랙홀 궤도를 돈다는 것은 시간 t가 흘러감에 따라 블랙홀 주변을 맴돈다는 뜻이다. 그림 2에서 표현한 시공간에서 원 궤도를 생각할 때 그 궤적은 코르크 마개 뽑이 형태('오른쪽'으로 돌리는 보통의 코르크 마개 뽑이이거나 또는 '왼쪽'으로 돌리는 모양)일 것이다.

시간 좌표 t 축을 나타내지 않아도 된다면, 그림 5에서와 같은 궤적을 생각할 수 있다. 이는 공간만 보여 주는 그림이다. '위에서 본' 그림 2를 생각해 보라.

블랙홀 중심의 좌표는 $r = 0$이고 지평선은 $r = 2MG$이다. 입자가 궤도를 돌고 있는 반지름은 좀 더 큰 값이다.

사실 우리는 모든 종류의 입자의 궤적을 공부하지는 않을 것

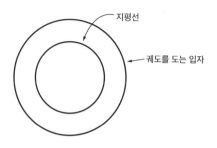

지평선

궤도를 도는 입자

그림 5   블랙홀 궤도를 도는 입자.

이다. 우리는 광선의 궤적을 공부할 것이다. 아인슈타인이 일반 상대성 이론을 연구할 때의 출발점으로부터 우리가 알고 있듯이 무거운 물체를 지나가는 광선은 휘어진다.

　뉴턴 물리학에서 균일하게 가속되는 엘리베이터는 그 속에 유효 중력장을 가짐을 1강에서 배웠다. 그로부터 우리는 **등가 원리**를 추론했다. 가속틀과 중력장은 동등하다.[4]

　둘째, 우리는 엘리베이터를 가로지르는 광선이 그 속의 누군가에게는 꺾이는 것처럼 보인다는 것을 배웠고, 그로부터 실제 중력이 광선을 구부려야 한다고 추론했다. 그리고 4강에서 우리

---

4)　가속 엘리베이터 안에서 우리는 유효 현상이라고도 부르는 겉보기 효과만 느꼈음을 상기하라. 그것은 곡률이 없고 기조 효과가 없는 장이기 때문에, 특별히 이상적인 중력장과 비교될 수 있다. 이는 무거운 물체가 생성하는 실제 중력장의 임의의 아주 작은 영역에서만 근사적으로 사실이다.

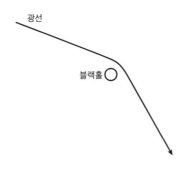

그림 6 블랙홀(또는 임의의 다른 무거운 물체)이 광선 궤적을 꺾는다.

는 특수 상대성 이론에서 균일하게 가속하는 기준틀(이는 정의하기가 다소 미묘하다.)이 유효 중력장을 나타낸다는 것을 확인했다.

그림 6에서 똑같은 일이 벌어지고 있다. 중력이 궤적을 꺾는다. 그리고 분명히 광선이 블랙홀에 더 가까이 지나감에 따라 광선은 더 많이 휠 것이다. 왜인가? 중력이 더 강하기 때문이다. 슈바르츠실트 반지름을 점점 더 가까이 스치듯 지나가면 광선은 블랙홀 주변을 정말로 휘감아 돌아갈 것이다. 지평선은 아니지만, 그보다 약간 더 먼 바깥 어느 지점에서 마침내 그 궤적인 블랙홀을 닫힌 궤도로 돌게 될 것이다.

그런데 이런 일은 지구 표면 근처에서는 절대 일어나지 않을 것이다. 지구를 블랙홀로 바꾸려면 충분히 작은 부피로 압착해야 한다. 이것은 9밀리미터보다 더 작은 반지름의 공(전체 지구와 똑같은 질량을 가진!)이 될 것이라고 이미 말했다. 그래서 우리는 지구 주변으로 빛이 회전하는 것을 보지는 못할 것이다. 그럼에도 광선이 블랙홀 주변의 궤도를 도는 것을 이해하려는 노력은 아주 유익하다.

다음 단계는 다소 계산 집약적이다. 나는 원 궤도를 계산하는 연산 순서를 보여 줄 것이다. 우리는 『물리의 정석: 고전 역학 편』에서 배웠던 고전 역학의 규칙들을 사용해 계산을 수행할 예정이다. 이런 방식으로 계산을 수행하려는 이유는 그것이 유일하게 쉬운 방법이기 때문이다. 심지어 그조차도 그리 쉽지는 않다.

명심해야 할 중요한 점은 고전 역학에서 우리가 배웠던 것들이 물리학의 나머지 그리고 지금 우리가 하려고 하는 것들과 단절되지 않았다는 것이다. 최소 작용의 원리는 보편적이다. 고전 역학, 양자 역학, 특수 및 일반 상대성 이론, 맥스웰 전기 동역학, 양자 장론 등에도 적용된다. 라그랑지안에서 해밀토니안을 유도하는 규칙도 똑같이 유지된다.

우리는 몇몇 보존 법칙들, 그리고 기본적인 평형 원리들을 사용할 것이다. 평형 원리란 퍼텐셜 에너지의 정류점에서 평형이 발생한다는 말이다. 마지막으로 우리는 궤도 운동을 하는 물체의 역학을 이용할 것이다. 하지만 뉴턴 역학에 따라 시공간에서 움직이는 물체가 아니라 식 (2)로 주어지는 슈바르츠실트 계측을 가진 시공간에서 움직이는 물체이다.

이미 우리는 이에 관해 이야기했다. 하지만 오일러-라그랑주 최소화라는 접근법의 원리를 빨리 복습해 보자. 그러고는 계산으로 뛰어들 것이다. 먼저 작용으로부터 시작한다. 무엇에 대해서든 운동 방정식을 계산할 때마다 작용의 원리로 시작하는 편이 거의 언제나 가장 쉽다. 작용의 원리로부터 라그랑지안을 유도하고 라그랑지안으로부터 오일러-라그랑주의 운동 방정식을 유도한다. 또는, 작용으로부터 똑같은 성질을 가진 어떤 다른 기법을 사용한다.

우리의 경우 보존 법칙을 사용할 것이다. 식 (2)에서 주어진 계측으로 시작해 보자. 여기 다시 쓰면

$$d\tau^2 = \left(1 - \frac{2MG}{r}\right)dt^2 - \left(\frac{1}{1 - \frac{2MG}{r}}\right)dr^2 - r^2 d\Omega^2$$

이다. $c = 1$인 단위에서 질량이 m인 움직이는 입자[5]의 작용은

$$A = -m \int d\tau \tag{4}$$

이다. 고유 시간의 증가분 $d\tau$는 $d\tau^2$을 정의하는 계측 방정식 우변의 제곱근이다. 작용을 더 구체적으로 써 보자. $(1 - 2MG/r)$를 반복해서 쓰지 않기 위해 이를 $\mathcal{F}$로, 그 역수를 $\mathcal{F}^{-1}$로 표기할 것이다. 이 표기법들을 이용하면 식 (4)는 다음과 같이 쓸 수

---

5) 우리는 질량이 있는 입자부터 계산을 시작한다. 그러고는 질량이 없는 광자를 공부하기 위해 $m \rightarrow 0$일 때의 극한으로 넘어갈 것이다.

있다.

$$A = -m \int \sqrt{\mathcal{F}dt^2 - \mathcal{F}^{-1}dr^2 - r^2 d\Omega^2}.\qquad (5)$$

우리는 블랙홀 주변을 돌고 있는 입자를 고려하고 있다. 그래서 $(t,\ r,\ \theta,\ \phi)$ 좌표에서 하나의 각도를 고정시키고 다른 각도를 궤도의 각도 변수로 잡을 수 있다. 5강의 그림 9로 돌아가서, 적도로부터 측정하려고 고른 각도 θ를 0에 고정시킨다고 하면 $d\theta = 0$이다. 0부터 2π까지 변하는 방위각 ϕ가 궤도 운동을 하는 입자를 기록하는 데 사용할 것이다. 식 (3)으로부터 $d\Omega^2 = d\phi^2$임을 유도할 수 있다. 이제 독자들은 다음 단계를 잘 알고 있을 것이다. 적분 기호 다음 근호 안을 dt^2으로 나누고 근호 밖에 dt를 곱한다. 그러면 식 (5)는

$$A = -m \int \sqrt{\mathcal{F}(r) - \mathcal{F}^{-1}(r)\dot{r}^2 - r^2 \dot{\phi}^2}\, dt \qquad (6)$$

가 된다. 원 궤도에서는 $\dot{r} = 0$이다. 그래서 공식이 더 간단해질 수 있지만, 아직 거기까지는 가지 않을 작정이다.

라그랑지안에서 무엇을 읽어 낼 수 있을까? 라그랑지안은 $-m$을 다시 안으로 집어 넣었을 때 적분 기호 속의 양이다. dt 인수는 라그랑지안의 일부가 아니다. 이는 라그랑지안에 곱해진 무한소 시간이다. 평소처럼 우리는 라그랑지안을 문자 $\mathcal{L}$로 표기한다.

$$\mathcal{L} = - \, m\sqrt{\mathcal{F}(r) - \mathcal{F}^{-1}(r)\dot{r}^2 - r^2\dot{\phi}^2}. \qquad (7)$$

우리가 이용하려는 보존 법칙에는 두 가지가 있다.

1. **에너지 보존**: 어떤 계의 라그랑지안이 t에 명시적으로 의
   존하지 않을 때 에너지는 보존된다.
2. **각운동량 보존**: 궤도 운동하는 입자의 각운동량은 ϕ의 켤
   레 운동량이다. 라그랑지안이 회전에 대해 불변이면 각운
   동량 또한 보존된다.[6]

라그랑지안 역학에서 켤레 운동량의 정의를 상기해 보자. 좌
표 q (자유도라 부르기도 한다.)가 있으면 q와 관련된 운동량은 $\dot{q}$에
대한 라그랑지안의 도함수와 같다. 우리는 이를 『물리의 정석:
고전 역학 편』에서 반복해서 봤고 사용했다. 여기서도 다시 사용
할 것이다. 우리의 자유도는 각도 ϕ이다. 그 켤레 운동량을 L이
라 하자. 이는 자연스럽게 **각운동량**(angular momentum)이라 부른다.

---

6) 각운동량은 회전하는 물체에 대해 직선으로 운동하는 물체의 선형 운동량(그냥 **운동
량** 또는 **충격량**)과 비슷한 양이다. 만약 $\mathcal{L}$이 병진 운동에 불변이면 그 물체 또는 입자계의
운동량은 보존된다. 이 결과들은 뇌터 정리를 다양하게 응용한 것이다. 『물리의 정석: 고
전 역학 편』을 보라.

$$L = \frac{\partial \mathcal{L}}{\partial \dot{\phi}}. \qquad (8)$$

식 (7)로 주어진 L에 대한 표현식과 미분의 연쇄 법칙을 이용해서, 먼저 중간 단계 변수 g의 제곱근을 g에 대해 미분한다. 여기서

$$g = \mathcal{F}(r) - \mathcal{F}^{-1}(r)\dot{r}^2 - r^2\dot{\phi}^2 \qquad (9)$$

이다. 그러고는 $-m$ 인수와 함께 $\dot{\phi}$에 대한 g의 도함수를 곱한다. 2개의 2와 음수 부호는 사라지고, 우리는 다음을 얻는다.

$$L = \frac{mr^2\dot{\phi}}{\sqrt{g}}. \qquad (10)$$

라그랑지안 $\mathcal{L}$이 ϕ에 의존하지 않고 오직 $\dot{\phi}$에만 의존하므로 각운동량 L은 상수이다. 또한 그 입자의 질량 m에 비례한다.

각운동량을 좀 더 명시적으로 다시 써 보자.

$$L = \frac{mr^2\dot{\phi}}{\sqrt{\mathcal{F}(r) - \mathcal{F}^{-1}(r)\dot{r}^2 - r^2\dot{\phi}^2}}. \qquad (11)$$

앞서 말했듯이, 원 궤도에서는 $\dot{r}$이 0과 같기 때문에 라그랑지안이 다소 간단해진다. 하지만 우린 아직 원 궤도를 돌고 있지는 않다.

L은 ϕ와 연관된 켤레 운동량이었음을 주목하라. 이제 다른 자유도인 반지름 r로 주의를 돌리자. 이 또한 켤레 운동량을 갖고 있다. 그것을 P_r라 표기한다. P_r를 찾기 위해 다시 라그랑지안을 미분해야 한다. 이번에는 $\dot{r}$에 대한 미분이다. 그 결과

$$P_r = \frac{\partial \mathcal{L}}{\partial \dot{r}} = \frac{m\mathcal{F}^{-1}\dot{r}}{\sqrt{g}} \tag{12}$$

을 얻는다. 라그랑지안이 ϕ에 의존하지 않기 때문에 보존되었던 각운동량 L과는 달리, **방사상 운동량**(radial momentum) P_r는 보존되지 않는다. 실제로 라그랑지안은 r에 의존한다. 그 결과 방사상 퍼텐셜이 존재하고, 그리고 방사상 힘이 존재한다. 이들은 오일러-라그랑주 방정식으로부터 계산할 수 있다. 이들이 방사상 축을 따라 가속도를 결정한다.

만약 방사상 축을 따라 가속도가 있다면 P_r가 보존될 수 없음을 다시 확인할 수 있다. 다만 보존되는 것은 에너지이다. 에너지에 대한 일반적인 표현을 써 보자.

그것은 물론 옛날 옛적의 해밀토니안이다. 해밀토니안 표현식을 기억하라. (1권 8강의 식 (4)를 보라.) 만약 N개의 일반화된 좌표 q_i가 있으면 첨자 i는 1부터 N까지 변하며, p_i는 켤레 운동량이고, $\mathcal{L}$이 라그랑지안이면, 그러면 해밀토니안 H는

$$H = \sum_i p_i \dot{q}_i - \mathcal{L} \tag{13}$$

이다. 중요한 점은 식 (13)으로 주어지는 에너지가 항상 존재한다는 것이다. 식 (13)은 사실상 에너지를 **정의**한다. 그리고 에너지는 라그랑지안 $\mathcal{L}$이 시간에 명시적으로 의존하지 않는 한 보존된다.

우리의 경우 오직 2개의 좌표 r와 ϕ만 있다. 식 (13)으로부터 우리는 H를 계산할 수 있다. 그 결과는

$$H = \frac{\mathcal{F}(r)m}{\sqrt{g}} \qquad (14)$$

이다. 문자 H는 윌리엄 해밀턴(William Hamilton, 1805~1865년)의 이름을 일컫는다. 그러나 앞으로는 에너지를 문자 E로 표기할 것이다.

$$E = H.$$

식 (14)로 주어진 에너지를 다시 표현해 보자. 이번에는 g로 표기했던 양을 명시적으로 쓸 것이다. 그리고 우리가 원 궤도 위에 있다는 사실을 사용할 것이다. 따라서 반지름은 변하지 않는다. ($\dot{r} = 0$) 그러면 에너지는

$$E = \frac{\mathcal{F}(r)m}{\sqrt{\mathcal{F}(r) - r^2\dot{\phi}^2}} \qquad (15)$$

의 형태가 된다. 이는 부분적으로는 ϕ의 운동으로 인한 운동 에너지이다. r의 움직임으로 인한 운동 에너지가 없음에 주목하라. 왜냐하면 원 궤도에서는 r가 변하지 않기 때문이다. 그리고 이는 부분적으로 퍼텐셜 에너지이다.

에너지 E는 r에 의존하기 때문에 퍼텐셜 에너지와, 그리고 각속도 $\dot{\phi}$에 또한 의존하기 때문에 운동 에너지를 결합시킨다. 중요한 점은 에너지가 보존된다는 사실이다.

각운동량은 어떻게 될까? 우리는 식 (11)에서 각운동량을 얻었다. 각운동량은 에너지와 똑같은 분모를 갖고 있다. 이제 우리는 이를

$$L = \frac{mr^2\dot{\phi}}{\sqrt{\mathcal{F}(r) - r^2\dot{\phi}^2}} \qquad (16)$$

로 쓸 수 있다. 이 또한 보존된다.

식 (15)와 (16)으로 주어지는 이 두 보존량으로 무엇을 하려는 걸까? 우선 식 (16)을 $\dot{\phi}$에 대해서 푼다. 그 결과 각속도를 각운동량의 함수로 구할 수 있다. 이건 아주 쉬워서 독자들의 몫으로 남겨 두겠다. 그러고는 그것을 다시 에너지에 대한 식 (15)에 대입한다. 그 결과는 에너지 E를 r와 각운동량의 함수로 표현하는 것이다. 우리가 구한 것을 곧 적어 볼 것이다.

물리학은 언제나 원리(원리 및 그것이 우리에게 무엇을 하라고 말해 주는지 알아내는 재미가 있다.)와 지겨운 계산 작업이 번갈아 교차

되며 구성된다. 이 두 번째 부분은 크랭크를 돌려 숫자를 깨부수는 것이라기보다 '문자를 깨부수는' 것과도 같다. 그러고는 원리로 다시 돌아가 그 결과가 원리들의 관점에서 무슨 말을 하는지 알아본다.

계산을 단축해 보자. 우리가 얻은 에너지는 다음과 같다.

$$E = m \frac{\sqrt{\mathscr{F}(r)} \sqrt{r^2 \left(\frac{L}{m}\right)^2 + r^4}}{r^2}. \tag{17}$$

이는 $\dot{r}$ 에 의존하지 않는다. 오직 r 와 L 에만 의존한다. 우리가 관심 있는 것은 에너지 평형점에 해당하는 r 값이다. 평형점은 (직관적으로 알 수 있듯) 각운동량에 의존한다.

앞선 분석에서 우리는 어떤 질량 m 을 가진 입자를 고려했다. 이제 우리는 원 궤적으로 블랙홀을 궤도 운동하는 광자의 극한으로 가려고 한다. 광자는 질량이 없으므로, 애초에 분석이 성립하지 않을 것이다. 그러나 쉽게 조정할 수 있다.

광자 또한 운동량과 각운동량을 갖고 있다. 궤도를 돌면서 움직이는 광자는, 또는 심지어 그냥 별을 지나쳐 가고 있더라도, 그 별에 대해 각운동량을 갖고 있다.

식 (17)에서 앞에 있는 인수 m 을 두 번째 근호 안으로 집어 넣는다. 그 근호 안에서 우리는

$$r^2 L^2 + m^2 r^4 \qquad (18)$$

를 얻는다. 각운동량 L은 상수이고 $m^2 r^4$ 항은 0으로 간다. 정리하고 나면 우리는 간단한 공식을 얻게 된다.

$$E = L\frac{\sqrt{\mathcal{F}}}{r}. \qquad (19)$$

이 식은 주어진 각운동량 L(이는 단지 곱하기 인수일 뿐이다.)에 대해 광자의 에너지가 오직 r에만 의존함을 보여 준다. 여러분은 이 E를 일종의 퍼텐셜 에너지로 생각할 수 있다.

원 궤도에서는 방사상 속도가 없기 때문에 방사상 속도 $\dot{r}$은 사라졌다. 각속도 $\dot{\phi}$은 각운동량 L을 써서 표현하고 있기 때문에 없어졌다. 따라서 광자의 에너지 E는 오직 r에만 의존한다. 이제 이것을 공부해 보자. 특히, 그 평형점을 찾아보자.

광자구

우리가 관심을 가지는 질문은 이렇다. E의 평형점은 r로 어디인가? r 값을 찾기 위해 우리가 할 일은 단지 식 (19)의 좌변을 r에 대해 미분하고 그 도함수를 0과 같다고 놓으면 된다. 그 r 값에서 함수 $L\sqrt{\mathcal{F}(r)}/r$는 최댓값이나 최솟값을 가질 것이다. 우리가 가볍게 표현하기 위해 $\mathcal{F}(r)$로 표기하기로 한 슈바르츠실트 인수는

$$\mathcal{F}(r) = 1 - \frac{2MG}{r}$$

임을 기억하라. r이 아주 커지면 E는 점근적으로 L/r과 같다. 반대로 r이 지평선 $2MG$에 가까워지면 E는 0에 가까워진다. 그 사이에서는 E가 양수이며 그 도함수가 0인 점이 있다.

그림 7에는 식 (19)로 주어진 에너지를 r의 함수로 그려 놓았다. r이 증가함에 따라 에너지가 줄어들기 전에 최댓값에 이름을 명확하게 알 수 있다. 독자들이 기초적인 계산만 수행한다면 E가 고정되는 점은

$$r = 3MG \tag{20}$$

임을 알 수 있을 것이다. 이는 각운동량에 의존하지 않는다. 흥미로운 사실은 E가 고정될 때 최대라는 점이다.

만약 최댓값을 갖는 퍼텐셜 에너지가 있다면, 그 최댓값이 평형점에 해당할까? 답은 "그렇다."이다. 하지만 그것은 불안정한 평형이다. 마치 매끄러운 금속 구 위에 구슬을 올려놓는 것과도 같다. 완전히 정밀하게 구슬을 올려놓는다면 거기 계속 머물러 있을 것이다. 하지만 약간이라도 꼭대기에서 잘못 놓거나, 또는 약간만 건드려도 구슬은 굴러 떨어질 것이다. 구슬을 더 조금 건드릴수록, 또는 꼭대기에 똑바로 놓아둘 때 그 부정확함이 더 적을수록 구슬은 굴러 떨어지기 전에 더 오래 꼭대기 또는 그 근처에 머물 것이다.

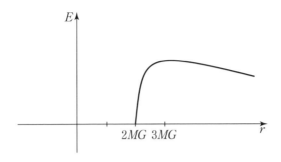

그림 7 r의 함수로서의 광자 에너지 E.

여기서 우리는 매끈한 구 위의 구슬이 아니라 블랙홀 주변의 질량이 없는 입자의 원 궤도에 관해 말하고 있다. 우리가 알아낸 것은 정확히 $r = 3MG$에서 광자가 블랙홀을 궤도 운동할 수 있다는 점이다. 이는 슈바르츠실트 반지름이 아니다. 그 반지름의 1.5배이다. 당연한 이유로 그 반지름에서의 구를 **광자구**라고 한다.

블랙홀이 있고 그 거리에서 바라보면 여러분은 광자가 그 주변을 궤도 운동하고 있음을 알게 될 것이다. 결국 궤도 운동을 시작한 임의의 광자는 그 궤도에 계속 머물 것이다.

물론, 만약 광자가 광자구보다 약간 먼 $r > 3MG$인 곳에서 시작한다면 그 광자는 블랙홀을 휘감고 돌아 나올 것이다. 반대 방향일 필요는 없다. 광자구에 가까이 다가갈수록 광자는 최종적으로 멀어지기 전에 더 큰 각도를 훑고 지나갈 것이다. 아주 가까이 다가가는 광자는 빠져나가기 전에 여러 차례 그 주변을 회전할 수도 있다. 그림 8을 보라.

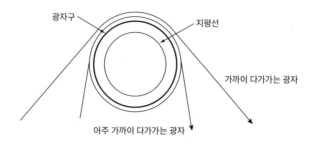

그림 8 광자구의 약간 바깥을 지나가는 광자들.

빠져나가기 전에 블랙홀을 휘감거나 일시적으로 궤도를 도는 광자들은 그림 7에서 블랙홀까지의 거리가 정확한 $3MG$에서 약간 벗어난 지점, 즉 광자구 반지름보다 약간 더 먼 지점에 해당한다.

반대로 광자가 $3MG$의 왼편에 있다면 무슨 일이 벌어질까? 그 속으로 빨려 들어갈 것이다. 만약 광자가 광자구보다 약간 안쪽에 있다면 중력을 버틸 수 없다. 여러 차례 궤도 운동을 할 수는 있지만 먼저 지평선까지, 그리고 당연하게도 특이점까지 나선형으로 떨어진다.

방금 우리가 한 일은 슈바르츠실트 계측으로 계산한 한 사례이다. 우리는 질량이 없는 입자가 반지름 $r = 3MG$에서 불안정한 평형 궤도를 가질 수 있다는 놀라운 사실을 보였다.

우리가 했던 계산과 그에 상응하는 뉴턴식 계산법을 독자들이 비교해 보길 권한다. 모든 조각이 똑같다는 것을 알게 될 것이다. 하지만 그 결과는 아주 다르다.

뉴턴 물리학에서는 광선이 그 어떤 것도 궤도 운동을 하지 않는다. 관성 기준틀에서 광선은 그 장이 무엇이든 직선으로 움직인다. 중심 중력장 속의 질량이 있는 입자는 원뿔을 따라 움직인다. 그리고 E 와 L 이 올바르게 구성된다면 질량이 있는 입자는 $r = 3MG$ 의 거리에서뿐만 아니라, **임의의 거리**에서 힘의 중심 주변을 원 궤도로 따라갈 수 있다.

반면 슈바르츠실트 계측을 가진 시공간에서는 광자구 아래의 입자들은 질량이 있든 없든 불가피하게 끌리게 된다.

광자들이 다시 빠져나가기 전에 광자구 주변을 임시로 궤도 운동하는 현상은 흥미로운 결과를 낳는다.

멀리서 블랙홀을 바라보자. 블랙홀 자체는 빛을 내지 않지만, 여러분을 기준으로 해서 블랙홀 뒤편의 외계 공간에서 날아오는 광선은 이상한 패턴을 보여 준다. 예를 들어, 광선이 블랙홀 뒤 외계 공간에서의 광원, 말하자면 멀리 있는 별에서 도착한다. 그림 9에서처럼 그 광선은 약간 휘어져 여러분의 눈을 때릴 것이다. 따라서 여러분은 뒷배경에서 실제 방향으로부터 광선이 오는 것으로 보는 것이 아니라 겉보기로는 다른 방향에서 오는 것으로 보게 된다.

상황은 더 나쁘다. 멀리 있는 똑같은 광원에서 오는 광선이 근처의 다른 점에서, 예컨대 그림 9의 블랙홀 위가 아니라 아래에서 블랙홀을 지나갈 수도 있다. 그러면 광선은 첫 번째와는 전혀 다른 방향에서 오고 있는 것으로 보일 것이다. 그 결과 블랙홀

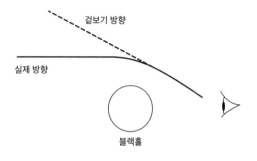

그림 9 멀리 있는 광원이 이동한 것으로 보인다.

뒤의 광원은 여러분 눈에는 블랙홀 주변의 고리처럼 보일 것이다. 여러분의 적들에게 블랙홀은 숨기에 나쁜 곳이다.

여러분이 보는 것은 훨씬 더 나쁘다. 그림 10에서처럼 뒷배경에서의 다른 점들이 광선을 내뿜어 광자구 근처에 와서 한동안 궤도 운동을 하고 그러고는 하필 여러분의 눈을 때리는 방향으로 떠날 것이다.

이런 현상을 선보이기 위해 광원들이 멀리 떨어져 있을 필요가 없다. 블랙홀 지평선 근처의 구면 위의 임의의 점에서 빛을 내뿜는 점들은 광자구 밖으로 빠져나가는 광선을 방출할 수 있다. 그중 몇몇은 또한 여러분 눈에 이를 수도 있다.

요컨대, 여러분이 뒷배경에서 그리고 블랙홀 근처에서 보게 될 것들은 블랙홀이 다양한 방식으로 광선의 궤적을 변형하기 때문에 복잡한 형태를 형성할 것이다. 그래서 블랙홀을 바라보는

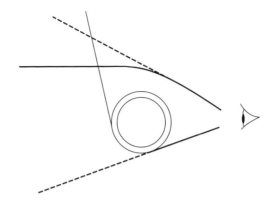

그림 10　또 다른 광원이 이동한 것으로 보인다.

것은 꽤 현기증 나는 경험이다.

　블랙홀 뒤의 광원이 생성하는 고리는 **아인슈타인 고리**(Einstein ring)라 불리며 물리적으로 관측 가능한 현상임에 주목하라.[7]

　최초의 완벽한 고리는 1998년 허블 우주 망원경이 관측했다.

　최근에는 블랙홀을 찍은 것으로 추정되는 선정적인 '사진'들이 대중 과학 언론에 유포되고 있다. 독자들도 이해하겠지만, 그들이 보여 주는 것은 그런 기사에서 우리가 생각하기를 바라는 것과는 다소 다르며 더 복잡하다.

---

7)　블랙홀은 스스로 빛을 방출하지 않기 때문에 빛의 굴곡을 관측할 수 있는 편리한 무거운 천체이다. 따라서 태양과 달리 그 근처를 날아가는 광선을 연구하기 위해 식을 기다리지 않아도 된다. '중력 렌즈'에 관해 알아보라.

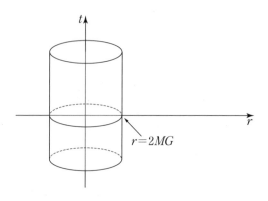

그림 11 블랙홀 지평선.

연습 문제 1: 광자구 안쪽에서 방출되는 광선은 탈출할 수 있지만 광선이 광자구 안으로 들어갔다가 다시 나오지는 못하는 이유를 설명하라.

쌍곡선 좌표 재검토

이제 우리는 블랙홀 사건의 지평선에서 무슨 일이 벌어지고 있는지 더 잘 이해하려고 한다. 그림 11을 보라. 앞서 지적했듯이 계측 방정식, 즉 식 (2) 또는 그 변형인 (2')에서 뭔가 흥미로운 일이 벌어지고 있다. dt^2 앞의 계수의 부호가 바뀐다. 동시에 dr^2 앞의 계수의 부호도 또한 바뀐다. 따라서 계측의 특성 부호는 유지된다.

우리는 시계가 '느려진다.'라는 것을 알고 있다. r가 $2MG$에 가까이 다가갈 때 주어진 dt에 대해 그에 상응하는 $d\tau$가 점점 더 작아진다는 의미에서 그렇다. 수직으로 떨어지는 막대는 수축한다는 것 등등을 살펴보았다.

하지만 나는 또한 좀 다른 의미에서 어떤 일도 일어나지 않는다고 설명했다. 누군가 낙하하고 있다면 지평선을 지나갈 때 특별한 어떤 것도 겪지 않을 것이다.

우리는 다음 사항을 염두에 두고 계속 공부해 나갈 것이다. **중력 속에서 일어나는 많은 일들은 평평한 시공간 속 가속 좌표계에서 먼저 이해함으로써 이해할 수 있다.** 이것이 바로 등가 원리의 의미와 유용성이다. 물론 중력이 균일하게 가속되는 좌표계와 완전히 똑같지는 않지만, 문제를 연구할 때 균일하게 가속되는 좌표계에서 그것이 어떻게 드러나는지 먼저 살펴보는 것이 좋다. 그러니 그리로 돌아가 보자.

4강에서 우리는 상대성 이론에서 균일하게 가속되는 기준틀을 정의하는 것이 뉴턴 물리학에서보다 더 복잡하다는 것을 알았다. 게다가 그 문제를 공부하기에 최선의 좌표계는 극좌표와 비슷한 **쌍곡선** 극좌표계이다. 이를 빨리 복습해 보자.

지금 우리는 평평한 시공간 속에 있다. 블랙홀도 아니고 무거운 물체의 중력장도 아니며, 아주 오래된 평평한 시공간이다. 우리에겐 임의의 점 P가 (T, X)로 표기된 표준 민코프스키 좌표를 가진 보통의 틀이 있다. 다른 틀에서는 (ω, ρ)로 표기된 쌍곡선 극좌표를 갖고 있다. 더 많은 공간 좌표 Y와 Z가 있을 수도 있지만, 앞으로의 분석에서 어떤 역할도 하지 않기 때문에 제쳐 놓을 것이다.

우리는 좌표 ω를 **쌍곡각**이라 불렀다. 극좌표에서 보통의 각도와 비슷하기 때문이다. 그러나 ω는 0에서 2π까지 변하지 않고 $-\infty$에서 $+\infty$까지 변한다. 이는 일종의 시간이다. 다른 좌표와 관련해, ρ는 가끔 **쌍곡 방사 좌표**(hyperbolic radial coordinate)라고도 부른다. 시공간에서의 점, 즉 사건은 T와 X 좌표로 그리고 ω와 ρ 좌표로도 위치를 정할 수 있다. 그림 12를 보라.[8]

그림 12에서 다음 사실들을 기억하라.

- 수평선 위의 점들은 똑같은 T를 갖는다.
- 수직선 위의 점들은 똑같은 X를 갖는다.
- 점선 위의 점들은 똑같은 ω를 갖는다.
- 똑같은 포물선 위의 점들은 똑같은 ρ를 갖는다.

---

8) 그림 12는 특수 상대성 이론에서 평평한 시공간의 표준 민코프스키 도표로, 수평의 1차원 공간축과 수직의 시간축, 즉 2개의 축을 갖고 있다. 또한 이 도표 덕분에 우리는 **임의의 다른** 기준틀, 모든 사건에 대한 임의의 다른 '표지 시스템'을 구축하는 것을 보여 줄 수 있다. 민코프스키 도표에서 X 축 위를 일정한 속도로 움직이는 입자의 궤적은 45도와 같거나 더 큰 기울기를 가진 직선이다. 이 도표는 또한 균일하게 가속하는 궤적도 훌륭하게 보여 준다.

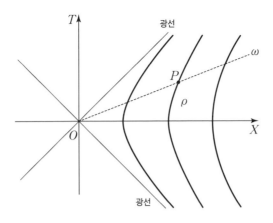

그림 12 표준 민코프스키 좌표 (X, T)를 가진 평평한 시공간. 일정한 가속도의 쌍곡선들도 쌍곡선 극좌표 (ω, ρ)와 함께 보여 준다.[9]

마지막으로 P의 민코프스키 좌표와 쌍곡선 극좌표 사이의 대수적 대응 관계는

$$X = \rho \cosh \omega \tag{21}$$
$$T = \rho \sinh \omega$$

이다.

민코프스키 거리의 제곱 $X^2 - T^2$ 은 어떻게 되나?

쌍곡선 극좌표에서는 $\rho^2 (\cosh^2 \omega - \sinh^2 \omega)$이 된다. 이는 ρ^2과 같다. 따라서 그림 12의 각 쌍곡선 위에서는 ω가 변해도

$X^2 - T^2$는 상수이다.

우리는 4강에서 변환식 (21)을 공부했다. 그 덕분에 **특수 상대성 이론에서 균일하게 가속되는 기준틀**을 정의할 수 있었다. 그 추론을 상기해 보자.

1. 뉴턴 물리학에서

   (a) 각각 서로에 대해 고정된 점들의 모둠이 균일하게 가속된다는 개념은 직관적이며 명확하다.

   (b) 서로에 대해 모두가 고정된 채로 원 위에서 회전하는 점들은 모두 원의 중심을 향해 똑같은 가속도(크기에서)를 받는다.

2. 특수 상대성 이론에서

   (a) 각자 자신의 고정된 ρ를 가지고 모두가 똑같은 ω로 움직이는 (그림 12에서 O를 관통해 지나가며 그 각도가 45도까지 증가하는 점선을 보라.) 점들의 모둠은 균일하게 가속된다고 말한다. 특수 상대성 이론의 경우 이것이 정의이다.

   (b) 동심원에서와 마찬가지로 똑같은 각속도를 가진 점들

---

9) 그림 12에서 우리가 평평한 시공간의 표준 민코프스키 도표를 사용할 때는 민코프스키 좌표를 대문자 X와 T로 표기한다. 특히 이는 블랙홀 지평선을 관통해 자유 낙하하는 관측자의 기준틀이 될 것이며, 평평한 시공간에서 보는 것을 기술한다. 공간에 고정된 물체들이 가속하는 것처럼 보일 것이다.

은 반지름이 증가함에 따라 가속도가 감소한다. 똑같은 ω를 가지고 다른 쌍곡선 위에서 움직이는 점들은 가속도가 다르다.

쌍곡선 극좌표에서 보통의 평평한 시공간 계측을 표현하면

$$d\tau^2 = \rho^2 d\omega^2 - d\rho^2 \qquad (22)$$

이다. 이는 유클리드 평면, 즉 보통의 기하 위 보통의 극좌표에서의 $r^2 d\phi^2 + dr^2$ 과 비슷하다. 식 (22)는 특수 상대성 이론의 평평한 민코프스키 시공간과 동등하다.

블랙홀 사건의 지평선 근처에서 무슨 일이 벌어지고 있는지 편리하게 공부하기 위해 우리는 좌표를 바꾸려고 한다. 무작정 좌표를 바꾸는 게 아니라 슈바르츠실트 계측과 쉽게 비교하기 위해 좌표를 바꾼다. 새 좌표는 ξ (그리스 문자로 "크시"라 발음한다.)와 t 로 표기할 것이다. 이들은 다음과 같이 정의된다.

$$\xi = \frac{\rho^2}{4}$$
$$t = 2\omega. \qquad (23)$$

이제 계측을 다시 표현해 보자. 식 (22)에서 기본적인 대수 연산을 하면

$$d\tau^2 = \xi dt^2 - \frac{d\xi^2}{\xi} \qquad (24)$$

을 얻는다. 지금까지는 단지 평평한 시공간에서 고유 시간의 증가분의 제곱을 표현하는 보통의 민코프스키 계측 방정식일 뿐이다. 다만 좌표 ξ 와 t 로 표현되어 있다.

슈바르츠실트 계측과 비슷한 점에 주목하자. 슈바르츠실트 계측인 식 (2) 또는 그 변형인 (2′)[10]에서는 dt^2 앞에 계수가 있고 똑같은 계수의 역수가 dr^2 앞에 있다. ξ 를 r 라 생각하면 식 (24)는 꽤 닮았다.

또 다른 점도 주목하라. $(1 - 2MG/r)$ 와 그 역수는 r 가 지평선을 건너갈 때 둘 다 동시에 부호가 바뀐다. 이와 다소 비슷하게, ξ 는 음수가 될 때 간단히 부호가 바뀌며, 당연하게도 $1/\xi$ 또한 동시에 부호가 바뀐다. ξ 가 음수가 되는 것이 뭔가 의미를 갖고 있는가? 그렇다. 그게 무슨 의미인지 알게 될 것이다.

이제 그 반대 방향으로 가 보자. 우리는 슈바르츠실트 계측에서 시작해 어떤 국소적인 영역에서는 계측이 식 (24)와 비슷하게끔 (사실은 정확하게 같은) 그런 좌표를 만들 것이다. 하지만 이는 근사일 것이다.

블랙홀에서 우리는 $r = 2MG$ 인 곳에 초점을 맞추려고 한다.

---

10) 앞으로는 고유 시간으로 작업하기로 정한다. 고유 거리로도 동등하게 작업할 수 있었다는 것을 매번 반복하지는 않을 것이다.

즉 지평선 근처 작은 영역에서 식 (2)의 슈바르츠실트 계측을 공부하려 한다.

슈바르츠실트 계측에서 첫 번째 계수는 $(1 - 2MG/r)$이다. 이는

$$\frac{r - 2MG}{r}$$

로 다시 쓸 수 있다. 우리는 r가 $2MG$ 근처에서 아주 많이 변하지 않게 할 것이므로 1차 근사($\epsilon = r - 2MG$에 대한 근사)에서 이는

$$\frac{r - 2MG}{2MG}$$

와 같다. 이는 뉴턴 역학에서와 비슷하다. 지구 표면 근처에서의 현상이나 운동을 연구할 때 많은 목적으로 r를 지구의 반지름과 같다고 놓을 수 있다.

구면각에서의 변화에만 관련이 있는 $r^2 d\Omega^2$ 항을 당분간 생략하면 슈바르츠실트 계측은

$$d\tau^2 = \left(\frac{r - 2MG}{2MG}\right)dt^2 - \left(\frac{2MG}{r - 2MG}\right)dr^2 \qquad (25)$$

이 된다. 표현식을 더 간단히 하기 위해 $2MG = 1$이 되게끔 블랙홀의 질량을 특정한 숫자로 놓는다. 일반성을 잃지 않고도 항상 그렇게 할 수 있다. 이는 단지 단위 선택의 문제일 뿐이다.

$2MG$ 의 단위는 무엇인가? 길이의 단위이다. 왜냐하면 $2MG$ 는 슈바르츠실트 반지름이기 때문이다.[11] 특별한 블랙홀에서 우리는 슈바르츠실트 반지름이 꼭 1인 길이 단위를 고를 수 있다. 모든 블랙홀에 대해 동시에 그렇게 할 수는 없지만, 우리가 하나의 특별한 블랙홀에만 관심을 갖고 있다면 문제가 되지 않는다. 그 결과 식 (25)는 훨씬 더 간단해진다. 이제 그 식은

$$d\tau^2 = (r-1)dt^2 - \left(\frac{1}{r-1}\right)dr^2 \qquad (26)$$

이 된다.

다음 단계는 $r-1$을 다시 정의하는 것이다. 이를 ξ라 부른다. 이는 그저 변수의 변환일 뿐이다. 앞선 단위의 변화에서 지평선이 $r=1$인 좌표를 갖고 있으므로 이제 우리는 지평선이 $\xi=0$인 좌표를 갖도록 좌표를 변환한 셈이다. 달리 말하자면 ξ는 지평선으로부터의 편차를 측정한다. 최종적으로 식 (26)은

$$d\tau^2 = \xi dt^2 - \frac{1}{\xi}dr^2 \qquad (27)$$

이 된다.

---

11) 식 (25)에서 암묵적으로 $c^2=1$인 인수가 있어 차원의 일관성이 유지된다. 5강의 식 (1), (1'), (2), (2')을 보라.

$\xi = r - 1$이므로 dr와 $d\xi$는 똑같은 것임에 주목하라. 이모든 다양한 것들을 바꾸고 나면(지평선에서 국소적으로 분석하고, 길이 단위를 바꾸고, 블랙홀 질량 단위를 바꾸고, 그리고 지평선 근처에서의 공간 변수를 바꾸고) 이제 슈바르츠실트 계측은

$$d\tau^2 = \xi dt^2 - \frac{d\xi^2}{\xi} \qquad (28)$$

이다. 식 (28)은 정확하게 식 (24)와 똑같다. 이 식은 지평선 부근이 언뜻 보기엔 놀랍게도 단지 **평평한 시공간**, 또는 근사적으로 평평한 시공간임을 말해 준다. 거기서는 기하에서 그 어떤 극적인 일도 일어나지 않는다. 곡률이 크지도 않으며 그저 다소간 평평한 시공간일 뿐이다. 이는 우리가 앞서 확인했던 것들(시계가 느려지고, 길이가 줄어들고 등등) 때문에 놀라울 수도 있다. 그러나 강조했듯이 **이는 단지 좌표와 관련된 현상일 뿐이다.** 우리가 확인했듯이 좌표를 적절히 바꾸면 블랙홀의 시공간은 지평선에서 그 어떤 특별한 특성도 보이지 않는다. 다른 모든 곳(실제 특이점인 $r = 0$을 제외하고)과 마찬가지로 지평선도 국소적으로 다소간 평평하다.

물론, 우리는 이를 명확히 알아보기 위해 균일하게 가속되는 좌표계를 사용하기 때문에 지평선 근처의 시공간이 평평하다는 것을 알게 되었다. 이는 지구 표면 위에서 자유 낙하하는 엘리베이터 안에서는 중력이 없는 것과 똑같다. 균일한 중력 또는 균일

한 가속도는 평평한 공간을 평평하지 않게 만들지 않는다. 이들은 본질적으로 기준틀의 변화와 동등하다. 독자들은 필요하다면 이 점을 명확히 이해하기 위해 1강으로 돌아가고 싶을 것이다. 방금 수행한 분석에서 기억해야 할 본질적인 사항은 **블랙홀 지평선에서 어떤 특별한 일도 일어나지 않는다는 것이다.**

균일한 가속도를 모방하는 중력 작용을 하는 물체에 대해 왜 우리는 좌표계에 관심을 가지는 것일까? 이유는 이렇다. 움직이지 않고 가만히 서 있을 때, 나는 대략 매초 초속 10미터의 가속도를 경험하고 있다. 이는 만약 내가 자유로운 공간 속에 있고 내 아래 바닥이 매초 초속 10미터의 가속도로 위를 향해 밀고 있다면 그때 내가 느끼게 되는 것과 정확하게 똑같다.

마찬가지로, 어떤 지지대로 떠받쳐져, 말하자면 블랙홀 지평선 위쪽 어딘가에서 가만히 서 있는 사람의 관점에서 중력 작용을 하는 블랙홀을 여러분이 연구하고 있다면, 여러분은 사실상 평평한 시공간에서 균일하게 가속되는 기준틀에서 물리학을 하고 있는 것이다.

거기서의 물리학은 어떤 느낌일까? 거기서 물리학은 무엇을 할까? 균일하게 가속되는 기준틀이 하는 것이면 무엇이든 하게 된다. 그리고 그것이 정확하게 우리가 블랙홀의 지평선 근처에서 겪게 되는 것이다. 사실상 균일하게 가속되는 좌표계가 만들어내는 모든 것을 겪게 된다. 뉴턴 물리학 속에서 의자에 앉아 있는 여러분과 꼭 마찬가지이다. 그럼에도 시공간 자체는 평평하다.

지평선에서 공간과 시간 차원 뒤바꾸기

이미 언급했듯이, 블랙홀 지평선을 건너갈 때 공간을 시간으로, 시간을 공간으로 뒤바꾸는 것에 대해 이야기해 보자. 이제 우리는 방금 확인한 사실들(지평선 근처에서 시공간에서의 중력장이 균일하게 가속되는 기준틀의 그것과 동등하다는 사실들)을 충분히 활용할 것이다.

ξ를 다음과 같이 정의한다.

$$\xi = r - 1.$$

또는 M과 G를 다시 집어넣으면 ξ는 $r - 2MG$에 비례할 것이다. 변수 ξ는 부호를 바꿀 수 있다. 어떻게? 지평선 바깥에서 안쪽으로 움직이면 부호가 바뀐다. 적어도 블랙홀의 맥락에서 ξ가 부호를 바꿀 수 있다고 말하는 것은 말이 된다.

하지만 다소간 명확히 할 필요는 있다. 왜냐하면 식 (23)으로부터 시공간에서 균일하게 가속되는 기준틀에서 우리는 또한

$$\xi = \frac{\rho^2}{4} \tag{29}$$

을 얻기 때문이다.

어떻게 ρ^2이 부호를 바꿀 수 있을까? 좌표 ρ는 실수이며 ρ^2은 항상 양수이다. 그러나 이것은 ρ^2을 바라보는 올바른 방식이 아니다.

ρ^2을 바라보는 올바른 방법은 다음 방정식의 우변을 보는 것이다.

$$X^2 - T^2 = \rho^2.\qquad(30)$$

식 (30)에서 우변이 고정되면 이는 쌍곡선 방정식이다. 만약 ρ^2이 양수이면 두 가지가 1과 3사분면에 있는 그런 쌍곡선이다. 만약 ρ^2이 음수이면 쌍곡선의 가지는 2사분면과 4사분면에 있게 된다. 그림 13을 보라.

왼쪽과 아래쪽 사분면은 잊어버리고 오른쪽과 위쪽 사분면에만 집중하자.

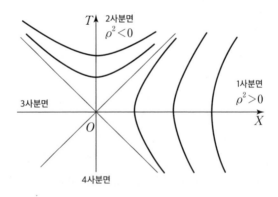

그림 13 양수와 음수의 ρ^2에 대한 쌍곡선. 점 O는 블랙홀의 중심이 아니라 지평선 위에 있는 점이다.

ρ^2이 음수일 때 이는 단순히 두 번째, 또는 위쪽 사분면의 점들에 해당한다. 양의 ξ에서 음의 ξ로 가는 것은 단지 오른쪽 사분면에서 위쪽 사분면으로 지나가는 것이다.

$\xi = 0$에 이를 때까지 공간 좌표 ξ를 따라간다고 상상해 보자. 그러면 우리는 거기서 어디로 가는 것일까? 질문을 재구성해 보자. 우리는 수평축 위 어딘가, 즉 지평선 위쪽에 있다. 쌍곡각 ω는 0과 같아서 문제가 간단해진다. 그리고 우리는 원점을 향해 ξ가 감소하는 길을 따라가고 있다. 블랙홀의 중심이 아니라 (θ와 ϕ는 고정시키고) 지평선을 건너가는 점인 원점 O에서 ξ는 부호를 바꾼다. 그렇다면 이제 ξ가 음수로 변하면서 그리고 ω는 여전히 0인 채로 계속 움직인다면 우리는 어디로 가고 있는 것일까?

답은 이렇다. 우리는 왼쪽 3사분면으로 가는 것이 아니라 이제 위쪽 2사분면으로 간다.

그림 13의 X 축 위에서 $\omega = 0$이고 $\xi > 0$이다. 그리고 T 축 위에서 $\omega = 0$이고 $\xi < 0$이다.

무슨 일이 일어나는가 하면, 공간성 좌표, 즉 ξ가 도약해서 시간성 좌표가 되는 것이다. 사실, ξ가 양수일 때 ξ에서의 변화량은 공간성 유형의 간격 변위를 수반한다. 그리고 ξ가 음수일 때 ξ에서의 변화량은 시간성 유형의 간격 변위를 수반한다.

ω 좌표로 넘어가 보자. 1사분면에서 쌍곡각 ω는 시간성 좌표이다. ω가 주어진 쌍곡선 위에서 혼자 변할 때 우리는 시간성 간격(기울기가 45도보다 큰) 위로 움직인다. 우리가 원점 O를 지나

간 이후에는 ω에 무슨 일이 생길까? 이제 2사분면에서 ξ를 고정시키고 ω를 변하게 하면 우리는 그림 13에서 보듯이 공간성 간격을 따라가는 2사분면의 쌍곡선을 따라 움직인다. 요컨대, 우리가 O를 지나가면, 즉 지평선을 지나가면 (ξ, ω) 좌표계에서 시간과 공간 차원이 뒤바뀐다.

실수하지 말자. ξ는 ξ로 남아 있고 ω는 ω로 남아 있다. 하지만 공간성이었던 전자는 시간성이 된다. 그리고 시간성이었던 후자는 공간성이 된다.

이런 고려 사항들은 시공간에서 사건의 **좌표**와 관련이 있다. 시공간에서 궤적을 따라가는 입자에게 물리적으로 의미 있는 그 어떤 일도 일어나지 않는다. 예외가 있다면 블랙홀의 한가운데 특이점과 부딪힐 때이다. 하지만 이는 전혀 다른 이야기이다. 다음 절에서 우리는 지평선을 건너가는 여러 궤적을 공부한다. 무엇이 특이점을 특이하게 만드는지 더 자세하게 알아볼 것이다.

블랙홀 특이점

지평선을 건너가는 입자를 생각하는 대신, 이제 블랙홀 자체를 생각해 보자.

좌표 ξ는 단순히 $r - 1$이다. t를 고정시켜 둔 채로 $r = 1$에 이를 때까지 r가 감소해서 마침내 $r < 1$이 되는 것은 사건의 지평선에 도달하고 그러고는 건너가는 것과 동등하다. 이는 또한 그림 13에서 원점에 도달하고 그리고 지나가는 것과도 동등하다.

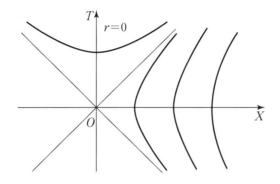

그림 14 특이점 $r = 0$. 이는 수직 직선이 아니라 위쪽 사분면의 시간성 곡선이다.

그러고는 계속해서 r 가 0을 향해 줄어들게 하면 이제 우리는 수직축을 따라 위로 움직이고 있다. 이것이 이 좌표들의 특성이며 물리학의 관점에서 가장 중요한 점은 아니다.

결국에는 우리가 $r = 0$에 도달할 것이고 그것이 지금 우리가 공부하고자 하는 것이다. 그래서 앞선 그림을 정보를 줄여 다시 그려 보자. 그림 14를 보라. 그리고 이제는 특이점에 집중하자.

$r = 0$에서는 뭔가 좋지 않은 일이 일어난다. $r = 0$은 어디인가? 그림 14에서 보여 준 위쪽 사분면의 쌍곡선 위에 있다. 그러면 우리는 지평선 뒤 반지름이 $r = 2MG$인 구의 안쪽에 있다. 계수 $(1 - 2MG/r)$는 부호를 바꾸고 $-\infty$로 간다.

자, 보라. $r = 0$에서의 특이점은 장소가 아니라, 시간이다! 더 정확하게 말하자면, 특이점은 하나의 장소가 아니라 모두 시간성 곡선 위에 있는 많은 장소들이다. $r = 0$인 표면은 우리가 보통 생각하는 것이 아니다. 보통은 민코프스키 도표에서 한 장소는 수직선에 대응한다. 하지만 이는 $r = 0$인 블랙홀의 특이점에서는 사실이 아니다. 이 경우 특이점은 그림 14의 위쪽 사분면에 있는 쌍곡선이다. 그리고 이는 공간성이라기보다 더 시간성이다.

이는 이해하기가 어려우며 당연하게도 처음에는 혼란스럽다. 하지만 이것이 바로 블랙홀의 실체이다. 계속 생각하고 연습한다면 익숙해질 것이다.

블랙홀의 내부에 대해 주목해야 할 중요한 사항은 이것이다. 일단 우리가 지평선을 지나갔다면 결국에는 특이점에 부딪히는 것을 피할 수가 없다. 왜 그런가? 왜냐하면 미래를 피할 수 없기 때문이다.

사실, 우리가 싫어하는 장소로부터 탈출하는 것 같은 그런 방식으로 미래로부터 탈출할 방법은 없다. 여러분이 맞닥뜨리고 싶지 않은 장소가 눈앞에 있다고 생각해 보자. 그냥 그 장소를 둘러 가면 피할 수 있다. 일단 우리가 그림 14의 원점을 지난다면 그리고 우리가 위쪽 사분면인 지평선 안쪽에 있다면, 우리가 무슨 짓을 해도 $r = 0$인 쌍곡선을 마주하게 될 것이다.

특이점은 뉴턴 물리학에서의 방식대로 피할 수 있는 것이 아니다. 사실 뉴턴 물리학에서는 좌표의 중심은 어떤 장소이다. 우리는 장소를 둘러갈 수는 있지만, 시간을 둘러갈 수는 없다. 이것이 블랙홀 특이점의 본성이다.

지평선은 어떻게 될까? 지평선은 그림 14에서 점 O이다. 하

지만 종국에는 지평선을 약간 다르게 생각해 볼 것이다. 우리는
45도의 전체 직선을 지평선인 것으로 여길 것이다.

그림 14를 보면 물체가 지평선 속으로 떨어지는 데에 무한
한 양의 시간, 적어도 무한한 양의 **좌표 시간 T**가 걸린다는 것을
명확히 알 수 있다. 하지만 여전히, 그 물체는 자기 자신의 시간,
즉 자신의 고유 시간을 유지하면서 낙하한다. 그리고 그 시간 동
안 물체는 무한한 양의 시간 동안 떨어진다. 그림을 다시 그려서
이를 어떻게 이해할 수 있는지 알아보자. 그림 15를 보라. 그리고
이제는 물체보다는 블랙홀 속으로 떨어지고 있는 사람을 연구할
것이다.

물리학에서 유명한 두 명의 주인공, 앨리스(Alice)와 밥(Bob)
을 생각해 보자. 앨리스는 어찌어찌해서 가까스로 블랙홀의 지평
선으로부터 어떤 고정된 거리 ρ만큼 떨어져 바깥에 머물고 있
다. 그러고는 앨리스가 밥을 밀치거나 또는 적어도 밥이 블랙홀
속으로 떨어지는 것을 지켜본다.

그림 15에서 원점 O는 그림 14에서처럼 앨리스 아래에 있
는 지평선 위의 점이다. 원점에서 나온 직선은 상수인 ω의 시간
조각이다. ω는 시간성임을 기억하라. 표준 민코프스키 좌표와
쌍곡선 좌표 사이의 관계는 다음의 익숙한 방정식들로 주어진다.

$$X = \rho \cosh \omega$$
$$T = \rho \sinh \omega. \tag{31}$$

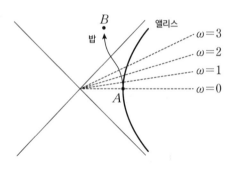

그림 15 앨리스는 블랙홀 지평선 바깥의 고정된 위치에 머물러 있다. 시공간에서 앨리스의 궤적은 쌍곡선이다. 반면 불쌍한 밥은 안으로 떨어진다.

앨리스의 궤적은 그림 15에서 쌍곡선이다. 앨리스가 움직이지 않음에도 그 궤적은 중력장에 해당하는 슈바르츠실트 계측 때문에 수직선이 아니다. 우리는 블랙홀의 중심을 제외한 임의의 점에서, 심지어 지평선 근처에서도, 이는 어디서나 국소적으로 균일하게 가속되는 틀과 동등하다는 것을 확인했다. 따라서 지평선 바깥의 움직이지 않는 점은 우리가 4강에서 공부했던 것과 같은 쌍곡선 궤적을 따른다.

앨리스의 ρ는 변하지 않으며, ω로 측정하는 시간은 그림에서 그녀가 각각의 방사상 점선을 지나감에 따라 흘러간다. $d\rho = 0$이므로 ω는 그녀의 고유 시간에 비례함을 기억하라. 식 (22)를 보라. 변수 ω는 방사상 직선이 점점 더 45도 직선에 가까워질 때 점근적으로 무한대까지 간다. 앨리스에게는 45도 기울기의 그 직선(또는 여러 공간 차원에서는 광뿔)이 무한대의 시간에 해당한다. 좌표 T, 즉 말하자면 전체 상황을 지켜보는 물리학자의 시간은 ω가 무한대가 될 때에만 오직 무한대가 된다. 식 (31)을 보라.

이제 밥의 불행한 궤적을 살펴보면, 앨리스의 고유 시간이 무한히 흐른 뒤에야 밥이 지평선을 통과한다. 달리 말해, 앨리스는 밥이 지평선을 통과하는 것을 결코 보지 못한다. 앨리스의 계산에 따르면 밥이 블랙홀 속으로 떨어지기 전에 무한대의 ω가 걸린다. 이미 말했듯이 이는 무한한 양의 T에 해당한다.

반면에 그림 15의 도표를 그냥 살펴보면 밥이 점 A에서 점 B까지 가는 데에 걸리는 고유 시간의 양이 유한하다는 것을 즉시 알 수 있다. 밥은 유한한 시간 안에 지평선을 통과한다. $X = T$인 표면이 지평선이다. 우리는 이 문제로 다시 돌아올 것이다.

밥이 지평선을 통과해 떨어지는 데에 무한한 양의 시간이 걸린다는 계산에 앨리스가 이르게 된 것은 오직 그가 사용하는 좌표 때문이다. 밥은 말한다. "아냐, 내 시계를 봤더니 유한한 시간이 흘렀을 뿐이야." 그 이유는 고유 시간과 좌표 시간 사이의 차이이다. 앨리스는 자신의 고유 시간을 사용한다. 이는 좌표 시간과 $T = \rho \sinh \omega$로 연결되어 있다. 반면 밥은 자신의 고유 시간을 사용한다.

우리는 앨리스가 밥을 어떻게 '보는지' 알아낼 수 있다. 앨리스는 어떻게든 시간을 되돌아봐야만 한다. 왜냐하면 우리가 바라본다고 말할 때는 빛이 우리 눈에 도착하는 것을 뜻하며, 빛은 이동하는 데에 시간이 걸리기 때문이다.

하지만 '바라본다.'라는 것을 다른 식으로 이야기해 보자. 앨리스가 시간 ω에서 밥을 바라본다고 말할 때 밥이 동시적인 시간 ω에서 무엇을 하는지, 달리 말해 ω 값을 가진 방사상 직선 위에 밥이 어디에 있는지를 앨리스가 알아낸다는 뜻이다. 그림 15에서 우리는 밥이 어디에 있는지 안다. 앨리스는 밥이 느려지는 것을 본다고 추론할 수 있다. 밥의 심장 박동 한 번 한 번은 앨리스의 시간에서는 더 오래 걸린다.

이제 밥은 어떻게 앨리스를 보는가 하는 질문을 살펴보자. 똑같은 아이디어를 적용한다. 밥이 앨리스를 '본다.'라는 것은, 밥이 '돌아봤을 때', 즉 과거의 좌표 시간 속으로 가면서 하지만 자신에게는 동시적으로, 밥의 시간과 똑같은 시간에 앨리스에게 일어나는 일을 뜻한다.

밥에게 동시적인 그런 시간의 선들은 그림 16에서처럼 밥의 궤적과 앨리스의 궤적 위의 점들을 연결하는 −45도의 선들이다. 밥은 그 어떤 특별한 것도 보지 않는다는 것을 알 수 있다. 밥은 지평선을 관통해 뛰어들기 전에 앨리스를 본다. 밥은 지평선에 있는 동안 앨리스를 본다. 그리고 이후로도 아무런 문제 없이 밥은 계속 앨리스를 본다.

밥은 $r = 2MG$를 건너갈 때 그 어떤 특별한 일도 일어나지 않는 자신의 궤적 위에 있는 동안 앨리스가 수축된다고 보지 않

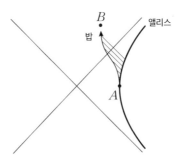

그림 16 밥이 앨리스를 보는 방법. 앨리스에서 밥에 이르는 광선은 과거로부터 온다. 따라서 이들은 왼쪽으로 45도 각도로 틀어져 있다.

는다. 사실 밥은 앨리스가 그로부터 가속해서 멀어진다고 본다. 하지만 그게 전부다. 어느 점에서든 밥은 앨리스를 완전히 정상적으로 본다. 앨리스가 밥으로부터 가속하며 멀어진다는 점만 제외하고 말이다.

밥이 B에 있을 때 앨리스를 볼 수 있음에 주목하라. 반면 앨리스는 B에 있는 밥을 결코 볼 수 없다. 달리 말해, 이는 아주 비대칭적인 상황이다.

밥이 특이점과 부딪칠 때 무슨 일이 일어날까? 특이점에 이르기까지 기조력이 너무나 커질 것이므로 밥은 더 이상 우리와 함께 있지 않을 것이다. 밥이 블랙홀 장의 한가운데에 도착했을 때에는 이미 파괴되었을 것이다. 그래서 다음과 같은 질문에 답하려고 생각하지 않는다. 밥이 말하자면 음의 r에 이르렀을 때 무엇을 보게 될까? 밥이 음의 r에 이르렀을 때는 무한히 강력한 기조력을 겪게 되고 밥은 더는 존재하지 않는다.

위쪽 사분면에서 밥은 아마도 r를 시간으로 또는 r와 비슷한 뭔가로 사용할 것이다. r가 $r = 2MG$에서 $r = 0$까지 변하는 지평선의 안쪽에서 밥의 시계는 식 (2)의 t보다 r와 더 많은 관련이 있다. 그리고 t는 위치와 더 비슷하다. 하지만 앞서 말했듯이 밥은 공간 또는 시간에 그 어떤 이상한 일이 일어나는 것을 느끼지 않는다. 밥의 시계가 미터자가 되는 것도 아니고 밥의 미터자가 시계가 되는 것도 아니다. 그런 종류의 일은 일어나지 않는다.

밥은 그저 계속 항해할 뿐이다.

하지만 그림 16의 45도 직선과 앞선 직선들은 다소 특별하다. 일단 뭔가가 (사람이든, 물체든, 입자든, 심지어 광자든) 지평선을 건너갔을 때 무슨 일이 일어날 수 있고 또 일어날 수 없는지 알아보자.

블랙홀에서 빠져나올 수 없다

우리는 "지평선에서 특별한 일이 일어나지 않는다."라고 여러 차례 반복했고 또 그러함을 보였다. 그러나 지평선이 다른 여느 곳과 같다는 생각을 불식시키기 위해 왜 지평선이 꼭 그렇지는 않은지 이제 자세히 설명해 보자. 사실, 무엇이든 지평선을 건너가면 더는 탈출할 수가 없다. 어떻게든 블랙홀 안에 갇히게 된다. 이것은 운명이다.

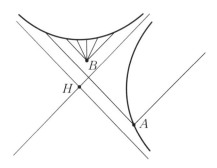

그림 17 지평선 안쪽 또는 바깥쪽에서 출발하는 궤적. (점 O 의 이름을 점 H 로 바꾸었다.)

우리가 사용하고 있는 좌표에서는 빛이 45도 각도로 움직임을 기억하라. 따라서 그림 17에서 빛은 위쪽 사분면으로부터 탈출할 수가 없다.

할 수 있는 일이라고는 결국 특이점과 부딪히는 것뿐이다. 그리고 광속보다 더 느리게 움직이는 것은 모두 수직에 더 가까운 기울기를 갖고 있어서 또한 특이점과 부딪힐 것이다. 결과적으로 위쪽 사분면에서 어떤 점에 있는 누구라도 같은 운명에 처하게 된다.

반면, 오른쪽 사분면에 있는 이들은 탈출할 가능성이 있다.

간단하니까, 다시 광선에 집중해 보자. 오른쪽 사분면, 즉 블랙홀 바깥에서 출발하는 빛을 생각해 보자. 만약 빛이 바깥으로 방사형으로 움직이고 있다면 탈출할 것이다. 빛은 간단히 그냥 계속 나아갈 뿐이다. 만약 빛이 방사형으로 안쪽을 가리키고 있다면 그 빛 또한 당연히 파멸할 운명이다. 그림 17에서처럼 광선이 특이점과 부딪힐 것이다.

그 사이에도 모든 것이 있다. 만약 광선이 지면의 바깥을 가리키고 있다면 광자 반지름의 안쪽 또는 그 너머에 있느냐에 따라 블랙홀 안으로 떨어지거나 그러지 않을 것이다.

그림 17과 그 변형인 그림 15 및 그림 16은 어떤 비밀도 없어질 때까지 여러분이 숙지해야 하는 그림이다. 블랙홀에서 누가 무엇을 보는지에 관한 이상한 역설을 여러분이 이해하고 풀 수 있고자 한다면, 언제든지 이 도표들로 돌아갈 것을 추천한다.

블랙홀을 잘 이해하는 것은 일반 상대성 이론을 이해하기 위한 전제 조건이다. 그 이유는 블랙홀이 가장 간단하며 이상적인 형태의 무거운 물체이기 때문이다. 블랙홀의 질량은 점에 집중되어 있다. 블랙홀은 상대성 이론에서 뉴턴 물리학의 점입자와 동등한 것이다.

뉴턴 물리학에서 점입자는 뉴턴 중력, 뉴턴 방정식으로 풀수 있는 궤적 등을 만들어 낸다. 점입자 물리학은 그 자체의 중심점에서 특이점을 갖지만, 그 밖의 다른 곳에서는 그렇지 않다. 상대론에서 점입자와 비슷한 것이 블랙홀과 그 계측이다. 그 계측은 슈바르츠실트 계측이다. 블랙홀은 물론 그 중심에서 특이점을 보이지만, $r = 2MG$ 및 그 아래에서도 이상한 현상을 선보인다. $r = 2MG$ 에서 일어나는 독특한 현상은 오직 좌표들로부터 오는 것이지 실제 물리적으로 이상한 것에서 비롯된 것이 아님을 강조했다. 그럼에도 블랙홀 지평선은 되돌아갈 수 없는 한계라는 의미에서 특별하다.

다음 두 강의는 이 현상에 대한 우리의 이해를 강화하고 블랙홀에 대한 우리 지식을 더 일반적으로 심화하는 데 할애될 것이다. 이는 일반 상대성 이론을 이해하기 위해 필수 불가결한 예비 주제이다.

블랙홀 속으로의 낙하

레니: 오늘은 블랙홀을 훨씬 더 깊이 공부할 거야. 여행을 떠날 준비가 됐나?

앤디: 미래를 피할 수 없다고 자네가 말했지……

　　　그래서 난 선택의 여지가 없다고 생각해.

　　　블랙홀 내부는 내 친구가 나를 샌타 크루스에서

　　　대관람차에 태웠던 때를 떠올리게 하더군.

　　　하지만 그녀는 나와 함께 갔고 우린 둘 다 돌아왔어.

시작하며

우리는 앞선 강의에서 배우기 시작했던 것들, 즉 블랙홀 주변에서, 지평선 바깥에서, 지평선에서, 블랙홀 안쪽에서, 그리고 특이점에서 무슨 일이 일어나는지를 복습하고, 익숙해지도록 하고, 심화할 것이다. 따라서 우리가 이미 말했던 것들이 어느 정도 반복될 수 있지만 유용한 목적에 부합할 것이다.

슈바르츠실트 계측, 사건의 지평선, 그리고 특이점

블랙홀의 존재가 야기하는 시공간 기하를 기술하는 슈바르츠실트 계측으로 돌아가 보자.

먼저 좌표의 척도를 조정해 계측을 간단히 할 것이다. 이는 물론 물리에 관해 어떤 것도 바꾸지 않을 것이지만 수학을 더 간단하게 할 것이다. 먼저, 앞 강의에서 배웠던 그대로, 하지만 하나만 약간 바꿔서 써 보자. 시간과 방사상 좌표에 프라임을 붙여서 변수를 바꾼 뒤에 새 변수가 보통의 (t, r, θ, ϕ)가 되도록 한다.

$$d\tau^2 = \left(1 - \frac{2MG}{r'}\right)dt'^2 - \left(\frac{1}{1 - \frac{2MG}{r'}}\right)dr'^2 - r'^2 d\Omega^2. \quad (1)$$

약간의 표기법만 바뀐 것을 제외하면 이는 정확히 우리가 앞서 배웠던 식이다.

슈바르츠실트 반지름 $2MG$에 새 이름을 붙인다.

$$R_S = 2MG. \tag{2}$$

R_S의 첨자 S는 '슈바르츠실트(Schwarzschild)'를 나타낸다. 다음으로, 시간과 방사상 좌표의 척도를 다시 조정해 r와 t를 다음과 같이 정의한다.

$$r = \frac{r'}{R_S}$$

$$t = \frac{t'}{R_S}. \tag{3}$$

보통 반지름은 길이의 단위를 갖는다. 게다가 만약 우리가 $c = 1$로 둔다면, 그리고 여기서 암묵적으로 시간 변수 t'이 곱해지는 관례를 사용한다면, 시간 또한 길이의 단위를 갖는다.[1] 하지만 길이를 길이로 나누면 뭔가 차원이 없는 것을 얻게 된다. 따라서 식 (3)에서 정의한 우리의 새로운 r와 t는 차원이 없다.

---

1) 때로는 c가 암묵적으로 공간 변수 앞에서 나누기하는 인수인 경우를 만나기도 한다. 이 경우 시간 변수는 시간 단위를 유지한다. 하지만 여기서 우리는 시간 변수 t'이 길이이기를 원한다. 그러면 식 (3)으로 정의되는 t는 차원이 없어질 것이다.

계측 방정식은 더 간단하고 보편적인 형태를 갖게 된다.

$$d\tau^2 = R_S^2 \left[\left(1 - \frac{1}{r}\right)dt^2 - \left(\frac{1}{1 - \frac{1}{r}}\right)dr^2 - r^2 d\Omega^2 \right]. \qquad (4)$$

대괄호 안의 계측은 $2MG$가 1과 같았을 때 먼저 썼을 계측이다.

이 연습 문제에서 우리가 알게 된 것은 기본적으로 모든 슈바르츠실트 블랙홀의 계측은 블랙홀 반지름의 제곱에 비례하는 전체 계수를 제외하고는 똑같다는 것이다. 대괄호 안의 모든 것은 차원이 없다. 그래서 $d\tau^2$은 R_S^2와 똑같은 단위를 가진다.

블랙홀의 기하를 공부하는 대부분의 목적에 대해서는 R_S를 간단히 1과 같다고 놓을 수 있다. 구의 계측을 공부할 때와 똑같은 상황이다. 큰 구와 작은 구가 있지만 반지름과 똑같은 인수까지는 모두 똑같은 기하를 갖고 있다.

이제 중요한 질문으로 넘어가 보자. 블랙홀 근처 시공간의 곡률은 무엇인가?

우리가 3강에서 공부했던 곡률 텐서는 임의의 점에서 시공간이 평평한지 휘었는지를 알려 주는 도구이다. 곡률은 기조력과 비슷하다. 이는 기하학적 구조가 물체를 뒤트는 경향이다. 기조력은 곡률의 효과이다. 어떤 의미에서 기조력은 곡률이라고 말할 수도 있다.

곡률 텐서의 표현식은

$$\mathcal{R}_{srn}^{\ \ t} = \partial_r \Gamma_{sn}^t - \partial_s \Gamma_{rn}^t + \Gamma_{sn}^p \Gamma_{pr}^t - \Gamma_{rn}^p \Gamma_{ps}^t \qquad (5)$$

이다. 질문은 이렇다. 말하자면 지평선에서 곡률 텐서의 성분이 얼마나 큰가? (지평선은 $r = 1$에 해당한다.) 언뜻 보기에 무한하다고 생각할지 모르겠지만 그렇지 않다.

예비적인 질문으로 이렇게 물어보자. 곡률의 단위는 무엇인가? 크리스토펠 기호는 계측 성분을 써서 다음과 같은 공식으로 표현됨을 기억하라.

$$\Gamma_{mn}^t = \frac{1}{2} g^{rt} \left[\partial_n g_{rm} + \partial_m g_{rn} - \partial_r g_{mn} \right]. \qquad (6)$$

또한

$$dS^2 = g_{\mu\nu} dX^\mu dX^\nu \qquad (7)$$

임을 기억하라. 식 (7)에 따르면 $g_{\mu\nu}$는 차원이 없으며, 그 역수인 $g^{\mu\nu}$도 그렇다. 그렇다면 식 (6)에서 크리스토펠 기호는 g의 공간 미분을 포함하고 있으므로 이들은 길이의 역수 단위를 갖는다. 식 (5)로부터 우리는 곡률 텐서 성분이 길이 제곱의 역수 단위를 갖는다고 결론 내릴 수 있다. 차원에 대한 표준적인 대괄호 표기법을 사용하면 이는 다음과 같이 써서 표현할 수 있다.

$$[\mathcal{R}] = \frac{1}{[\text{길이}]^2}. \qquad (8)$$

우리 질문으로 돌아오자. $r = 1$에서의 곡률은 무엇인가? 우리는 오직 차원에만 의존하는 훌륭한 논증을 사용해 답을 찾으려 한다. 즉 이른바 차원 분석이라 불리는 것을 수행할 것이다. 계측을 다시 살펴보면 식 (4)의 우변에서 단위를 가지고 있는 유일한 양은 반지름 R_S로서, 이는 길이이다. 나머지 모든 것은 단위가 없다. 따라서 우리가 곡률을 계산할 때 곡률이 길이 제곱의 역단위를 가질 유일한 가능성은 곡률이 R_S^2 자체, 즉 슈바르츠실트 반지름 제곱에 역으로 비례하는 것이다.[2]

이를 다음과 같이 쓴다.

$$\mathcal{R}_{\text{Horizon}} \sim \frac{1}{R_S^2}. \qquad (9)$$

여기서 ~는 모든 블랙홀에 대해 똑같이 고정된 비례 비율로 '비례한다.'라는 뜻을 나타낸다.

다른 블랙홀에 대해서는, 블랙홀이 더 클수록 지평선에서의 그 곡률은 더 작다. 거기서 블랙홀은 더 평평하다. 따라서 큰 블랙홀의 지평선에서 기조력은 작은 블랙홀 지평선의 기조력보다

---

[2] 이는 놀라운 사실이 아니다. 반지름이 r인 구의 가우스 곡률은 어디서나 $1/r^2$임을 상기하라.

그림 1 방사상 좌표 r.

덜 심각하다. 작은 블랙홀은 아주 큰 블랙홀보다 지평선 근처에서 훨씬 더 끔찍하다.

이제 계측이 식 (4)로 표현되는 기하에 집중해 보자. 먼저 R_S^2을 내다 버린다. 즉 이를 1로 대체한다. 원한다면 블랙홀의 반지름이 1인 '단위 블랙홀'을 고려한다.

우리는 r를 대체하는 새로운 좌표를 도입할 것이다. 그림 1은 r 축을 보여 준다.

우리는 **지평선으로부터 고유 거리**를 측정하는 새로운 좌표를 구축하려고 한다. 지평선으로부터 거리를 어떻게 계산할까? 고유 거리의 표현식으로 돌아가 보자.[3]

$$dS^2 = -\left(1 - \frac{1}{r}\right)dt^2 + \left(\frac{1}{1 - \frac{1}{r}}\right)dr^2 + r^2 d\Omega^2. \quad (10)$$

---

3) 우리가 $c = 1$로 작업할 때는 고유 거리의 미분 제곱인 dS^2은 식 (4)에서 주어진 $d\tau^2$과 단지 부호가 반대임을 상기하라.

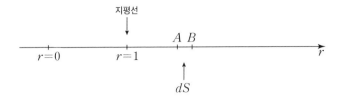

그림 2 A와 B 사이의 고유 거리 dS.

이제 지평선에서 바깥을 향해 방사상으로 멀리 움직여 보자. 그림 2에서처럼 가로축 $r = 0$인 점으로부터 각각 r와 $r + dr$ 의 거리에 있는 두 점 A와 B를 고려해 보자. 이 두 점 사이의 고유 거리는 무엇인가?

이를 알아내기 위해 식 (10)을 이용한다.

첫째, 우리는 똑같은 시간에 두 점을 비교한다는 사실에 유의하라. 따라서 $dt = 0$이다. 둘째, 우리는 방사상으로 움직인다. 따라서 Ω도 역시 변하지 않는다. 그러므로 A와 B 사이의 고유 거리의 제곱은 간단히

$$dS^2 = \frac{dr^2}{1 - \dfrac{1}{r}}$$

이며, 이는 다음과 같이 다시 쓸 수 있다.

$$dS = \sqrt{\frac{r}{r - 1}}\, dr. \qquad (11)$$

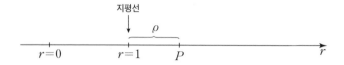

그림 3 지평선으로부터의 고유 거리 ρ.

그림 3에서처럼 지평선으로부터의 고유 거리를 ρ라 부르자.

점 P와 지평선 사이의 고유 거리를 어떻게 구할 수 있을까?
식 (11)을 적분하면 된다.

$$\rho = \int_{u=1}^{u=r} \sqrt{\frac{u}{u-1}} \, du. \qquad (12)$$

적분을 하기는 어렵지 않으나 앞으로 우리는 $u \approx 1$인 지평선 근
처의 영역에만 관심을 가질 것이다. 이 영역에서는 적분을 다음
과 같이 근사할 수 있다.

$$\int_{u=1}^{u=r} \frac{du}{\sqrt{u-1}} = 2\sqrt{u-1} \,\Big|_{u=1}^{u=r} = 2\sqrt{r-1}. \qquad (13)$$

그래서 우리는 P에서 지평선까지의 고유 거리 ρ를 r의 함수
로 찾게 되었다.

$$\rho = 2\sqrt{r-1}.$$

이는 r가 너무 크지 않을 때 성립한다. 우리는 이 관계를 쉽게 뒤집어서 r를 ρ의 함수로 얻을 수도 있다.

$$\frac{\rho^2}{4} + 1 = r. \tag{14}$$

식 (11)에서 주어진 계측은 r나 ρ를 써서 어느 쪽으로든 표현할 수 있다.

방정식을 좋은 형태로 쓰기 위해 또한 시간 변수를 재정의한다. 우리는 ω를 다음과 같이 정의한다.

$$\omega = \frac{t}{2}. \tag{15}$$

이제 식 (10)의 dS^2을 r와 t 대신 변수 ρ와 ω로 다시 표현해 보자. 둘째 항인 $r/(r-1)dr^2$는 단순히 $d\rho^2$이다. 우리가 고유 거리를 ρ로 부르기로 했음을 기억한다면, 이를 식 (11), 또는 그것을 제곱한 변형식에서 확인할 수 있다.

첫째 항 $-(r-1)/rdt^2$은 ρ 곱하기 $d\omega^2$의 함수로 표현할 수 있다. 이 함수를 $-F(\rho)\rho^2$이라 쓰자. 그 이유는 곧 명확해질 것이다.

변수를 (t, r)에서 (ω, ρ)로 바꾸어 계측을 다시 표현할 수 있다. $d\tau^2$으로 다시 되돌려 보자. 이는 단지 $-dS^2$이며 우리가 일반적으로 계측을 표현하기 위해 선택한 형태이다. 식 (1)을 보라. 우리는 다음을 얻는다.

$$dt^2 = F(\rho)\rho^2 d\omega^2 - d\rho^2 - r(\rho)^2 d\Omega^2 . \qquad (16)$$

마지막 계수 $r(\rho)^2$ 을 명시적으로 계산하는 것도 가능하지만 그럴 필요가 없다. $F(\rho)$와 $r(\rho)$가 어떤 형태인지에 대한 어떤 지식만 갖고 있다면 식 (16) 그 자체로 계측의 모양이 충분히 흥미롭다.

지금까지 우리는 6강의 「쌍곡선 좌표 재검토」라는 제목의 절에서 이미 피상적으로 살펴 본 내용을 다시 살펴보았다. 하지만 우리는 더 자세하게 들어가 보려 한다. 게다가 우리는 이제 ρ로 표기한 고유 거리를 명시적으로 사용한다. 반면 6강에서는 다른 방식으로 작업했다. 지평선 근처 $r \approx 1$에 머무르면서 우리가 ξ로 표기한 양 $r - 1$로 직접 작업했다. 6강의 식 (26)과 식 (28)을 보라.

ρ를 썼을 때 지평선은 어디일까? $\rho = 0$이다. 왜냐하면 ρ는 지평선으로부터의 (고유) 거리이기 때문이다. 식 (16)을 자세히 살펴보면 여러 가지 사실을 알 수 있다. 먼저 멀리 떨어져 있어서 ρ가 아주 클 때 다음을 쉽게 보일 수 있다.

$$\lim_{\rho \to +\infty} F(\rho)\rho^2 = 4 . \qquad (17)$$

이는 단지 블랙홀에서 멀리 떨어진 계측을 반영할 뿐이다. 이것이 첫 번째 사항이다. 다음으로 ρ가 0으로 갈 때 무슨 일이 일어나는지 살펴보자. 이는 그림 3에서 지평선을 향해 곧장 왼쪽으로 움직이고 있는 것이다. 다시 한번 우리는 쉽게

$$\lim_{\rho \to 0} F(\rho) = 1 \qquad (18)$$

을 확인할 수 있다. 식 (16)의 $d\tau^2$ 표현식에서 첫째 항은 $\rho^2 d\omega^2$ 이 된다. 여러분은 익숙하게 느껴질 것이다. 어쨌든 그 때문에 $d\omega^2$ 앞의 ρ의 함수인 항을 $F(\rho)\rho^2$으로 정의했다. 실제 그런 식으로, 지평선에 가까워지면 $F(\rho)\rho^2$은 단지 ρ^2일 뿐이다. 또는 같은 말이지만, $F(\rho)$는 그냥 1과 같다.

마지막으로, ρ가 0으로 갈 때 $r(\rho)$의 극한을 살펴보자. 이 건 우리가 해결할 수 있는 문제이다. 이미 말했듯이 $\rho = 0$은 우리가 지평선에 있다는 것을 뜻한다. 지평선에서 $r = 1$이지만 더 잘 표현할 수 있다. 우리는 다음을 보일 수 있다.

$$\lim_{\rho \to 0} r(\rho) = 1 + \frac{\rho^2}{4}. \qquad (19)$$

원한다면 극한을 이렇게 비표준적인 방식으로 썼을 때, $r(\rho)/(1 + \rho^2/4)$가 1이 되는 경향이 있다는 뜻이다.

식 (17), 식 (18), 식 (19)는 기본적으로 계측을 공부하기 위해 우리가 알아야 할 모든 것이다.

이제 가장 중요한 것은 ρ가 작을 때 식 (16)을 살펴보는 것

이다. 이는 근사적으로

$$d\tau^2 = \rho^2 d\omega^2 - d\rho^2 - d\Omega^2 \qquad (20)$$

이다. 정확하게 평평한 공간의 계측과 똑같은 것으로 다만 쌍곡선 극좌표로 표현됐을 뿐이다.

지평선 위의 점 H 근처에서 쌍곡선 좌표를 빨리 복습해 보자. 그림 4를 보라. 그림에서 두 가지 중요한 사분면이 있음을 상기하라. (우리는 지금 X 축과 T 축에 의해서가 아니라 **대각선**에 의해 정의되는 4개의 사분면에 대해 이야기하고 있다.) 지평선보다 더 멀리 위치한 사건들의 오른쪽 사분면, 그리고 지평선 안쪽에 위치한 사건들의 위쪽 사분면이 그 둘이다.

먼저 오른쪽 사분면을 살펴보자. $\rho = 1$에 해당하는 첫 번째 쌍곡선은 지평선에서 한 단위의 ρ만큼 떨어진 곳에 고정된 입자의 시간에 대한 궤적이다. 두 번째 쌍곡선은 $\rho = 2$에 고정된 입자의 궤적이고, 등등이다. 식 (16)의 계측을 그냥 살펴보면 계수 $F(\rho)$는 논외로 하고, 지평선 근처에서는 계측이 우리가 4강에서 공부했던 쌍곡선 좌표에서 평평한 공간의 형태를 가진다는 것을 알 수 있다.

ω가 상수인 선들은 그림 4의 원점, 즉 지평선에서의 점 또는 사건 H에서 펼쳐져 나가는 직선들이다.

수평축인 $\omega = 0$, 그리고 $\omega = 1$, $\omega = 2$, $\omega = 3$이 그려져

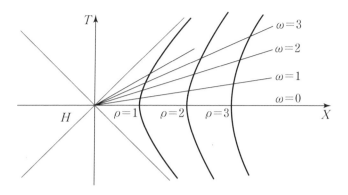

그림 4 지평선 H 근처에서의 쌍곡선 좌표 (ω, ρ). 한 쌍의 변수 (X, T)는 블랙홀의 중력장 속에서 자유 낙하하고 있는 H 근처의 관측자가 사용하는 민코프스키 좌표이다. 이 관측자는 시공간이 평평하며 고정된 물체는 가속하고 있다고 감지한다.

있다. $\omega = +\infty$는 어디인가? 이는 광뿔을 곧바로 따라가는데, 도표에서는 45도 직선이다. ω가 무엇인지 기억하라. 이는 그냥 $t/2$이다. 우리는 t와 r를

$$X = r \cosh t$$
$$T = r \sinh t$$

로 정의했다. 따라서 우리는 시간이 쌍곡각과 같은 어떤 좌표 (ω, ρ)를 구축했다. (또는 발견했다고 말해도 좋다.) 시간 무한대[4]는

---

4) **시간 무한대**란 무한대의 시간 ω에 해당하는, H에서 펼쳐져 나가는 직선을 뜻한다.

모선이 45도인 광뿔이다.

위쪽 사분면은 어떤가? 우리는 이미 지난 강의에서 이에 대해 이야기했다. 이는 $r < 1$인 영역이다. 이 영역에서는 식 (10), 또는 똑같지만 식 (16)의 처음 두 항의 부호가 뒤바뀐다. 위쪽 사분면에서는 ρ^2이 음수이다. 우리는 이를 식 (19)에서 알 수 있다.

위쪽 사분면에서 ρ가 상수인, 또는 이와 동등하게 r가 상수인 곡선들은 다음 쪽의 그림 5에서 보여 주는 쌍곡선들이다. $r = 1/2$과 $r = 0$이 그려져 있다. 여러 개의 공간 변수가 있으면 쌍곡선들은 쌍곡면이다.

위쪽 사분면에서 물리적으로 이상한 일은 일어나지 않는다. 시간은 공간이 되지 않으며 공간도 시간이 되지 않는다. 우리는 단지 오른쪽 사분면에서 위쪽 사분면으로 갈 때 시간성이었던 것이 공간성이 되고 그 역도 성립하는 그런 재미있는 성질을 가진 **좌표**를 도입했을 뿐이다. 이는 전적으로 좌표의 부산물이다.

이런 좌표의 부산물에도 불구하고, 그 도표에서는 흥미로운 점들이 많다. 우리는 그것들을 이 강의와 다음 강의에서 기술할 것이다. 먼저, 만약 우리가 H로부터 멀어진다면, 식 (16)에서 $F(\rho)$는 단지 1이 아님을 기억해야 한다. 그리고 $r(\rho)$ 또한 그냥 1이 아니다. 이는 ω 방향을 따라가는 계측 $F(\rho)\rho^2$이 평평한 공간과 다르다는 것을 뜻한다. 하지만 우리가 블랙홀로부터 멀리

그림 4를 보라.

움직임에 따라 $F(\rho)$가 변하는 방식에서 그 차이점이 드러난다. $d\Omega^2$ 앞의 $r(\rho)$에도 똑같은 설명이 적용된다.

블랙홀 근처 시공간의 기본 도표

블랙홀 지평선 근처에서 자유 낙하하는 관측자가 바라본 시공간을 나타내는 그림 5는 **블랙홀 근처 시공간의 기본 도표**이다. 이것을 아주 잘 이해해야만 한다.

원점 H는 $\rho = 0$에 해당한다. 이는 또한 $r = 1$이다. 즉 블랙홀의 중심이 아니다. 위쪽 사분면 속으로 움직여 r가 감소하면 무슨 일이 일어날까? 결국에 우리는 $r = 0$인 끔찍한 점과 부딪치게 된다. 우리 도표에서 이는 쌍곡선의 전체 가지이다. 하지

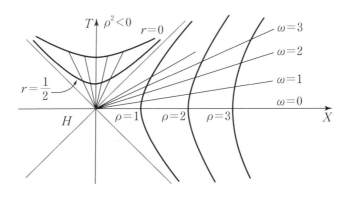

그림 5 오른쪽 사분면과 위쪽 사분면에서 상수인 ρ들과 상수인 ω들. H는 블랙홀 지평선에서의 점이다.

만 이는 추상적으로 표현한 것으로, 고전적인 민코프스키 도표에서 공간의 고정점을 수직선으로 나타낸 것과 마찬가지이다. 하지만 더 이상 우리는 단지 좌표의 결함 속에 있는 것이 아니다. 우리는 실제 기하학적인 그리고 물리적인 특이점에 있다.

$r = 0$인 쌍곡선 (또는 공간 차원이 여럿일 때는 쌍곡면) 근처의 곡률을 계산하면 어렵지 않게 그 결과를 알아낼 수 있다. r가 0으로 감에 따라 구는 점점 더 작아지며 곡률은 점점 더 커진다. 곡률은 $r = 0$인 쌍곡선에서 무한대가 된다. 이것은 진짜 특이점이다. 기조력이 무한대가 되는 곳이다. 기본적으로 우리가 있고 싶지 않은 그런 곳이다.

특이점의 문제는 일단 우리가 위쪽 사분면에 있기만 하면, 즉 일단 우리가 지평선을 관통해 들어갔다면, 그래서 '블랙홀 내부'에 있다면 종국적으로 특이점과 부딪치는 것을 피할 수가 없다는 것이다. 사실 특이점은 정말로 어떤 장소가 아니다. 지난 강의에서 이미 논의했듯이 어떤 의미에서 특이점은 정말로 시간이다. 우리는 공간에서 장애물을 피할 수 있지만(장애물을 돌아가면 된다.) '미래와 부딪치는 것'을 피할 수는 없다. 우리는 사물들, 심지어 자유로부터 탈출할 수 있지만 미래로부터 벗어날 수는 없다.

만약 여러분이 블랙홀의 지평선으로부터 멀리 떨어져 우주 정거장에서 궤도 비행을 하고 있다면, 여러분이 멍청한 짓을 하지 않는 한(뛰어내려 중력에 잡아먹히게 한다든지) 여러분은 캡

술 속에서 안전하다. 그 어떤 나쁜 일도 여러분에게 일어나지 않을 것이다. 하지만 여러분이 너무 어리석게도 '저기 안에 무엇이 있는지 탐색해 보고 싶어.'라고 생각해 가서 살펴보려고 결심한다면, 블랙홀 지평선을 지나가자마자 여러분은 끝장이다. 여러분이 빠져나올 방법이 전혀 없을 뿐만 아니라, 결국엔 특이점 속으로 날아가 기조력으로 파멸하게 되는 것을 결코 피할 수 없다.

밖으로 나오려면 광속을 넘어서야만 할 것이다. 이는 그림 5에서 45도 기울기의 직선, 또는 다른 공간 차원을 보탠다면 그에 상응하는 광뿔에 해당한다. 일단 여러분이 위쪽 사분면에 있다면 여러분이 탈출하기 위해 할 수 있는 최선은 (그 어떤 것도 광속을 넘어설 수 없다고 가정한다면) 45도 궤적을 따라가는 것이다. 하지만 그 모두는 여러분의 고유 시간으로 유한한 시간 안에 $r = 0$인 쌍곡선 속으로 돌진한다.

돌아오지 못하는 점은 어디일까? 그건 사실상 45도 각도의 전체 대각 직선이다. 그 이유를 이해하기 위해 이렇게 물어보자. 그 광뿔은 무엇인가? 오른쪽 사분면에서 각 쌍곡선은 서로 다른 ρ 값을 갖고 있다. 쌍곡선은 모두 그것의 ρ 값에 해당한다. 그림 5에서 우리는 $\rho = 3$, $\rho = 2$, $\rho = 1$인 쌍곡선들을 그렸다. 점 H에서는 $\rho = 0$이다. 하지만 사실 ρ는 45도와 -45도의 두 직선으로 이루어진 쌍곡선의 극한을 쭉 따라가면 0과 같다.

이런 종류의 기하학적 구조에는 보통의 기하와는 아주 다른

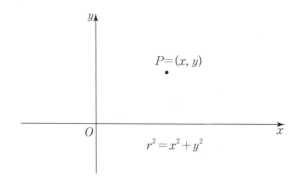

그림 6 보통의 유클리드 기하에서의 평면. r 라는 양은 O 에서 P 까지의 거리이다.

뭔가가 있다. 그림 6에서처럼 보통의 기하를 그리고 질문해 보자. $r = 0$ 인 점은 어디인가? 우리는 $r = 0$ 인 오직 하나의 점이 존재한다는 것을 알고 있다. 그것이 원점이다. $r = \epsilon$ 인 점은 어디인가? 그것은 점이 아니고 O 주변의 작은 원이다. ϵ 이 0으로 감에 따라 그 원은 결국 그냥 점 O 가 된다.

이는 시공간의 기하에서는 아주 다르다. $\rho = \epsilon$ 은 어디인가? 광뿔에 아주 가까운 전체 쌍곡선이다. ρ 가 점점 작아짐에 따라 그 쌍곡선은 그냥 점 H 가 아니라 광뿔에 가까워진다. 그리고 $\rho = 0$ 은 지평선이다.

우연히도 대각선 위의 점 너머에 있는(위쪽 사분면에 있다는 뜻이다.) 누구라도, 블랙홀의 지평선 안쪽에 있다는 의미에서 '블랙홀 안에' 있는 셈이다. 그림 5를 그냥 보면 알 수 있듯이 그런 사람은 끝장이다.

요약하자면, 돌아오지 못하는 점은 정말로 $r = 1$, 또는 같은 말이지만 $\rho = 0$이다. 하지만 이는 단지 점 H가 아니다. 전체 45도 직선이다. 그림 5의 이 전체 직선이 블랙홀의 지평선이다.

기본 도표에 대한 참고 사항

이미 말했듯이, 무거운 물체가 생성하는 중력장과 최종적으로 일반 상대성 이론을 이해하려면 그림 5에서 보여 준 블랙홀 근처의 시공간에 대한 기본 도표를 완벽하게 파악하는 것이 아주 중요하다. 다음은 이해를 심화하기 위해 참고할 목록이다.

1. 위쪽 사분면에서 r가 상수인 쌍곡선, 또는 같은 말이지만 ρ가 상수인 쌍곡선은 $\rho^2 < 0$에 해당한다. 따라서 ρ는 허수이다.

2. 같은 위쪽 사분면에서 H로부터 나오는 직선은 여전히 t가 상수인, 또는 같은 말이지만 ω가 상수인 직선이다. 하지만 이들은 이제 공간성이다. 그리고 주어진 r의 쌍곡선은 시간성이다.

3. 좌표 (X, T)는 블랙홀 지평선 근처에 있는, 그리고 블랙홀의 중력장 속에서 자유 낙하하고 있는 관측자가 자연스럽게 사용하는 좌표이다.

4. 사실, 시공간이 **평평하지 않더라도** 지평선을 관통해 자유 낙하하는 관측자는 시공간이 평평하다고 인식한다. 따라

서 자기 주변에서 무슨 일이 일어나는지 기록하기 위해 직교 좌표 (X, T)를 이용하는 것이 이들에겐 편리하다. T는 정의상 관측자의 고유 시간이다. 때로는 **좌표 시간**으로도 부른다. 좌표 X는 물론 관측자의 자로 거리를 측정한다.

5. 불행한 관측자와 달리 블랙홀로부터 고정된 거리, 예를 들면 지평선에서 $\rho = 2$인 곳에 있는 입자는 관측자 기준틀에서 봤을 때 오른쪽 사분면에서 $\rho = 2$로 표지된 쌍곡선인 궤적을 따른다.

6. 시간 T와 시간 t는 다르다. 시간 T는 관측자의 시간이다. 시간 t는 블랙홀에 대해 상대적으로 고정된 임의의 입자의 시간이다. 그런 입자는 그림 5의 쌍곡선들 중 하나 위에 살고 있다. 더 정확히 말하자면, 각 입자에 대해 그 고유 시간은 t에 비례하며, 같은 말이지만 $t/2$인 ω에 비례한다.

7. 뉴턴 물리학에서 시간(깔끔하게 분리된 보편적인 좌표로서의 시간)과 공간을 나타내기 위한 기준틀이 필요한 것과 마찬가지로, 상대성 이론에서도 또한 시공간을 나타내기 위해 기준틀이 필요하다. 우주의 무거운 물체들 때문에 진정으로 균일한 장은 없으므로, 어떤 기준틀도 다른 것들보다 명확히 우월하지는 않다. 그러나 자유 낙하하는 관측자의 기준틀은 특별히 편리하다.

좌표 (ω, ρ)에는 이름이 있다. 미국의 수학자이면서 물리학자인 마틴 크러스컬(Martin Kruskal, 1925~2006년)의 이름을 따서 **크러스컬 좌표**라 부른다.

블랙홀의 역사

1915년 말 카를 슈바르츠실트가 이제는 자신의 이름을 따서 명명된 계측을 적어 내려갔을 때, 그는 지평선이 지평선인 줄 몰랐다. 한동안은 슈바르츠실트가(그뿐만 아니라 아인슈타인과 그리고 이 주제를 연구했던 다른 모든 사람들도) 말할 수 있는 한, $r = 1$은 식 (4)로 주어지는 계측의 두 계수가 부호를 바꾸고 또한 그들 중 하나(dr^2 앞에 있는 것)가 무한대로 가 버리는 끔찍한 곳이었다. 그들은 이렇게 말했다. "맙소사, 이 계수는 $r = 1$에서 발산하는군. 뭔가 안 좋은 일이 거기서 벌어지고 있어." 결론은 지평선이 어떤 종류의 특이점이라는 것이었다. 달리 말해, 블랙홀을 연구했던 최초의 사람들은 지평선이 매끈하고 특이하지 않은 보통의 장소라는 것을 깨닫지 못했다.

1950년 언제인가 데이비드 핀켈슈타인[5]은 블랙홀의 지평선이 **되돌아올 수 없는 점**이라는 것을 깨달았고 또한 지평선 그 자체에서는 그 어떤 끔찍한 일도 그 속으로 관통해 떨어지려는 사람에게 일어나지 않는다는 것을 알아냈다. 다만 어느 정도 유한

---

5) 데이비드 핀켈슈타인(David Finkelstein, 1929~2016년), 미국의 물리학자.

한 고유 시간이 지난 뒤에 그 사람은 특이점에서 사라질 것이다. 그는 아서 에딩턴[6]이 이미 썼던 좌표를 다시 발견했다. 그래서 에딩턴-핀켈슈타인 좌표(Eddington-Finkelstein coordinate)라 부른다. 이는 크러스컬 좌표와 정확히 똑같지는 않지만 비슷하다.

마틴 크러스컬은 상대성 이론 전문가는 아니었다. 그는 플라스마 물리학자였으나 방정식과 좌표를 바꾸는 데에 아주 능통했다. 그는 좌표를 바꾸는 것을 좋아했다. 누군가가 그에게 슈바르츠실트 계측을 보여 줬다. 크러스컬은 여러 번 좌표를 바꾸었고 마침내 1960년 계측이 식 (16), 즉

$$d\tau^2 = F(\rho)\rho^2 d\omega^2 - d\rho^2 - r(\rho)^2 d\Omega^2$$

의 훌륭한 형태를 가지는 좌표 (ω, ρ)를 발견했다. 그는 이 좌표들을 수반하는 지금은 익숙한 도표를 제안했다. 그것이 그림 5이며 우리가 블랙홀 근처 시공간의 기본 도표라 부르는 것이다.

이런 종류의 물체는 블랙홀이라 부르기 전에 "붕괴별 (collapsed star)" 또는 "무거운 붕괴별(massive collapsed star)"이라

---

6) 아서 에딩턴(Arthur Eddington, 1882~1944년), 영국의 천문학자. 그는 1919년 5월 29일에 일어난 일식 때 탐사대를 이끌고 태양의 질량이 빛을 휘게 하는 사진을 찍어 처음으로 아인슈타인의 이론을 확증했다. 그 후로 일반 상대성 이론의 예측은 더 높은 정확도로 여러 차례 확인되었다. 요즘 일반 상대성 이론은, 예를 들면 위성 위치 확인 시스템(Global Positioning System, GPS) 같은 몇몇 응용 분야에서 중요한 역할을 한다.

불렀다. **블랙홀**이라는 용어는 존 휠러[7)]가 만들었다.

존 휠러는 아주 친절하고 아주 다정한 사람이었다. 나와도 아주 좋은 친구였다. 나와는 반대로 정치적으로는 매우 보수적이었다. 그의 정치적인 보수 성향은 한 가지, 그것도 딱 한 가지하고만 관련이 있었다. 휠러는 (구)소련이 핵무기를 갖고 있는 것을 우려했다. 그래서 그는 (구)소련에 아주 반대했고 특히 (구)소련의 팽창주의에 반대했다. 우리는 그 문제로 논쟁하기도 했다. 나뿐만 아니라 몇몇 내 친구들과도 그랬다. 하지만 그는 아주 사려 깊고 점잖은 사람이었다.

그의 정치적 보수 성향은 사회적인 이슈로 확장되지는 않았다. 언젠가 칠레 발파라이소의 카페에서 존(그때 그는 85세쯤이었다.)과 나, 그리고 내 아내가 앉아 있었던 게 기억난다. 앉아 있는 동안 그는 불안해 보이기 시작했다. 내가 말했다. "존, 무슨 일이에요? 괜찮아요?" 그가 말했다. "난 괜찮네. 그냥 일어나서 좀 걷고 싶어." 내가 물었다. "어디를 걸으시게요? 제가 함께 걸을까요?" 그가 대답했다. "아냐, 아냐, 그냥 혼자 걸으려고." 내가 물었다. "존, 뭘 하시려고요?" 그가 답했다. "비키니 구경하고 싶어." 그는 사회적으로 보수적이지 않았다.

휠러는 슈바르츠실트 계측에 대한 첫 논문에서 **블랙홀**이라는 용어를 만들었다. 그게 파장을 불러일으켰다. 저명한 학술지

---

7) 존 휠러(John Wheeler, 1911~2008년), 미국의 이론 물리학자.

《피지컬 리뷰(*Physical Review*)》는 그 논문의 출판을 원하지 않았다. 그때는 내가 현역 과학자로 활동하기 전이거나 그 즈음이었다. 나는 문제가 있다는 것을 알았다. 그게 뭔지는 몰랐다. 나는 그것이 단지 《피지컬 리뷰》가 평소의 보수적인 입장을 취하는 것이 아니라는 것을 알게 되었다. 사실을 말하자면 《피지컬 리뷰》는 극도로 보수적이어서 **블랙홀**이라는 용어가 외설적이라고 생각했다. 그래서 처음에는 논문의 출판을 거절했다. 존은 그들과 싸우고 싸우고 또 싸워서 마침내 이겼다. 그러고는 그들에게 복수하기 위해 다음 논문에 "블랙홀은 털이 없다."라고 썼다.

그런데 블랙홀은 털이 없다는 것이 무슨 뜻일까? 회전하지 않는 블랙홀을 생각하면 중력이 너무 강해서 항상 완벽한 구로 끌어당긴다는 뜻이다.

서로 다가오는 2개의 바위처럼 설령 아주 비대칭적으로 시작한다 하더라도 아주 짧은 시간이 지나면 지평선은 자신을 구로 끌어당겨 완벽한 구와 구분할 수 없게 된다. 존은 블랙홀이 그 어떤 가시적인 구조나 결함도 갖지 않는 성질을 가리켜 털이 없는 특성을 가졌다고 했다.

그러나 블랙홀이 회전하고 있다면 구는 변형될 수 있다. 회전하는 블랙홀은 편구(oblate spheroid)가 될 수 있다. 하지만 편구의 특성은 오직 그 각운동량에만 의존한다.

이제 블랙홀 속으로 떨어지는 물체 또는 사람에 대해, 그리고 특히 어떤 통신이 가능하고 불가능한지에 대해 이야기해 보자.

블랙홀 속으로의 낙하

그림 5의 도표로 돌아가 왼쪽과 아래쪽 사분면은 무엇을 나타내는지 물어볼 수도 있다. 우리는 도표의 이 다른 절반, 왼쪽과 -45도 직선 아래의 절반이 실제 의미가 없다는 것을 알게 될 것이다. 하지만 당분간 우리는 위쪽과 오른쪽 부분에 주로 관심을 둘 것이다. 블랙홀의 외부는 오른쪽 사분면이다. 블랙홀의 내부는 위쪽 사분면이다.

그림을 다시 그려 보자. 그림 7을 보라. 앨리스가 블랙홀 속으로 떨어질 차례이다. 표기법을 간단히 하기 위해 (ω, ρ)와 동등한 좌표 (t, r)로 되돌아간다. 이들 사이의 가까운 대응 관계는 식 (14)와 식 (15)로 주어진다. 밥은 블랙홀 바깥 어딘가 고정된 위치에 서 있다. 따라서 밥의 고유 시간이 t에 비례해 째깍거릴 때 그의 궤적은 r가 상수인 쌍곡선이다.

지평선은 $t = +\infty$이다. 아주 이상하긴 하지만 우리가 장소인 것으로 생각했던 이 직선은 또한 시간인 특성도 갖고 있다. 시간성 변수 ω를 쓰는 것을 더 좋아한다면 이는 $\omega = +\infty$에 해당한다.

도표를 살펴보면, 앨리스가 떨어지고 있는 동안 그는 t가 무한대와 같을 때까지 지평선을 건너가지 않는다는 것을 알 수 있다. 이런 의미에서 안으로 떨어지는 물체는 결코 지평선을 건너가지 못한다. 그러나 이는 바깥에 있는 관측자 밥의 시간으로 말하는 것이다. 사실, 밥은 물체나 사람이 지평선을 관통해 떨어지는 것을 볼 수 없다.

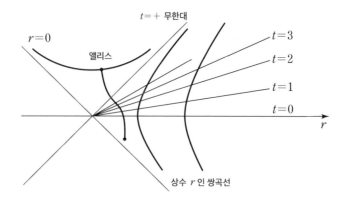

그림 7 앨리스가 블랙홀 속으로 떨어지고 있다. 간단히 하기 위해 지금 우리는 좌표 t 와 r 를 사용한다. t 는 ω 의 2배이며(식 (15)를 보라.) r 는 ρ 의 어떤 함수(식 (14)를 보라.) 임을 기억하라.

그럼에도 앨리스는 물론 지평선을 지나간다.[8] 도표에서 우리는 앨리스가 특이점으로 향해하는 모습을 볼 수 있다. 앨리스가 지평선을 지나갈 때 어떤 특별한 일도 일어나지 않는다. 그건 단지 앨리스가 블랙홀의 지평선을 지나갈 때 $t = +\infty$ 라고 말하는 이상한 좌표 집합일 뿐이다.

이렇게 생각할 수도 있다. 글쎄, 앨리스가 결코 안으로 들어갈 수 없다는 사실이 누구에게든 실제로는 어떤 의미도 갖지 않는다. 하지만 반면 밥은 고정된 위치에 머무르며 저기 바깥에, 즉 상수

---

8) 이 진술의 애매함에 주목하라. 이는 일반 상대성 이론에 내재된 것이다. 밥에게 앨리스는 결코 지평선을 건너가지 못한다. 앨리스 자신은 불행히도 지평선을 건너간다.

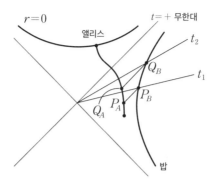

그림 8 블랙홀 속으로 떨어지는 사람이 앨리스일 때 밥이 앨리스에 대해 보게 되는 것. 밥은 결코 앨리스가 지평선을 건너가는 것을 볼 수 없다.

r인 쌍곡선 위에 있다. 그리고 밥은 앨리스를 바라보고 있다. 밥이 앨리스에 대해 무엇을 보는지, '앨리스를 본다.'라는 것이 무슨 뜻인지 더 엄밀하게 살펴보자. 밥은 앨리스를 어떻게 보는 것일까?

시간 t에 '앨리스를 본다.'라는 것은 그보다 좀 더 빠른 어떤 시간[9]에 앨리스가 광선을 방출하고 그 광선이 시간 t에 밥에게 도달하는 것을 밥이 수신한다는 것을 뜻한다. 달리 말해, 밥은 '과거를 돌아본다.' 그림 8을 보라. 예를 들어, 밥이 점 P_B에 있을 때 시간 t_1에서 밥은 앨리스가 점 P_A에 있는 것을 본다. 밥이 Q_B에 있을 때 시간 t_2에서 밥은 앨리스가 점 Q_A에 있는 것을 본다. 빛은 우리의 표현법에서 45도 각도로 진행함을 기억하라.

---

9) 밥에게 동시적인 시간의 선들은 도표의 원점에서 펼쳐져 나가는 직선들이다.

그림 8은 앨리스가 지평선을 건너가는 것, 즉 $t = +\infty$의 선을 밥이 결코 보지 못할 것임을 명확히 보여 준다. 밥이 블랙홀 바깥에 머물면서 과거를 돌아보는 한, 밥이 보게 될 것은 앨리스가 점점 더 지평선에 가까워지는 것이지 결코 지평선을 지나가는 것을 보지 못한다. 그래서 사실, 앨리스가 "결코 지평선을 건너가지 못한다."라는 것이 단지 좌표 결함이 아니라고 말할 수도 있다. 밥이 볼 수 있거나 없는 것은 물리적인 사실이다. 밥에 관한 한, 앨리스는 결코 지평선을 건너가지 못한다.

만약 앨리스가 자신의 기준틀에서 지평선을 지나간다면, 앨리스는 어떤 사람들이 적도를 지나갈 때 친구들에게 엽서를 보내는 것처럼 "이봐, 밥, 난 방금 지평선을 지났다고."라며 밥에게 알리는 신호를 보낼 수가 없다. 왜일까? 그런 신호는 그림 8에서 45도 직선으로 움직일 것이며 그래서 결코 밥에게 이르지 못하기 때문이다.

밥이 관찰할 수 있고 측정할 수 있는 모든 것, 밥의 물리적 관찰 전체, 밥의 우주 전체, 그 모든 것은 지평선 바깥의 앨리스와 관련되어 있다. 밥이 아는 한, 앨리스의 심장은 앨리스가 지평선에 다가감에 따라 느려진다. 심장 박동은 어떻게든 멈추게 된다. 매 박동마다 시간이 점점 더 길게 걸린다는 의미에서 그렇다. 밥에게 앨리스는 사실상 지평선에서 죽은 것과 다를 바 없다. 그러나 이는 오직 시간의 끝에서만 일어난다. 밥은 지평선을 지난 앨리스에게 무슨 일이 일어나는지 전혀 알 수가 없다. 왜냐하면 그것은 밥에게 '시간의 끝 다음에' 일어나기 때문이다. 앨리스는 그때 사실상 끝장난 것이다.

한 가지 중요한 사항을 말해야겠다. 우리는 아주 큰 블랙홀을 고려하고 있다. 사실 우리는 지평선에서의 기조력이 무시할 만하다고 가정했다. 밥이 봤을 때 앨리스가 지평선에서 찌그러져 보이는 것은 기조력과 아무런 상관이 없다. 이는 단지 지난 강의에서 이미 공부했던 다양한 로런츠 수축[10]에 불과하다. (『물리의 정석: 특수 상대성 이론과 고전 장론 편』을 보라.) 지평선에서 기조력과 관련된 변형이 앨리스에게 일어나지 않는다.

태양의 질량을 가진 별이 붕괴하면 슈바르츠실트 반지름은 대략 3킬로미터이며 지평선에서의 기조력은 이미 엄청나다. 태양이 붕괴하면 블랙홀을 만들 수도 있고 아닐 수도 있다. (이 장의 「질의 응답 시간」을 보라.) 만약 태양이 블랙홀을 만든다면, 끔찍한 유형일 것이다. 반면, 우리 은하의 중심부에는 어마어마하게 큰 블랙홀이 있다. 이들은 지평선 근처에서도 다소 온화하다. 하지만 물론 안으로 들어가서 탐험하는 것은 좋지 않을 것이다.

밥이 앨리스를 바라볼 때 밥은 앨리스가 느려지는 것을 보게 된다. 심지어 앨리스의 맥박도 느려진다. 블랙홀 속으로 떨어지려고 하는 사람치고는 오히려 고요하다! 이것이 앨리스가 밥을 봤을 때 밥에게 뭔가 특별한 일이 일어난다고 앨리스가 본다는 것을 뜻할까?

---

10) 로런츠-피츠제럴드 수축으로도 알려져 있다.

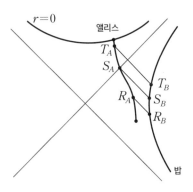

그림 9 앨리스(블랙홀 속으로 떨어지고 있다.)가 밥에 대해 보게 되는 것. 앨리스는 살아 있는 한 밥을 계속 보게 된다.

다음 질문을 살펴보자. 앨리스가 블랙홀 속으로 떨어지고 있는 동안, 앨리스가 밥을 바라볼 때 앨리스는 무엇을 보게 될까? 다시 한번 모든 답은 도표 속에 있다. 이제 그림 9가 그 이야기를 들려준다.

앨리스가 자신의 궤적을 따라 항해를 할 때, 앨리스의 과거 시간에서 밥이 방출하는 광선을 앨리스가 보는 데에 아무런 문제가 없다. 앨리스가 지평선 바깥 R_A에 있을 때, 앨리스는 밥이 R_B에 있다고 본다. 앨리스가 S_A에서 지평선을 건너갈 때, 앨리스는 S_B에서 밥을 본다. 앨리스가 블랙홀의 한가운데에서 특이점과 부딪힐 때까지 특이점 근처에서 기조력이 앨리스를 찢어발겨 마침내 사라져 버리겠지만, 그때까지 한동안 앨리스는 어렵지 않게 밥을 계속 보게 된다. 게다가 밥이 속도를 올리거나 느려지는 것을 명확하게 보게 될 것이라고 암시하는 것은 아무것도 없다.

요컨대, 밥은 더 이상 앨리스를 못 보더라도 앨리스는 여전히 밥을 볼 수 있다. 그리고 앨리스는 밥에게 그 어떤 이상한 일이 일어나는 것을 보지 못한다. 앨리스에게는 모든 것이 정상적이고 평범해 보인다. 물론 앨리스는 밥의 궤적에서 T_B보다 약간 이후의 점을 지나서는 밥을 볼 수 없다. 하지만 이는 단지 그때쯤이면 기조력이 앨리스를 찢어발겨서 파멸시켜 버렸을 것이기 때문이다.

결론적으로, 밥과 앨리스 사이는 완전히 비대칭적이다.

연습 문제 1: 우리가 그린 다양한 도표를 이용해 어느 정도 앨리스 뒤에서 앨리스를 따라가는 제3의 인물, 이를테면 찰리가 다른 시간에 앨리스와 밥에 대해 각각 무엇을 보게 될 것인지 기술하라.

연습 문제 1에서 찰리 또는 앨리스가 여전히 블랙홀의 바깥에 있는 한, 밥은 찰리나 앨리스로부터 메시지를 받을 수 있다. 그리고 밥에게 '마지막' 메시지는 무한히 늦게 도착할 것이다. 그래서 밥은 둘 중 어느 누구도 지평선을 건너가는 것을 보지 못한다.

도표를 이용하면 또한 앨리스와 찰리가 어떻게 서로 통신할 수 있는지 분석할 수 있다. 앨리스와 찰리가 모두 자유 낙하하는 경우, 그들의 궤적은 평행하며 거의 직선처럼 보인다. 그들이 어떻게 떨어지든, 밥은 블랙홀 바깥에 머물기 위해 가속해야 한다는 사실 때문에, 결국 밥은 그들을 볼 수 없을 것이라고 생각할 수 있다.

모든 경우에서 주인공 중 한 명이 다른 사람에 대해 볼 수 있는 것은 단순히 그리고 엄격하게 그들 각각의 궤적에서 45도의 광선이 연결할 수 있는 한 쌍의 점들과 연관되어 있다.

요컨대, 도표가 모든 것을 말해 준다.

질의 응답 시간

이 책은 학생 청중들 앞에서 실시간으로 진행된 강의에서 비롯되었다. 형식적인 강의에서 벗어나 학생들이 궁금해하는 구체적인 질문에 답을 얻을 기회를 주기 위해 질의 응답 시간이 있었다. 거기서 다룬 질문들은 당연하게도 강의 내용보다는 덜 체계적이지만, 우리가 설명한 것들을 조명하고 보완할 것이다. 다음은 첫 번째 질의 응답 시간에 나눈 대화들이다.

질문: 어떤 사람이 블랙홀 안으로 떨어지고 있을 때 그 주변 세상을 어떻게 인식하는지 알 방법이 있을까요?

답변: 누군가 블랙홀 속으로 떨어질 때 무슨 일이 일어나는지를 보여 준다고 주장하는 영화들이 있습니다. 앤드루 해밀턴(Andrew Hamilton)은 블랙홀 속으로 떨어지는 것이 어떻게 보이

고 어떤 느낌일지에 대해 시뮬레이션을 수행했고 이는 유튜브에서 볼 수 있습니다.[11] 제 의견으로는 이런 영상들이 그다지 이해에 도움이 될 것 같지는 않습니다. 많은 것을 얻지는 못할 테지만, 한 편 정도는 보면 재미있을 겁니다. 영상들이 정말 혼란스러워요. 강당에서 그런 영상 중 하나를 여러분 앞에서 큰 화면에 투사하면 구역질 나거나 뱃멀미를 느낄 수도 있습니다.

질문: 말씀하셨듯이 우리가 블랙홀 속으로 떨어질 때 지평선을 건너는 동안 그 어떤 특별한 일이 일어나는 것도 인식하지 않는다면, 그렇다면 블랙홀 안쪽은 무엇이 특별한가요?

답변: 지평선에서는 특별한 일이 일어나지 않는다고 말했습니다만, 물론 여러분에게 다가오는 빛은 아주 독특하고 재미있는 방식으로 다가오고 있습니다.

그림 5의 도표의 원점, 즉 지평선에서의 점 H 에서 무슨 일이 일어나는지 궁금하실 겁니다. 거기서 딱히 아무 일도 일어나지 않습니다. 왜냐하면 사실, 예를 들어 항성 붕괴 또는 그와 비슷한 과정으로 형성된 실제 블랙홀에 대해 도표의 중심 부분은 그림 위에 있지도 않기 때문입니다. 도표의 위쪽 부분과 오른쪽

---

11) 앤드루 해밀턴의 영상 「실제 블랙홀 속으로의 여행(Journey into a realistic black hole)」을 보라.
https://www.youtube.com/watch?v=HuCJ8s_xMnI.

부분의 일부만 관련이 있습니다.

사실 그림 5는 아주 이상화된 블랙홀의 도표입니다. 붕괴로 형성된 실제 블랙홀의 경우 H를 포함하지 않는 도표의 일부만이 의미가 있습니다.

질문: 물체들이 블랙홀 안으로 떨어질 때 블랙홀의 질량이 증가합니다. 그 블랙홀의 슈바르츠실트 반지름에는 무슨 일이 생깁니까?

답변: 블랙홀이 바깥에서 다가오는 질량을 집어삼키면 물론 그 자신의 질량이 더 커집니다. 따라서 슈바르츠실트 반지름 또한 점점 더 커집니다. 식 (2)를 보세요.

우리가 그린 그림은 블랙홀 속으로 떨어지는 물체나 사람이 그 블랙홀보다 훨씬 더 가벼울 때만 적합합니다. 그래서 블랙홀이 그들에 대해 강하게 반응하지 않습니다.

만약 블랙홀의 크기와 비교해 무시할 수 없는 크기를 가진 큰 질량이 블랙홀 속으로 떨어진다면, 그 질량이 블랙홀에 다가감에 따라 블랙홀의 지평선은 그림 10에서 보는 것처럼 부풀어 올라 다가오는 질량과 합쳐질 것입니다.

그러면 블랙홀은 털이 없기 때문에 재빨리 그 자신을 모두 구로 잡아당길 것입니다. 그 과정은 극도로 빨라서 하나의 블랙홀에서 다른 블랙홀로 빛이 이동하는 정도의 빠르기입니다. 2개의 태양 질량이 합쳐지는 경우 제 생각에는 1,000분의 1초 정도

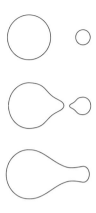

그림 10 블랙홀(왼쪽)이 또 다른 상당한 크기의 질량(오른쪽)을 집어삼키고 있다.

의 크기일 것입니다.

구는 약간 더 커질 것입니다. 얼마나 많은 질량이 더해졌는지 안다면 그림 10의 동적인 과정은 아인슈타인의 장 방정식으로 계산할 수 있습니다. 이는 9강에서 공부할 것입니다.

질문: 은하수 중심의 블랙홀을 어떻게 볼 수 있나요?

답변: 블랙홀 자체를 '보는' 것은 아닙니다. 블랙홀의 존재 때문에 생기는 현상을 확인하는 겁니다.

블랙홀로부터 우리가 보는 빛은 지평선에서 나오는 것이 아닙니다. 지평선 주변을 돌고 있는 모든 종류의 물질들, 뜨거운 것들이 에너지와 충돌로 가열되어 그로부터 빛이 나오고 있는 것입니다.

6강에서 봤듯이 블랙홀 주변의 어떤 거리에서는 예컨대 원형으로 주변을 움직이는 빛의 광자들이 있을 수 있음을 기억하세요.

블랙홀 주변에서는 모든 종류의 아주 복잡한 충돌이 일어날 수 있고 그 결과 입자와 빛을 내보내게 되며 그들 중 일부는 우리의 눈이나 관측 기구에까지 도달하게 됩니다.

그림 5에서 우리는 빈 공간 속에 블랙홀이 하나 있는 이상화된 상황을 이야기하고 있습니다. 하지만 실제로는 그 주변에 온갖 종류의 물질들이 있습니다. 강착 원반도 있습니다. 많은 것들이 블랙홀 속으로 떨어지고 있습니다.

여러분이 보는 것은 엄밀하게 지평선에서 오고 있는 것이 아닙니다. 지평선으로부터 어떤 거리에서 벌어지는 이 모든 활동으로부터 오고 있는 것입니다.

질문: 2개의 블랙홀이 합쳐지는 일은 아주 빨리 일어난다고 하셨는데, 또한 그건 블랙홀들의 크기와 관련이 있다고 하셨습니다. 그렇다면 어떤 경우에는 아주 오랜 시간이 걸릴 수도 있지 않을까요?

답변: 이론적으로는 여러분만 한 블랙홀도 고려할 수 있습니다. 그렇다면 그들이 합쳐지는 데에는 여러분이 원하는 시간만큼 걸릴 수도 있습니다.

그런데 알려진 블랙홀 중 가장 큰 것은 태양 질량의 10^9배

정도 되는 질량을 갖고 있습니다. 그런 블랙홀이 둘 있다면 우리가 이야기하고 있는 병합 시간, 즉 그 둘이 하나의 완벽한 구로 평형을 이루는 데에 걸리는 시간은 약 20분 정도입니다.

질문: 앨리스가 블랙홀 속으로 떨어지는 동안 큰 질량을 가지고 간다고 가정해 봅시다. 그게 앨리스와 밥 사이의 통신으로 우리가 방금 분석한 것을 바꾸지는 않을까요?

　　답변: 당신의 질문은 정말로 블랙홀 질량이 증가할 때 그 내부에서 무슨 일이 일어나는지에 대한 것입니다. 거기에 대해서는, 즉 질량을 흡수했을 때 블랙홀 내부에서 무슨 일이 일어나는지에 대해서는 이야기하지 않았는데요. 이건 사실 블랙홀의 형성에 관한 질문입니다.

　　다음 강의에서 우리는 블랙홀이 어떻게 형성되는지, 지평선이 어떻게 형성되는지, 그리고 더 많은 물질을 던져 넣었을 때 그 지평선이 어떻게 반응하는지 정확하게 기술할 것입니다. 우리는 하나의 간단한 사례를 조사할 것이며 상황이 예상과는 다르다는 것을 알게 될 것입니다. 놀랍지만 논리적입니다.

질문: 밥이 블랙홀 주변을 궤도 비행하고 있다면 뭔가 달라질까요?

　　답변: 아니오, 그다지 별로 달라질 게 없습니다. 밥이 무엇을 보는지 정량적으로 정확하게 파악하는 것은 더 복잡한 문제가 됩

니다. 하지만 근본적인 변화는 없습니다.

질문: 여기 제시한 분석이 블랙홀 내부의 질량 분포에 좌우되지는 않나요?

답변: 아니오, 아닙니다. 무슨 뜻인지는 알겠는데요, '질량 분포'라고 부른 것은 지평선 위에 있는 것도 아니고 내부에서 훌륭하게 퍼져 있는 것도 아닙니다.

블랙홀 내부에는 심지어 질량의 껍질도 없어요. 예컨대 우리가 지구 내부로 들어갈 때 있는 것처럼 말이죠. 다음 강의에서, 그리고 다시 우주론을 다룰 「물리의 정석」 시리즈의 다음 권에서 이야기할 뉴턴의 정리 때문에 우리가 중심에 다가감에 따라 중력은 0으로 줄어듭니다. 사실 블랙홀 속에서는 의미 있는 질량 분포라는 게 없습니다. 질량은 모두 특이점에 있습니다. 그 모든 질량이요.

블랙홀에 관해 명심해야 할 한 가지 중요한 점은 이겁니다.

블랙홀은 일반 상대성 이론에서 뉴턴 물리학에서의 점입자와 비슷한 것이다.

모든 질량이 그 중심에 있습니다. 마치 우리가 지구 속으로 들어갈 수 있고 중심에 다가감에 따라 중력이 점차 0으로 줄어드는 것처럼, 우리가 지평선을 지난 뒤 블랙홀의 질량 속으로 점점 더 깊이 들어가는 그런 일은 없습니다.

블랙홀이 **어떻게 형성되는지** 등등 블랙홀의 **진화**와 관련해서 는 이는 아주 흥미로운 질문입니다. 다음 강의에서 우리는 이런 질문에 대해서, 블랙홀의 형성에 대해서 이야기할 것입니다.

질문: 블랙홀의 각운동량에 대해서는 이야기하지 않으셨는데요. 그저 블랙홀이 회전하면 더 이상 구형이 아니라고만 하셨습니다. 이에 대해서 좀 더 말씀해 주실 수 있나요?

답변: 우주 속 절대 다수의 개체들 또는 개체들의 집합은 어느 정도 각운동량을 갖고 있습니다. 그 결과 절대 다수의 블랙홀은 회전하며 심지어 빨리 회전하기도 합니다. 왜냐고요? 붕괴하고 블랙홀을 형성하는 과정에서 심지어 처음에는 물질들이 많이 회전하지 않더라도, 어느 정도의 각운동량은 갖고 있기 때문입니다. 그러고는 그 크기가 줄어듦에 따라, 마치 아이스 스케이팅 선수가 팔을 몸에 더 가까이 끌어당겼을 때처럼, 점점 더 빨리 회전하게 됩니다. 그러나 이 때문에 각운동량이 변하지는 않아요. 고립된 계의 각운동량은 보존되는 양입니다.

회전하는 블랙홀은 회전하지 않는 블랙홀보다 분석하기가 더 복잡합니다. 시공간의 기하가 약간 더 까다로워요. 회전하게 되면 어느 정도의 시간뿐만 아니라 일종의 공간도 어느 정도 지니게 됩니다.[12] 회전하는 블랙홀의 특이점은 또한 회전하지 않는

---

12) 회전하는 블랙홀과 근접한 주제로, 독자들은 예컨대 티플러 원통(Tipler cylinder)을

블랙홀의 특이점과는 다릅니다. 회전하는 블랙홀은 논의하지 않을 것입니다.

이번 강의에서 우리가 회전하지 않는 블랙홀을 공부하는 것 (그리고 사실 우리는 오직 간단하고 이상적인 블랙홀만 공부합니다.)은 그것이 그 자체로 주제여서라기보다 일반 상대성 이론을 공부하는 데에 자연스러운 중간 단계이기 때문입니다. 똑같은 방식으로, 점입자와 스프링은 뉴턴 역학을 공부하는 데에 자연스러운 중간 단계입니다.

질문: 블랙홀은 존재하는 물질이 응축하는 과정에서 나타나나요, 아니면 양자적인 기원이 있나요?

답변: 양자적인 기원은 없습니다. 블랙홀은 어떤 별들의 일생의 끝에 나타납니다. 별은 물질들이 덩어리져 복사하기 시작할 때 형성됩니다. 별의 내부에서는 수소나 헬륨이나 무엇이든 그 생애 동안 태웁니다. 마침내 별이 연료를 다 쓰게 되면 별이 붕괴하는 것을 막아 주는 복사압으로 인한 힘이 사라지고 별은 수축하기 시작합니다.

별이 얼마나 무거우냐에 따라 흰난쟁이별(white dwarf, 백색왜성)로 수축할 수도 있습니다. 이는 다소간 보통의 별로서 아주

찾아볼 수도 있다. 이는 시공간을 아주 이상한 방식으로 변형시켜 시간 여행 같은 명백한 역설을 초래할 수도 있다.

밀도가 높지만 여전히 원자핵과 원자와 그런 것들로 만들어져 있습니다. 만약 별이 더 무겁다면 중성자별로 붕괴합니다. 중성자별은 아주 밀집한 개체이지만 그 물질이 충분히 강력해서 중력에 맞서 그 자체를 지지할 수 있기 때문에 여전히 스스로 떠받칠 수 있습니다. 만약 별이 훨씬 더 무겁다면, 그러면 그 자신의 슈바르츠실트 반지름을 넘어서까지 수축됩니다. 일단 별이 그 자신의 슈바르츠실트 반지름을 지나 붕괴하면 블랙홀이 됩니다. 태양은 결국 그 '불이 꺼졌을' 때 그 자체로 블랙홀을 형성하지는 않을 것입니다. 어떤 다른 것과 합쳐지는 것처럼 다른 어떤 일이 일어나지 않는다면 태양은 흰난쟁이별을 형성할 것입니다.

질문: 블랙홀이 증발할 수 있다는 게 사실인가요?

답변: 이론적으로는 블랙홀이 '증발'해서 사라질 수 있습니다. 하지만 이는 오직 방정식에서 비롯된 가능성입니다. 그 과정은 엄청나게 긴 시간이 걸릴 것입니다. 증발하는 데에는 작은 블랙홀이 더 빠르고 큰 블랙홀은 더 느립니다. 예를 들어, 에베레스트 산 질량의 블랙홀은 증발하는 데에 대략 우주의 나이만큼 긴 시간이 걸립니다. 하지만 현실에서 그런 과정을 상상하기란 아주 어렵습니다. 에베레스트 산 크기의 물체에서는 붕괴해서 블랙홀을 형성할 만큼 물질이 그다지 충분하지 않습니다.

지구 전체도 블랙홀을 형성할 수 없을 것입니다. 차갑게 식었을 때 뭔가를 할 만큼 충분히 무겁지 않습니다. 이미 말했듯이,

태양은 그 자체로 블랙홀을 형성하지 않을 것입니다. 적어도 대부분의 사람들이 그렇게 생각합니다. 태양은 흰난쟁이별이 될 것입니다.

우리가 생각할 수 있는 블랙홀 형성으로 이어질 수 있는 방법은 오직 둘뿐입니다.

- 하나는 우리가 기술했듯이 무거운 물체의 중력 붕괴입니다.
- 다른 하나는 격렬한 충돌로 인한 것입니다. 속도가 중력을 대체해 물질을 서로 부딪히게 할 수 있습니다. 그 충돌이 충분히 격렬하면, 설령 중력 붕괴에 충분한 물질이 없더라도 블랙홀을 형성할 수 있습니다.

질문: 이 두 번째 유형으로 블랙홀이 형성되는 것이 입자 충돌기에서도 일어날 수 있을 거라고 생각할 수 있나요?

답변: 상상할 수 있는 가장 작은, 그러면서도 의미가 있는 블랙홀은 플랑크 질량(Planck mass)[13]의 블랙홀입니다. 입자들을 충분히 강력하게 충돌시키면 이론적으로는 작은 블랙홀을 만들 수 있습니다. 우주선이 지구 상층의 대기와 부딪힐 때 인간이 만든 가속기보다 더 높은 에너지로 비슷한 충돌이 자연스럽게 일어납니다. 그러므로 예컨대 제네바의 LHC(Large Hadron Collider, 대형

---

13) $m_\mathrm{P} = \sqrt{\dfrac{hc}{G}} \approx 1.22 \times 10^{19}\,\mathrm{GeV}/c^2 \approx 2.18 \times 10^{-8}\,\mathrm{kg}.$

강입자 충돌기. ─옮긴이)에서 인공 블랙홀 생성이 가능하더라도, 더 위험하지는 않을 것입니다.

질의 응답 시간을 여기서 마칩니다.

블랙홀의 형성을 더 자세하게 공부하는 것이 다음 강의의 주제입니다.

블랙홀의 형성

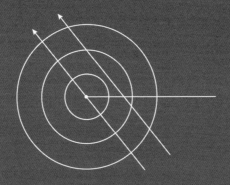

레니와 앤디는 명상적인 분위기에 빠져 있다.

고차원적인 수학과 추상적인 물리학으로 이루어진

일반 상대성 이론, 블랙홀, 웜홀의 물리학 덕분에

보통은 철학자와 성직자 들의 영역이었던

세계와 시간, 삶의 의미에 대한 태곳적 질문에

어떻게 더 가까이 다가갈 수 있는지, 정말 놀라운 일이다.

앤디: 웜홀에 대해 더 알고 싶네.

그러면 그 속으로 몰래 들어가서 역사 속 나의 몇몇 우상들에게 인사라도 하려고.

레니: 난 알베르트 아인슈타인이나 루트비히 볼츠만,

또는 조제프루이 라그랑주와 이야기하고 싶네.

하지만 앤디, 웜홀은 그저 방정식에 대한 이상한 수학적 풀이일 뿐이라 걱정일세.

그게 자동적으로 그 존재를 인정하지는 않아.

사실 웜홀이 왜 SF에 불과한지 알게 될 걸세.[1]

---

[1]   인간이 과거나 다른 우주로 여행하는 것이 불가능한 한 웜홀은 SF이다. 하지만 양자
중력에서는 어떤 역할을 수행한다.

시작하며

블랙홀에 대해 이미 배운 것들, 지평선, 국소적으로 평평한 시공간, 크러스컬 좌표(크러스컬-세케레시 좌표(Kruskal-Szekeres coordinate)[2]라고도 불린다.)로의 변수 바꿈, 블랙홀 근처 시공간의 기하에 대한 기본 도표, 자유 낙하하는 사람, 그리고 블랙홀로부터 고정된 거리에서 머물러 있는 사람이 겪는 일 등을 상기하면서 이 강의를 시작하자.

처음에는 복잡했던 이 개념들이 점점 더 명확해지고 익숙해질 것이다. 독자들은 그 심오한 단순성을 알기 시작해야 한다. 앞으로 나아가 마침내 일반 상대성 이론, 특히 다음 강의의 주제가 될 아인슈타인 장 방정식을 훌륭하게 이해하기 위해서는 이들을 잘 이해하고 편하게 느끼는 것이 필수적이다.

이들을 상기한 뒤 우리는 블랙홀 근처의 시공간 기하를 표현하기 위해 다른 유형의 도표를 사용할 것이며 그 도표가 어떤 다른 현상을 드러내는지 알게 될 것이다. 마지막으로 실제 블랙홀

---

2) 세케레시 죄르지(Szekeres György, 1911~2005년), 오스트리아-헝가리 제국에서 태어나 오스트레일리아에서 활동한 수학자.

의 형성을 살펴볼 것이다.

크러스컬-세케레시 좌표

지난 강의에서 우리는 블랙홀이 만들어 내는 시공간 기하의 기본 도표를 제시했다. 이를 그림 1에 다시 그려 놓았다. 이는 자유 낙하하는 관측자의 평평한 좌표에서 바라본 기하이다.

사실, 블랙홀 근처의 시공간은 국소적으로는 아주 좋은 근사로, 균일한 중력장이 있는 평평한 시공간이다.[3] 지평선 근처에서 자유 낙하하는 누군가는 시공간을 평평하다고 인식할 것이다. 시공간을 기록하고 그 국소적인 평평함을 표현하는 좌표 X와 T는 각각 **좌표 공간**과 **좌표 시간**이라 부른다.

우리는 쌍곡선 좌표를 구성해 블랙홀이 생성하는 시공간의 슈바르츠실트 계측[4]과 그 중력장이 지평선 근처에서는 균일하게

---

[3] 사실 이는 특이점을 제외하고 어디서나 국소적으로 민코프스키의 평평한 시공간과 같다. 이는 마치 유클리드 공간에서 임의의 매끈한 표면이 국소적으로는 평면처럼 보이는 것과 똑같다. 그러나 지평선을 특별하게 만드는 것은 그것이 돌아오지 못하는 반지름이라는 점이다.

[4] 공간, 또는 시공간의 계측은 그 공간의 내재적 특성임을 기억하라. 이는 좌표에 의존하지 않는다. 하지만 계측은 좌표계에서 일반적인 공식

$$d\tau^2 = -g_{\mu\nu}(X)dX^\mu dX^\nu$$

으로 표현된다. 다른 좌표계에서는 텐서 $g_{\mu\nu}$가 다른 성분을 가질 것이다. 텐서 성분의 변환 규칙은 2강에서 공부했다.

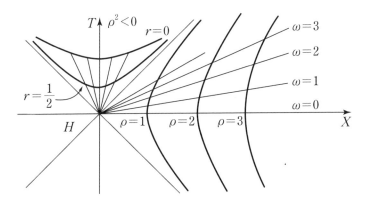

그림 1 블랙홀 지평선 근처에서의 크러스컬 도표.

가속되는 틀에서 표현되는 평평한 계측과 동등함을 보였다.[5] 일반 상대성 이론에서 이는 1강의 뉴턴 역학에서 우리가 알아냈던 것과 비슷하다.

즉 우리가 뉴턴 역학의 평범한 시공간 속에 있고 중력장이 없을 때, 말하자면 그 어떤 중력 작용을 하는 물체로부터 멀리 떨어져 있을 때, 균일하게 가속되는 엘리베이터의 기준틀에서는 물체(고정되어 있는 물체, 예컨대 광선의 광자처럼 어떤 운동을 하는 물체, 또는 자유로운 물체)가 균일한 중력장의 지배를 받는 것으로 보인다.

비슷하게 블랙홀의 지평선 근처에서, 지평선 바깥의 고정된

---

5) 상대성 이론에서 균일하게 가속되는 틀은 4강에서 공부했다.

거리에서 머물고 있는 사람은 마치 자신이 평평한 시공간 속에서 균일하게 가속되는 것과 똑같은 감각을 느낀다.

우리가 이 현상을 고려할 때 블랙홀의 특수성은 아무런 역할도 하지 않는다. 임의의 무거운 물체(예를 들면 지구 같은 물체) 근처에서도 사실이다. 실제로, 여러분 앞에서 움직이지 않고 서 있는 동안 나도 비슷한 느낌을 받는다. 비록 내가 움직이지 않더라도 나는 중력을 경험한다. 이는 만약 내가 중력장이 없는 공간에서 균일하게 가속되고 있을 때 내게 드는 느낌과 정확하게 동등하다. 우리는 가속되는 엘리베이터 안에 있는 것과 동등한 중력의 지배를 받는 데에 너무나 익숙해서 그걸 생각조차 못 한다. 하지만 국제 우주 정거장에서 오래 머물렀다 돌아온 우주 비행사들은 지구로 돌아올 때 이 중력/가속도를 극심하게 느낀다.

그림 1의 기본 도표로 돌아가 그 중요한 특징들을 상기해 보자. 45도 직선은 오른쪽으로 가거나 왼쪽으로 가는 광선의 운동을 나타낸다. 오른쪽 사분면은 블랙홀의 외부, 즉 지평선보다 더 멀리 떨어진 곳을 나타낸다. 위쪽 사분면이라고도 불리는 둘째 사분면은 블랙홀의 내부를 나타낸다. 우리는 점 H뿐만 아니라 45도 전체 직선이 지평선을 형성한다는 것을 확인했다. 우리는 왼쪽 사분면과 아래쪽 사분면은 실제 블랙홀에 대해 그 어떤 물리적 중요성도 갖지 않음을 보이려고 한다. 오직 오른쪽 사분면과 위쪽 사분면만 진짜로 중요하다.

블랙홀 바깥에 고정된 거리 r에 정지해 있거나, 같은 말이지만 지평선에서 고정된 거리 ρ에 정지해 있는[6] 누군가는 시공간에서 (X, T)의 기준틀에서 쌍곡선으로 표현되는 궤적을 따른다. 이미 말했듯이 이 사람은 유효 가속도를 느끼고 있다.

이 중요한 점들을 못박아 두기 위해, 뉴턴 물리학에서 시공간의 기하를 더 자세히 돌이켜 보자.

뉴턴 물리학에서는 지구 표면 위에서 공간의 기하와 시간을 유클리드 공간 더하기 보편적인 시간 좌표로 나타낸다. 간단히 하기 위해 오직 하나의 공간축으로만 추론할 것이다. 이는 지구 중심에서 방사상 방향이다.

지구에 정지한 관측자의 정지 기준틀에서 봤을 때, 지구에 대해 고정된 위쪽의 다양한 점들 각각[7]은 서로가 시간이 변함에 따라 평행한 직선의 궤적을 가진다. (이들은 1강 그림 3의 수직 점선들이다.) 고정된 선들의 시간 또한 중심점으로 수렴하지 않고 궤적에 수직으로 역시 평행함에 주목하라. 마지막으로 시간 좌표는 임의의 기준틀에서 똑같다. 이를 보편 시간이라 부른다.

균일하게 가속되는 틀은 단순히 가속되는 엘리베이터 내부 관측자의 틀이다. 지구에 정지한 관측자의 정지틀에서 봤을 때

---

6) ρ는 고유 거리이다. $r > 1$일 때 ρ는 우리가 7강에서 공부했던 단순 증가 함수로 r와 관련되어 있다.

7) "위쪽의 다양한 점들 각각"이라고 말한 것은 공간축이 지구 중심으로부터의 반지름이기 때문이다. 하지만 우리의 그래프에서 이는 수평축으로 나타냈다.

가속하는 엘리베이터에 대해 고정된 점들의 궤적은 이제 포물선이다. (1강의 그림 4.) 만약 엘리베이터 틀에서 지구에 대해 고정된 점들을 나타냈더라도 우리는 당연히 똑같은 상황을 맞이했을 것이다.

중요한 점들을 계속 못박아 두기 위해 상대성 이론에서의 시공간으로 넘어가 다시 더 자세하게 들어가 보자.

상대성 이론에서는 시공간의 기하가 뉴턴 물리학에서의 기하와 다르다. 공간과 시간은 밀접하게 뒤섞여 있다. 예를 들어 동시성은 틀에 좌우된다. 그러나 민코프스키 도표의 원점에서 멀리 떨어진, 균일하게 가속되는 기준틀은 지구 표면 근처에서 평범하게 가속되는 기준틀과 아주 비슷하다. (4강의 그림 15를 보라.) 궤적은 거의 평행한 수직선들이며 시간과 고유 시간은 거의 똑같다.

그림 1에서 블랙홀 지평선에서 튀어 나온 방사형 축 위에(각도 θ와 ϕ는 아무런 역할을 하지 않는다. 이들은 상수이다.) 고유 거리가 각각 $\rho = 1$, $\rho = 2$, $\rho = 3$ 등으로 퍼져 있는 일단의 사람들을 고려해 보자. 시간 변수 $\omega = 0$일 때, 이 사람들은 수평축에 규칙적으로 간격을 두고 있다. 그러고는 ω가 증가함에 따라 그들이 있는 축은 여전히 점 H를 관통해 지나면서도 회전한다. 사람들은 여전히 규칙적으로 떨어져 있으며, 심지어 쌍곡선 궤적을 보여 주는 기본 도표에서도 이는 여전히 사실이다.

그림 1의 좌표 T와 X는 자유 낙하하는 관측자의 좌표이다. 이 관측자는 특이점 $r = 0$을 제외하고 시공간의 어디에나 있

으며, 이 좌표틀에서 우연히도 블랙홀 지평선 근처에서 무슨 일이 일어나고 있는지 살펴본다. 관측자는 다양한 ρ에 있는 일단의 사람들이 균일하게 가속되고 있음을 알게 된다. 이들은 우리가 상대성 이론에서 균일하게 가속되는 틀이라고 **정의한** 것을 구성한다. 4강을 보라.

실제 가속도(각각의 사람이 느끼는 물리적인 밀침)는 다른 ρ에서 똑같지 않다. ρ가 작을수록 가속도는 더 강력하다. 이는 H 근처에서 쌍곡선이 더 뾰족해지는 것으로 드러난다. 반면 가속도는 ρ가 상수인 쌍곡선을 따라서는 똑같이 유지된다.

오른쪽 사분면에서 H로부터 펼쳐져 나온 직선들은 가속되는 틀에 있는 사람들에 대한 고유 시간 t 또는 ω가 상수인 직선들이다. ω가 $+\infty$로 감에 따라 직선들은 점점 더 H에서 방출되는 광선의 45도 직선에 가까워진다.

우리는 방금 블랙홀 바깥, 즉 오른쪽 사분면에서 일어나는 일을 기술했다. 반대로 블랙홀의 내부는 위쪽 사분면으로 표현된다. 이 위쪽 사분면에서는 시공간의 기하가 더 이상 국소적으로 평평한 것과 동등하지 않은 점이 있다. 뭔가 끔찍한 일이 일어나고 있다. 그것은 블랙홀의 중심에 있는 특이점이다. 정말 이상하게도 특이점은 그림 1의 전체 곡선으로 나타난다. 이는 $r = 0$으로 표지된 쌍곡선이다. 특이점 근처에서는 기조력이 대단히 강력하다.

시공간을 탐험하는 모험심 강한 사람에게 문제는 일단 블랙홀 지평선의 내부, 즉 위쪽 사분면에 있게 되면 c보다 더 빨리 이동할 수 없는 한 밖으로 나올 수가 없다. 여러분 궤적의 접선이 언제나 45도보다 가파르기 때문에 결국에는 피할 수 없이 특이점과 부딪힐 것이며 이는 여러분 자신의 시간으로 유한한 시간 안에 일어날 것이다.

요약하자면, 블랙홀 바깥에서는 사람, 물체, 또는 광선이 블랙홀 속으로 들어갈 수 있다. 또한 바깥에 머물러 있을 가능성도 있다. 그러나 일단 블랙홀 안에서는 어떤 것도 밖으로 나갈 수 없으며, 모든 것은 유한한 고유 시간 안에 특이점에서 끝장나게 된다. 이것이 블랙홀 기하에 대해 알아야 할 모든 것이다. 바깥이든 안쪽이든 국소적으로는 근사적으로 평평한 시공간과 동등하지만, 모든 곳에서 그렇지는 않다. 특이점이 있기 때문이다. 게다가 지평선은 돌아오지 못하는 거리이다.

펜로즈 도표

그림 1의 도표를 다르게 다시 그리면 아주 편리하다. 우리는 펜로즈 좌표와 펜로즈 도표로 끝내려고 한다. 하지만 이들은 여러 단계를 거쳐 구성된다. 평소대로 하나하나 단계를 밟아 보자.

블랙홀이 만드는 시공간의 기하에서 공간은 무한하다. 시간은 특이점에서 끝날 수도 있지만 45도로 나가는 광선형 방향은 또한 무한하다. 따라서 그림 1에서는 제한된 지면의 크기 안에서 전체 시공간을 그릴 수 없다. 하지만 여러 가지 목적을 위해 전체

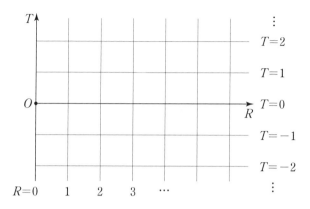

그림 2   가장 평범한 도표로 보여 준 평평한 시공간.

시공간을 유한한 그림으로 그릴 수 있으면 유용할 것이다. 우리
는 그렇게 할 작정이다. 그 결과 어떤 새로운 시각적 도구를 얻게
될 것이고 우리의 직관을 유지하게 될 것이다.

　그 작업을 시도하기에 앞서, 먼저 고색창연한 평평한 시공간
으로 시작해 보자. 모든 것을 지면의 어떤 유한한 영역 속으로 끌
어당기는 좌표 변환을 실행할 것이다.

　우연히도 이는 회전 대칭성을 선보이는 시공간의 기하에 유
용하다. 회전 대칭성, 또는 불변성이란 시공간의 임의의 사건에
서 일어나는 일이 어떤 중심으로부터 그 사건의 방향에 의존하지
않는다는 것을 뜻한다.

　당분간 보통의 3차원 유클리드 공간에 집중하자. 회전 대칭
성을 보이는 계를 기술하기 위해 보통의 극좌표를 이용하는 것

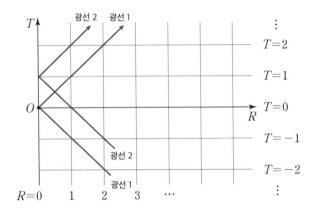

그림 3 공간 원점을 겨냥한 2개의 광선.

이 대개 유용하다. 그리고 회전 대칭성이 있을 때, 종종 각 방향에 대해서는 너무 염려할 필요가 없다. 시간을 논외로 한다면, 중요한 다른 좌표는 방사상 거리이다. 따라서 전체 시공간을 지면에 줄여 넣기 전에, 먼저 보통의 평평한 시공간이 그림 2에서 보듯이 먼저 시간축 T와 방사상 방향인 공간축 R를 가지고 있다고 생각한다. 시간은 $-\infty$에서 $+\infty$로 간다. 그리고 공간 좌표 R는 0에서 $+\infty$까지 간다.

다음과 같이 몇 가지 표지를 넣는다. $T=0$, $T=1$, $T=2$, $T=-1$, $T=-2$ 등등. 그리고 $R=0$, $R=1$, $R=2$, $R=3$ 등등이다. 전체 시공간이 아직은 지면 위로 줄여지지 않았다. 지금까지 T는 천상까지 올라갈 수 있고 지옥까지 내려갈 수 있다. 비슷하게, 방사상 축 R는 오른쪽으로 그 어떤 제한도 없다.

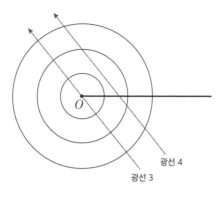

광선 4
광선 3

그림 4 2개의 광선. 하나는 중심을 겨냥하고 다른 하나는 그렇지 않다.

모든 경우 우리는 광속이 $c = 1$인 단위를 사용하고 있다고 생각할 것이다. 예를 들어 만약 우리가 시간으로 초를 사용했다면, 공간 단위는 광초가 될 것이다.

그러면 몇몇 광선은 45도 직선을 따라간다. 하지만 모든 광선이 그런 것은 아니다. **공간의 원점을 겨냥해** 과거로부터 날아와 미래로 나아가는 광선은 그림 3에서 보는 것처럼 한 쌍의 45도 반직선을 형성한다.

또 다른 그림을 보면 왜 몇몇 광선은 그림 3에서와 같은 경로를 따르고 다른 광선들은 그렇지 않은지 이해하는 데 도움이 될 것이다. 그림 4는 위에서처럼 똑같은 점에 중심을 둔 극좌표에서 공간을 보여 준다.

그림 4에서 광선 3은 중심을 겨냥하고 있다. 이 광선을 그림

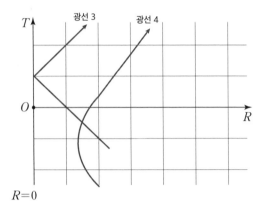

그림 5 광선 4가 원점 옆을 지나가지만 부딪치지는 않는다.

3에서 나타냈을 때는 광선 1과 광선 2처럼 수직선 $R = 0$에 부딪혀 튕겨 나오는 것으로 보인다.

하지만 광선 4는 그림 3에서 나타내면 $R = 0$에 부딪혀 튕겨 나오지 않을 것이다. 이는 아주 먼 과거로부터, 우리가 **광선성 무한대**라 부르는 곳으로부터 오고 있다. 광선이 멀리 떨어져 있는 한 우리에게 아주 훌륭한 기구가 없다면 그 광선이 중심과 부딪힐 것인지 여부를 말할 수 없을 것이다. 하지만 수직선 $R = 0$ 근처에서 광선은 그림 5에서 보듯이 수직선에 부딪히기 전에 방향을 바꿀 것이다.

광선 4는 원점을 겨냥하지 않았기 때문에 원점과 부딪치지 않는다. 작은 반경에서 멀리 떨어져 있으면 광선 4는 그림 5에서 거의 45도 직선을 따라간다.

사실 광선 4의 궤적은 쌍곡선이다.

그림 5에서 광선 4는 원점에서 밀려난 것처럼 보인다. 물론, 광선은 어느 것으로부터 밀려나지 않았다. 그림 4에서 보듯이 다시 날아가기 전에 원점 근처를 지나갈 뿐 항상 직선으로 진행한다. 그림 5에서 보는 현상은 우리가 원심력이라 부르는 것이다. 광선이 원점과 부딪치지 못하게 막는 것은 원심력이다.

우리는 그림 2에서 5까지 그런 고려 사항들을 검토해 몇몇 예비 수단을 확보했고 다음 단계를 준비했다.

다음 단계는 그림 2, 3, 5에서의 도표를 압착해서 전체 시공간을 지면에 짜 맞추는 것이다. 특히, 우리가 광선성 무한대라 불렀던 것이 이제는 그래프의 어딘가에서 하나의 점으로 나타날 것이다. 물론 도표는 변형될 것이다. 똑같이 보이지는 않을 것이다. 하지만 한 가지 특징은 변하지 않게 유지하려고 한다. 광선은 45도 직선 또는 점근선을 계속 따라갈 것이다. 이는 유용한 특성이다. 왜냐하면 광선이 어떻게 움직이는지 알 수 있으며, 무엇이 광속보다 천천히 또는 빨리 움직이고 있는지 알 수 있기 때문이다.

전체 시공간을 제한된 도표 안으로 줄여 넣는 것은 수학적으로 두 단계를 거쳐 진행된다. 우리는 첫 번째 새로운 좌표 집합을 도입한다.

$$T^+ = T + R$$
$$T^- = T - R. \tag{1}$$

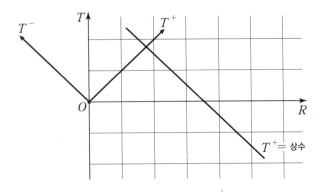

그림 6 **좌표** $T^+ = T + R$**와** $T^- = T - R$.

이 좌표 집합에서 예컨대 T^+ 가 상수인 직선은 그림 6에서 보듯 -45도 각도로 대각선인 직선이다.

이와 비슷하게 T^- 가 상수인 직선은 $+45$도인 대각 직선이다. 따라서 이제 우리는 평평한 시공간을 기술하기 위한 2개의 좌표 집합을 갖게 되었다. 우리에겐 (T, R)이 있고, (T^+, T^-)이 있다.

O를 관통해 지나가는 수직선을 살펴보자. 이는 이전 좌표 (T, R)에서 $R = 0$이다. 그리고 새로운 좌표 (T^+, T^-)에서

$$T^+ = T^- \qquad (2)$$

의 방정식을 가짐을 쉽게 알 수 있다.

이를 확인하는 한 가지 방법은 이것이 두 축 T^+ 와 T^- 가

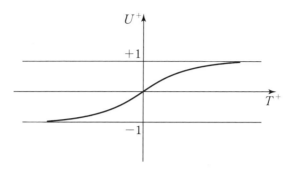

그림 7 T^+ 의 함수로서의 U^+.

형성하는 각도를 반으로 쪼개는 직선에 대한 보통의 방정식임을 알아차리는 것이다. 또는 $T^+ = T^-$ 를 $T + R = T - R$ 라 쓸 수 있는데, 이는 $2R = 0$, 즉 $R = 0$ 이 된다. 당연한 이유로 좌표 $(T^+,\ T^-)$ 는 **광선성 좌표**(light-like coordinate)라 부른다.

이제 우리는 전체 평면 $(T^+,\ T^-)$ 를 지면의 제한된 영역 속으로 줄여 넣기 위해 두 번째 새로운 좌표 집합을 도입한다. 두 번째 집합은 U^+ 와 U^- 이다. 좌표 U^+ 는 T^+ 의 증가 함수로서 T^+ 가 $-\infty$ 에서 $+\infty$ 로 갈 때 좌표 U^+ 는 -1 에서 $+1$ 까지 간다. 그림 7을 보라.

그런 함수는 많이 있다. 관습적으로는 쌍곡 탄젠트를 사용한다. 똑같은 변환을 T^- 에도 또한 적용할 것이다. 그러면 우리는 U^+ 와 U^- 를 다음과 같이 정의한다.

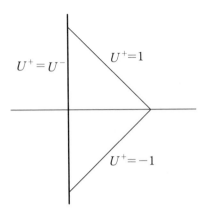

그림 8   좌표 (U^+, U^-)에서 시공간.

$$U^+ = \tanh T^+ \qquad\qquad (3)$$
$$U^- = \tanh T^-.$$

쌍곡 탄젠트가 그림 7과 같은 그래프를 가진다는 것을 제외하고
는 이에 대해 많이 알 필요는 없다. (그림에서 우리는 수평 단위를 수
직 단위보다 2배 길게 잡았다.)

이제 우리는 그림 2에서 그림 6까지의 평평한 시공간을 좌표
(U^+, U^-)로 나타낸다. T^+가 무한대로 갈 때 U^+는 결코 1
보다 더 커지지 않는다. T^-와 U^-에 대해서도 똑같다. 이는 그
림 8이 된다.

우리가 한 것이라고는 그림 6의 기하를 수직적으로 그리고

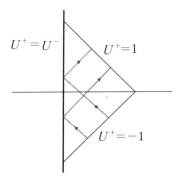

그림 9 (U^+, U^-) 좌표에서 원점을 관통해 지나가는 광선들.

수평적으로 유한한 삼각형 위로 짓이겨 넣은 것밖에 없다. 그림 9의 광선을 살펴보면 이는 더 명확해질 것이다.

원점을 겨냥해 안으로 들어오고 있는 광선을 살펴보자. 이는

$$T^+ = 상수$$

에 해당한다. 원점과 부딪힌 뒤에는 원점으로부터 밖으로 나가는 광선이 된다. 그러면 이 광선은

$$T^- = 상수$$

에 해당한다. 쌍곡 탄젠트를 이용한 좌표 변환은 그런 광선이 그

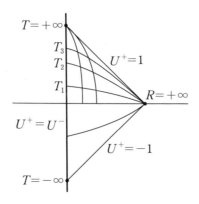

그림 10 시간이 상수인 선들.

림 9에서 보는 것처럼 여전히 직선인 성질을 갖고 있다.

또 다른 유용한 그래프는 시간이 상수인 그래프이다. 그림 10을 보라. 우리는 또한 '공간 무한대'를 점 $R_{+\infty}$ 속으로 욱여넣었다. 이는 **공간성 무한대**라 부른다. 고정된 시간이 점점 더 커지는 것을 살펴보면, 그에 상응하는 선들은 R가 증가할 때 $U^+ = 1$인 선에 점점 더 가까워질 것이다.

이제 고정된 공간 위치를 살펴보자. 이에 상응하는 궤적은 모두 $T_{-\infty}$에서 나와 $T_{+\infty}$로 갈 것이다. 그림 11에서 이를 확인할 수 있다.

이 도표는 그림 6의 도표와 '똑같다.' 하지만 우리는 좌표를 바꿔 어떤 좌표 (T, R)를 갖는 모든 점들이 유한한 삼각형 위 어딘가로 사상된다.

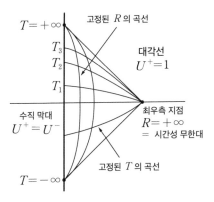

$T = +\infty$ 고정된 R의 곡선

T_3

T_2 대각선 $U^+ = 1$

T_1

수직 막대 최우측 지점
$U^+ = U^-$ $R = +\infty$
$=$ 시간성 무한대

고정된 T의 곡선

$T = -\infty$

그림 11 (U^+, U^-) 좌표에서 고정된 T와 고정된 R. 고정된 R는 자연스럽게 $T_{-\infty}$에서 나와 $T_{+\infty}$로 간다.

방사상 광선 궤적이 보이는 방식(그림 9)을 바꾸지 않고 그림 6으로부터 모든 것을 유한한 도표(그림 11) 속으로 가져오는 과정을 **조밀화**(compatification)라 부른다. 그림 11은 **펜로즈[8] 도표** (Penrose diagram) 또는 **카터[9]-펜로즈 도표**(Carter-Penrose diagram)라 부른다.

이로써 평평한 시공간의 펜로즈 도표에 대한 장을 끝낸다. 이제 우리는 블랙홀 기하로 넘어간다. 이는 우리를 웜홀에 대한 논의로 이끌 것이다.

---

8) 로저 펜로즈(Roger Penrose, 1931년~), 영국의 수학자이자 물리학자.

9) 브랜든 카터(Brandon Carter, 1942년~), 오스트레일리아의 이론 물리학자.

웜홀

우리는 평평한 시공간 전체를 지면 위에서 표현하는 데에 성공했다. 이제 문제는 다음과 같다. 이 기법을 블랙홀 기하에 적용할 수 있을까?

우선 몇몇 용어를 상기해 보자. 그림 11에서 $R = +\infty$인 삼각형 오른쪽 끝은 공간 무한대, 또는 공간성 무한대라 부른다.

자연스러운 새 용어를 몇 개 도입하자. 우변을 따라 $T = +\infty$인 삼각형의 꼭대기 끝을 **미래 시간성 무한대**(future time-like infinity)라 부른다. 그리고 바닥의 끝을 **과거 시간성 무한대**(past time-like infinity)라 부른다.

또한, $T_{-\infty}$와 $R_{+\infty}$ 사이의 45도 선은 그림 9에서처럼 모든 광선이 나오는 곳이다. 그리고 $T_{+\infty}$와 $R_{+\infty}$ 사이의 선은 광선이 원점과 부딪치거나 원점을 지나 빗나간 뒤에 가게 될 지점이다.

$T_{-\infty}$에서 $R_{+\infty}$까지의 선분에 대한 표준 표기법은 I^-이며 "스크립트 아이 마이너스", 또는 그냥 "스크리 마이너스"라 읽는다. 그리고 $T_{+\infty}$에서 $R_{+\infty}$까지의 선분은 I^+이며 "스크립트 아이 플러스", 또는 "스크리 플러스"라 읽는다.

이들은 각각 **과거 광선성 무한대**(past light-like infinity), 그리고 **미래 광선성 무한대**(future light-like infinity)라 부른다. 이들은 광선이 시작하는 곳이며 광선이 끝나는 곳이다. 이 모두가 그림 12에 요약되어 있다. 이 그림은 **평평한 시공간**을 조밀화했을 때 어떤 모습인지 보여 준다.

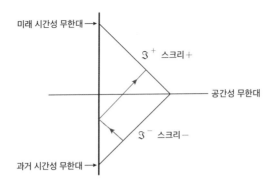

그림 12 조밀화된 평평한 시공간.

블랙홀로 주의를 돌려 보자. 이 도표들을 어떻게 블랙홀이 생성하는 시공간의 기하에 적용할 수 있을까? 우리는 정확하게 똑같은 작업을 수행할 수 있다. 우리는 그림 1의 전체 도표(X 축을 R 축이라 바꿔 부를 수 있다.), 즉 원래 크러스컬 좌표와 도표를 가져올 수 있다. 우리는 다시 광선성 좌표 $T^+ = T + R$와 $T^- = T - R$를 도입해 이를 오직 -1과 $+1$ 사이에서만 변하는 함수 속으로 축소시킬 수 있다. 정확하게 똑같은 조작을 하는 것이다. 그 결과 무엇을 얻게 될까?

그 모습은 그림 13의 도표이다. 이 도표는 다시 원래 4개의 사분면을 4개의 사분면으로 축소시키지만, 위쪽 사각형은 특이점으로 인해 반으로 줄어든다. 그리고 아래쪽 사분면은 잠시 무시한다.

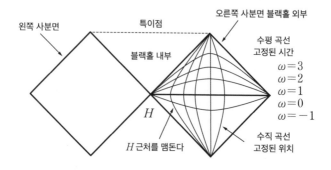

그림 13　펜로즈 도표에 조밀화된 블랙홀 시공간.

　지평선을 표현하는 문자 H 는 도표 가운데에서 45도로 기울어진 전체 선을 나타낸다는 점에 주목하라.

　블랙홀의 외부는 오른쪽 사각형이다. 이 사각형에서는 지평선 H 위에 떠 있는 고정된 위치의 쌍곡선이 바닥에서 꼭대기까지 가는 곡선이 된다. 시간 ω 가 상수인 원래 직선은 왼쪽에서 오른쪽으로 가는 곡선이 된다.

　블랙홀의 내부는 위쪽의 반쪽 사각형이다. 여기는 만약 우리가 그 속에 있다면 끝장나는 곳이다. 이곳은 특이점 선으로 제한되어 있다. 특이점은 무한대에서 벗어나 있지 않다. 일단 우리가 지평선 안에 있으면 우리는 미래를 피할 수 없기 때문에[10] 그래

---

10) '미래를 피하는 것'이 가능하지 않다는 것은 물론 오른쪽 사각형에서도 사실이다. 하지만 거기서는 설령 우리가 공간 속의 고정된 위치에 머물러 있다 하더라도, 시공간에

프 위의 고정된 점에 머물 수 없으며, 특이점까지 가는 데에 유한한 양의 고유 시간이 걸리며 무한한 기조력 때문에 소멸될 것이다.

그림 13은 펜로즈 도표에서 전체 블랙홀 시공간을 보여 준다. 만약 우리가 오른쪽 부분에 있다면, 우리는 우리가 있는 곳에 머물러 있을 수 있지만, 우리를 안으로 잡아당기는 중력에 맞서야 한다는 의미에서 가속도가 필요하다. 심지어 우리는 더 멀리 벗어날 수도 있다. 또한 우리는 바닥을 관통하듯 지평선 너머로 떨어질 수도 있다.

그림 13은 명백한 질문을 제기한다. 왼쪽 사각형에 해당하는 것은 무엇일 수 있을까? 아래 부분에 대해서도 마찬가지이다. 이는 그림 1의 왼쪽 사분면과 아래쪽 사분면을 조밀화해서 나타낸 것이다.[11]

왼쪽 사분면과 아래쪽 사분면은 실제 물리적인 블랙홀에 대해서는 어떤 실질적인 의미도 없다. 실제 물리적인 블랙홀과 그것이 어떻게 형성되는지 등을 공부하면 이를 알게 될 것이다.

서의 우리의 궤적은 블랙홀의 내부로부터 멀리 있으면서 무한한 시간(그 꼭대기)까지 갈 것이다.

[11] 인식론 이야기를 조금만 하자면, 독자들은 이런 고찰이 아주 추상적이며 그림과 수학을 사용한 일종의 놀이라고 여길 수도 있다. 하지만 사실 인간의 뇌는 **어떤** 지각이라도 그런 식으로 반영한다. 우리의 감각은 오직 날것의 지각만 제공하며, 뇌는 이를 3차원 공간과 시간을 이용해 기술되는 현상으로 구성한다. 처음에는 대부분의 사람에게 회의적이었던 상대성 이론은 이런 해석을 더욱 복잡하게 만들었다.

그럼에도 이렇게 자문할 수 있다. 어떤 종류의 기하학적 구조가 그림 13의 전체 확장된 크러스컬-펜로즈 도표로 기술되는가? 그것은 2개의 외부 영역(오른쪽과 왼쪽 사각형)이 지평선 H에서 연결된 것처럼 보인다. 지평선에서는 $R = 2MG$임을 기억하라. R_S로 표기하는 R의 이 값은 슈바르츠실트 반지름이라 부른다. 여기서는 $(1 - 2MG/R)$가 부호를 바꾼다. 우리는 오른쪽, 즉 외부 영역으로부터 도착해 그 계수가 부호를 바꾸며 우리는 계속해서 위쪽 사분면 또는 위쪽 절반의 사각형으로 표현된 내부 영역으로 나아간다.

이제 고정된 시간, 말하자면 $T = 0$에서 우리가 공간의 한 단면 또는 전체 공간을 살펴본다고 가정해 보자. 어떻게 보일까? 그림 13에서 그것은 단지 그림의 오른쪽에서 왼쪽까지 전체 수평 선분일 뿐이다. 하지만 지금까지의 모든 도표에서는 그림을 그리기 위해 공간은 오직 1차원이었다. 공간을 3차원으로 생각해 보자. 그러면 각각의 R에 대해 그것은 반지름이 R인 구의 표면(또는 2구라 부른다.)이다. 우리가 멀리 떨어져서 시작하면 그 천구(celestial sphere)는 아주 크다. 그러고서 우리가 H에 접근함에 따라, 2구는 $R = 2MG$로 줄어든다.

만약 우리가 그림을 그리기 위한 목적으로 공간을 2차원으로만 생각한다면, 각각의 R에 대해 2구는 '1원반', 즉 원반의 둘레, 달리 말하자면 원이 된다. 도표를 수평에서 수직으로 뒤집고 H를 아래로 내리면 우리는 이 원들을 그림 14에서처럼 나타낼 수 있다.

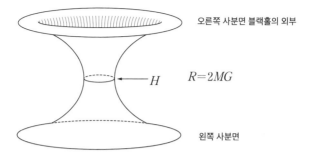

오른쪽 사분면 블랙홀의 외부

$$R = 2MG$$

H

왼쪽 사분면

그림 14 웜홀.

그림 13의 지평선 H 에서 내부 영역(위쪽 절반 사분면)으로 전환하는 대신, 우리가 그냥 왼쪽으로 '계속 가고 있다.'라고 가정해 보자. 이는 뒤집어진 그림 14에서 아래쪽 부분을 나타낸다. 이는 앞선 펜로즈 도표에서 왼쪽 사분면에 해당한다.

일단 우리가 이런 식으로 지평선을 통과했으므로 각각 R 의 공간은 다시 팽창하기 시작한다. 이는 사람들이 **웜홀**(wormhole)이라 부르는 것을 관통해 안쪽 편에서 다른 편으로 지나갈 수 있는 것처럼 보인다. 웜홀은 **아인슈타인-로젠**[12] **다리**(Einsten-Rosen

---

12) 네이선 로젠(Nathan Rosen, 1909~1995년), 미국계 이스라엘 물리학자로 1930년대에 아인슈타인과 함께 일반 상대성 이론에서 이 '다리'를 공동 연구했다. 지금은 웜홀이라고 부르는 것이 더 일반적이다. 그는 또한 양자 역학에서 이른바 EPR(아인슈타인-포돌스키-로젠) 역설에 대해서도 함께 연구했다.

bridge)라고도 부른다.

이는 블랙홀의 외부로 보이는 두 영역을 연결하며 병목 구간으로부터 멀어질수록 점점 더 커진다. 달리 말하자면 블랙홀이 2개의 우주, 또는 2개의 점근 영역을 연결하는 것처럼 보인다.

이렇게 생각할지도 모르겠다. '자, 우리는 지평선에서 오른쪽에서 왼쪽으로 병목 구간을 통과해 지나갈 수 있어.' 그러나 우리는 그럴 수 없다. 누군가 그런 여행을 하려 한다고 생각해 보자. 만약 그 사람이 오른쪽 어딘가에서 시작해 왼쪽 어딘가에서 여정을 끝내려고 한다면, 그 궤적이 어떤 점에서는 반드시 45도보다 작은 기울기를 가져야 한다. 즉 그 사람은 광속을 넘어서야만 한다.

사실 그림 14의 도표는 다소 오해의 소지가 있다. 이 도표는 모든 것을 **한순간의 시간**에 보여 준다. 하지만 단순하게도 실제로는 위쪽 부분에서 아래쪽 부분으로 갈 시간이 없다. 우리는 블랙홀의 실제 외부에서 왼쪽 사분면(그림 14에서 아랫부분)으로 갈 수가 없다. 그러므로 아인슈타인-로젠 다리는 실제 다리가 아니다.

이를 생각하는 한 가지 방법은 병목 구간이 열렸다가 무엇이든 그것을 관통해 지나갈 수 있기 전에 다시 닫힌다는 것이다. 하지만 최상의 방법은 그림 13을 보고 이렇게 말하는 것이다. "좋아, 만약 우리가 광속을 능가할 수 있고 수평으로 움직일 수 있다면, 우리는 오른쪽에서 왼쪽으로 중심에서 병목을 통과해 지나갈 거야. 하지만 우리는 그렇게 할 수가 없어. 우리는 오직 45도 또는 그보다 더 가파른 직선을 따라서만 움직일 수 있지."

웜홀은 블랙홀의 지평선을 통해 한 우주에서 다른 우주로(블랙홀 내부가 아니라 그 왼쪽 영역으로) 지나가는 것으로, 많은 SF의 원천이 되었다. 하지만 우리가 확인했듯이 그런 일은 일어날 수 없다. 이 웜홀들은 우리가 다른 우주로 건너가는 것을 허락하지 않는다. 이들은 일종의 **통과할 수 없는 웜홀**이다. 또한 우리가 과거로 여행할 수 있는 것처럼 보이는 웜홀들도 있지만 이들도 방금 우리가 기술했던 것만큼이나 공상적이다.

우리가 다른 우주로 견학을 가거나 강의가 끝날 때 모세에게 인사하러 갈 수 없다는 점은 실망스러울 수도 있다. 하지만 사실, 다음 장에서 보게 되겠지만, 어쨌든 그림 13의 왼쪽에는 어떤 실질적인 의미도 없다. 그것은 실제 장소가 아니다.

이제 블랙홀의 생성으로 넘어가 보자. 연구실에서는 너무 어려우니까 안 되고, 그 속으로 낙하하고 있는 어떤 물질이 있는 무한한 우주 공간에서 그걸 살펴볼 것이다.

블랙홀의 형성과 뉴턴의 껍질 정리

블랙홀의 형성을 공부하기 위해, 우리는 아주 특별한 종류의 안으로 떨어지는 물질을 가져올 것이다.

시공간 속의 한 점으로 시작한다. 블랙홀도 없고 아무것도 없다. 아주 멀리 껍질이 있을 뿐이다. 그림 15를 보라. 그 껍질은 철이나 다른 그런 물질로 만들어진 것이 아니다. 안으로 다가오는 복사의 얇은 껍질이다.

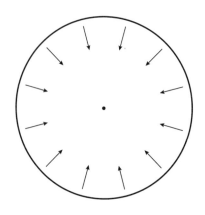

그림 15 중심점을 향해 안으로 다가오는 복사의 껍질.

복사는 에너지를 지닌다. 복사는 운동량을 지닌다. 이런저런 이유로 우리는 복사가 멀리 떨어져서 만들어졌다고 가정한다. 그리고 복사가 구면 대칭으로 중심점을 향해 광속으로 다가오고 있다.

관측자에 대해 어떤 시점에서 이 껍질의 반지름이 아주 작아지면 작은 영역에 너무나 많은 에너지가 있어서 블랙홀이 만들어질 것이다. 이것은 블랙홀 형성의 가장 단순한 형태이다.

별은 실제로 광속으로 떨어지는 것들로 만들어져 있지 않다. 우리가 살펴보는 것은 광속으로 다가오는 물질, 얇은 구형 껍질인 물질로 형성된 블랙홀의 이상화된 문제이다. 이는 또한 가장 간단한 상대성 이론 문제 중 하나이다.

블랙홀이 이렇게 형성되는 것을 이해하기 위해 알아야 할 단 두 가지 중요한 사항이 있다.

1. 껍질은 광속으로 움직인다.
2. 고전 역학에서 뉴턴의 유명한 정리와 그 상대성 이론 버전을 알 필요가 있다.

고전 역학에서 뉴턴의 정리가 말하는 것은 이렇다. 물질의 껍질이 2구를 형성하고 있다면, 즉 구의 표면 위에 물질이 균일하게 퍼져 있다면, 다음 사항이 성립한다.

(a) 구 **내부**의 중력장은 0이다.
(b) 구 **바깥**의 중력장은 중심에 똑같은 양의 질량을 가진 점 입자의 중력장과 똑같다.

이는 심지어 껍질이 움직이고 있어도, 예를 들어 중심으로 붕괴하고 있어도 사실이다. 물론 시간이 지남에 따라 중력장이 없는 안쪽 공간은 더 줄어들 것이고 중력장이 있는 바깥 공간은 더 많아질 것이다. 하지만 이는 여전히 사실이다.

이 정리는 일반 상대성 이론에서도 또한 사실이다. 이제는 다음과 같이 말한다. 안으로 떨어지고 있는 질량 또는 임의의 종류의 에너지의 껍질이 있다면, 그 내부 영역은 단지 평평한 시공간이다. 근원이 되는 점도, 질량도 없는 시공간과도 같다.

따라서 껍질의 내부에서는 그 정리가 고전 역학의 버전과 비슷하다. 바깥 영역에서는 상황이 다르다. 주변에 보통의 중력 계측을 가진 뉴턴식의 점원(point source)처럼 보이지 않는다. 이유는 단지 일반 상대성 이론에서는 그런 게 존재하지 않기 때문이다. 그렇다면 어떻게 보이는 걸까? 슈바르츠실트 계측, 즉 우리가 9강에서 공부할 아인슈타인 장 방정식의 풀이처럼 보인다.

달리 말하자면, 일반 상대성 이론에서는 질량이나 에너지(둘은 같은 것이다.) 껍질의 **내부**가 평평한 시공간이다. 그리고 그 **바깥**은 슈바르츠실트 블랙홀처럼 보인다. 정적이고 움직이지 않는 껍질이 있다면, 실제 풀이, 즉 실제 계측을 구성하기 위해 할 일은 평평한 안쪽의 계측과 슈바르츠실트 계측인 바깥쪽 계측을 함께 붙이는 그런 종류의 일이다.

뉴턴 물리학에서도 똑같은 작업을 했음에 주목하라. 안쪽에서 중력장이 없는 것과, 바깥쪽에서 중심 점원에 의한 표준 중력장을 함께 붙인다. 이런 식으로 우리는 2구 질량과 관련된 뉴턴 물리학의 문제를 푼다.[13] 일반 상대성 이론에서도 똑같은 일을 수행할 것이다.

세부 사항은 좀 덜어내고 블랙홀의 펜로즈 도표를 다시 그려서 우리가 알아내려고 하는 것을 설명해 보자. 그림 16을 보라.

---

13) 전자기학에서도 비슷한 사실을 알 수 있다. 전기 전하를 가진 도체가 안정적으로, 즉 정적으로 구성되어 있다고 생각하자. 그러면 (도체의 형태가 무엇이든 간에) 전하는 바깥 표면 위에 있으며 도체 내부에는 전기장이 없다.

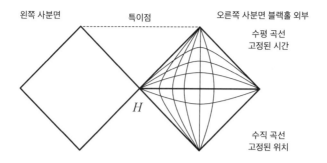

그림 16 블랙홀의 펜로즈 도표.

그리고 평평한 시공간의 펜로즈 도표도 다시 그려 보자. 하지만 이제는 그림 17에서 보듯이 안쪽으로 다가오는 복사의 껍질을 추가한다. 우리는 안쪽으로 다가오는 복사의 껍질을 안으로 다가오는 광자의 펄스, 즉 구 위에 잘 분포되어 있는 펄스로 생각할 수 있다.

안으로 들어오는 광자의 펄스는 과거 광선성 무한대('스크리 마이너스'라고도 불렸다.)에서 오는 것이다. 3차원에서는 원점을 중심으로 껍질들이 연속적으로 모여 있다. 그러나 그림 17에서는 오직 1차원의 공간만 그릴 수 있어서 간단히 하나의 직선으로 표현되었다. 그럼에도 이것을 껍질이라 생각하자.

임의로 주어진 시점에서 껍질의 내부는 어디이고 외부는 어디인가? 도표가 쉽게 답을 준다. 삼각형은 R와 T를 가진 시공간을 나타낸다. 하지만 둘 다 줄어들어서 그림 2의 전체 절반의 평면이 삼각형 안에 짜 맞춰져 있다.

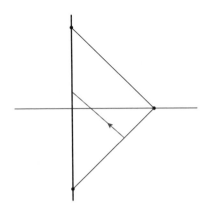

그림 17 평평한 공간에서 안으로 다가오는 광자의 펄스.

 시간과 공간(공간은 오직 하나의 차원으로만 나타냈다.)에서의 점
은 그림 18에서처럼 삼각형 안의 점이다. 껍질의 궤적은 직선(삼
각형의 윗변과 평행한 직선)이다. 주어진 시간에서의 모든 사건은 오
른쪽의 공간성 무한대로 가는 곡선을 형성한다. (그림 11을 보라.)
주어진 시간에서 껍질은 그 교차점에 있다. 껍질의 내부는 껍질
의 오른쪽에 있는 곡선의 일부이다. 외부는 껍질로부터 공간성
무한대까지 이어진다.
 뉴턴의 정리 또는 그 일반 상대성 이론 버전이 말하는 것은
껍질의 내부에서는 모든 것이 평평한 시공간이라는 것이다.
 그림 18의 도표에서 우리는 껍질이 움직임에 따라 그 내부를
동적으로 볼 수 있다. 달리 말하자면, 이는 우리가 그림 8과 그림
9에서 그렸던 시공간으로 올바르게 표현된다. 그것은 단지 평평

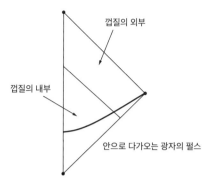

그림 18 임의로 주어진 시간에서의 껍질의 내부와 외부. 곡선은 주어진 시간이다. 이것이 껍질과 교차하는 곳이 그 시간에서의 껍질의 위치이다.

한 시공간을 표현한 것이었다. 따라서, 우선, 껍질의 안쪽에 대해서는 평평한 시공간의 펜로즈 도표가 지금 일어나고 있는 모든 일을 올바르게 나타낸다. 이는 그림 19의 어두운 영역이다.

　외부는 어떨까? 외부에서는 중력장이 있다고 했다. 그리고 그것은 평평한 시공간처럼 보이지 않는다는 것을 알고 있다.[14] 따라서 그림 19에서 하얗게 그려진, 삼각형의 위쪽 영역은 안으로 떨어지는 껍질의 물리학 또는 기하를 올바르게 표현하는 것이 아니다.

　껍질 너머에서는 무엇이 올바른 표현일까? 그것은 그림 16

---

14)　균일한 중력장은 여전히 평평한 시공간임을 상기하라. 왜냐하면 우리 자신을 '자유 낙하하는 틀'에 갖다 놓으면 민코프스키 계측이 올바르기 때문이다.

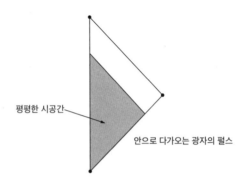

평평한 시공간

안으로 다가오는 광자의 펄스

그림 19 껍질이 시간에 따라 움직일 때 껍질 내부의 평평한 시공간.

의 슈바르츠실트 블랙홀을 표현한 것이다. 고정된 시간 곡선들과 고정된 위치 곡선들에 대한 모든 불필요한 세부 사항들은 제외하고 다시 그려 보자. 그림 20을 보라.

바깥(오른쪽 사각형)에 있는 누군가가 껍질을 던진다. 안으로 떨어지는 껍질은 하나의 공간 차원으로 표현했을 때 방사상으로 다가오는 광선이다. 이는 반드시 45도 직선을 따라 움직인다. 껍질은 멀리 떨어진 데서부터 온다. 껍질은 지평선이라 부르는 선을 건널 때까지 특별한 일을 겪지 않는다. 껍질은 계속 진행해서 결국에는 특이점과 부딪친다. 그것이 슈바르츠실트 기하에서 광선이 보이는 모습이다.

그림 20에서 도표의 어느 부분이 우리가 행하고 있는 물리학을 올바르게 나타내고 있는가? 껍질의 내부는 그림 20의 블랙홀

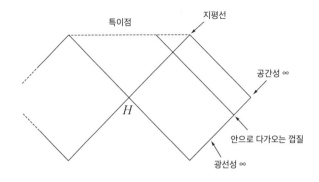

특이점   지평선

공간성 ∞

H

안으로 다가오는 껍질

광선성 ∞

그림 20 블랙홀 도표에서의 껍질이 시간에 따라 움직인다.

도표로 올바르게 나타낼 수 없음을 유의하라. 왜냐하면 올바른 표현은 그림 19의 평평한 시공간 도표이기 때문이다.

반면 껍질의 외부는 그림 21에서 어두운 영역으로 보이는 블랙홀 도표로 올바르게 표현된다.

우리에겐 2개의 도표가 있다. 하나는 내부를 정확하게 외부를 부정확하게 표현하고, 다른 하나는 외부를 정확하게 그러나 내부를 부정확하게 표현하고 있다.

어떻게 이 둘을 합쳐서 하나의 기하학적 구조로 만들 수 있을까? 아주 쉽다. 그림 22에서처럼 각 도표에서 잘못된 부분을 던져 버리고 올바른 부분들을 함께 붙인다.

안으로 떨어지고 있는 껍질은 그림 22의 두 부분이 공통으로 가지고 있는 것이다. 껍질의 한쪽 편에는 평평한 공간의 기하학적 구조가 있다. 다른 편에서는 블랙홀의 기하학적 구조가 있다.

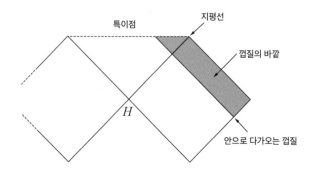

그림 21 블랙홀 도표에서 시간에 따른 껍질의 바깥.

이는 뉴턴의 정리를 적용하고 있다. 완성된 도표는 안으로 떨어지는 껍질로 만들어지고 있는 블랙홀의 기하를 나타낸다.

그림 22에서 우리는 또한 지평선을 그렸다. 지평선은 특이점과 스크리 플러스의 교차점에서 끝나는 45도 선이다. 지평선을 건너가는 사람은 특별한 일을 겪지 않는다. 하지만 일단 지평선 안에 있으면 최종적으로 특이점과 부딪치는 것을 피할 길이 없다. 반면 만약 여러분이 껍질의 바깥쪽 그리고 지평선의 바깥쪽에 있다면 여러분은 멀리 갈 수 있다. 예를 들면 스크리 플러스까지 벗어날 수 있다.

아주 흥미로운 점이 있다. 그림 23에서 보이는 작은 어두운 삼각형에서는 아무런 문제가 없어야 할 것 같지만, 거기서도 여러분은 끝장난다.

그 작은 삼각형에서 여러분은 여전히 평평한 시공간에 있다.

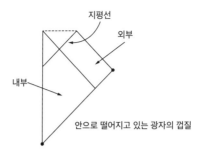

그림 22 껍질의 내부와 외부를 함께 붙인다.

껍질은 아직 안으로 들어가지도 않았다. 여러분은 껍질을 볼 수가 없다. 만약 여러분의 광뿔에서 뒤쪽을 본다면 껍질을 보지 못할 것이다. 왜냐하면 여러분이 뒤를 본다는 것은 껍질의 궤적과 평행하게 과거로부터 오는 광선을 보거나 또는 다른 방향에서 오는 45도 직선의 다른 광선을 본다는 것을 뜻하기 때문이다. 두경우 모두 과거에서 껍질과 만나지 못한다.

여러분은 껍질이 오고 있음을 알지 못한다. 평평하고, 아무런 문제가 없어 보이는 시공간의 영역 속에 머물러 있다. 하지만여러분은 또한 껍질에 의해 정의된 지평선 너머에 머물러 있다.달리 말해, 껍질이 여전히 멀리 떨어져 있다 하더라도, 그리고 지평선이 여전히 아주 작다 하더라도, 여러분은 이미 파멸의 영역속에 있는 것이다.

이 모순적인 상황을 이해하기 위해, 어떤 일이 일어날 수 있는지 알아보자. 여러분이 공간에서 움직이지 않기로 선택한다면,

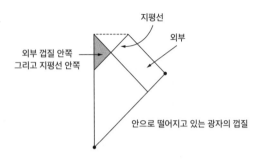

그림 23 껍질 안쪽의 놀라운 영역. 여기서는 모든 것이 평평하고 아무런 문제도 없어 보이지만, 그러나 또한 지평선 안쪽이다. 따라서 사람들은 끝장날 운명이다.

껍질은 안으로 들어와 여러분을 지나갈 것이다. 그러면 여러분이 슈바르츠실트 반지름 안에 있을 것임은 의문의 여지가 없다. 만약 여러분이 밖으로 나가려고 움직이기로 결정한다면, 여러분은 45도보다 더 가파른 궤적 위에서 움직일 수밖에 없다. 그래서 여러분은 어쨌든 특이점과 부딪칠 것이며 그때까지 여러분의 고유 시간으로 유한한 시간이 걸릴 것이다.

지평선 자체는 시공간의 어떤 시점에서 아주 작게 시작된다. (자세한 논의는 9강을 보라.) 그러고는 껍질이 다가옴에 따라 지평선은 커진다. 어느 시점에서 껍질은 그 지평선을 건너간다. 그러면 지평선은 더 이상 커지지 않는다. 그림 23에서 껍질과 교차한 뒤의 지평선은 고정된 $R = 2MG$에 해당한다.

껍질의 내부와 외부 기하를 조합한 펜로즈 도표의 이점은 우리가 광속을 능가할 수 없는 상황 속에서, 껍질이 어디에 있다 하더라도 지평선 너머로부터 밖으로 나갈 길이 없음을 명확하게 보여 준다는 점이다.

물론, 만약 우리가 껍질의 안쪽이지만 지평선의 바깥쪽에 있다면 우리는 끝장나지 않는다. 껍질이 우리를 지나가지 않는 한, 우리는 애쓰지 않고도 우리가 있는 곳에 머물 수 있다. 일단 껍질이 우리를 지나가면, 우리는 가만히 머물러 있기 위해 가속도로 중력과 싸워야만 한다. (잊어버리는 경향이 있지만, 우리가 의자에 앉아 있을 때 여러분과 내가 하는 것처럼 말이다.) 만약 우리가 가속도와 싸우지 않는다면 우리는 지평선 너머로 떨어져 끔찍한 결과를 맞이하게 될 것이다. 하지만 만약 가속한다면, 우리는 고정된 상태를 유지할 수 있을 뿐만 아니라 충분히 빨리 움직인다면 스크리 플러스까지도 날아갈 수 있다.

그림 24에서 볼 수 있는 더 관습적이고 구체적인 도표로 블랙홀 형성을 살펴보자.

껍질 안쪽에서 시공간은 평평하다. 껍질 바깥쪽에서 시공간은 그림의 가운데에서 똑같은 질량을 가진 블랙홀의 계측과 똑같은 계측을 가진다. 지평선은 슈바르츠실트 반지름을 향해 커지고 있다가 더 이상 커지지 않는다. 지평선 안쪽에 무엇이 있든 **껍질이 아직 거기 있지 않다 하더라도** 끝장날 운명이다.

껍질이 지평선을 지나지 않는 한, 아마도 껍질이 마음을 바꿔 다시 바깥으로 가속할 수도 있을 것이다. 물론, 광자 껍질에는 마음이 없다고 가정할 수 있다. 그러나 만약 그렇다면 광자는

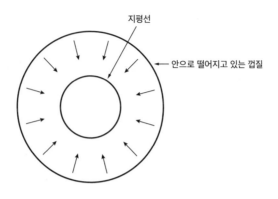

지평선

← 안으로 떨어지고 있는 껍질

그림 24 껍질, 형성되고 있는 블랙홀, 그리고 지평선.

$2MG$ 보다 더 멀리 떨어져 있는 이상 방향을 돌릴 수 있다. 껍질이 지평선을 지나가도, 이제는 광자가 영원히 갇혀 있다는 점만 제외하고는 특별한 일이 일어나지 않는다. 광자는 더 이상 돌아갈 수 없다. 물론, 광자가 돌아서려고 노력할 수는 있지만 아주 멀리 가지는 못한다. 이제는 이들 또한 특이점과 부딪칠 운명이다.

그림 23에서 우리는 껍질(-45도로 기울어진 궤적)이 그 자신의 지평선을 지나는 지점을 시각화할 수 있다. 이는 $R = 2MG$ 에서 일어난다. 그 후로는 블랙홀이 완전히 형성되었다고 말할 수 있다.

그림 24를 이용해서 껍질이 지평선을 지나가기 전, 지평선의 역설적인 면을 논의해 보자. 껍질이 그 지평선 바깥에 있는 한 지평선 안쪽에 있는 누군가는 그 바깥으로, 하지만 여전히 껍질의 안쪽으로 움직일 수도 있는 것처럼 보인다. 왜냐하면 그 영역에

서는 시공간이 평온하기 때문이다. 따라서 그 사람은 끔찍한 운명을 피하게 될 것이다. 하지만 그것은 잘못된 생각이다. 시간이 없을 것이기 때문이다. 또는, 원한다면, 그 사람이 광속을 능가해야만 할 것이다.

때문에 그림 23의 도표가 그림 24의 더 관습적인 도표에 비해 우월하다. 펜로즈 도표는 더 추상적이지만 시공간의 가능한 궤적과 불가능한 궤적을 명시적으로 보여 준다.

지평선은 유별나다. 유령 같은 방식으로 존재하기 시작하고 처음에는 아주 작다. 그런 일은 껍질이 여전히 멀리 있으면서도 떨어지기 시작한 이후 어느 시점에서 일어난다. 지평선은 슈바르츠실트 반지름까지 성장하고는 더 이상 자라지 않는다. 지평선은 돌아올 수 없는 점임을 기억하라. 그것이 지평선에 대한 동등한 정의들 중 하나이다.

연습 문제 1: 슈바르츠실트 반지름보다 더 먼 어떤 거리에 구면 거울이 있으며, 안으로 떨어지는 복사가 거울에 부딪힌다고 가정하자. 복사는 바깥으로 반사된다.

1. 그림 23에서 복사 껍질의 궤적을 그려라.
2. 어느 영역의 사람들이 끝장날 운명인지 논하라.

시간 변수에 관한 논의

그림 23과 그림 24 사이의 관계, 그리고 시간 변수의 중요성을 더 자세히 살펴보자. 그림 24는 안으로 떨어지는 복사를 통상적으로 그린 것이다. **이는 어느 한 순간의 스냅샷이다.**

그림 23은 블랙홀 형성에 대한 펜로즈 도표이다. **이는 똑같은 그림에서 공간과 시간, 즉 전체 시공간을 보여 준다.**

어느 한 순간을 말하기 위해서는 우리가 어떤 시간을 이용하고 있는지 명시해야 한다. 시간은 그저 좌표일 뿐이다. 우리는 좌표 변환을 만들 수 있다. 어느 한 순간에 대해 말한다는 것은 사실은 모든 곳에서 공간성인 표면들의 모둠으로부터 하나의 표면을 고른다는 뜻이다. 그림 25를 보라. 어떤 숫자로 표지된 공간성 표면들의 이 모둠으로부터, 우리가 있는 표면의 표지를 시간으로 취할 수 있다.

만약 우리가 이 시간 변수를 따른다면, 시간 T_A에서는 껍질이 멀리 떨어져 있다. 지평선도 없다. 시간 T_B에서는 껍질이 더 가까워졌다. 지평선은 아직 형성되기 시작하지 않았다. 시간 T_C에서 지평선이 존재하지만, 복사는 여전히 바깥에 있다. T_C와 T_D 사이 어느 시점에 껍질이 지평선을 지난다. 그러면 우리는 블랙홀이 존재한다고 말할 수 있다.

요약하자면 이렇다. 껍질이 안으로 떨어짐에 따라 어느 시점에서 지평선이 나타난다. 처음에는 아주 작은 점으로 나타난다. 지평선은 $R = 2MG$에서 껍질과 만날 때까지 성장한다. 그리고는 슈바르츠실트 반지름에 머물러 있다. 지평선이 껍질 아래에 있는 한, 지평선은 평평한 시공간의 영역 속에 있다. 지평선을 건너가는 누군가는 아무것도 느끼지 못한다. 어느 쪽에 있든 그 사람은 여전히 중력이 없는 공간 속에 있다. 그러나 지평선을 넘어가면 평평한 영역에서라도 그 사람은 끝장날 운명이다. 그 경계는 그림 25에서 위쪽 45도 선이다. 우리가 중력을 느끼기 시작하는 것은 이 경계, 즉 지평선을 건너갈 때가 아니다. 우리가 껍질을 건너갈 때이다.

도표의 중요성은 아무리 강조해도 지나치지 않다. 예컨대 지평선이 어디서 형성되는지 알아내기 위해 계산하려 한다면, 그렇게 할 수 없다는 것을 알게 될 것이다. 여러분은 스크리 플러스와 특이점의 교차점으로부터 45도 각도로 선을 그어 그림을 그리게 될 것이다.

무슨 일이 일어나고 있는지 여러분이 잘 이해하려면, 이 강의의 모든 도표들, 특히 평평한 시공간, 블랙홀, 그 둘의 조합에 관한 펜로즈 도표와 익숙해지는 것이 그 방법이다.

여러분이 문제를 추론하려고 하는데, 시공간의 다른 부분들 사이의 관계를 여러분 눈앞에 정확하게 보여 주는 훌륭한 그림이 없다면, 여러분은 어려움에 처할 것이다.

한편, 중요한 관계는 그림 속에 있는 것들의 상대적인 크기가 아니다. 스크리 플러스와 특이점이 만나는 곳에서의 작은 원은 엄청나게 큰 시공간의 영역을 나타낸다. 똑같은 원이지만 그

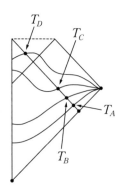

그림 25 공간성 표면 모둠의 표지로 간단히 시간 변수를 정의한다.

림 25에서 수직의 면을 따라 지평선이 태어나는 곳은 작은 영역을 나타낸다. 펜로즈 도표가 보여 주는 중요한 관계는 어떤 광선 (45도 선)과 다른 궤적들이 연결될 수 있는지 아닌지이다.

펜로즈 도표는 **인과 관계**, 무엇이 무엇을 야기할 수 있는지, 어떤 신호가 전파될 수 있는지, 누가 누구에게 신호를 보낼 수 있는지를 드러낸다. 여기 있는 앨리스로부터 신호가 밥까지 이를 수 있을까? 기술적으로 말하자면 도표가 인과 구조(원인과 효과)를 반영한다고 말할 것이다. 이는 무엇이 무엇에게 영향을 줄 수 있는가를 뜻한다. 규칙은 이렇다. **어떤** 사건 E, 즉 시공간 도표 속의 한 점은 그 앞에 있는 것에만, 달리 말해서 E에서 방출된 빛 또는 E에서 보낸 더 천천히 움직이는 물체가 이를 수 있는 영역 속의 것들에만 영향을 줄 수 있다. 사건 E는 그 광뿔 바깥의 사건에는 영향을 끼칠 수 없다.

펜로즈 도표는 우선 모든 것을 지면 위에 그려서 살펴보기 위해, 그리고 둘째로 그 인과 관계, 무엇이 무엇에게 영향을 줄 수 있는지를 충실하게 반영하기 위해 만들어졌다. 그 이유 때문에 펜로즈 도표는 광선이 여전히 45도 또는 −45도로 기울어진 직선을 따라 이동하는 그런 방식으로 구축되었다. 이 모든 것 때문에 펜로즈 도표는 소중하다. 도표 없이 생각하기란 아주 어렵다. 펜로즈 도표가 있으면 없을 때보다 훨씬 더 명확하게 사물들을 보게 된다. 예를 들어, 우리는 그림 23의 펜로즈 도표가 그림 24의 더 통상적인 도표보다 얼마나 이야깃거리가 훨씬 더 많은지 보았다.

펜로즈 도표를 사용하다 보면 얼마지 않아 그것에 익숙해지고 효율적으로 사용할 수 있게 될 것이다.

펜로즈 도표는 추상적인 그림이라고 말할 수도 있다. 그러나 일반 상대성 이론은 여전히 고전 물리학이다. 예를 들면 양자 역학이나 양자장론보다 훨씬 덜 추상적이다. 일반 상대성 이론은 표현할 수 있다. 물론 다소간 쉽지만, 결국에는 보통의 직관이 작동한다. 양자 역학에서는 그렇지 않다. 『물리의 정석: 양자 역학 편』에서 봤듯이 양자 역학은 일상의 경험으로부터 훨씬 더 멀리 떨어져 있다. 다음 강의에서 우리는 마침내 아인슈타인의 장 방정식에 이르게 될 것이다. 이는 일반 상대성 이론의 중추이다.

레프 란다우[15]는 일반 상대성 이론을 두고 지금까지 만들어

15) 레프 란다우(Lev Landau, 1908~1968년), 러시아의 이론 물리학자. 그는 물리학을 시

진 가장 아름다운 물리학 이론이라고 말했다.

아인슈타인 장 방정식

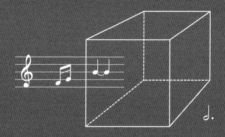

큰 이어폰을 쓰고 음악을 들으며 앤디가 도착했다.

레니: 오늘 이야기하기 전에 긴장을 푸는 건가?

앤디: 일반 상대성 이론의 아름다움에 경외감이 느껴져.

물리학이란 복잡한 변수나 그와 비슷한 다른 것들을 써서

뉴턴의 요람(2개의 줄로 연결된 같은 질량의 쇠공 여러 개가 연이어 닿아 있는

진자. ─옮긴이)이나 날개의 양력을 멋들어지게 설명하는

이론들의 집합체라 생각했지.

하지만 그건 기타로 연주하는 대중 가요와 바흐의

「마태 수난곡」을 비교하는 것과도 같아. 그래서 그걸 듣고 있어.

레니: 오늘 아홉 번째 수업인 아인슈타인의 장 방정식까지 기다려!

베토벤의 9번 교향곡과 비슷할 거야.

시작하며

마침내 우리는 아인슈타인의 장 방정식에 이르렀다. 우리는 연속 방정식과 에너지-운동량 텐서를 도입할 것이다. 연속 방정식이란 어떤 것이 여기서 저기로 지나가지 않고서 한쪽에서 사라졌다가 다른 쪽에서 다시 나타날 수는 없다는 것을 말한다. 에너지-운동량 텐서는 공간 속 질량들의 분포와 그 운동이라는 개념을 확장한 것이다. 그러면 우리는 아인슈타인 방정식을 유도할 수 있다. 일반 상대성 이론에서 이것은 고전적인 비상대론적 물리학에서 뉴턴의 운동 방정식과 비슷한 것으로, 장의 개념을 이용한 일반 상대성 이론 버전이다.

우리는 아인슈타인 장 방정식을 푸는 것에 깊이 들어가지는 않을 것이다. 이 방정식은 수학적으로 꽤나 난해하다. 심지어 방정식을 명시적으로 써 내려가는 것조차 복잡하다.

이는 우리가 이미 말했던 일반 상대성 이론의 특성이다. 원리들은 아주 간단하지만, 방정식들은 계산하기가 끔찍하다. 우리가 계산하려고 하는 거의 모든 것은 급속히 복잡해진다. 독립적인 크리스토펠 기호, 곡률 텐서의 원소, 도함수 등등 많이 있다. 각각의 크리스토펠 기호에는 미분이 한 뭉치이다. 곡률 텐서에는 더 많은 미분이 있다. 방정식은 한 장의 종이에 다 쓰기에도 힘들다.

방정식을 푸는, 또는 심지어 방정식을 적는 최상의 방법은 컴퓨터에 집어넣는 것이다. 그리고 매스매티카(Mathematica)[1]는 가능한 한 언제든지 답을 뱉어 낸다. 앞서 말했듯이 기본 원리들은 간단하지만 그 원리들을 지나 어디로든 가려고 하면 계산 집약적인 경향이 있다.

그래서 우리는 계산을 많이 하지는 않을 것이다. 우리는 기호들의 의미에 집중할 것이다. 그러고는 다양한 환경에서 방정식을 풀려고 할 때 무슨 일들이 일어나는지 살펴볼 것이다.

마지막 강의에서 중력파에 대해 이야기할 때 간단한 경우에 방정식을 풀 것이다. 하지만 지금 강의에서는 중력파가 주제가 아니다. 주제는 일반 상대성 이론의 기본 방정식인 아인슈타인 장 방정식이다.

뉴턴의 중력장

아인슈타인 장 방정식에 대해 이야기하기 전에, 그에 상응하는 뉴턴적 개념에 대해 이야기해야 한다. 뉴턴은 장이라는 개념을 생각하지 않았다.[2] 뉴턴은 장 방정식이라는 개념을 갖고 있지 않

---

1) 영국의 컴퓨터 과학자인 스티븐 울프럼(Stephen Wolfram, 1959년~)이 개발한 수학적 기호 계산 프로그램이다.

2) 물리학에서 장이라는 개념을 개발한 것은 대개 영국의 물리학자 마이클 패러데이(Michael Faraday, 1791~1867년)의 공으로 인정받는다.

았다. 그럼에도 고전적인 비상대론적 물리학에서 뉴턴의 운동 방정식과 동등한 장 방정식들이 있다.

운동의 장 방정식들은 언제나 일종의 주고받는 관계와도 같다. 질량은 중력장에 영향을 주고 중력장은 질량이 움직이는 방식에 영향을 준다. 이런 상호 작용을 뉴턴의 맥락에서 이야기해보자.

우선, 장은 입자에 영향을 준다. 이는 단지 중력 F 가 질량 m 곱하기 중력 퍼텐셜의 경사의 음수로 쓸 수 있음을 말한다. 중력 퍼텐셜은 보통 ϕ 로 표기하며, 위치 x 의 함수이다. 우리는 다음과 같이 쓸 수 있다.

$$F = -m \nabla \phi(x). \tag{1}$$

이 방정식이 의미하는 것은, 공간의 어디서나 무슨 이유에서건 위치에 따라 변하는 중력 퍼텐셜 $\phi(x)$ 가 있다는 것이다. 우리는 $\phi(x)$ 의 경사를 취할 수 있다. 거기에 여러분이 그 운동을 알아내려고 하는 물체의 질량 m 을 곱하고, 음의 부호를 붙인다. 그러면 물체에 가해지는 힘을 알 수 있다.

식 (1)은 1차원일 수도 있다. 이 경우 경사는 단지 독립적인 공간 변수 x 에 대한 함수 ϕ 의 평범한 도함수이다. 그러면 식 (1)은 단지 두 스칼라를 같다고 놓는 것이다.

식 (1)은 또한 여러 차원일 수도 있다. 이는 x 가 벡터인 위치이며, $X = (x, y, z)$로 표기할 수 있는 경우이다. 기호 ∇은 "경사" 또는 "델"로 읽으며 편미분의 벡터를 표현하는 데 사용된다.

$$\nabla \phi(X) = \left(\frac{\partial \phi}{\partial x}, \frac{\partial \phi}{\partial y}, \frac{\partial \phi}{\partial z} \right).$$

물론 이 경우 힘 F 또한 벡터이다. 하지만 간단히 하기 위해 1차원이든 다차원이든 x라는 표기법을 계속 사용할 것이다. 지금 우리가 도입하려는 F와 가속도에 대해서도 마찬가지이다.

식 (1)은 장 $\phi(x)$의 한 면을 보여 준다. 이는 입자가 어떻게 움직이는지를 말해 준다. 우리가 관심 있는 경우에 대해, 이 식은 그 입자들의 가속도가 어떠해야 하는지를 알려 줌으로써 그렇게 한다. 이는 입자에 작용하는 힘 F와 그 가속도 a를 연결하는 뉴턴의 방정식으로부터 나온다.

$$F = ma. \tag{2}$$

식 (1)과 (2)를 조합하면 질량 m은 소거된다. 우리는

$$a = -\nabla \phi(x) \tag{3}$$

를 얻는다. 이것이 주고받는 관계에서의 한 방향이다. 이는 장이 입자에게 어떻게 움직이라고 말하는가이다. 다른 한편, 즉 또 다

른 방향에서는 공간에서의 질량이 중력장은 어떠해야 한다고 일러 준다. 중력장이 무엇인지를 알려 주는 방정식은 푸아송 방정식(Poisson's equation)이다.[3] 이 방정식은 공간에 대한 ϕ의 2계 미분이 다음과 같이 공간 속 질량의 분포와 관계가 있다고 말해 준다.

$$\nabla^2 \phi = 4\pi G \, \rho \, (\, x \, , \, t \,). \tag{4}$$

식 (4)를 어떻게 읽는지 설명해 보자.

(a) 이미 말했듯이, 우리가 여러 차원 속에 있다면

$$\nabla^2 \phi = \frac{\partial^2 \phi}{\partial x^2} + \frac{\partial^2 \phi}{\partial y^2} + \frac{\partial^2 \phi}{\partial z^2}$$

이다.[4]

(b) 곱하기 인수 4π는 관례이다. 이는 구의 기하에서 비롯된 것이다. 왜냐하면 우리는 종종 회전에 대해 불변인,

---

3) 이는 수리 물리학에서 위대한 방정식 중 하나로, 프랑스의 수학자이자 물리학자인 시메옹 드니 푸아송(Siméon Denis Poisson, 1781~1840년)의 이름을 딴 것이다.

4) ∇^2는 정식 점곱 $\nabla \cdot \nabla$에 대한 표기법으로서, **라플라시안 연산자**(Laplacian operator)라 부르며 그 자체의 표기법을 갖고 있어서 때로는 $\triangle$로 표기한다.

즉 구면적인 장을 다루기 때문이다.

(c) G는 뉴턴의 중력 상수이다. 이는

$$6.674 \times 10^{-11} \text{Nm}^2/\text{kg}^2$$

와 같다.

(d) 마지막으로, ρ는 각 위치 x, 즉 (x, y, z)에서의 질량 밀도이다. 질량이 여기저기 움직일 수 있기 때문에 이는 또한 시간에 의존할 수 있다.

식 (4)는 공간에서의 질량 분포가 어떻게 중력장을 결정하는지를 표현한다.

우리는 조금 전 두 가지 측면을 확인했다. 장은 입자에게 어떻게 움직이라 말하고, 질량(달리 말하자면 입자)은 장이 어떠해야 한다고, 또는 곧 보게 되겠지만 어떻게 꺾이라고 말한다.

일반적으로 밀도 ρ는 정의상 단위 부피당 질량의 양으로서 전체 공간에 걸쳐 복잡한 함수일 것이며, 또한 시간에도 의존하기 때문에 계산이 복잡해진다. 그러나 질량 분포(또는 밀도[5]) ρ가 단순히 모든 질량이 한 점에 집중된 것으로 이루어진 특별한 경

---

5) 점 x 주변의 임의의 작은 부피 속의 질량은 국소적인 질량 밀도 $\rho(x)$에 공간의 작은 부피 dx 또는 $dxdydz$를 곱한 것이다.

그림 1 질량 M 의 구면 대칭인 물체. 뉴턴의 정리에 따르면 우리가 물체의 바깥에 있을 때 똑같은 질량 M 이 중심에 집중해 있는 점입자와 동등하다.

우에는 식 (4)를 쉽게 풀 수 있다.

$\rho(x)$가 그처럼 '집중'해 있는 경우에는 그 밀도가 사실은 디랙 분포(Dirac distribution)이다.[6] 우리는 이미 『물리의 정석: 양자 역학 편』에서 이 확장된 또는 일반화된 수학적 함수를 만났다. 디랙 함수는 대부분 적분 또는 다른 어떤 함수와의 곱을 어떤 영역에 대해 적분한 것을 통해 계산한다.

먼저, 그림 1에서처럼 질량 M 을 가진 실제 별이나 행성, 또는 볼링공을 생각할 수 있다. 유일한 제한 조건은 그것이 전체 질량 M 을 가진 구면 대칭의 물체여야 한다는 것이다. 회전에 대해 대칭적이라면 그 부피 안에서 질량이 균일하게 분포해 있는지

---

6) 영국의 이론 물리학자 폴 디랙(Paul Dirac, 1902~1984년)의 이름을 딴 것으로, 디랙은 이를 처음 사용했다.

여부는 중요하지 않다. 양파 속에서처럼 서로 다른 밀도를 가진 층들이 있을 수 있다. 예컨대 바깥 표면에 가까울 때보다 중심에 가까울수록 밀도가 더 높을 수 있다.

어쨌든 일단 우리가 질량이 있는 영역의 바깥에 있기만 하면 지난 강의에서 봤던 뉴턴의 정리에 따라 우리는 이 물체를 점입자, 즉 중심에 정점이 있는 디랙 밀도(디랙 분포의 또 다른 이름이다.)로 다룰 수 있다. 이 경우 식 (4)의 풀이는 쉽다. 즉

$$\phi(r) = -\frac{MG}{r} \qquad (5)$$

이다. 여기서 우리는 공간 좌표 x를 반지름 r로 대체했다.

물체가 점입자라고 간주한다면, 식 (5)는 중심점을 제외하고 (중심점에서는 $-MG/r$가 무한대로 가기 때문에 ϕ가 정의되지 않는다.) 어디서든 식 (4)에 대해 유효한 풀이이다.

ϕ가 식 (5)로 주어지는 이 사례를 좀 더 탐구해 보자. 그 경사를 취하면 분모에 그냥 또 다른 r를 넣고 부호를 바꾸면 된다. 사실 $1/r$을 그 반지름에 대해 미분하면(그것이 ∇이 하는 것이다.) $-1/r^2$이 나온다. 그 결과는

$$F = \frac{mMG}{r^2} \qquad (6)$$

이다. 이것은 일종의 원시적인 장론적 방식으로 중력을 생각하는

것이다. **원격 작용**(현대 물리학이 거부하는 개념이다.) **대신 우리에겐 중력장이 있다.**

사실 여기서 우리의 장은 여전히 원격 작용을 암시하고 있다. 왜냐하면 뉴턴의 이론에서는 질량을 여기저기로 움직이면 ϕ 가 거기에 즉각적으로 반응해 변한다. 이는 식 (4)에서 확인할 수 있다. 하지만 이는 이론을 쓰는 한 방식으로서, 장론처럼 보이게 한다.

식 (3)과 식 (4)는 각각 다음 관계에 해당한다.

- 식 (3): 장 → 입자의 운동
- 식 (4): 질량 → 장의 구조

일반 상대성 이론에서 뭔가 말이 되게 대체하려고 하는 것은 이 방정식들이다.

우리가 무엇을 하려고 하는지 이해하기 위해 슈바르츠실트 기하를 기억해 보자. 5강에서 우리는 슈바르츠실트 기하를 무작위로, 즉 주어진 것으로 끌어냈다. 물론 그것은 중앙에 점질량 장이 있는 경우 아인슈타인 방정식의 풀이였다. 하지만 아직은 이를 구축할 도구가 없었다.

식 (3)과 식 (4)는 아인슈타인 방정식이 아니라 뉴턴의 방정식이다. 그 풀이는 중심 구면 대칭장으로 간단한 경우 $\phi(r) = -MG/r$ 이다.

5강에서 우리는 슈바르츠실트 계측을 썼다. 그 강의의 식 (32)를 보라. 다시 모조리 다 쓰지는 않을 것이다. 다만 g_{00}가 무엇인지 살펴보자.

$$g_{00} = 1 - \frac{2MG}{r}. \qquad (7)$$

여느 때처럼 광속 c를 1과 같다고 두었다.

현재 우리의 목표는 식 (7)로 주어진 g_{00}와 뉴턴 체제에서 어떤 것 사이의 어떤 대응 관계를 추론하는 것이다.

식 (5)를 이용하면 앞의 식 (7)은 $g_{00} = 1 + 2\phi$로 다시 쓸 수 있다. 그러므로 $\nabla^2 g_{00}$는 단지 $\nabla^2 \phi$의 2배이다. 그 결과

$$\nabla^2 g_{00} = 8\pi G\rho \qquad (8)$$

이다. 이 공식은 있는 그대로 받아들여서는 안 된다. 이는 단지 일반 상대성 이론의 어떤 측면과 물질 사이의 관계를 기억하도록 돕기 위한 장치이다.

그럼에도 아주 흥미롭게도 이는 이미 물질 또는 질량이 기하에 영향을 주고 있음을 시사하고 있다. 뉴턴의 ϕ와 슈바르츠실트 계측 사이에 이런 대응 관계를 만들면, 대략적으로 물질이 기하학적 구조에, 말하자면 어떻게 휘어지라고 말하고 있음을 알 수 있다. 다만 오직 대략적으로만 그렇다는 말이다. 왜냐하면 앞

으로 좀 더 엄밀해질 것이기 때문이다.

식 (8)은 사실 아인슈타인 방정식의 '질량 → 장의 구조' 부분이 아니다. 이는 엄청나게 더 복잡하지만, 이제 우리는 어디로 향하고 있는지 감을 잡기 시작했다.

'장 → 질량의 운동'이라는 다른 부분은 어떻게 되나? 뉴턴 체제에서는 식 (1) 또는 식 (2)를 확인했다. 이는 장이 질량의 운동을 어떻게 지시하는지를 규정한다. 일반 상대성 이론에서는 식 $\ddot{x} = -\nabla\phi(x)$가 다음과 같은 진술로 대체된다. 일단 우리가 기하를 알면, 즉 일단 우리가 g_{00}를 알면 그 규칙은

입자는 시공간의 측지선 위를 움직인다.

이다. 또 다른 방향에 대해 우리는 뉴턴의 장 방정식을 확인했다.

$$\nabla^2\phi = 4\pi G\rho.$$

이는 우리가 간단하게 썼던

$$\nabla^2 g_{00} = 8\pi G\rho$$

로 대체된다.

우리는 이보다 더 잘하려고 한다. 질량 분포가 어떻게 장에

영향을 주는지 정확하게 알아내야만 한다. 1세기보다 좀 더 전에 아인슈타인이 그것을 정확하게 알아냈다.

장 방정식을 써 내려가기 전에, 우리는 각 방정식의 우변을 더 잘 이해할 필요가 있다. 이는 뉴턴 장 방정식에서 $4\pi G\rho$이고 아인슈타인의 장 방정식에서는 $8\pi G\rho$이다. 우리는 질량 밀도에 대한 지식을 발전시킬 필요가 있다.

질량은 정말로 에너지를 뜻한다. 사실 우리는 특수 상대성 이론을 다룬 3권에서 $E = mc^2$임을 확인했다. c를 잊어버린다면(즉 c를 1과 같다고 놓는다면) 에너지와 질량은 똑같은 것이다. 그러므로 장 방정식의 우변에 들어가는 것은 정말로 에너지 밀도이다.

문제는 이렇다. 상대성 이론에서는 어떤 종류의 양이 에너지 밀도인가? 이는 단지 에너지 밀도보다 더 많은 것을 포함하는 복합적인 것의 일부이다. 이는 어떤 텐서의 한 성분이고 그 텐서의 다른 성분들은 다른 의미를 갖고 있다.

뒤로 돌아가서 물리학에서의 보존이라는 개념을 빨리 복습해 보자. 현재의 경우 그것은 에너지와 운동량 보존일 것이다. 하지만 우리는 더 간단한 경우, 즉 전하량 보존부터 시작할 것이다.

연속 방정식

보존, 밀도, 전하량과 질량 같은 것들의 흐름, 기타 등등, 이런 개념들을 간단히 복습해 보자.

먼저, 전기 전하부터 고려한다. 곧 알게 될 이유들 때문에 전하가 에너지보다 더 간단하다.

어떤 계의 전체 전기 전하를 Q라 부른다. 이는 전기 전하에 대한 표준 표기법이다. 많은 경우 전기 전하 **밀도**를 ρ라 부르는데 이미 우리가 ρ라 부르는 질량 밀도나 에너지 밀도와의 혼란을 피하기 위해 전하 밀도는 문자 σ로 표기할 것이다.

전기 전하 밀도란 무엇인가? 공간 속의 작은 부피, 즉 주어진 점에서 공간의 미분 부피를 생각해 보자. 그 부피 속의 전기 전하를 잡고, 그것을 부피로 나눈다. 그 결과가 그 점에서의 전기 전하 밀도이다. 그 밀도는 도식적으로

$$\sigma = \frac{Q}{\text{부피}} \tag{9}$$

라 쓸 수 있다.

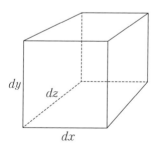

그림 2   3차원 공간에서의 무한소 부피.

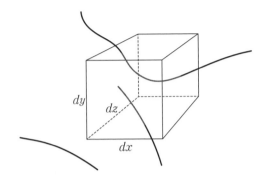

그림 3 시간 t_1 과 시간 t_2 사이 다양하게 움직이는 전기 전하들의 공간 속 궤적.

밀도의 단위는 전하량 나누기 부피이다.

그림 2에서처럼 무한소 부피를 살펴보자.

시간 t_1 과 시간 t_2 사이에 공간 속에서 여기저기 움직이는 전기 전하를 살펴보면, 몇몇은 부피 $dx\,dy\,dz$ 로 들어가고, 몇몇은 나가고, 몇몇은 옆으로 지나가고, 몇몇은 관통해 지나가는 등등의 모습을 볼 수 있다. 그림 3이 이를 보여 준다.

x 방향의 전류는 단위 시간당 $dy\,dz$ 면을 관통해 지나가는 전하량으로 정의된다. 이는 J^x 로 표기한다. y 와 z 에 대해서도 비슷하게 정의하고 표기할 수 있다.

식 (9)와 비슷하게 하나의 공간 차원을 따라가는 각 흐름은 도식적으로

$$J^m = \frac{Q}{\text{넓이} \times \text{시간}} \tag{10}$$

와 같이 쓸 수 있음을 유념하라. 그러나 상대성 이론에서는 4개의 차원이 어느 정도 동등한 지위를 갖고 있다. 시간과 공간은 서로가 아주 대칭적이다. 그래서 넓이 곱하기 시간으로 나누는 것은 또한 3개의 차원으로 나누는 것이다. 하나는 우연히 시간성이고 둘은 우연히 공간성이다.

식 (9)와 식 (10)은 모두 전하량을 3차원 부피로 나눈 것이라 생각할 수 있다. 식 (9)의 경우에는 그것이 순전히 공간 부피였다. 식 (10)의 경우에는 그것이 공간과 시간이 섞인 3차원 물건이다.

밀도 σ에 3개의 전류 J^x, J^y, J^z를 더한 조합은 상대성 이론의 의미에서 4-벡터를 형성한다.[7] 3차원에서 익숙해진 표준 표기법을 따라 (σ, J^x, J^y, J^z) 대신 간단히

$$J^\mu \qquad\qquad (11)$$

라 쓴다. 여기서 그리스 문자 μ는 0부터 3까지 변한다. J^0 ("제이 놋(naught)"이라 읽는다.)은 전기 전하 밀도 σ이다. 그리고 다른 3개의 원소는 x, y, z 대신 1, 2, 3의 첨자를 가진 전류의 성분들이다.

─────────

7) 좌표를 바꿀 때, 이들은 우리가 2강에서 공부했던 기준틀 변화의 텐서 방정식에 따라 변화한다.

우리는 중요한 물리적 사실에 이르렀다.

전기 전하 보존은 국소적인 성질이다.

우리는 아직 부피 $dx\, dy\, dz$ 속의 전기 전하 Q의 변화와 그 면들을 통해 흘러가는 전류 사이의 익숙한 관계에 대해서는 말하지 않았다. 왜냐하면 이론적으로는 국소적이지 않고도 어떤 계에서 보존 법칙이 유지될 수 있기 때문이다. 어떤 계의 물체가 지니는 전기 전하는 시간 t에 그 물체에서 사라졌다가 그 계의 멀리 있는 부분 어딘가에서 다시 나타날 수도 있다. 우리가 고려 중인 계가 전체 우주라면, 그 전하는 내 책상에서 사라졌다가 센타우루스자리 알파별에서 다시 나타날 수도 있다. 너무 멀리 떨어져 있어서 아무런 문제가 되지 않는 어떤 곳으로 나는 언제나 센타우루스자리 알파별을 이용한다.

만약 그게 가능하다면 보존 법칙은 여전히 유지된다. 이렇게 말할 수도 있다. "자, 전하는 보존됩니다." 나는 이렇게 반박한다. "전하가 어떤 임의로 먼 장소까지 그냥 사라질 수 있다면 전하가 보존되든 말든 누가 신경 쓰겠습니까? 그건 그냥 보존되지 않았다고 말하는 것과 같습니다."

그러나 실험실에서 전하는 그런 식으로 사라지지 않는다. 만약 전하가 실험실을 떠난다면, 그 전하는 벽이나 창문이나 지붕이나, 또는 그냥 간단히 문을 통해 나간다. 달리 말해, 전기 전하는 주어진 부피 안에서 그 경계를 관통해 전류가 흘러가지 않고서는 변할 수 없다.

이런 개념을 **연속성**(continuity)이라 부른다. 그와 관련된 방정식이 있는데, **연속 방정식**(continuity equation)이라 부른다.

어떤 단위에서 부피가 1인 상자를 살펴보면, 그 상자 안의 전하량은 σ이다. 즉 전하 밀도 곱하기 1이다. 단위 시간 동안 상자를 떠나는 전하는 $-\dot{\sigma}$이다. 그러니까 σ의 시간 도함수의 음수이다. 왜 음수인가? 전하가 상자를 떠나고 있기 때문이다.

그 양은 상자를 관통해 지나가는 전류의 합과 같아야만 한다. **발산 정리**(divergence theorem, 가우스 정리 또는 오스트로그라드스키 정리[8]라고도 한다.)라 불리는 다변수 미적분의 기본 정리에 따르면 상자 안 전하량의 감소는 전류의 발산과 같다.

$$-\dot{\sigma} = \nabla \cdot J. \qquad (12)$$

우변의 '정식 점곱' $\nabla \cdot J$는 $\dfrac{\partial J^x}{\partial x} + \dfrac{\partial J^y}{\partial y} + \dfrac{\partial J^z}{\partial z}$를 나타내는 편리한 방법이다.

t는 상대성 이론에서 시공간의 네 성분 중 하나임을 기억하

---

8) 사실 이는 라그랑주가 1762년에 처음 언급했고, 이후 가우스가 1813년에, 미하일 오스트로그라드스키(Mikhail Ostrogradsky, 1801~1862년)가 1826년에 독립적으로 주장했다. 이 정리는 $\displaystyle\int_a^b f(x)dx = F(b) - F(a)$를 다변수로 일반화한 것이다.

면 이는 우선 다음과 같이 훌륭하게 쓸 수 있다.

$$\frac{\partial \sigma}{\partial t} + \frac{\partial J^x}{\partial x} + \frac{\partial J^y}{\partial y} + \frac{\partial J^z}{\partial z} = 0. \qquad (13)$$

그러면 J^0은 정의상 σ이므로(식 (11)을 보라.) 합 규약을 사용해 우리는 이 식을 훨씬 더 훌륭하게

$$\frac{\partial J^\mu}{\partial X^\mu} = 0 \qquad (14)$$

으로 쓸 수 있다. 발산 정리 덕분에 우리는 J^μ가 만족하는 간단한 텐서 유형의 방정식에 이르렀다.

J^μ는 4-벡터이다. X^μ는 시공간의 네 성분이다. 따라서 식 (14)는 위치에 대한 텐서의 미분을 수반하는 정말 훌륭한 방정식으로 보인다. 식 (14)는 임의의 틀에서 사실이므로(왜냐하면 텐서 방정식이니까.) 이는 보존 법칙을 나타낸다.

곡선 좌표에서는 좀 더 조심해야 한다는 점에 유의하라. 식 (14)는 오직 보통의 평평한 좌표에서만 옳다. 곡선 좌표에서는 보통의 미분을 텐서의 공변 미분으로 바꿔야 할 수도 있다.

$$\frac{DJ^\mu}{DX^\mu} = 0. \qquad (15)$$

우리가 3강에서 공부했던 텐서의 공변 미분을 기억하라. 전

류의 경우에는 문제가 없는 것으로 드러난다. 하지만 일반적으로는 문제가 된다.

그래서 우리가 곡선 좌표로 갈 때는 모든 보통의 미분을 공변 미분으로 대체해야만 한다. 그렇지 않으면 우리가 얻은 방정식들은 훌륭한 텐서 방정식이 아니다.

왜 우리는 텐서 방정식을 원하는가? 그 방정식들이 임의의 좌표 집합에서 사실이기를 원하기 때문에 그런 방정식을 원한다.

이것이 전기 전하, 흐름, 전류, 연속 방정식의 이론이다. 식 (15)는 전기 전하에 대한 연속 방정식이라 부른다. 그것의 물리학은 이렇다. 전하가 어떤 부피 속에 나타나거나 거기서 사라질 때는 언제나 그 부피의 경계를 통해 유입되거나 유출되는 전류로 추적할 수 있다.

이제 에너지와 운동량으로 넘어가자. 이들은 좀 더 복잡하다.

에너지-운동량 텐서

전기 전하처럼 간단하지는 않아도 에너지와 운동량 또한 보존되는 양이다. 에너지와 운동량은 함께 4-벡터를 구성함을 알게 될 것이다.

전하와 마찬가지로 이들은 에너지 밀도와 운동량 밀도, 즉 운동량의 각 성분의 밀도를 써 기술할 수 있다. 우리는 어떤 부피 안에 에너지가 입자의 형태 또는 어떤 형태로든 에너지의 mc^2을 포함해 얼마나 많이 있는지 물어볼 수 있다. 우리는 어떤 부피 안에 얼마나 많은 운동량이 있는지 물어볼 수 있다. 그냥 부피 안의 모든 입자를 살펴보고 그 운동량을 세면 된다.

광자, 또는 전자기 복사는 에너지와 운동량을 모두 갖고 있다. 그 에너지와 운동량은 밀도의 적분으로 여길 수 있다. 따라서 이런 의미에서 이들 각각, 각각의 에너지와 운동량의 각 성분들은 전기 전하와도 같다. 이들은 보존된다. 이들은 흐를 수 있다. 물체가 움직일 수 있으면 에너지와 운동량도 흐를 것이다.

문제는 이렇다. 방금 우리가 전기 전하에 대해 했던 것과 똑같은 생각을 에너지와 운동량에 대해 어떻게 나타낼 것인가?

이제 한편으로는 전하와 다른 한편으로는 에너지 및 운동량 사이에 차이가 있다. 먼저 전하에 대해 이야기해 보자. 전기 전하는 불변이다. 전하가 어떻게 움직이고 있더라도, 전자의 전하는 언제나 똑같다. 전하는 운동 상태에 의존하지 않는다.

그러나 전하에 대해 계속 말하자면, 전하 밀도와 전하의 전류는 불변량이 아니다. 예를 들어, 전하가 주어져 있고 공간의 어떤 부피를 잡아 여러분과는 다른 기준틀에서 전하를 살펴보기로 한다. 나는 어떤 속도로 그 옆을 달려간다. 로런츠 수축 때문에 나는 전하의 부피가 어떤 하나의 값을 갖는다고 말한다. 전하에 대해 상대적으로 정지해 있는 여러분은 거기에 다른 부피를 부여할 것이다. 전하 자체는 움직이지 않으므로 우리는 전하 밀도의 값에 대해 동의하지 않을 것이다. 전류 또한 분명히 다를 것이다. 사실 나의 기준틀에서 나는 어떤 전하가 움직인다고 볼 수 있지만, 여러분은 정지해 있다고 볼 것이다. 여러분은 그런 전하가 전류를 생성하지 않는다고 말한다. 나는 움직이고 있고 내 옆을 지나가는 전하의 바람을 보게 된다. 그래서 나는 전류가 있다고 말한다. 물론 우리는 모두 옳다. 왜냐하면 전하 밀도와 전하 전류는 불변이 아니기 때문이다.

해법은 전하 밀도 J^0 과 전류의 3차원 J^n 이 4-벡터의 성분들임을 알아채는 것이다. (『물리의 정석: 특수 상대성 이론과 고전 장론 편』을 보고 4-벡터에 대한 기억을 새로이 하라.) 기준틀에 따라 이 성분들은 틀의 변화에 따른 텐서 방정식에 따라 변한다. 하지만 만약 4-벡터가 한 틀에서 0이면 그 값은 모든 틀에서 0이다.

에너지와 운동량으로 넘어가자. 이 상황은 조금 더 복잡하다. 총에너지와 운동량(지금 이들의 밀도가 아니라 총에너지와 운동량에 대해 이야기하고 있다.)은 불변이 아니다.

나는 가만히 서 있으면서 한 입자를 보고 있다. 밀도가 아니라 전체 입자에 대해 이야기하고 있다. 나는 어떤 크기의 어떤 에너지가 있다고 말한다. 여러분은 걸어서 입자를 지나가고 있고 에너지의 $E = mc^2$ 부분뿐만 아니라 움직임에 따른 운동 에너지도 보고 있다.

여러분은 입자 또는 물체에서 더 많은 에너지를 보게 된다. 왜냐하면 입자가 들어 있는 부피의 그 어떤 로런츠 수축 때문이 아니라, 여러분이 똑같은 물체를 봤을 때 내가 볼 때보다 그 물체가 더 많은 에너지를 갖고 있기 때문이다.

똑같은 것이 총운동량에 대해서도 사실이다. 운동량의 흐름이 아니고, 운동량의 밀도가 아니고, 운동량 그 자체 말이다. 이 또한 틀에 의존한다. 여러분이 움직이는 물체를 보면 운동량이 있다고 말한다. 나는 똑같은 물체가 정지해 있는 것을 보고 운동량이 없다고 말한다.

그래서 에너지와 운동량은 전하와 달리 불변이 아니다. 이들은 함께 4-벡터의 성분을 구성한다.

$$P^{\mu} = (E, \ P^m). \tag{16}$$

E라는 양은 에너지이며, 또한 아주 당연하게도, P^0이라 부른다. 그리고 P^m은 운동량의 성분들이다. 여기서 로마자 첨자 m은 공간의 방향을 표지한다. 그래서 0은 에너지에 대한 첨자이고 다른 것들은 운동량에 대한 첨자이다.

P^{μ}의 네 성분 각각은 전하량 Q와도 같다. 달리 말해, 4-벡터의 불변이라는 의미에서 이들 각각은 보존되는 양이다. 우리가 언급하고 있는 텐서 규칙을 반복해 보자. 만약 2개의 4-벡터가 하나의 틀에서 똑같다면 이들은 모든 틀에서 똑같다.

식 (14) 또는 식 (15)에서 밀도는 J^{μ}의 0번째 성분임을 기억하라. 그래서 0은 또한 밀도에 대한 첨자이고 나머지는 흐름에 대한 첨자이다.

P^{μ}의 에너지로 넘어가자. 방금 말했듯이 이는 P^0이다. 이제

에너지의 밀도를 고려해 보자. 즉 작은 부피 속에 얼마나 많은 에너지가 있는가이다. 우리는 이를 다음과 같이 표기하려 한다.

$$T^{00} \qquad (17)$$

첫 번째 첨자 0는 운동량과 반대되는 에너지를, 그리고 두 번째 0은 우리가 밀도를 고려하고 있다는 사실을 나타낸다.

이는 위치의 함수이며, 따라서 우리는 이따금 명시적으로

$$T^{00}(X) \qquad (18)$$

라고 쓸 것이다. 여기서 X는 (X^0, X^1, X^2, X^3)를 나타낸다.

에너지는 또한 움직일 수 있다. 전하와 마찬가지로 한 영역에서 사라질 수 있으며, 또한 전하와 마찬가지로 그 영역의 경계를 건너감으로써 사라진다. 달리 말해, 연속 방정식이 전하 밀도와 전류에 적용되었듯이 에너지 밀도와 에너지 흐름에도 적용된다.

X^1 방향을 따라 단위 시간당 단위 표면적을 관통해 흘러가는 에너지의 양('에너지의 흐름'이라 부를 수도 있다.)은

$$T^{01}(X) \qquad (19)$$

로 표기한다. 첫 번째 첨자, 즉 첨자 0은 에너지를 말하며 두 번

째 첨자, 즉 첨자 1은 첫 번째 공간축을 따라 흘러감을 뜻한다. 마찬가지로 T^{02} 와 T^{03} 도 있다.

요약하자면, 세 성분 (T^{01}, T^{02}, T^{03})은 에너지 흐름을 형성하며 T^{00} 는 에너지 밀도이다.

에너지에 대한 연속 방정식은 우리가 전하에 대해서 했던 것과 정확하게 똑같은 방식으로 유도된다. 이제는 $T^{0\nu}$ 의 성분들을 포함한다. 이것은 무엇을 말하는 걸까? 당분간은 첫 번째 첨자 0은 그냥 비활성이다. 이는 우리가 에너지에 대해 이야기하고 있음을 나타낸다. 식 (15)에서 J^μ 의 첨자 μ 와 같은 것은 0, 1, 2, 3으로 변하는 두 번째 첨자 ν 이다. ν 는 가짜 첨자이므로 문자 μ 를 사용해도 좋다.[9] 이제 **에너지에 대한 연속 방정식은**

$$\frac{DT^{0\mu}}{DX^\mu} = 0 \qquad (20)$$

이다.

다음 단계: 에너지에 대해 우리가 말했던 모든 것을 이제는 운동량의 임의의 성분에 대해서도 말할 수 있다.

4-벡터 P^μ 의 운동량 성분으로 넘어가 보자. 이들은 마지막 세 성분들로서 관례적으로 1부터 3까지 변하는 로마자 m 으로

---

9) 가짜 변수가 무엇인지에 대해 확실하지 않다면, 1강에서 가짜 변수를 다룬 「수학적 막간」으로 돌아가라.

표지한다.

P^m 성분 또한 T^{m0}으로 표기하는 밀도를 갖는다. 0은 이것이 밀도임을 나타낸다. m은 우리가 운동량의 m 번째 성분에 대해 이야기하고 있음을 나타낸다. 이 또한 시공간에서 위치 X의 함수이다.

마찬가지로 우리는 X의 n 번째 방향을 따라 운동량의 m 번째 성분의 흐름을 생각할 수 있다. 이는 T^{mn}으로 표기한다.

운동량은 에너지와 함께 세 성분이 4-벡터를 형성한다는 의미에서 보존되는 양이다. 운동량은 흐를 수 있다. 각 성분들은 어떤 방향을 따라 흐를 수 있다.

이제 조금 더 멀리 들어갈 수 있다. 식 (20)과 똑같은 방정식이 우리가 에너지를 운동량 성분으로 바꾸더라도 성립한다. 즉 우리는 0을 n으로 바꿀 수 있다. 이제 우리는 첫 번째 첨자의 모든 네 가지 가능성에 대해 똑같은 방정식을 갖게 되었다. 그래서 보기 좋게 하기 위해 μ와 ν를 뒤바꾸면 최종적으로 다음과 같이 쓸 수 있다.

$$\frac{DT^{\mu\nu}}{DX^\nu} = 0. \qquad (21)$$

잠시 물러나서 우리가 어디에 이르렀는지 살펴보자. 밀도와 에너지의 흐름과 운동량은 두 첨자를 가진 텐서를 형성한다. 첫 번째 첨자는 우리가 에너지 또는 운동량에 대해서 말하고 있는지를 알려 주며, 나머지 첨자는 우리가 밀도 또는 흐름에 대해서 말하고 있는지를 알려 준다. 우리가 얻은 이 행렬을 **에너지-운동량 텐서**라 부른다.

에너지-운동량 텐서는 우리가 증명하지 않은 흥미로운 성질을 갖고 있다. T^{m0}, 즉 운동량의 m 번째 성분의 밀도를 예로 들어 보자. 이를 T^{0m}, 즉 m 번째 방향으로의 에너지의 흐름과 비교한다. 우리가 증명하려고 하지는 않겠지만, 에너지-운동량 텐서의 성분들로 형성된 행렬은 대칭적이라는 것이 상대론적 계의 일반적인 성질이다. 즉

$$T^{m0} = T^{0m} \text{ 그리고 더 일반적으로 } T^{\mu\nu} = T^{\nu\mu}$$

이다.

상대론적 불변성 덕분에 우리는 T^{m0} 과 T^{m0} 을 연결할 수 있다. 모든 상대론적 장론에 적용되는 정리가 있다. 이를 증명하려면 어느 정도 작업이 필요하다. 에너지-운동량 텐서는 대칭적이다. 여기서는 이를 당연하게 받아들이고 에너지-운동량 텐서를 행렬 형태로 써 보자.

$$T^{\mu\nu} = \begin{pmatrix} T^{00} & T^{01} & T^{02} & T^{03} \\ T^{01} & T^{11} & T^{12} & T^{13} \\ T^{02} & T^{12} & T^{22} & T^{23} \\ T^{03} & T^{13} & T^{23} & T^{33} \end{pmatrix}. \tag{22}$$

곧 우리는 이 원소들의 의미로 돌아올 것이다. T^{00} 항은 명확하다. 에너지 밀도이다. (T^{01}, T^{02}, T^{03}) 항 역시 아주 명확하다. 이들은 에너지의 흐름이다. T^{10} 항(이는 T^{01}과 똑같다.)은 운동량 밀도이다. 그리고는 운동량의 흐름이 있다. 따라서 이들의 의미는 아주 명확하다. 하지만 $T^{\mu\nu}$의 몇몇 원소들은 압력 및 그런 본성을 가진 다른 개념들과 관련된 다른 의미를 가진다는 것을 알게 될 것이다.

중요한 개념은 **에너지와 운동량의 흐름과 밀도가 에너지-운동량 텐서를 형성한다는 것이다.** 그리고 이 에너지-운동량 텐서는 4개의 연속 방정식을 만족한다. 우리가 말하고 있는 각 유형의 물리량(에너지, 즉 P^0, 또는 3개의 공간축 중 하나를 따라가는 운동량, 즉 P^m)에 대해 하나씩의 연속 방정식이 있다.

우리가 배운 것은, 여기서 다시 써 보는 식 (8)

$$\nabla^2 g_{00} = 8\pi G\rho \qquad (23)$$

에서 우리가 계측과 연결시키려고 했던 에너지 밀도 ρ라는 개념이 불완전하다는 것이다. 이는 어떤 복잡한 것의 일부이다. 물론 어떤 텐서의 일부이다.

이는 근본적인 인식이다. 식 (23)의 우변은 텐서의 일부이다. 왜냐하면 ρ는 T^{00}이기 때문이다. 따라서 좌변 또한 텐서의 일부여야만 한다.

물리학에서 텐서의 어떤 특별한 성분이 어떤 다른 텐서의 똑같은 성분과 같다고 말하는 방정식은 보통 의미가 없거나 틀렸다. 전체 방정식에서 두 텐서가 같다고 말하지 않는 이상 그렇다. 우리는 이미 1강과 2강에서 그리고 『물리의 정석』 다른 권에서 여러 차례 이런 관념을 만났다. 이는 현재 강의에서 아인슈타인 장 방정식을 만들어 나가기 위해 중요한 역할을 수행하므로, 다시 반복해 보자. 더 간단한 유형의 텐서인 벡터로 설명하는 편이 더 쉽다.

2개의 3차원 공간 벡터 A와 B(때로는 3-벡터라 부르는 것들)가 있다고 하자. A_3이 B_3과 같다고 말하는 법칙이 있다고 우리가 주장한다고 가정하자. 여기서 첨자 3은 z 방향이다. 이것이 물리 법칙으로 의미가 있을까?

자, 이것은 만약 $A_2 = B_2$와 $A_1 = B_1$이 또한 사실이어야만 물리 법칙으로서 의미가 있다. 왜 그런가? 만약 그것이 물리 법칙이라면 그것은 모든 기준틀에서 사실이라는 뜻이기 때문이다. 그런데 우리는 언제나 좌표를 돌려 이전 틀에서의 첫 번째 축이 새로운 틀에서의 세 번째 축이 되게 할 수 있다. 그래서 A_1은 반드시 B_1과 같아야만 하고, 다른 것도 마찬가지이다.

이는 벡터와 텐서가 기하학적이든, 또는 다른 것이든 어떤 좌표나 성분을 고려하더라도 독립적으로 존재하는 실체라는 일반적인 관념을 보여 준다. 만약 내가 여러분에게 방향을 알려 주고 "이 방향으로 다섯 걸음을 가라."라고 말한다면 이는 좌표를 언급하지 않아도 의미가 있다. 물론 적절한 좌표를 쓴다면 "동쪽으로 세 걸음, 남쪽으로 네 걸음 가라."가 될 것이다. 하지만 이 좌표들은 틀에 의존한다. 내 지시 사항이 어떤 틀에서는 첫 번째 좌표가 3과 같지만 다른 틀에서는 1과 같을 수도 있다.

상대성 이론으로 넘어갔을 때, 똑같은 고려 사항이 시간 성분을 포함하는 4-벡터에 대해서도 사실이다. 왜냐하면, 시간 성분은 로런츠 변환을 통해 공간 성분으로 변환될 수 있기 때문이다. 이는 또한 같은 유형의 두 텐서에 대해서도 사실이다.

요약하자면, 텐서 방정식이 훌륭한 물리 법칙이 되려면 단지 두 텐서의 두 성분이 아니라 **모든 성분**이 같아야 한다. 우리가 물리 법칙을 반영해야만 한다고 믿어 의심치 않는 방정식이 있어서 텐서의 두 성분이 같다고 한다면, 그것은 두 텐서의 모든 성분에 대해서 사실이어야만 한다.

식 (23)은 에너지-운동량 텐서의 00 성분을 뭔가 다른 것과 같다고 하는 공식이다. 이것이 물리 법칙이 되려면 우리는 실제로 어떤 텐서가 같은지 알아내야만 한다.

좌변이 옳은지 아닌지에 대해서는 너무 걱정하지 말자. 우리는 방금 좌변이 어떤 모습일지 추측했을 뿐이고 계측, 즉 기하와 관련된 뭔가를 알아냈다.

우변은 에너지 밀도이며, 이는 **뉴턴 방정식**의 우변이 어떠할 것이라고 기대한 것이다.

따라서 **아인슈타인 방정식**의 우변은 텐서의 특별한 성분을 수반해야 하는 것이 아니라, 텐서의 모든 성분을 수반하는 뭔가로 일반화되어야만 한다. 이는 뉴턴을 아인슈타인이 일반화한 것이 다음과 같아야 함을 뜻한다. 우변은

$$\cdots = 8\pi G T^{\mu\nu}$$

이어야만 한다. 이것의 특별한 경우가 μ와 ν 모두 시간일 때이다. 그러면 이는 에너지 밀도가 된다. 하지만 우리가 구성하고 있는 식이 모든 틀에서 사실이려면, 이는 모든 $\mu\nu$ 성분을 수반하는 텐서 방정식이어야만 한다.

좌변에는 무엇이 있어야 할까? 거기에는 또한 랭크 2의 텐서가 있어야 한다. 그렇지 않으면 이 식은 의미가 없을 것이다. 우변이 대칭적이기 때문에 좌변도 대칭적이어야 한다. 우변이 가지고 있는 다른 어떤 속성이라도 가지고 있어야만 한다.

하지만 좌변은 물질로 만들어진 뭔가는 아닐 것이다. 그것은 계측으로 만들어질 것이다. **좌변은 질량과 근원이 아니라 기하와 관련이 있어야만 할 것이다.**

우리는 좌변을 $G^{\mu\nu}$라 부를 것이며, 다음 방정식에 대한 추론 작업을 계속해 나갈 것이다.

$$G^{\mu\nu} = 8\pi G T^{\mu\nu}. \tag{24}$$

우리가 $G^{\mu\nu}$에 대해서 아는 것이라고는 계측으로 만들어진 다는 것뿐이다. 아마도 뉴턴 방정식 (4)의 라플라시안과 비슷해지기 위해 2계 미분을 갖고 있을 것이다. 즉 이는 어떤 형태로든 계측을 수반할 것이며 계측의 2계 도함수를 포함할 가능성이 아주 높다.

리치 텐서와 곡률 스칼라

우리는 식 (24)의 좌변에 어떤 종류의 개체가 있으면 좋을지 알기 시작했다. 이 식은 뉴턴의 장 방정식을 아인슈타인이 구축한 일반 상대성 이론에서 일반화할 것이다.

좌변에 대한 훌륭한 후보를 찾았을 때, 이를 평가하기 위해 다음과 같은 질문을 던질 수 있다. 비상대론적 물리학이 좋은 근사여야 하는 상황에 우리가 처해 있다면 이 $G^{\mu\nu}$가 그냥 $\nabla^2 g_{00}$로 환원되는가? 아마도 그럴 것이다. 아마도 그렇지 않을 수도 있다. 만약 그렇지 않다면 우린 그걸 내던지고 다른 후보를 찾아보면 된다.

$G^{\mu\nu}$의 가능한 후보를 탐색해 보자. 이는 계측으로 만들어진 텐서이다. 2계 도함수를 갖고 있거나 적어도 2계 도함수를 갖고 있는 몇몇 항들을 갖고 있어야 한다. 따라서 계측 자체는 아니다. 계측과 2계 도함수로 어떤 종류의 텐서를 만들 수 있을까? 우리는 이미 하나를 만났다. 바로 곡률 텐서이다.

곡률 텐서가 무엇인지 상기해 보자. 곡률 텐서는 크리스토펠

기호로부터 만들어진다. 크리스토펠 기호 자체는 계측의 함수이다. 크리스토펠 기호

$$\Gamma^{\sigma}_{\nu\tau} = \frac{1}{2} g^{\sigma\delta} \left[\partial_{\tau} g_{\delta\nu} + \partial_{\nu} g_{\delta\tau} - \partial_{\delta} g_{\nu\tau} \right] \qquad (25)$$

로 시작해 보자. 이 식에서 오직 중요한 점은 우변이 g 항의 1계 도함수를 수반하고 있다는 점이다.

다음으로, 영광스런 곡률 텐서를 써 보자.[10]

$$\mathcal{R}^{\sigma}_{\mu\nu\tau} = \partial_{\nu} \Gamma^{\sigma}_{\mu\tau} - \partial_{\mu} \Gamma^{\sigma}_{\nu\tau} + \Gamma^{\lambda}_{\mu\tau} \Gamma^{\sigma}_{\lambda\gamma} - \Gamma^{\lambda}_{\nu\tau} \Gamma^{\sigma}_{\lambda\mu}. \qquad (26)$$

'수학적 탐색자'라 할 수 있는 이 랭크 4 텐서는 시공간에서 실제 곡률이 있는지 여부를 말해 준다. 평평해질 수 있는(균일한 가속도가 평평해질 수 있는 것처럼. 1강의 그림 4와 4강의 그림 15를 보라.) 곡선 좌표에 의한 곡률이 아니다. 만약 공간의 어떤 점에서든 또는 어떤 영역에서든 곡률 텐서의 임의의 성분이 0이 아니라면 그 공간은 휘어져 있다.

식 (26)의 우변은 마지막 두 항에서 첨자 λ에 대해 합 규약을 사용하고 있다. 다시, $\mathcal{R}^{\sigma}_{\mu\nu\tau}$의 표현에서 오직 중요한 점은 이것이 또 다른 미분을 수반한다는 점이다.

---

10) 이는 3강의 표현식 (25)와 똑같지만, 가짜 첨자는 다르다.

크리스토펠 기호(독자들이 기억하겠지만 이는 텐서가 아니다.)는 계측의 1계 도함수를 수반한다. 그리고 곡률 텐서의 처음 두 항은 크리스토펠 기호의 1계 도함수이다. 따라서 곡률 텐서는 그 처음 두 항에서 계측의 2계 도함수를, 그리고 마지막 두 항에서 1계 도함수의 제곱을 갖고 있다.

따라서 $\mathcal{R}$는 식 (24)의 좌변에 모습을 드러낼 하나의 후보이며, 또는 $\mathcal{R}$의 다양한 함수도 후보들이다. 하지만 잠깐! 리만 곡률 텐서 $\mathcal{R}_{\mu\nu\tau}^{\sigma}$는 4개의 첨자를 갖고 있는 반면 에너지-운동량 텐서는 오직 2개만 갖고 있다.

곡률 텐서를 오직 2개의 첨자만 가진 것으로 변환하기 위해 무엇을 할 수 있을까? 축약을 할 수 있다.[11] 규칙을 기억하라. 위 첨자 σ를 아래 첨자들 중 하나와 같다고 놓고 합 규약을 적용하면 두 첨자를 소개하고 랭크 2의 텐서를 얻게 된다. 축약에서 아래 첨자로 τ를 사용하면 0을 얻게 됨을 알게 된다. $\mathcal{R}_{\mu\nu\tau}^{\sigma}$의 표현에서 다양한 대칭성과 음의 부호가 결국엔 0의 결과를 만든다.

하지만 우리가 σ와 ν를 같게 놓으면 0을 얻지는 않을 것이다. 우리는 텐서 $\mathcal{R}_{\mu\tau}$라 부를 수 있는 어떤 것을 얻게 될 것이다. 그래서 4개의 첨자를 가진 텐서로부터 축약으로 우리는 첨자가 둘인 텐서를 구성할 수 있다. 하지만 0을 얻지 않도록 조심해야 한다.

---

11) 2강에서 우리는 예를 들어, 두 벡터 V와 W의 점곱은 텐서 $V^m W_n$의 축약이다. 그리고 이는 일반화할 수 있다.

사실 σ와 ν 그리고 σ와 μ를 축약해서 얻게 되는 두 텐서는 부호만 제외하고 똑같은 텐서이다.

따라서 계측에 2개의 미분을 작용해 구축할 수 있는 오직 하나의 텐서가 존재하며, 그 텐서는 오직 2개의 첨자를 갖고 있다. 이는 사실 잘 알려진 정리이다.

이 텐서는 우리가 1강에서 언급했던 그레고리오 리치쿠르바스트로를 기려 **리치 텐서**(Ricci tensor)라 부른다. 이는 리만 텐서의 축약이다. 리만 텐서는 훨씬 더 많은 성분을 갖고 있다. 리치 텐서는 더 적은 정보를 지닌다. 그 결과 리만 텐서는 0이 아니지만 리치 텐서는 0일 수 있다.

언제나처럼 텐서가 있으면 그 첨자를 올리고 내릴 수 있다. 이는 $\mathcal{R}^{\mu}_{\tau}$, $\mathcal{R}^{\tau}_{\mu}$, 그리고 $\mathcal{R}^{\mu\tau}$로 표기되는 것들 또한 있다는 뜻이다. 계측 텐서를 이용해 첨자를 올리고 내린다는 점을 기억하라.

리치 텐서에 대한 또 다른 사실은 대칭적이라는 점이다. 그리고 이는 위 첨자를 가진 경우에도 또한 사실이다.

$$\mathcal{R}^{\mu\tau} = \mathcal{R}^{\tau\mu}. \tag{27}$$

이는 그 정의로부터 확인할 수 있다. 간단하고 빠른 논증이 있는지 모르겠다. 이 모든 텐서는 표현식이 상당히 복잡하지만, 우리가 말했던 사실을 확인하는 것은 대부분 아주 기계적이다.

우리가 말했듯이 리치 텐서 $\mathcal{R}^{\mu\tau}$는 대칭적이다. 식 (24)의 우변은 2개의 반변 첨자를 가진 랭크 2 텐서이며 또한 대칭적이다. 따라서 리치 텐서 $\mathcal{R}^{\mu\tau}$는 좌변에 대한 후보이다.

$$\mathcal{R}^{\mu\nu} = ?\, 8\pi G T^{\mu\nu}. \qquad (28)$$

리치 텐서로 만들 수 있는 또 다른 텐서가 있다. 리치 텐서의 두 첨자를 축약하면(두 첨자들 중 하나를 올리거나 내린 뒤에) 만들 수 있다. 우리는

$$\mathcal{R} = \mathcal{R}^{\mu}_{\mu} = \mathcal{R}^{\mu\tau} g_{\mu\tau} \qquad (29)$$

를 정의한다. 식 (29)로 정의되는 양 $\mathcal{R}$는 **곡률 스칼라**(curvature scalar)라 부른다. 이는 스칼라 텐서이다. 남은 첨자가 없다. 따라서 식 (24)의 좌변에서 원하는 뭔가가 아니다. 하지만 우리는 여기에다 뭔가 적당한 것을 곱할 수 있다.

예를 들어, 우리는 $g^{\mu\nu}\mathcal{R}$ 같은 것을 곱할 수 있다. 그 결과 우리가 찾고 있는 유형의 텐서를 다시 얻게 된다. 그래서 또 다른 가능성은

$$g^{\mu\nu}\mathcal{R} = ?\, 8\pi G T^{\mu\nu} \qquad (30)$$

이다. 현재로서는 이중 어느 쪽도 추천하지 않는다. 나는 단지 지

금까지 우리가 말했던 것들로부터, 우리가 다다른 공식들 중 어느 것도 가능한 중력 법칙일 수 있음을 이야기하는 것이다. 식 (28)과 식 (30)의 좌변은 모두 계측 텐서의 2계 도함수를 수반하며, 우변에서 에너지와 운동량의 밀도 및 흐름처럼 보이는 어떤 것과 같다고 놓여 있다.

어느 것을 골라야 할까? 자, 우리는 한 가지 더 알고 있다. 바로 에너지와 운동량의 보존, 아니면 에너지-운동량에 대한 연속 방정식이다. 에너지와 운동량이 계의 벽을 통해서 흘러가는 것으로만 사라질 수 있는 성질을 갖고 있다고 우리가 믿는다면, 우리는 다음과 같은 결론에 이를 수밖에 없다.

$$D_\mu T^{\mu\nu} = 0.$$

이것이 연속 방정식이다. 이로부터 우리는 또한

$$D_\mu G^{\mu\nu} = 0 \tag{31}$$

을 얻어야만 한다. 우리가 할 수 있는 첫 번째 일은 식 (24)의 후보 풀이들 중 어느 것이, 즉 식 (28) 또는 식 (30)의 풀이들 중 어느 것이 식 (31)의 조건을 만족하는지를 확인하는 것이다. 그렇게 할 수 없다면, 우리가 에너지와 운동량의 국소적 연속성을 포기하지 않는 한, 좌변은 그냥 우변과 같을 수가 없다.

식 (30)의 좌변을 확인해 보자. 우리는

$$D_\mu(g^{\mu\nu}\mathcal{R})$$

를 계산하려 한다. 공변 미분은 보통의 곱의 미분 규칙을 만족한다. 따라서 우리는

$$D_\mu(g^{\mu\nu}\mathcal{R}) = (D_\mu g^{\mu\nu})\mathcal{R} + g^{\mu\nu}(D_\mu\mathcal{R}) \qquad (32)$$

를 얻는다. 먼저, 계측 텐서의 공변 미분은 0이다. 이는 공변 미분의 정의의 결과이다. 3강을 보라. 공변 미분은 정의상 특별히 좋은 기준틀에서 보통의 도함수와 같다.

좋은 기준틀은 정의상 g의 도함수가 0인 기준틀이다. 따라서 식 (32)의 우변의 첫 항은 제거된다.

둘째로, $\mathcal{R}$는 스칼라이다. 스칼라의 공변 미분은 단지 보통의 미분이다. 따라서 우리는

$$D_\mu(g^{\mu\nu}\mathcal{R}) = G^{\mu\nu}\partial_\mu\mathcal{R} \qquad (33)$$

로 다시 쓸 수 있다.

일반적으로, 곡률의 도함수는 확실히 0이 아니다. 어떤 장소에서는 더 굴곡져 있고 다른 곳에서는 덜 휘어진 그런 기하학적

구조가 있음을 우리는 알고 있다. 따라서 $\partial_\mu \mathcal{R}$가 동일하게 0과 같을 수는 없다. $g^{\mu\nu}$ 인수는 어느 것도 바꾸지 않는다. 따라서 우리는 $g^{\mu\nu}\mathcal{R}$ 후보를 제거할 수밖에 없다.

다른 후보, 위 첨자를 가진 리치 텐서는 어떤가?

똑같은 작업을 해 보자. 우리는

$$D_\mu \, \mathcal{R}_{\mu\nu}$$

를 계산한다. 이 계산은 약간 힘들지만 아주 그렇지는 않다. 그 결과는

$$D_\mu R^{\mu\nu} = \frac{1}{2} g^{\mu\nu} \partial_\mu \mathcal{R} \tag{34}$$

이다. 식 (33)의 우변이 0이 될 수 없는 것과 똑같은 이유로 다시 이는 0이 될 수가 없다. 리치 텐서의 공변 미분이 하필 정확하게 다른 후보인 $g^{\mu\nu}\mathcal{R}$의 절반이다.

하지만 이제, 식 (33)과 (34)로부터 우리는 답을 알게 된다!

아인슈타인 텐서와 아인슈타인 장 방정식

이제 우리는 식 (24)의 좌변에서 어떤 텐서가 공변 미분이 0인 것을 포함해 모든 조건을 만족하는지 알게 되었다. 중력 방정식 (24)의 좌변으로 잘 작동하게 될 것은

$$G^{\mu\nu} = \mathcal{R}^{\mu\nu} - \frac{1}{2}g^{\mu\nu}\mathcal{R} \qquad (35)$$

이다. 계측에 작용하는 2개의 도함수로 만들어진 텐서 중에 공변적으로 보존되는 다른 텐서(곱해지는 인수까지)는 없다는 정리가 있으며, 이는 증명할 수 있다.

물론 우리는 $G^{\mu\nu}$의 2배나 절반, 또는 17배를 가질 수도 있었다. 그러나 이제는 우리가 발견한 $G^{\mu\nu}$로 식 (24)를 적절한 근사, 즉 모든 것이 비상대론적으로 움직이고 있는 상황에서 뉴턴의 방정식들과 맞추는 것이 문제가 된다. 그렇게 확실히 잘 어울리게 하는 어떤 올바른 숫자 배수가 있을 수도 있고 아니면 없을 수도 있다. 만약 없다면 문제가 생긴다.

우리가 공식을 맞추길 원한다고 말할 때, 이는 식 (24)에서 식 (25)로 주어지는 $G^{\mu\nu}$의 시간-시간 성분을 살펴보고, 비상대론적 극한(즉 모든 것이 천천히 움직이고 중력장이 너무 강력하지 않은 극한)에서 $G^{\mu\nu}$ 앞에 적절한 인수를 곱했을 때 뉴턴의 방정식 (4)를 얻고 싶다는 것을 뜻한다.

답은 그게 된다는 것이다. 그리고 곱하기 인수는 우연히도 간단히 1이다. 그게 어떤 다른 숫자가 아닌 것은 단지 운이 좋아서일 뿐이다. 이 인수에 대해서는 뭔가 심오한 것이 없다.

마침내 우리는 우리가 찾고 있던 방정식, 즉 일반화된 뉴턴 방정식에 이르렀다.

$$\mathcal{R}^{\mu\nu} - \frac{1}{2}g^{\mu\nu}\mathcal{R} = 8\pi G\ T^{\mu\nu}. \qquad (36)$$

이 강의에서 우리가 따라가는 경로는 본질적으로 아인슈타인이 계산한 과정이다. 아인슈타인은 무슨 일이 벌어지고 있는지 굉장히 잘 알고 있었다. 하지만 그는 에너지-운동량 텐서와 기하학적 구조를 연결하는 올바른 방정식이 무엇인지 아주 잘 알지는 못했다. 내가 믿기로는 사실 처음에 아인슈타인은 $\mathcal{R}^{\mu\nu} = T^{\mu\nu}$ 를 시도했다. 결국 그는 이것이 작동하지 않는다는 것을 깨달았다. 그러고는 열심히 적당한 좌변을 찾아 나섰다. 이 모든 걸 수행하는 데에 그에게 얼마나 많은 시간이 걸렸는지 나는 모르지만,[12] 결국에는 $G^{\mu\nu}$ 를 발견했다.

$G^{\mu\nu}$ 는 **아인슈타인 텐서**, $R^{\mu\nu}$ 는 **리치 텐서**, R 는 **곡률 스칼라**

---

12) 1915년 초여름 힐베르트의 초청으로 아인슈타인은 괴팅겐에서 일련의 강의를 통해 지난 몇 년 동안 자신의 연구와, 중력장의 근원과 기하를 연결하는 당시의 문제를 선보였다. 이를 계기로 1915년 여름과 가을 동안 아인슈타인과 힐베르트는 친밀하게 편지를 교환했으며 또한 경쟁을 하기도 했다. 아인슈타인은 자신의 최종적인 올바른 방정식을 11월 25일에 출판했다. 동시에 힐베르트는 똑같은 방정식을 라그랑지안 접근법(10강을 보라.)을 통해 얻었다. 때문에 힐베르트라는 이름이 가끔 일반 상대성 이론의 장 방정식에서 아인슈타인 다음에 붙게 되었다. 하지만 힐베르트는 일반 상대성 이론에 대한 모든 공헌이 아인슈타인에게 돌아가야 한다는 점을 결코 부인하지 않았다.

이다. 식 (36)은 지금 **아인슈타인 장 방정식**으로 알려져 있다. 이는 뉴턴의 방정식을 일반화한 것이다. 그리고 적절한 극한에서 이는 뉴턴의 방정식을 재현한다.

이 방정식을 유도하는 과정에서 연속 방정식이 근본적인 역할을 했다. 그 때문에 우리는 좌변에서 공변적으로 보존되는 후보만 찾아 나설 수 있었다. 이 원리는 고전적인 비상대론적 물리학에서뿐만 아니라 상대성 이론에서도 근본적이다. 연속 방정식은 에너지 또는 운동량 보존이 국소적인 성질임을 말한다. 물리량들은 여기서 사라졌다가 즉각 센타우루스자리 알파별에서 모습을 드러낼 수 없다. 중간 위치들을 거쳐서만 이동해야 한다.

아인슈타인 장 방정식을 유도하는 다른 방법이 있다. 작용 원리를 이용하는 것이다. 이는 훨씬 더 아름답고 훨씬 더 집약적이다. 우리는 중력장에 대한 최소 작용의 원리를 도입한다. 계산은 우리가 했던 것보다 더 힘들다. 하지만 결국에는 장 방정식이 툭 튀어나온다.

식 (36)은 뭔가 흥미로운 사실을 보여 준다. 일반적으로 중력장의 근원이 단지 에너지 밀도만이 아님을 알 수 있다. 에너지 흐름도 수반할 수 있다. 운동량 밀도를 수반할 수도 있고, 심지어 운동량 흐름도 수반할 수 있다.

그러나 대개 운동량 성분, 심지어 에너지 흐름은, 그리고 확실히 운동량 흐름과 운동량 밀도는 에너지 밀도보다 훨씬 더 작다.

왜 그렇게 말할 수 있는가? 이는 공식에서 광속의 효과와 관계가 있다. 광속을 다시 집어넣으면(보통의 국제 단위계를 사용하면) 에너지 밀도는 언제나 엄청나다. 왜냐하면 $E = mc^2$에서처럼 c^2의 인수를 갖기 때문이다.

반면 운동량은 일반적으로 그렇게 엄청나지는 않다. 단지 질량 곱하기 속도이기 때문이다. 속도가 느린 비상대론적 상황에서는 에너지 밀도가 단연 가장 큰 성분이다. 에너지-운동량 텐서의 다른 성분들은 훨씬 더 작다. 이들은 대체로 v/c의 거듭제곱만큼 더 작다.

달리 말하자면, 중력장의 근원이 천천히 움직이는 기준틀에서는 식 (36)의 우변에서 유일하게 중요한 요소가 T^{00}, 즉 에너지 밀도 ρ이다.

똑같은 극한에서, 좌변에서 유일하게 중요한 요소는 G^{00}의 2계 도함수이다. 따라서 비상대론적 극한에서는 이 요소들이 맞아 떨어져서 뉴턴 방정식으로 환원된다.

그러나 비상대론적 극한을 벗어나면, 중력장의 근원이 급속하게 움직이거나 그 근원들이 급속하게 움직이고 있는 입자들로 구성되어 있는 곳에서는 전체 계가 그렇게 움직이고 있지 않다 하더라도, 에너지-운동량 텐서의 다른 성분들이 중력을 생성한다.

이제 우리는 어떤 의미에서 중력이 단지 기하임을 알고 있으므로, 상대론적 상황에서는 에너지-운동량 텐서의 모든 성분들이 곡률을 생성하는 데에 참여하고 있음을 알 수 있다. 곡률을 야기하는 것이 단지 에너지 또는 질량만이 아니다.

특별한 경우를 고려해 보자. 맥스웰 방정식에서 근원을 수반하지 않는 풀이가 있는 것과 마찬가지로, 똑같은 상황이 여기서도 적용된다. 근원이 없거나, 또는 너무 멀리 있어서 그 역할을 수행하지 못하는 공간의 한 영역을 생각해 보자. 그렇다면 식 (36)의 우변은 0이다.

$T^{\mu\nu} = 0$ 일 때 아인슈타인 장 방정식은 간단하게

$$\mathcal{R}^{\mu\nu} = \frac{1}{2} g^{\mu\nu} \mathcal{R} \tag{37}$$

이다. 양변에서 μ와 ν를 축약해 $\mathcal{R}$를 계산해 보자. 축약은 하나의 위 첨자와 하나의 아래 첨자에 수행되는 것이므로, 우리는 양변에서 먼저 ν 첨자를 내려야 한다. 이는 계측 텐서의 적절한 형태를 곱하면 된다. 우리는 다음을 얻는다.

$$\mathcal{R}^{\mu}_{\nu} = \frac{1}{2} g^{\mu}_{\nu} \, \mathcal{R}. \tag{38}$$

좌변을 축약하면 정확하게 $\mathcal{R}$를 얻는다. 우변에서 g^{μ}_{ν}는 크로네커 델타이다. 이를 축약하면 숫자 4를 얻는다. 우리는 $\mathcal{R} = 2\mathcal{R}$에 이르게 된다. 따라서 $\mathcal{R} = 0$이다.

우리는 근원이 없는 경우 곡률 스칼라가 0임을 확인했다. 따라서 식 (36)에서 우변은 이미 0이므로 좌변에서 $\mathcal{R}$ 항도 또한

없앨 수 있다. 우리는 다음 결과에 이른다.

$$\mathcal{R}^{\mu\nu} = 0. \tag{39}$$

근원이 없는 경우, 아인슈타인의 방정식은 더 간단해진다! 이는 **진공 경우(vacuum case)**라 부른다. 이 경우 리치 텐서는 0이다. 이미 지적했듯이, 이는 리만 곡률 텐서가 0임을 뜻하지 않는다. 식 (39)에는 자명하지 않은 풀이가 있다. 그중에는 근원이 없는 중력파도 있다. 전기 전하가 없는 공간에서도 전자기파가 있을 수 있는 것과 꼭 마찬가지이다.

또한 슈바르츠실트 계측도 있다. 이는 대략적으로 말해 점질량과 비슷하다. 점질량 바깥에는 물질도 근원도, 아무것도 없다. 따라서 질량의 바깥쪽 어디에서나 뉴턴의 방정식이 빈 공간에 대한 것과 똑같은 것처럼, 슈바르츠실트 계측은 특이점 바깥에서는 아인슈타인 방정식의 진공에 대한 풀이이다.[13]

계산은 사실 번거롭긴 하지만 개념적으로는 간단하게 확인할 수 있다. 슈바르츠실트 계측에서 시작해, 자리 잡고 앉아서 크리스토펠 기호를 한 무더기 계산하느라 하루 종일 보내고, 곡률 텐서를 얻고, 그걸 축약해서 리치 텐서 $\mathcal{R}^{\mu\nu}$에 이르고, 이것이 0

---

13) 아인슈타인 장 방정식을 말할 때 우리는 무심코 단수나 복수형을 사용한다. 이는 하나의 텐서 방정식이므로 하나 또는 여러 개의 방정식으로 볼 수도 있다.

과 같음을 확인하면 된다. 아니면 여러분 컴퓨터에 설치된 매스매티카에 슈바르츠실트 계측을 입력해서 계산할 수도 있다.

리치 텐서가 0인 계측을 **리치 평평**(Ricci flat)하다고 부른다. 특이점(뉴턴의 점질량과 꼭 마찬가지로 모든 것이 이상하고 의미가 없는 점)을 제외한 모든 곳에서 슈바르츠실트 계측은 리치 평평하다. 리치 평평한 것이 평평한 것과 같지 않음을 반복해서 말해 둔다.

슈바르츠실트 계측은 특이점을 제외하고는 식 (36)을 만족한다. 중력파 또한 이를 만족한다. 이것이 아인슈타인 장 방정식에 대한 첫 번째 기본적인 사실이다. 우리는 다음 장에서 중력파를 공부하면서 일반 상대성 이론을 도입하는 이번 권을 마치려 한다. 하지만 먼저 청중들로부터 구체적인 질문들에 답을 하는 질의 응답 시간을 갖도록 하자.

질의 응답 시간

질문: $\mathcal{R}$를 얻기 위해 간단해진 방정식 (38)이 아니라 $T^{\mu\nu}$가 살아 있는 아인슈타인 방정식에 직접 축약을 실행하면 어떻게 되나요?

답변: 좋아요, 한번 해 봅시다. 그러니까

$$\mathcal{R}_{\mu\nu} - \frac{1}{2}g_{\mu\nu}\ \mathcal{R} = 8\pi G\ T_{\mu\nu}$$

부터 시작해 봅시다. 첨자가 위층이든 아래층이든 중요하지 않습니다. 적절한 형태의 g를 곱해서 첨자 하나를 위층으로 옮긴 뒤에 두 첨자를 축약합니다. 그 결과 우리는

$$\mathcal{R} - 2\mathcal{R} = 8\pi G \ T_{\mu}^{\ \mu}$$

를 얻습니다. $T_{\mu}^{\ \mu}$는 $T_{\mu\nu} \ g^{\mu\nu}$와 똑같은 것입니다. 이를 T라 합시다. 이 스칼라 T는 정의상 T_{ν}^{μ}의 두 첨자를 축약해서 얻게 되는 것입니다. 따라서 우리는

$$\mathcal{R} = - 8\pi G \ T$$

를 얻습니다. 그러면 이를 다시 아인슈타인 방정식에 넣습니다. 약간 재조정하면 우리는 다음 결과를 얻습니다.

$$\mathcal{R}_{\mu\nu} = 8\pi G \Big(T_{\mu\nu} - \frac{1}{2} g_{\mu\nu} \ T \Big). \qquad (40)$$

달리 말해, 아인슈타인 방정식은 리치 텐서를 뭔가와 같다고 두는 식 (40)처럼 쓸 수 있습니다. 하지만 우변에서 $\frac{1}{2} g_{\mu\nu} T$를 빼서 보정해야만 합니다.

질문: T에 대한 해석이 있나요?

답변: 있습니다. 에너지-운동량 텐서의 **자취**(trace)라고 부릅

니다. 이는 전자기 복사, 광자나 또는 중력자처럼 즉 질량이 없는 입자에 대해서는 0입니다. 질량이 있는 입자에 대해서는 에너지-운동량 텐서의 자취가 0이 아닙니다.

질문: 리만 텐서의 해석에 대해 설명하셨는데요. 똑같은 방식으로 리치 텐서와 곡률 스칼라를 어떻게 해석하는지 설명해 주실 수 있나요?

답변: 우리는 사실 리만 텐서는 약간의 돌출부를 돌아가서 각각의 국소적으로 평평한('최상의') 좌표들에서는 국소적으로 변하지 않는 벡터가 한 바퀴 돌아왔을 때 얼마나 많이 돌아갔는가와 관계가 있음을 확인했습니다. 저는 리치 텐서나 곡률 스칼라에 그 어떤 특별한 물리적 중요성이나 기하학적 중요성이 있는지 잘 모르겠습니다. 그게 무엇이든 간에 아주 투명하지는 않습니다. 이들은 전체 리만 텐서보다 훨씬 더 간단한 것들입니다. 이들은 방향에 대해 평균을 냅니다. 리만 텐서에서 리치 텐서로 가면 정보를 잃어버립니다. 리만 곡률 텐서는 0이 아님에도 $\mathcal{R}_{\mu\nu} = 0$일 수 있습니다. 한 가지 사례가 중력의 파동(이른바 중력파)으로서, 마지막 강의인 다음 장에서 우리가 탐구할 것입니다.

중력파는 전자기파에 비견됩니다. 이들은 그 어떤 근원의 존재도 요구하지 않습니다. 물론 실제 세상에서는 전자기파가 안테나나 뭔가로 생성되기를 기대합니다. 하지만 맥스웰 방정식의 풀이로서 방황하는 네덜란드 인(Flying Dutchman, 항구에 정박하지 못하고 대양을 영원히 항해해야 하는 저주에 걸린 유령선의 전설. – 옮긴이)처럼 무한대에서 무한대까지 그냥 진행하는 전자기파를 가질 수 있습니다.

똑같은 방식으로 근원이 없는 중력파를 가질 수 있습니다. 그런 파들은 $\mathcal{R}_{\mu\nu} = 0$을 만족합니다. 하지만 이들은 분명히 평평한 시공간이 아닙니다. 리치 평평하지만 그 곡률 텐서 자체는 0과 같지 않은 기하를 만나면 어느 정도 만족스러울 것입니다.

이는 물론 또한 특이점으로부터 떨어져서 머물러 있는 한 슈바르츠실트 계측의 경우이기도 합니다.

그런 시공간에는 뭔가가 있습니다. 거기에는 실제 곡률, 기조력, 모든 종류의 것들이 있습니다. 하지만 $\mathcal{R}_{\mu\nu} = 0$입니다. 따라서 $\mathcal{R}_{\mu\nu}$는 곡률 텐서보다 정보가 적습니다.

이는 사실 차원에 의존함을 유의해야 합니다. 4차원에서는 리만 텐서보다 리치 텐서에 정보가 더 적습니다. 3차원에서는 정보의 양이 똑같은 것으로 드러납니다. 하나를 이용해서 다른 하나를 쓸 수 있습니다. 그리고 2차원에서는 모든 정보가 스칼라 속에 있습니다. 스칼라는 거기 있는 모든 것입니다. 스칼라가 있으면 그로부터 다른 것들을 만들 수 있습니다.

질문: 리만 텐서에서 리치 텐서로 갈 때 잃어버리는 정보는 에너지-운동량 텐서나 아인슈타인 방정식에 영향을 끼치지 않습니다. 그렇다면 이렇게 잃어버리는 정보는 어떤 의미입니까?

답변: 어떤 근원의 구성이 주어졌을 때 아인슈타인 방정식에

풀이가 많이 있을 수 있음을 뜻합니다. 그들 모두는 똑같은 우변, 즉 $T^{\mu\nu}$를 가집니다. 하지만 그들은 단순히 물리적인 성질이 다릅니다. 예를 들어 가장 단순한 경우는 이렇게 물어보는 것입니다. 이 에너지-운동량 텐서가 0이면 어떻게 될까요?

만약 0이라면, 그게 중력이 없고, 흥미로운 기하가 전혀 없다는 뜻일까요? 아닙니다. 중력파가 허용됩니다.

게다가 에너지-운동량 텐서를 골라 어떤 풀이를 구성합니다. 그러면 여러분은 거기다가 중력파를 더할 수 있습니다. 임의의 풀이에 언제나 중력파를 더할 수 있다는 것이 정확하게 사실은 아니지만 대략적으로는 사실입니다. 그래서 중력파는 그냥 리치 텐서보다 더 많은 정보를 담고 있는 것이 틀림없습니다. 그리고 실제 그렇습니다.

질문: 아인슈타인 방정식이 우주 상수를 포함할 수 없나요?

답변: 우리는 우주 상수에 대해서는 (그게 존재하든 아니든) 아무 말도 하지 않았습니다. 왜냐하면 그것은 $T^{\mu\nu}$의 일부로 생각할 수 있기 때문입니다. 이런 관점에서 '우주 상수'는 식 (36)의 우변의 부가적인 텐서항입니다. 우리는 이를

$$T^{\mu\nu}_{\text{cosmological}}$$

라 표기할 수 있습니다. 그리고 이는 아인슈타인 방정식의 모습

을 바꾸지 않을 것입니다. 만약 이것이 정말로 상수라면, 우리는

$$T_{\text{cosmological}} = \Lambda \ g^{\mu\nu}$$

라 쓸 수 있습니다. 그러면 이 항을 좌변으로 옮기는 것이 이치에 맞을 것입니다. 왜냐하면 이는 단지 기하의 일부일 것이기 때문입니다. 그 결과 문헌에서 자주 보게 되는 다음 방정식을 얻게 됩니다.

$$\mathcal{R}^{\mu\nu} - \frac{1}{2} g^{\mu\nu} \mathcal{R} + \Lambda \ g^{\mu\nu} = 8\pi G \ T^{\mu\nu}.$$

이 항을 더하게 된 역사를 간단히 소개하려 합니다. 아인슈타인이 자신의 방정식을 썼을 때, 우주학자들의 공통된 견해는, 우주는 은하수이며 안정적이라는 것이었습니다. 하지만 아인슈타인은 자신의 방정식이 우주가 안정적일 수 없음을 암시한다는 것을 곧 깨달았습니다. 그래서 그는 불안정성에 대응하기 위해 부가적인 항을 추가했습니다.

그러고는 1929년 허블[14]이 기구를 이용해, 프리드만[15]과 르

---

14) 에드윈 허블(Edwin Hubble, 1889~1953년), 미국의 천문학자.

15) 알렉산드르 프리드만(Alexander Friedmann, 1888~1925년), 러시아의 물리학자이자 수학자.

메트르[16]가 몇 년 전에 이론적으로 예측했던, 우주가 팽창한다는 사실을 관측했습니다. (우주론을 다룰 『물리의 정석』 5권을 보세요.) 그래서 우주 상수를 끼워 넣은 일이 무의미해졌습니다. 나중에 아인슈타인은 이를 두고 "내 경력에서 가장 큰 실수."라고 했습니다.

사실 오늘날까지 우주 상수가 논쟁의 주제입니다. 왜냐하면 우주의 다양한 수수께끼에 대한 '설명 요소'로서 자주 구조 요청을 할 수 있기 때문입니다. 하지만 많은 물리학자들은 문제를 풀기 위한 (또는 대충 넘기기 위한) 임시적 요소나 과정을 싫어합니다.[17]

하지만 막스 플랑크가 흑체 복사 문제를 극복하기 위해 임시방편의 술책으로 양자를 도입한 것을 생각해 보면, 임시로 각색하는 것이 가끔은 **분명** 유익하기도 합니다.

질문: 아인슈타인이 이 강의에서 교수님이 유도했던 방정식을 사용해 수성 궤도의 근일점 세차를 설명했나요? 그리고 이 계산을

---

16) 조르주 르메트르(Georges Lemaître, 1894~1966년), 벨기에의 천문학자, 물리학자, 수학자.

17) '오컴의 면도날'로도 불리는 오컴의 원리를 기억하라. 이는 프란체스코회 수사이자 스콜라 철학자였던 오컴의 윌리엄(William of Ockham, 1285~1347년)의 이름을 딴 것이다. "Pluralitas non est ponenda sine necessitate." 이 말은 "쓸데없이 복잡함을 가정하면 안 된다."라고 번역할 수 있다. 즉 단지 관측 사실을 더 쉽게 맞추기 위해 모형에 추가적인 모수를 도입하는 것은 바람직하지 않다는 뜻이다.

어떻게 했는지 볼 수 있는 문헌을 알고 계신가요?

답변: 확실히 아인슈타인의 논문들 중 하나에 있습니다.

일반 상대성 이론이 빠르게 성취한 두 가지 위대한 성공에 대해 이야기해 봅시다. 태양이 먼 별에서 오는 광선을 꺾는다는 예측(7강에서 아서 에딩턴에 대한 주석 7을 보세요.), 그리고 수성 궤도의 이상한 점을 설명한 것입니다.

광선이 꺾이는 것과 관련해, 아인슈타인은 슈바르츠실트 풀이를 갖고 있지 않았습니다. 하지만 그는 상당히 먼 거리에서 그 풀이에 대한 근사를 가지고 있었습니다. 물론 태양은 블랙홀이 아닙니다. 하지만 태양의 슈바르츠실트 반지름 바깥에서는 그 기하가 슈바르츠실트의 기하와 정확히 똑같습니다.

슈바르츠실트 반지름에서 멀리 떨어져 있을 때 아인슈타인은 어떻게 훌륭하게 근사할 수 있는지를 알았습니다. 태양이 아주 크다는 사실은 뉴턴으로부터의 보정이 작다는 것을 뜻합니다. 이는 섭동 이론의 기법을 이용해 수행할 수 있습니다. 여러분이 이미 알고 있는 뭔가에 어떤 작은 보정을 더해 방정식이 여전히 성립하도록 맞추는 것입니다. 광선의 경우, 멋진 직선으로부터 시작해 약간의 섭동 이론을 적용하고 궤적을 수정하면 됩니다.

수성 궤도의 경우, 아인슈타인이 한 계산은 케플러[18]의 궤도

---

18) 요하네스 케플러(Johannes Kepler, 1571~1630년), 갈릴레오 갈릴레이와 함께 과학 혁명의 선구자로 손꼽히는 독일의 천문학자.

로부터 시작했을 가능성이 큽니다. 즉 아인슈타인은 뉴턴의 풀이부터 시작했습니다. 그러고는 좌변에서의 작은 보정을 우변에서의 작은 보정과 맞추었습니다. 그러고는 수성의 근일점에서 정확하게 올바른 차이를 발견했습니다.

하지만 그때 아인슈타인이 처음 출판한 지 몇 주 뒤에 슈바르츠실트가 아인슈타인 방정식의 정확한 풀이를 계산했습니다. 그리고 그로부터 여러분은 섭동 이론보다 훨씬 더 훌륭하게 계산할 수 있습니다.

행성 궤도와 관련해 한 가지 사항을 마지막으로 언급하고자 합니다. $1/r^2$의 구심력에 이르게 되는 보통의 중력 퍼텐셜 $1/r$은 가장 간단한 경우 세차 없는 닫힌 타원 궤도에 이르게 되는 거의 유일한 법칙입니다. 이는 신기한 우연적 사실로 볼 수도 있습니다.[19] 아니면 이론으로 설명하려고 할 수도 있습니다.

이 책을 마무리하는 다음 강의에서는 아인슈타인 장 방정식을 활용하는 한 사례로서 중력파를 공부할 것입니다. 이는 에너지-운동량 텐서가 0일 때, 즉 시공간이 질량, 또는 같은 말이지만 에너지를 포함하지 않을 때 이 방정식들에 대한 특별히 간단한 풀이입니다.

---

19) '우연적 사실'은 엄밀하게는 아인슈타인이 당연하게 여기지 않았던 종류의 사실이다. 아인슈타인은 관성 질량과 중력 질량의 동등함에서 우연적 성질을 거부함으로써 궁극적으로 일반 상대성 이론에 이를 수 있었다.

중력파

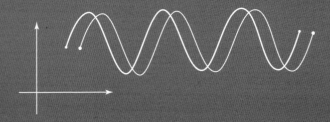

레니: 엄청나게 애써서 지난 수업을 들었으니까,

이번엔 더 쉬운 걸로 대화를 마무리하지.

아인슈타인 장 방정식에 대한 아주 간단한 풀이를 유도하는 건데,

중력파를 예측해.

앤디: 우리가 감지하기 시작한 거?

레니: 맞아.

앤디: 아마도 우주에서 외계인의 소식을 들을 수 있는 또 다른 기회인 거야?

레니: 누가 알겠어? 페르미[1]는 이렇게 묻곤 했지.

"그런데 만약 외계인이 존재한다면, 이미 우리를 방문했어야 하는데,

대체 어디들 있는 거야?"

앤디: 사실 생명은 너무나 많은 형태를 취할 수 있으니까,

우리 뇌와 비슷한 다른 뇌들이 우리와 통신하리라

기대하는 것은 협소한 시각이지.

레니: 맞아. 우리 자신의 뇌를 계속 개발하는 게 최선이지.

우주나 심지어 우리 행성을 너무 많이 괴롭히지 않으면서 말이야.

---

1) 엔리코 페르미(Enrico Fermi, 1901~1954년), 이탈리아 출신 미국의 물리학자.

시작하며

이번 강의에서 다루고자 하는 주제는 약한 중력장, 선형성과 비선형성, 그리고 중력파이다. 마지막으로 우리는 아인슈타인 장 방정식을 어떻게 작용 원리로부터 유도할 수 있는지 개괄할 것이다.

다시 일반 상대성 이론의 방정식을 푸는 것은 항상 불쾌한 일이다. 여기서는 그렇게 하지 않을 것이다. 간단한 것들을 계산하는 것조차 지면을 가득 채우게 될 것이다. 그리고 그건 아마도 끔찍하리만치 유용하지도 않다. 이 과목을 배우려면 여러분은 정말로 자리에 앉아 여러분 스스로 계산하고 방정식을 풀어야 한다. 반면, 그 원리들은 간단하다. 우리가 방정식을 풀었을 때 무엇을 얻는지 충분히 쉽게 설명할 수 있다. 우리는 그런 식으로 중력파에 대해 이야기할 것이다. 방정식을 적어 놓고 그러고는 그 풀이를 쓰는 방식으로 말이다.

먼저, 우리는 약한 중력파 또는 중력장이라 부를 수 있는 것에 관심이 있다.

약한 중력장

시공간에 걸친 중력 변화가 충분히 작아서 다음과 같은 근사를 할 수 있을 때 약한 중력장이라 말한다. 중력장 **제곱**의 변동을 0으로 간주할 수 있다.

어떤 양이 작을 때 우리는 그것을 수반하는 방정식을 전개한다. 보통의 규칙은 그 작은 양의 1차보다 더 높은 차수의 항을 무시하는 것이다. 전형적인 사례는 이항 정리 전개를 처음 두 항까지로 줄이는 것이다.

$$(1 + \epsilon)^n \approx 1 + n\epsilon.$$

방정식의 흥미로운 풀이를 얻는 한 가지 일반적인 기법은 평형에서 시작해, 그 평형 상황에 대한 작은 요동 또는 섭동을 고려하는 것이다.

이 강의에서 우리는 아인슈타인 방정식의 가장 간단한 평형 풀이를 살펴볼 것이다. 어떤 물질도 없는 경우에, 즉 아인슈타인 장 방정식(9강의 식 (36)) 우변에 에너지-운동량 텐서가 없는 경우에 방정식을 써 보자. 그러면 운동 방정식은 간단히

$$\mathcal{R}_{\mu\nu} - \frac{1}{2}\, g_{\mu\nu}\, \mathcal{R} = 0 \tag{1}$$

이다. 이는 더 간단해질 수 있다. 이를 위해 $\mathcal{R}$ 값을 어떻게 알아낼 것인지 살펴보자. 첨자 하나를 위층으로 올린 뒤 양변에서 자취를 취하면, $\mathcal{R}$가 리치 텐서 $\mathcal{R}_\nu^\mu$의 자취이고 4는 g_ν^μ(이는 크로네커 델타이다.)의 자취이므로 우리는 결과적으로 $\mathcal{R} = 0$을 얻는다.

곡률 스칼라는 0이다.

리치 텐서나 리만 텐서가 0일 필요는 없음에 유의하라. 하지만 우리는 식 (1)의 두 번째 항을 무시할 수 있다. 이 방정식은 간단히

$$\mathcal{R}_{\mu\nu} = 0 \qquad\qquad (2)$$

이 된다. 사실, 우리는 어쨌든 세부 사항들을 적지 않을 것이기 때문에 이 방정식은 사실 우리에게 문제가 되지 않을 것이다. 하지만 이는 전체 장 방정식의 우변에서 에너지-운동량 텐서가 없는 상황에서의 아인슈타인 방정식이다.

평형 상황은 무엇인가? 일반적으로 말해 이는 시간 의존성이 없는 풀이다. 우리의 경우 방정식은 또한 우변에 어떤 물질도 없다. 물질은 에너지-운동량 텐서의 또 다른 말이다.

그러면 오직 하나의 평형 상황이 있다. 그것은 그냥 시간 의존성이 없는 텅 빈 공간이다. 그런 텅 빈 공간을 우리는 평평한 공간이라 한다.[2] 곡률도 없고 흥미로운 중력장도 없다. 이 경우 계측 $g_{\mu\nu}$는 단순히 우리에게 익숙한 $\eta_{\mu\nu}$ 형태를 가질 수 있다.

---

2) 우리가 텅 빈 **평평한** 공간을 명기한 이유는, 이 강의에서 우리가 정말로 텅 빈 시공간에 해당하지만 평평하지 않은 아인슈타인 장 방정식의 풀이를 찾을 것이기 때문이다. 그러나 그 풀이는 시간에 의존한다.

"계측이 그런저런 행렬과 같다."라고 말하는 것은 부적절함을 기억하라. 왜냐하면 계측은 랭크 2 텐서이기 때문이다. 각각의 좌표계에서 계측은 다른 성분을 가지고 다르게 표현된다. 예를 들어, 유클리드 기하에서 만약 내가 "평면의 계측이 단지 크로네커 델타였다."라고 쓴다면, 여러분은 이렇게 바로잡을 것이다. "아닙니다. 평면의 계측은 크로네커 델타가 아닙니다. 적절한 좌표계에서 평평한 계측을 크로네커 델타로 표현할 수 있다는 것이 사실입니다." 사실, 만약 내가 다른 좌표를 사용했다면 계측의 표현은 크로네커 델타가 아닐 것이다. 우리는 곡선 좌표계, 극좌표계, 또는 임의의 다른 종류의 좌표계를 사용할 수도 있었다. 필요하다면 2강의 그림 1로 돌아가 기억을 되살려 보라. 달리 말하자면, 유클리드 기하 또는 리만 기하에서 평평한 공간과 관련해 특별한 것은 계측이 아주 간단한 형태를 가지는 좌표를 찾을 수 있다는 것이다.

이는 일반 상대성 이론에서도 똑같이 사실이다. 우리가 확인했듯이 여기서의 기하는 민코프스키-아인슈타인 기하이다. 시공간의 모든 점 X에서 국소적인 계측은 양의 고유치 3개와 음의 고유치 1개를 갖고 있다. 중력장이 없는 평평한 시공간에서는 계측 $g_{\mu\nu}$가 X에 의존하지 않고 다음과 같은 간단한 형태

$$\eta_{\mu\nu} = \begin{pmatrix} -1 & 0 & 0 & 0 \\ 0 & 1 & 0 & 0 \\ 0 & 0 & 1 & 0 \\ 0 & 0 & 0 & 1 \end{pmatrix} \tag{3}$$

를 가지는 좌표계를 고를 수 있다. 첫 행과 첫 열은 시간에 해당한다. 4개의 열은 (t, x, y, z)에 해당한다. 4개의 행에 대해서도 마찬가지이다. 이는 가장 적절한 좌표계에서 평평한 시공간의 계측이다. 이는 평형해, 즉 아인슈타인 장 방정식의 풀이이며 시간에 의존하지 않는다.

운동을 완전하게 기술하자면, "장은 근원에게 어떻게 움직이라 말한다."(이들은 시공간에서 측지선을 따라 움직인다.), 그리고 "근원은 장에게 무엇이어야 함을 말한다."(이는 아인슈타인 장 방정식의 풀이이며, 이 방정식들은 뉴턴의 경우의 푸아송 방정식을 일반화한 것이다. 9강의 식 (4)를 보라.)임을 기억하라. 일반적으로 그 풀이는 물론 시간 의존적이다. 하지만 여기서 우리는 평형해, 즉 시간에 독립적인 풀이에 관심이 있다. 둘째, 우리는 가장 간단한 형태로 구성된 근원, 즉 근원이 없는 경우에 대한 평형해에 관심이 있다.

우리는 아인슈타인 장 방정식이 $\mathcal{R}_{\mu\nu} = 0$으로 환원되는 경우를 살펴보고 있다. 이 방정식들은 곡률의 어떤 성분들이 0과 같다고 말한다. 이는 순전히 기하학적 풀이이며, 우리는 특별히 간단한 풀이, 즉 모든 곳에서 곡률이 전혀 없는 풀이를 갖고 있다. 그 풀이가 $\mathcal{R}_{\mu\nu} = 0$을 만족함을 쉽게 확인할 수 있다. 이것으로 약한 중력파를 향한 첫 단계를 마친다.

이제 시간 의존성이 없는 텅 빈 시공간에 가까운 시공간으로 넘어가자. 우리가 서 있는 곳에서 아주 멀리 떨어진 곳에서 어떤 큰 현상이 일어나고 있다고 가정하자. 예를 들어, 서로에 대해 돌고 있는 두 별인 쌍성 펄서가 급속히 회전하면서 어떤 복잡한 중력파를 방출한다. 펄서 근처에서 중력장은 아주 강력할 것이다. 중력파도 상당히 강력할 것이다. 하지만 만약 여러분이 충분히 멀리 간다면 중력 복사, 즉 이것이 생성하는 중력파는 아주 약해질 것이다.

"약하다."라는 것은 무슨 뜻인가? 이는 계측이 $\eta_{\mu\nu}$ 더하기 어떤 작은 것과 같게 고를 수 있음을 뜻한다. (다시 강조하지만, 적절한 좌표계에서 말이다.) 작다는 것은 더해지는 항의 성분들이 η의 성분들보다 훨씬 더 작다는 뜻이다.

우리는 이를

$$g_{\mu\nu} = \eta_{\mu\nu} + h_{\mu\nu} \qquad (4)$$

라 쓴다. 내가 아는 한, 더해지는 항을 보통 h라 부르는 것은 단지 이것이 g 다음의 문자이기 때문이다.

$\eta_{\mu\nu}$와 달리 섭동항 $h_{\mu\nu}$는 일반적으로 위치의 함수이다. 우리가 "위치"라 말할 때 이는 물론 시공간의 4개의 좌표를 가진 위치 또는 사건 X를 뜻한다. 더해지는 작은 항 $h_{\mu\nu}$는 위치에 따라, 그리고 또한 시간에 따라 변하며 파동을 기술할 수도 있다.

우리는 곧 파동으로 돌아올 것이다. 하지만 먼저 물어보자. $h_{\mu\nu}$로 우리는 무엇을 하려고 하는 것일까? 답은 이렇다. 우리는 식 (4)의 계측을 취해 그 리치 텐서 $\mathcal{R}_{\mu\nu}$를 계산하고 이를 0과 같다고 놓을 것이다. 그러면 우리는 텐서 h에 대한 방정식을 얻을 것이다.

우리가 실제로 h에 대해 얻는 방정식은 전체 지면을 채울 정도로 길지는 않다. 하지만 짜증날 만큼은 충분히 길다. 그래서 나는 대략적으로 설명할 것이다. 그 안에 무엇이 들어가는지를 보여 주려 한다.

먼저 리치 텐서 $\mathcal{R}_{\mu\nu}$를 살펴보자. 이는 사실 리만 곡률 텐서 $\mathcal{R}_{\mu\nu\tau}{}^{\sigma}$의 성분들의 조합이다. 나는 전체 곡률 텐서를 다시 쓰지는 않을 것이다. (9강의 식 (26)을 보라.) 나는 단지 여러분에게 그것이 무엇을 포함하고 있는지, 그 구조를 상기시켜 줄 것이다. 아래 보이는 $\mathcal{R}$는 곡률 스칼라가 아니라, 전체 랭크 4의 곡률 텐서를 표기한다. 그 구조는 다음과 같다.

$$\mathcal{R} = \partial\Gamma + \Gamma\Gamma. \qquad (5)$$

이는 크리스토펠 기호의 1계 도함수를 포함하고 있으며, 크리스토펠 기호의 2차항, 즉 두 크리스토펠 기호의 곱을 포함하고 있다. 나는 모든 곳에 첨자를 집어넣고, $\partial\Gamma$처럼 보이는 다양한 항들과 $\Gamma\Gamma$처럼 보이는 다양한 항들을 빠짐없이 모두 적었을 수도 있었다. 그러나 사실 우리가 필요로 하는 모든 것은 그 구조를 보여 주는 표현식 (5)이다.

그 크리스토펠 기호[3] Γ는 어떻게 될까? 마찬가지로 그 구조는

$$\Gamma = \frac{1}{2} g^{-1} \, \partial g \tag{6}$$

이다. 기호 g^{-1}은 g의 역함수, 또는 같은 말이지만 2개의 반변 첨자를 가진 계측 텐서를 뜻한다.

공변 첨자를 가진 g를 식 (4)에서처럼 전개할 수 있는 것과 마찬가지로, g^{-1} 또한 h의 거듭제곱으로 전개할 수 있다. 이에 대한 첫 번째 기여는 단순히 η 기호의 역수이다. 우연히도 이는 η 그 자체이다. 왜냐하면 η는 그 자신이 역수이기 때문이다. 그러면 우리는 h와 똑같지만 음의 부호를 가진 항을 갖게 된다. 이는 $1/(1 + \epsilon) \approx (1 - \epsilon)$와 꼭 마찬가지이다. 따라서 g^{-1}을 첫 번째 섭동항까지 전개하면 엄청나게 간단하다.

$$g^{-1} = \eta - h. \tag{7}$$

여기서 실제로 똑같은 행렬 h가 음의 부호를 달고 나타난다.

---

3) 우리가 '그' 크리스토펠 기호에 대해 이야기할 때, 그것은 사실 각각 0부터 3까지 변하는 세 첨자로 표지되는 개체의 모둠이다. 3강을 보라. 하지만 이들은 어떤 대칭성을 보여 주기 때문에, 완전히 64개가 있는 것은 아니다.

우리는 단지 구조만 살펴보고 있으므로, 이제 1/2이라는 인수를 떼어 버리면 식 (6)은

$$\Gamma \sim (\eta - h)\, \partial h \tag{8}$$

이 된다. 물결 기호 ~는 완전히 같지는 않은 것들을 같다고 할 때 사용한다. :-)

식 (8)은 크리스토펠 기호의 **구조**이다. 이는 h의 1제곱을 갖고 있는 하나의 항을 포함하고 있다. 그리고 여기에 h의 1차 도함수가 곱해져 있다.

우리는 또한 ∂h가 작다고 가정할 것이다. 이 정도면 수학자들도 깜짝 놀랄 것이다. 하지만 물리적으로 이는, 펄서에서 아주 멀리 떨어져 있을 때 그 영향인 h 자체도 그 크기가 작다는 의미에서 작을 뿐만 아니라 그 변화 또한 약해짐을 뜻한다. 따라서 h의 도함수 또한 작은 것이라 간주한다.

$\eta \partial h$ 항은 한 차수의 크기만큼 작다. $h \partial h$는 두 차수의 크기만큼 작다. 이는 요동 속에서, 또는 작은 중력장 속에서 2차이며, 따라서 이를 무시한다. 예를 들어, 만약 $h = 0.01$이고 $\partial h = 0.01$이면 그 곱은 0.0001이다.

이 근사 과정에서 $\eta \partial h$는 그냥 ∂h이다. 식 (8)로부터 우리는 약한 중력 복사로 근사했을 때 크리스토펠 기호는 단지 h의 도함수의 어떤 모둠에 비례함을 유도했다.

그렇다면 리만 텐서는 어떻게 될까? 이는 Γ의 도함수와 두 Γ의 곱을 포함할 것이다. 그 결과 다양한 종류의 $\partial^2 h$와 $\partial h \partial h$ 형태의 다양한 곱, 즉 중력장의 2계 도함수와 중력장의 1계 도함수의 곱들을 만들어 낼 것이다. 덧붙여 말하자면 h는 **중력장**, 또는 **중력파의 장**이라 부른다. 우리는

$$\mathcal{R} = \partial^2 h + \partial h \partial h \qquad (9)$$

를 얻는다. 곧 우리는 $\partial h \partial h$가 $\partial^2 h$보다 훨씬 더 작으며 다시 우리는 이를 무시한다고 말할 수 있다.

마지막으로, 리치 텐서는 리만 텐서를 축약해서 만든다. 그래서 리치 텐서 $\mathcal{R}_{\mu\nu}$가 악마든 무엇이든 간에 이는 간단히 계측 텐서의 2계 도함수로 이루어져 있다.

이런 분석으로부터 우리는 아인슈타인 방정식이 상대적으로 간단한 형태를 갖고 있다고 결론지을 수 있다. 여전히 수많은 첨자들이 있다. $h_{\mu\nu}$의 2계 도함수를 수반하는 다른 항들의 개수는 상당히 많다. 이들은 너무 복잡해서 그걸 여기에다 적으려고 하지는 않을 것이지만, 이는 기본적으로 2계 도함수들로 만들어졌다. 위치에 대한 2계 도함수, 시간에 대한 2계 도함수, 그리고 심지어 위치에 대한 미분과 시간에 대한 미분을 조합한 항까지 포함해서 말이다.

게다가 거기에는 여러 첨자들이 있다. 얼마나 많냐고? 글쎄,

리치 텐서는 각각 0부터 3까지 변하는 μ와 ν를 갖고 있다. 그래서 성분이 16개이다. 하지만 전체 작업은 그게 무엇이든 간에 h의 2계 도함수로 구성된다.

요약하자면, 우리의 운동 방정식은

$$\partial^2 h = 0 \qquad (10)$$

처럼 보이는 어떤 종류의 방정식이다. 자연스럽게 이는 다음 주제, 즉 파동으로 이어진다.

중력파

식 (10)과 같은 방정식은, 특히 상대성 이론에서, 대개 파동 방정식이다. 보통의 파동에 대한 파동 방정식이 어떤 모습인지 상기해 보자.[4] 시간이 흐름에 따라 z 축을 따라 움직이고 있는 파동을 살펴보자. 그래서 우리가 $\phi(t, z)$라 부를 수 있는 파동의 장을 고려해 보자. 이는

$$\frac{\partial^2 \phi}{dt^2} = \frac{\partial^2 \phi}{dz^2} \qquad (11)$$

---

4) 파동 방정식은 우리가 9강에서 봤던 푸아송 방정식 및 열 방정식과 함께, 수리 물리학에서 대단히 일반적인 방정식에 속한다.

를 만족할 것이다. 이는 우리가 상상할 수 있는 가장 간단한 파동 방정식이다. 이에 대한 간단한 풀이는 그림 1에서처럼 왼쪽이나 오른쪽으로 움직이는 삼각 함수이다.

여러분은 다른 풀이들, 예를 들어 오른쪽으로 가는 파동과 왼쪽으로 가는 파동을 더할 수 있다. 이는 여전히 식 (11)의 풀이이다. 왜냐하면 그 방정식이 선형적이기 때문이다.

공간에 더 많은 방향이 있다면 방정식의 구조는 약간 더 복잡할 것이다. 단지 z에 대한 ϕ의 도함수 대신 우리는 또한 x와 y에 대한 도함수도 갖게 될 것이다. 그 방정식은

$$\frac{\partial^2 \phi}{dt^2} - \frac{\partial^2 \phi}{dx^2} - \frac{\partial^2 \phi}{dy^2} - \frac{\partial^2 \phi}{dz^2} = 0 \qquad (12)$$

으로 쓸 수 있다. 식 (10)과 같은 종류의 방정식과 식 (12)와 같은 종류의 방정식 사이에는 명백하게 가족적 유사성이 있다. 사

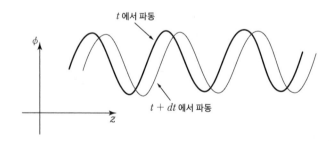

그림 1 오른쪽으로 움직이는 간단한 파동 $\phi(t, z)$.

실 교묘하게 잘 다루면 이 식들을 정확히 비슷하게 만들 수 있다.

식 (10)이 단지 하나의 방정식이 아니라는 사실에 주목하라. 각 쌍의 μ, ν에 대해 하나의 방정식이 있다. $R_{\mu\nu}$가 16개의 성분을 갖고 있음을 상기하기 위해 그 주변에 대괄호를 집어넣자. 식 (10)은 이렇게 다시 쓸 수 있다.

$$[\partial^2 h]_{\mu\nu} = 0. \tag{13}$$

이 성분들이 모두 독립적인 것은 아니다. 실제로는 그보다 훨씬 더 간단하다. 하지만 원리적으로는 여전히 16개의 성분이 있고, 따라서 16개의 방정식이 있다.

식 (13)의 모둠은 다소간 그런 면에서 맥스웰 방정식과 비슷하다. 맥스웰 방정식은 예컨대 전기장과 자기장에 대한 파동 방정식의 형태를 갖고 있다. 하지만 여러 성분들이 있다. 3개의 전기장 성분과 3개의 자기장 성분이 있다. 이렇게 말하면 오직 6개의 방정식만 있는 것처럼 들릴 텐데, 사실 완전한 맥스웰 방정식의 집합에는 8개의 방정식이 있다. 이는 식 (13)과 똑같은 종류의 패턴이다. 방정식은 여러 개이지만 모두가 비슷한 형태이며 모두가 독립적이지 않다.

우리는 식 (13)을 암시적인 형태로만 적었다. 하지만 우리는 방정식이 오직 2계 도함수만 수반함을 증명했다. 식 (13)을 생성하는 과정에서 h, 또는 h의 도함수나 2계 도함수를 수반하는 그 무엇이든 작다. 그래서 **여기에 또 다른 작은 양을 곱할 때**(각각의 형태가 $\eta + h$인 곱하기 항들을 도입하는 축약을 시행하는 경우와 마찬가지로), 우리는 작은 항들의 곱을 생략한다. 왜냐하면 이들은 작은 크기의 높은 차수가 되기 때문이다.

우리가 하고 있는 작업은 근사임을 기억하라. 하지만 잘 정의된 근사이다. 기술적으로는 **아인슈타인 방정식의 선형화**이다. 이는 단지 아인슈타인 장 방정식에서 h보다 높은 차수를 가진 모든 것을 내버린다는 뜻이다. 이는 중력 복사가 약할 때 훌륭하면서도 논리적인 근사이다. 우리는 $[\partial^2 h]_{\mu\nu} = 0$이라는 형태의 방정식에 이르렀다. 너무 지저분하기 때문에 전부 다 적지는 않을 것이다.

이들의 풀이를 논의하기 전에, 우리가 앞서 주목한 사실(그리고 실제 우리가 리만 기하를 다룬 2강 이후로 여러 차례 반복했던 사실), 즉 시공간이 평평하기 위해 계측이 반드시 η일 필요는 없다는 점을 돌이켜 보자. 다만 좌표를 적절히 고르면 **η를 이용해 계측을 표현할 수 있다.**

평평한 시공간을 나타내는 다른 방법들이 있다. 우리는 $\eta_{\mu\nu}$에 좌표 변환을 할 수 있다. 계측을 표현하는 식뿐만 아니라 아인슈타인 장 방정식에 대한 풀이도 바뀔 것이다. 그러나 여전히 정확하게 똑같은 물리적 풀이이다.

따라서 식 (13)에 대해 자명해 보이지 않는 풀이가 반드시 있다. 이는 거의 평평한 시공간을 나타낼 것이다. 그 속에 작은 물결을 갖고 있는 평평한 시공간 말이다. 이 점을 명확하게 살펴보기 위해 먼저 유클리드 기하에서 그렇게 해 보자.

유클리드 기하에서 평평한 지면을 고려해 보자. 이는 평평한 공간이다. 따라서 그 계측 중 하나는 간단히 δ_{mn}으로 표현된다. 여기서 m은 X 축을, 그리고 n은 Y 축을 나타낸다. '좋은' 데카르트 좌표 X와 Y로 시작해 보자. 그러고는 약간의 교란을 포함하는 좌표 X'과 Y'을 도입한다. 그리고 좌표 (X, Y)를 좌표 (X', Y')으로 표현해 보자.

$$X = X' + f(X', Y') \qquad (14)$$
$$Y = Y' + g(X', Y').$$

이것이 좌표 변화이다. 우리는 어떤 식으로든 공간을 바꾸지 않

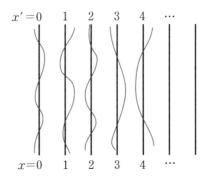

그림 2 '좋은' 좌표(검은색 선)를 가진 평평한 공간과 약간 꾸불꾸불한 좌표(회색 선). 여기서는 X 좌표를 나타냈다. 그에 수직인 Y 좌표와 꾸불꾸불한 그 친척도 생각해 보라.

왔다. 우리가 한 것이라고는 좌표를 바꾼 것뿐이다. 그림 2에서 보듯 이전의 '좋은' 좌표에서 약간 꾸불꾸불한 새로운 좌표를 나타냈다.

'좋은' 좌표에서의 계측은

$$dS^2 = dX^2 + dY^2 \qquad (15)$$

이다. (X', Y') 좌표에서의 계측은 무엇인가? 다음을 기억하라. 우리는 단지 유클리드 공간에 있을 뿐, 시공간으로 뭔가를 하고 있는 게 아니다. 그래서 단지 흥미를 위해 (X', Y')에서 계측을 계산해 보자. 우리는 다음과 같이 쓸 수 있다.

$$dX = dX' + \frac{\partial f}{\partial X'^m} dX'^m. \qquad (16a)$$

그리고 마찬가지로

$$dY = dY' + \frac{\partial g}{\partial X'^m} dX'^m \qquad (16b)$$

이다. 우리의 표기법은 약간 어색하다. 왜냐하면 X'^m은 X'^1, X'^2의 모둠, 즉 단순히 X'과 Y'을 나타낸다. 그리고 식 (16a)와 (16b)는 합 규약이 적용된 합을 포함한다.

그러고는 식 (16)을 식 (15)에 대입한다. dS^2이 단지

$(dX')^2 + (dY')^2$이 아님을 알 수 있다. 이는 $(dX')^2 + (dY')^2$에 더해 어떤 교차항들을 담고 있다. 이를 계산하면(f와 g 및 그 도함수들이 너무 작아서 적절하게 근사할 수 있다고 가정하고) 다음을 얻을 것이다.

$$dX^2 + dY^2 = (dX')^2 + (dY')^2 + h_{mn} \, dX'^m \, dX'^n. \quad (17)$$

우변은 새로 꾸불꾸불한 좌표에서 표현된 계측 텐서로 계산한 두 점들 사이의 무한소 거리의 제곱이다.

계측 텐서에 대한 이 작은 보정이, 그 지면이 더 이상 평평하지 않다는 것을 의미할까? 물론 아니다. 단지 우리가 사용하는 새 좌표가 꾸불꾸불하다는 것을 뜻할 뿐이다. (우리가 이들을 '좋은' 좌표에서 표현할 때 그렇다. 그림 2를 보라.)

식 (17)에서 보정 h가 무엇인지 계산해 보는 것도 꽤 좋은 연습이 될 것이다. 여러분은

$$h_{mn} = \frac{\partial f}{\partial Y'} + \frac{\partial g}{\partial X'} \quad (18)$$

를 얻게 될 것이다. 한 사례를 계산해 보기 전까지는, 또는 그걸 증명해 보기 전까지는 이것이 여러분에게 아무런 의미도 없을 것이다.

이는 계측에 대한 작은 섭동이다. 이미 우리가 식 (4)에서 만

났던 형태를 갖고 있다. 하지만 그 어떤 물리적인 것도 나타내진 않는다. 단지 좌표를 다소간 대수롭지 않게 바꾸었을 뿐이다.

달리 말해, 계측에 섭동이 존재하는데, 이것이 시공간에 대한 어떤 물리적인 영향에 해당하는 것은 아니다. 설령 계측이 식 (4)의 형태를 갖더라도 시공간은 평평하게 남아 있을 수 있다. 다시 한번 강조하자면, 평평한 시공간은 계측이 반드시 η인 시공간이 아니라, 계측이 η가 되는 그런 좌표를 **찾을 수 있는** 시공간이다.

마찬가지로, 식 (13)에서 우리는 단지 시공간의 곡선 좌표만 나타낼 뿐 그 기하나 물리학을 바꾸지 않는 작은 섭동을 쓸 수 있었다.

단지 곡선 좌표에서 평평한 시공간일 뿐이고 그 어떤 실제 물리학도 나타내지 않기 때문에 그 방정식을 자동으로 풀어 버리는 그런 가짜 풀이를 어떻게 없앨 수 있을까?

그 계측에 더 많은 방정식을 적용함으로써 그렇게 할 수 있다. 그 방정식들을 적어 내려갈 수도 있지만 그건 중요하지 않다. 중요한 것은 그 방정식들이 원하지 않는 가짜 풀이들, 좌표에 대한 애매함, 즉 아인슈타인 방정식에 대한 비물리적이고 무의미한 풀이를 지워 버릴 것이라는 점이다. 우리는 다양한 방식으로 그 작업을 수행할 수 있다.

일단 그 작업이 수행되면 방정식들은 아주 간단해진다. 그 방정식들은 파동 방정식이 된다. 그러면 h의 성분들은 식 (12)

처럼 보통의 파동 방정식을 완벽하게 만족한다. 그 식은 다음과 같이 된다.

$$\frac{\partial^2 h_{\mu\nu}}{dt^2} - \frac{\partial^2 h_{\mu\nu}}{dx^2} - \frac{\partial^2 h_{\mu\nu}}{dy^2} - \frac{\partial^2 h_{\mu\nu}}{dz^2} = 0. \qquad (19)$$

이 요동의 각 성분들은 파동 방정식을 만족한다. 이는 계측의 모든 성분이 파동, 특히 선형 파동처럼 축을 따라 움직인다는 뜻이다.

반면 몇몇 제한 조건들도 있다. 각각의 μ와 ν에 대해 하나 이상의 방정식들이 있다. 그 이유는 좌표의 모호함 때문에 우리가 확인했던 가짜 풀이들을 없애기 위해 이런 방정식들을 추가로 갖고 있기 때문이다. 일단 그렇게 하면 정말로 의미가 있는 물리적인 풀이들을 찾게 된다. 우리는 이를 명확히 할 것이다. z 축으로 움직이는 파동이 있다고 가정하자. 그 방정식은 다음과 같다.

$$\frac{\partial^2 h_{\mu\nu}}{dt^2} - \frac{\partial^2 h_{\mu\nu}}{dz^2} = 0. \qquad (20)$$

이 방정식은 어떤 모습인가? 가장 간단한 풀이는

$$\phi = \sin k(z - t) \qquad (21)$$

의 형태이다. 이는 임의의 고정된 시간 t에서 사인 곡선인 함수이다. 그림 1을 보라. 시간이 흐름에 따라 파동은 단위 속도로 z 축을 따라 오른쪽으로 움직인다. 여기서 단위 속도란 광속을 뜻한다. 매개 변수 k는 파동의 진동수이며 또한 파수(wave number)라고도 부른다. 이는 단위 길이당 완전하게 진동하는 횟수이다. 그리고 물론 이는 임의의 숫자일 수 있다. 파장이 짧으면 k가 커진다. 파장이 길면 k는 작다.

h의 각 성분은 이와 같은 풀이를 가질 것이다. 이는 $\sin k(z - t)$에 비례할 것이다. 그래서 이렇게 써 보자.

$$h_{\mu\nu}(t, z) = h^0_{\mu\nu} \sin k(z - t). \qquad (22)$$

계수 $h^0_{\mu\nu}$는 위치의 함수가 아니다. 단지 $k(t - z)$의 사인값에 곱해지는 숫자 계수일 뿐이다. 여기까지가 우리가 적을 수 있는 모든 것이다. 식 (22)는 중력파의 본질로서 계측의 각 성분이 축을 따라 움직이는 파동처럼 행동한다.

그러나 이미 말했듯이, 가짜 풀이를 걸러내기 위해 더 많은 방정식들이 있다. 그 모두를 적용하면 뭔가 흥미로운 것을 발견하게 된다. 이를 알아보기 위해 먼저 전자기학에 대한 몇몇 사실들을 기억해 보자.

전자기학에서 똑같은 작업을 수행해 보자. 맥스웰의 장 방정식을 푼다. 벡터 퍼텐셜에 대해서 풀거나 그림 3에서처럼 전기장과 자기장에 대해서 풀 수도 있다.

모든 방정식을 적어 보면 어떤 제한 조건을 발견하게 된다.

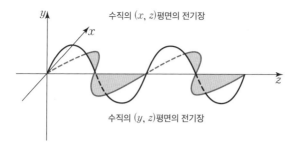

그림 3 어느 순간 t에서 촬영한 전기장과 자기장.

그 제한 조건은 **장의 횡단성**(transversality of the field)이라 한다. 이는 전기장과 자기장이 언제나 파동의 운동에 수직인 방향을 가리킨다는 뜻이다.

전기장과 자기장 풀이가 파동일 뿐만 아니라, 이들은 횡파 (transverse wave)이다. 즉 이들은 파동의 진행축인 z 축에 수직이다. 그리고 이들은 서로에 대해 수직이다.

그림 3이 보여 주는 모든 수평 및 수직 기복은 시간이 흐름에 따라 z 축을 타고 움직임을 나타내는 방식으로 변한다.[5]

중력파에서도 아주 비슷한 일이 일어난다. 가짜 풀이를 걸러

---

5) 횡으로 움직이는 파동에 대해 이야기할 때는 대개 물리적으로 종방향으로 움직이는 것은 없다. 예를 들어 연못 표면에서 움직이는 물결을 생각해 보자. 어딘가에서 떠다니는 코르크를 바라본다면 파동이 지나갈 때 위아래로 움직일 것이지만 종방향으로는 움직이지 않을 것이다. 횡파와는 반대로 가장 간단한 종파의 예는 수평으로 긴 스프링에 종방향으로 충격을 주는 경우이다.

내기 위해 도입했던 제한 조건들의 결과는 그 파동이 횡파여야 한다는 것이다.

파동이 횡파라고 말하는 것은 t나 z를 수반하는 성분 $h_{\mu\nu}$가 0임을 뜻한다. 0이 아니도록 허용된 유일한 h의 성분은 파동의 방향에 수직인 평면에 있는 성분들이다.

이 사실을 전체 방정식들의 집합(식 (13) 더하기 가짜 요동을 제거하는 방정식들)에 적용하면 중력파가 아주 간단한 형태를 가진다는 것을 알 수 있다. 계측에 더해진 섭동항에서 유일하게 0이 아닌 성분들은

$$h_{ij}\,(t,\,z) = h_{ij}^{0}\,\sin k(z-t) \qquad (23)$$

이다. 여기서 가짜 변수 i와 j를 사용했다. 이들 각각은 $\{x, y\}$ 집합에서 값을 가진다.

시간 t에서 시공간의 공간 부분을 생각해 보자. 그리고 그것을 서로 다른 z 값에서 단면으로 잘라 보자. 그림 4를 보라.

주어진 위치 z와 주어진 시간 t에서 계측 h_{ij}는 그림 4에서 보이는 2차원 평면들 중 하나 속에서의 계측이다. 그 성분들은 단순한 숫자들이다. 달리 말해, 각 z와 t에서 계측은 단지 숫자들의 집합이다.

방정식이 하나 더 있다. 이는 아인슈타인의 장 방정식으로부터 나온다. 그리고 이는 계측 h_{ij}의 자취가 0과 같다고 말한다.

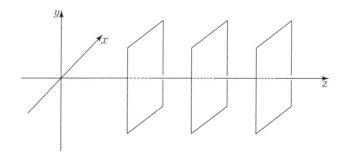

그림 4 주어진 시간에서의 공간 좌표. 다른 z 의 위치에서의 $x\,y$ 평면들.

이를 방정식의 형태로 쓰면

$$h_{xx} + h_{yy} = 0 \qquad (24)$$

이다. 식 (23)과 식 (24)가 전체 방정식의 집합을 형성한다. 이것이 말하는 바는 우선 중력파의 계측이 다음을 만족한다는 것이다.

$$h_{00} = 0$$
$$h_{0x} = 0$$
$$h_{0y} = 0$$
$$h_{0z} = 0$$
$$h_{zx} = 0$$
$$h_{zy} = 0$$

$$h_{zz} = 0.$$

즉 t 나 z 를 수반하는 그 어떤 성분도 0과 같다. 0이 아닌 유일한 성분은

$$h_{xx}$$
$$h_{yy}$$
$$h_{xy}$$

이다. 이들은 식 (23)으로 주어진다. 게다가 식 (24)로부터, h_{xx} 와 h_{yy} 는 서로 반대이다. 계측 텐서는 대칭적이어서 임의의 쌍 μ 와 ν 에 대해 $h_{\mu\nu} = h_{\nu\mu}$ 를 얻는다.

아주 간단하다. 그런데 이게 어떤 의미일까?

먼저, 섭동항의 이 모든 성분들은 t 및 z 와 함께 변하는데, 오직 t 및 z 와 함께 변한다. 만약 파동이 z 축을 타고 지나가고 있으면 정의상 그 변동은 z 축을 따라 진행된다.

h_{xx} 라는 양은 $k(z - t)$ 의 사인값에 어떤 계수 h_{xx}^{0} 가 곱해진 것과 같다. 우리는 3개의 0이 아닌 항에 대한 공식을 쓸 수 있다.

$$h_{xx} = h_{xx}^{0} \ \sin \ k(z - t)$$
$$h_{yy} = h_{yy}^{0} \ \sin \ k(z - t) = -h_{xx}$$
$$h_{xy} = h_{xy}^{0} \ \sin \ k(z - t) = h_{yx}. \tag{25}$$

$h_{yy} = -h_{xx}$ 는 식 (24)에서 온 것이다.

고정된 순간의 시간, 예컨대 $t = 0$인 시간에서 식 (25)를 살펴보자. 우리가 z 축을 따라 움직임에 따라 계측에는 섭동이 있다. 계측 텐서는 그냥 평평한 공간의 계측과는 약간 다르다. 그리고 그것은 단지 좌표의 효과가 아니라 실제 곡률이다. 이는 우리가 z 축을 따라감에 따라 진동한다.

진동하는 성분들은 파동에 수직인 평면의 계측과 관계가 있다.

η_{xx}에 h_{xx}가 더해진다는 게 무슨 의미일까? 여기서 η_{xx}는 대부분의 자연스러운 좌표에서 1과 같다. 우리는 다음과 같이 쓸 수 있다.

$$g_{xx} = 1 + h_{xx}^{0} \sin k(z - t). \tag{26}$$

이는 x 축을 따라가는 고유 거리가 섭동항이 없었을 때의 고유 거리와는 약간 다르다는 뜻이다. 점 $x = -1/2$와 점 $x = +1/2$ (그리고 $y = 0$) 사이의 거리에 대해 이야기하고 있다고 해 보자. 그 고유 거리는 두 점 사이의 실제 거리이다. 좌표 x는 단지 표지일 뿐임을 기억하라. 고유 거리는 계측으로 주어진다. 그리고 이 고유 거리는 (만약 우리가 미터를 쓰고 있다면) 1미터보다 약간 더 길거나 약간 더 짧을 수도 있다. 이는 우리가 z 축 위에서 어디에 있느냐에 달려 있다.

예를 들어, 시간 $t = 0$에서 만약 우리가 $h_{xx}^{0} \sin kz$가 양수

인 점 z에 있다면, 이는 길이가 1미터인 자가 두 점 사이의 거리보다 약간 더 짧을 것임을 뜻한다. 이는 미터자가 더 짧아졌기 때문이 아니라(미터자는 미터자이다.) 그 평면이 x 방향으로 늘어났기 때문이다.

여전히 $t = 0$에서, 다른 공간 차원은 어떻게 될까? 우리에게

$$g_{yy} = 1 + h_{yy}^0 \sin k(z - t) \qquad (27)$$

가 있다. 하지만 h_{yy}는 식 (24)로부터 음의 h_{xx}이다. 우리는 다음과 같이 쓸 수 있다.

$$g_{yy} = 1 - h_{xx}^0 \sin k(z - t). \qquad (28)$$

달리 말해, x 방향이 늘어난 점 z에서 y 방향은 수축된다. y 축을 따라 방향을 잡고 있는 미터자는 y 좌표가 $1/2$과 $-1/2$인 점들 사이의 거리를 약간 넘어설 것이다. 그리고 역으로, x가 줄어들면 y는 늘어난다. 이 상황이 그림 5에 그려져 있다.

우리는 또한 하나의 고정된 점 z에서 추론해 시간의 흐름에 따라 무슨 일이 일어나는지 살펴볼 수 있다. 시간이 흐름에 따라 파동이 우리를 지나간다. 따라서 우리의 x 축은 교대로 늘어나거나 줄어들고, y 축은 줄어들거나 늘어난다.

이는 실제적인 물리적 효과이다. 중력파는 곡률을 생성한다.

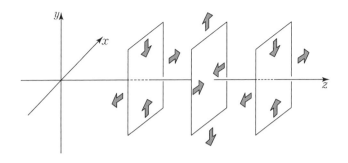

그림 5 교대로 늘어나고 줄어듦.

그 파동은, 원한다면, 광속으로 움직이는 시공간 곡률의 물결이라고 할 수 있다. z 축 위의 고정된 점에서 파동이 지나갈 때, 즉 시간이 흘러갈 때 중력파는 거기서 일종의 기조력을 만들어 낸다. 기조력의 본질은 그 점에서의 평면에 있는 미터자를 실제로 줄어들거나 늘어나게 한다는 것이다. 미터자가 수평으로 줄어들 때는 수직으로 늘어나고, 수직으로 줄어들 때는 수평으로 늘어난다.

　이는 측정할 수 있는 효과이다. 1강 그림 8의 3,200킬로미터 길이 사나이를 떠올려 보라. 그는 기조력을 느낄 수 있고 적절한 기구로 이를 측정할 수 있다. 예를 들어, 주어진 점에서 그림 6처럼 합판 조각을 갖고 있으면 그 조각이 교대로 수평으로 줄어들고 수직으로 늘어났다가, 수평으로 늘어나고 수직으로 줄어드는 모습을 보게 될 것이다.

　흥미롭게도 또 다른 풀이가 있음을 확인할 수 있다. 이는 0이

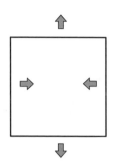

그림 6 합판 조각에 작용하는 기조력.

아닌 것이 h_{xx}와 h_{yy}가 아니라 h_{xy}이다.

$$h_{xy} = h_{xy}^0 \, \sin \, k(z - t).\tag{29}$$

그리고 h_{yx}는 그 반대이다.

그 계측은 이런 모습일 것이다.

$$\delta_{xy} + \begin{pmatrix} 0 & h_{xy} \\ -h_{xy} & 0 \end{pmatrix}.\tag{30}$$

여기서 δ_{xy}는 크로네커 델타 기호, 또는 같은 말이지만 단위 행렬이다. 여기서도 여전히 $h_{xx} + h_{yy} = 0$이다. 왜냐하면 둘 다 0이기 때문이다.

이는 그림 6과 똑같은 현상이다. 다만 줄어들고 늘어나는 진동이 45도 축을 따라 진행된다는 점을 제외하면 말이다. 이는 단지 처음 풀이가 45도 회전한 것이다. 그러면 이 두 풀이의 임의의 선형 중첩 또한 풀이이다.

이것이 중력파의 모든 것이다. 먼저 파동이 움직이고 있는 세로 방향을 선택한 다음, 그 수직 평면에서 직교하는 축들의 집합을 골라서, 기술한 대로 번갈아 늘어나고 줄어드는 파동을 구성하면 된다.

질의 응답 시간

질문: 이렇게 수축하고 줄어드는 것을 어떻게 측정할 수 있습니까?

답변: 변형계(strain gauge)를 사용할 수 있습니다. 중력파는 합판 조각에 진짜 압력을 생성할 것입니다. 변형계는 파동이 지나가고 있을 때 이를 기록할 것입니다.

만약 파동이 움직이는 대신 정적이라면, 합판 조각은 정말로 영향을 받지 않을 것입니다. 모든 것이 동시에, 즉 합판을 측정하는 자, 압력을 측정하는 변형계 등등과 똑같은 방식으로 압축되거나 늘어날 것입니다. 하지만 실제로 진짜 압력과 변형을 생성하는 것은 그 풀이의 진동하는 특성입니다. 실제로 곡률이 진동합니다.

질문: 중력파를 촉발하는 것은 무엇입니까?

답변: 전자기에서는 움직이는 전하, 예컨대 양성자 주변을 도는 전자 또는 안테나에서 왔다갔다 하는 전류가 전자기파를 생성합니다. 이와 비슷하게 중력에서는 움직이는 질량, 예를 들면 별이나 블랙홀이나 펄서나 또는 무엇이든, 다른 것 주변으로 궤도운동을 하는 것들이 중력파를 생성할 것입니다.

예를 들어 1974년 헐스[6]와 테일러[7]가 발견한 유명한 쌍성 펄서는 2개의 아주 집중된 질량들로 구성되어 있는데, 이들은 상당히 짧은 거리를 두고 짝을 이루어 회전합니다. 둘 다 블랙홀은 아닙니다. 그 전체도 블랙홀은 아닙니다. 하지만 쌍성 펄서는 아주 강력하게 변화하는 중력장을 갖고 있으며 파동을 만들어 냅니다.

쌍성 펄서 근처에서는 $g_{\mu\nu} = \eta_{\mu\nu} + h_{\mu\nu}$가 좋지 않은 근사입니다. 그 장이 너무나 강력해 방정식을 이런 식으로 선형화할 수 없습니다. 하지만 만약 여러분이 어느 정도 멀리 간다면, 그 파동이 퍼져 나가서 그 자체가 희박해지고 충분히 약해져서 이것이 좋은 근사가 됩니다.

여러분이 멀리 떨어져서 여러분과 펄서 사이의 방사상 직선을 z 축으로 잡는다면, 여러분은 식 (26)으로 표현되는 중력파가 여러분을 지나가는 것을 느낄 것입니다. 펄서까지의 시선에 수직인 평면에서 압력과 변형이 있을 것입니다.

---

6) 러셀 헐스(Russell Hulse, 1950년~), 미국의 물리학자.

7) 조지프 테일러(Joseph Taylor, 1941년~), 미국의 천체 물리학자.

질문: 만약 미터자도 변형된다면, 그 변형을 어떻게 감지할 수 있을까요?

답변: 물질로 만든 미터자는 정말로 영향을 받습니다. 하지만 나무 미터자와 철 미터자는 아마도 다르게 반응할 것입니다. 따라서 이론적으로는 중력파가 생성하는 기조력을 감지할 한 가지 방법이 있는 셈입니다.

중력파를 감지하는 또 다른 방법은 중력파의 진동수에서 공명하는 어떤 계를 만드는 것입니다. 어떤 계는 보통 그 자신의 고유한 진동 주파수를 갖고 있습니다. 만약 그 계가 똑같은 진동수로 진동하는 힘으로 강화되어 그 떨림에서의 손실을 보상하는 어떤 에너지가 유입된다면, 그 계는 지속 공명 또는 이른바 구동 공명 상태로 들어가게 됩니다.[8] 그런 상황에서는 그 반응이 특별히 클 것입니다.

천문학에서 다양한 근원으로부터 우리가 기대하는 중력파는 극도로 약하다는 점에 유의하세요. 더해지는 항 $h_{\mu\nu}$는 극도로 작아서 막대에 미치는 무차원의 효과는 대략 10^{-21} 정도 됩니다. 사람들이 심지어 그걸 측정하겠다고 고민한다는 사실 자체가 아주 놀라운 일입니다.

---

8) 예를 들어 타코마 해협의 다리가 바람의 영향으로 클라리넷의 리드처럼 공명 상태로 들어간 뒤 파괴된 유명한 사례를 보라. https://www.youtube.com/watch?v=3mclp9QmCGs.

하지만 이를 측정할 수 있습니다. 그것이 레이저 간섭계 중력파 관측소(Laser Interferometer Gravitational-wave Observatory, LIGO) 실험의 목적입니다. 이는 캘리포니아 공과 대학(Caltech)과 MIT가 루이지애나 주 리빙스턴과 워싱턴 주 핸퍼드에서 수행했습니다.[9] LIGO는 중력파 검출기입니다. 강철 막대는 아닙니다. 패브리-페로 간섭계의 현대 버전과 같이 한 쌍의 거울에 레이저 빔이 더해진 것입니다. x와 y 방향에서의 상대적인 운동에 따른 간섭 효과가 만들어지고 측정됩니다. 하지만 기본적으로 중력 검출기는 진동으로 설정할 수 있는 시스템입니다.

블랙홀의 중력 붕괴나 두 블랙홀의 충돌은 우주에서 어쩌다 한 번 일어납니다. 우리가 상상할 수 있는 최상의 검출기 범위 안에서 그런 일들이 단위 시간당 얼마나 많이 일어나는지 계산할 수 있습니다. 제 생각에 이론상으로는 매해 한 번 블랙홀 충돌을 감지할 수 있을 것입니다. 많은 숫자입니다.

그 파동은 광속으로 움직입니다. 그러므로 우리가 블랙홀 충돌을 중력파가 아닌, 우리가 원하는 다른 수단으로 감지한다면, 그 신호를 중력파와 동시에 보게 될 것입니다.

여러분이 멀리 떨어져 있다면 중력 복사의 효과는 아주 약합

---

9) 2015년 9월 14일 최초로 중력파를 검출했다. "아인슈타인이 예측한 지 100년 뒤에 중력파를 검출하다.", 2016년 2월 11일자 LIGO 보도 자료. https://www.ligo.caltech.edu/news/ligo20160211을 보라.

니다. 가까이 있다면, 두 블랙홀의 충돌에서 나오는 효과가 엄청 납니다. 그때는 다른 어떤 종류의 복사보다 훨씬 더 큽니다. 하지만 만약 그 충돌이 우주적으로 먼 거리에서 일어나고 있다면 이를 감지할 수 있는 유일한 방법은 중력 복사를 통해서일 것입니다. 사실 그런 이유로 LIGO가 흥미롭습니다. 천문학에서 이는 우주를 향한 새로운 창문을 여는 새로운 기구입니다.

시공간의 떨림인 중력파 덕분에 우리는 우주가 투명해졌을 시간 이전에 발생한 사건들을 감지하고 연구할 수 있습니다.

따라서 우리는 우주의 시작에 대한 우리 지식을 크게 향상시킬 것으로 기대할 수 있습니다. (우주론에 대해서는 『물리의 정석』 5권을 보세요.)

중력파는 2015년 LIGO가 검출하기 이전에는 결코 '직접'[10] 관측된 적이 없었습니다. 하지만 중력파는 이미 다른 물리적 효과를 통해 '간접' 관측되었습니다. 궤도 운동을 하는 전기 전하계가 에너지를 품고 있는 전자기 복사를 방출하는 것과 마찬가지로, 서로에 대해 회전하는 질량들은 파동을 방출하고 에너지를 잃어버립니다. 이렇게 에너지를 잃어버리면 이들의 회전은 약간

---

10) 직접이라는 단어를 따옴표 안에 넣은 이유는 '간접' 관측과는 반대로 '직접' 관측이라는 개념은 앙드레를 포함한 몇몇 인식론자들의 관점에서 모호한 구분이기 때문이다.

속도를 높일 것입니다.

헐스와 테일러는 쌍성 펄서를 연구해 그것이 방출해야만 하는 중력파와 에너지 손실, 그리고 회전 가속도가 완벽하게 들어맞음을 보였습니다. 이 마지막 효과는 맥동치는 빛의 수신된 진동수의 변화로 측정할 수 있습니다. 중력파는 펄서의 에너지가 줄어들게 하는 주된 현상입니다. 헐스-테일러 쌍성 펄서의 공전 주기는 7.75시간입니다. 반세기 이전에 그걸 발견한 이후, 우리는 그 주기가 정확히 예측한 대로 줄어든 것을 관측했습니다.

질문: h_{00}, h_{0x}, h_{0y}, h_{0z} 성분들은 모두 0입니다. 이는 시간축을 따라 곡률이 없다는 것을 뜻합니까?

답변: 아닙니다. 시간 방향으로 곡률이 있습니다. 1계 도함수 $\partial h_{mn}/\partial t$가 반드시 0과 같을 필요는 없습니다. 곡률 텐서는 그런 1계 도함수들의 곱을 한 무더기로 갖고 있으며 또한 2계 도함수도 갖고 있습니다. 따라서 시간을 수반하는 0이 아닌 성분을 가질 것입니다. 하지만 여전히 이는 일반적이지 않은 아주 특별한 종류의 곡률입니다.

질문: 아인슈타인 방정식이 비선형적임을 고려하면, 어떻게 그 풀이가 선형적으로 나올 수 있습니까?

답변: 이는 오직 우리가 평평한 시공간과 식 (1)에 대한 실제 풀이(사실은 평평하지 않은 풀이) 사이의 차이가 아주 작다고 가정했

기 때문입니다. 선형적인 이유는 파동이 약하기 때문입니다. 일반적으로 말해, 평형 주변의 작은 진동은 1차 근사에서 선형으로 취할 수 있습니다. 테일러 전개의 공식을 기억하세요.

$$f(x + h) = f(x) + hf'(x) + \frac{h^2}{2}f''(x) + \frac{h^3}{6}f'''(x) + \cdots.$$

만약 h가 작다면 우리는 h^2과 h의 더 높은 차수를 0으로 놓을 수 있습니다.

그러면 우리는

$$f(x + h) \approx f(x) + hf'(x)$$

를 얻습니다. 예를 들어, 흔들리는 진자(작은 진폭으로 진동하는 경우)를 복원력이 정지 위치 주변의 변위에 대해 정확히 선형 함수인 스프링에 부착된 질량에 비유할 때, 이런 종류의 근사를 수행합니다. 또한 정적 평형 주변으로 임의의 형태의 떨림을 선형화할 때 우리가 사용하는 근사이기도 합니다.

질문: 정확한 풀이와는 얼마나 멀리 떨어져 있는 건가요? 오차는 얼마나 큰가요?

답변: 그건 h가 얼마나 큰가에 달려 있습니다. 만약 h가 1/10이고 h^2인 항들을 더하고자 한다면, 그 보정은 1퍼센트일

것입니다.

질문: 만약 h가 충분히 커서 우리가 높은 차수의 항들을 더해야만 한다면, 그것이 파동의 횡파성에 영향을 끼칠까요?

답변: 아닙니다. 그 풀이는 여전히 횡파일 것입니다. 하지만 간단히 더해서 새로운 풀이를 주지는 않을 겁니다. 예를 들어, 반대 방향의 두 파동은 더 이상 서로를 통과해 지나가지 않고 흩어져 버릴 것입니다.

질문: 이 중력파들을 역학적인 파동과 비교한다면, 이들의 속력이 어떤 강성 계수에 따라 달라진다고 말할 수 있을까요?

답변: 중력파의 속력은 광속입니다. 어떤 물질 속을 전파하는 역학적인 파동에 대해서는 그 속력이 영[11] 계수(Young coefficiant)라 불리는 그 물질의 강성에 따라 달라집니다. 그래서 지지체의 강성을 전파 속도로 대신할 수 있습니다. 그런 의미에서 16세기와 17세기로부터 물려받은, 물리 현상을 이해하기 위한 그런 기계론적 방식에서는 빛 또는 중력파가 전파되는 매질(**에테르**라고 불렸다.)은 가능한 한 가장 단단한 지지체입니다.

19세기와 그 이전의 옛날에는 에테르가 있다고 생각했습니

---

11) 토머스 영(Thomas Young, 1773~1829년), 영국의 박식가로 광학(영 슬릿), 고체 역학, 의학, 이집트학 등에 중요한 공헌을 했다.

다. 에테르는 우주 전체를 포괄하는 어떤 종류의 비물질적 공간이었으며 그 속에서 절대적인 위치라는 개념이 의미가 있었습니다. 사람들은 역학적인 파동이 강철 막대 속으로 움직이거나 소리가 공기 속으로 움직이는 것처럼 파동(예를 들면, 영이 그 파동 같은 성질을 증명한 뒤의 빛)이 에테르 속을 움직인다고 생각했습니다. 달리 말하자면, 사람들은 빛이란 에테르의 떨림이고 아주 빠르게 퍼진다고 생각했습니다. 그렇게나 빠른 광속은 에테르가 아주 단단하다는 사실로 설명했습니다. 이 신비한 물질은 비물질적인 동시에 존재했던 것들 중 가장 단단했습니다. 에테르의 영 계수는 아주 커야만 했습니다. 왜냐하면 광속이 강철 막대 속을 전파하는 파동의 속력(그 자체는 공기 속 음속의 약 20배)보다 훨씬 더 크기 때문이었습니다. 세상에 대한 이런 사고 방식은 겉보기에는 합리적이지만 온갖 종류의 어려움과 미묘한 모순을 낳았습니다.

어쨌든 에테르는 1880년대 마이컬슨–몰리 실험과 1905년 아인슈타인의 설명으로 확실하게 박살나 버렸습니다. 광속과 모든 물리 법칙은 모든 관성 기준틀에서 똑같습니다. 속력은 뉴턴 물리학에서 더해지는 것과 똑같은 방식으로 더해지지 않습니다. 에테르는 없습니다. 운동하지 않는 절대 기준틀 같은 것은 없습니다. 신의 창조의 중심은커녕, 절대적인 위치도 없습니다. 시간은 보편적이지 않고, 동시성은 틀에 따라 달라지고, …… 등등입니다. 과학계가 이를 받아들이는 데에 한동안 시간이 걸렸습니다.

우리는 모두 우리가 마음속에 지니고 다니는 수학 도구 상자

속에 3차원 유클리드 공간을 갖고 있습니다. 자연스럽게 보입니다만, 우리는 그것을 전체 우주에 적용할 수 없습니다. 너무나 놀랍게도, 그것은 사물을 측정하기 위해 국소적으로 사용할 수 있는 자와 더 비슷합니다.

최근의 역사에서는 매 세기 세상에 대한 새롭고 혼란스러운 사고 방식이 등장했습니다. 조그만 사례에 국한해 물리학의 영역에서만 말해 보자면, 우주 공간 속을 떠다니는 둥근 지구, 태양 중심설, 순간적이지 않은 빛의 이동, 관성틀의 상대성 이론 등등이 있습니다. 모든 지식의 영역에서 새로운 과학 혁명에 대비해야만 합니다. 왜냐하면 과학 혁명은 멈추지 않고 계속 등장할 것이기 때문입니다. 대단히 흥미롭게도 또 다른 상식적인 생각, 즉 지식이 최종적인 보편 진리를 향해 발전한다는 생각 또한 그만둬야 합니다.

과학 혁명은 새롭지도 않으며 멈추지도 않을 것입니다. 하지만 오늘날 많은 다른 인간사에서와 마찬가지로 한 가지는 새롭습니다. 바로 새로워지는 속도입니다.

이것으로 중력파 강의를 마칩니다. 일반 상대성 이론에 대한 훌륭한 책에서 더 많이 배울 수 있습니다. 그런 책들은 방정식의 해법에 대해 모든 세부 사항들을 적고 있을 것입니다. 지면 한두 쪽을 가득 채우겠지만, 엄청나게 도움이 되지는 않을 것입니다. 하지만 우리는 기본 원리들을 다루었습니다.

일반 상대성 이론에 대한 아인슈타인-힐베르트 작용

이 과정을 끝내면서, 일반 상대성 이론의 방정식들에 대한 또 다른 사고 방식을 제시하려 한다. 방정식을 푸는 것은 여전히 너무 복잡해서, 그걸 여기서 하지는 않을 것이다. 그럼에도 기본적인 아이디어는 쉽게 이해할 수 있다. 그것은 우리가 가지고 있는 가장 핵심적인 물리학의 원리, 즉 **최소 작용의 원리**(principle of least action)를 일반 상대성 이론에 적용하는 것이다. 사실, 우리가 아는 모든 계, 역학계, 전자기 복사, 양자장 이론, 입자 물리학의 표준 모형 등등은 어떤 작용 원리의 지배를 받는다.

보통 입자들의 역학에서는 궤적과 결부된 작용이 입자들의 궤적을 따라 시간에 대한 적분이다. 우리는 이를 『물리의 정석: 고전 역학 편』에서 만났다. 장론에서는 장과 결부된 작용이 공간과 시간에 대한 적분이다. 장의 구성 형태는 공간과 시간의 모든 점에서의 장의 값이다. 우리는 이를 3권에서 봤다.

또한 우리는 첫 번째 경우가 더 일반적인 두 번째 경우의 특별한 상황임을 확인했다. 입자의 궤적은, 그 기층의 시공간이 공간과 시간 좌표를 가진 시공간이 아니라 단순히 하나의 시간축으로 축소되는 장으로 볼 수 있다. 그림 7을 보라.

장의 구성 형태가 모두 그 이론의 방정식의 풀이인 것은 아니다. 모든 궤적이 운동 방정식의 풀이가 아닌 것과 마찬가지이다. 모든 궤적은 하나의 생각해 볼 수 있는 궤적이지만, 모든 궤적이 운동 방정식을 만족하는 것은 아니다. 똑같은 방식으로, 모

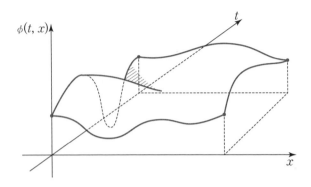

그림 7 장 $\phi(t, x)$. 만약 공간 차원 x를 생략하면 우리는 $\phi\,t$ 평면에서 시간의 흐름에 따른 입자의 궤적을 얻는다.

든 구성 형태, 또는 더 좋게 말하자면 모든 **역사**[12]인 $\phi(t, x)$는 공간과 시간에서 생각해 볼 수 있는 가능한 장의 값이다. 하지만 그 모두가 풀이는 아니다.

두 경우 모두 입자의 행동(실제 그 궤적) 또는 장의 행동(실제 그 배치 형태)은 **작용을 최소화하는 것**이다, 더 정확히 말해, 여러 차례 강조했듯이, 작용을 고정시키는 것은 구성 형태이다.

입자의 경우 적분되는 양은 **라그랑지안**이라 부른다. 가장 단순한 상황에서 이는 계의 운동 에너지 빼기 퍼텐셜 에너지이다. 장의 경우에는 적분되는 양이 **라그랑지안 밀도**이다. (왜냐하면 시간

---

12) 변수 t 덕분에 우리는 $\phi(t, x)$를 시간에 따라 변화하는 공간 장의 역사로 볼 수 있다. 마치 입자의 궤적을 그 위치의 역사로 볼 수 있는 것과 마찬가지이다.

에 대한 적분뿐만 아니라 공간 적분도 있기 때문이다.)

시간과 공간을 그 기층의 집합으로 깔고 있는 장의 경우, 즉 $\phi(t, x)$에 집중해 보자. 여기서 x는 일반적인 변수로 x, y, z를 나타내는 X로 표기할 수도 있었다.

이 장과 결부된 작용은 다음의 형태를 갖는다.

$$A = \int dX \ dt \ \mathcal{L}(\phi, \phi_\mu). \qquad (31)$$

여기서 $\mathcal{L}$은 라그랑지안 밀도이다. 이는 ϕ뿐만 아니라 4개의 좌표 X^μ(좌표 X^0는 시간이다.)에 대한 그 도함수에도 의존한다. 이네 도함수를 ϕ_μ로 표기한다. 적분 기호 뒤의 dX는 $dX^1 \ dX^2 \ dX^3$, 즉 $dxdydz$를 나타낸다.

이 A로 우리는 무엇을 하려는가? 우리는 이를 최소화하려고, 더 정확히는 고정시키려고 한다. 달리 말해, 우리는 어떤 제한 조건 속에서 작용을 최소화하는("또는 고정시키는"이라는 말을 매번 반복하지는 않을 것이다.) 장의 구성 형태를 찾고자 한다.

제한 조건이란 시공간 영역의 경계에서 장의 값들이 주어진다는 것이다. 그러면 최소화 과정이 전체 영역에서 장의 값을 산출해 낼 것이다. 이 영역의 경계는 입자의 운동의 경우 시간 t_1과 t_2에서 입자의 초기 및 최종 위치와 똑같은 역할을 수행한다. 그 경우 작용을 최소화한 풀이는 t_1과 t_2 사이 전체 입자의 궤적을 내놓는다.

우리의 장 $\phi(t, x)$, 또는 $\phi(t, X)$의 경우 공간 차원이 여럿이라면, 그 경계는 그림 7의 xt 평면에서 직사각형 영역일 수 있다. 또는 더 복잡한 경계일 수도 있다.

우리가 1권과 3권에서 입자의 궤적 또는 장 $\phi(t, X)$의 작용을 최소화하는 것에 대해 배운 것을 여기서 간단하게 복습한 목적은 아인슈타인의 장 방정식을 작용 원리로부터 유도할 수 있다는 것을 말하기 위함이다. 계산은 길지만, 식 (31)이 표현하는 작용은 간단하다.

라그랑지안 밀도로부터 우리는 다차원 시공간의 경우에서 오일러-라그랑주 편미분 방정식(3권에서 그런 계산 사례를 보라.)을 쓴다. 이는

$$\frac{d}{dt}\frac{\partial \mathcal{L}}{\partial \dot{X}} = \frac{\partial \mathcal{L}}{\partial X} \tag{32}$$

을 일반화한 것이다. 그리고 몇 시간에 걸쳐 지루하지만 복잡하지 않은 계산을 하고 나면 아인슈타인 장 방정식에 안착한다.

라그랑지안 밀도가 무엇인지 살펴보자. 그 속에 몇몇 흥미로운 조각들이 있다. 하지만 우선 시공간 부피라는 개념이 무엇인지, 그리고 어떻게 계산하는지 복습해 보자. 한 걸음 더 물러서서, 먼저 보통의 공간, 말하자면 2차원 리만 다양체를 고려해 보자. 좌표의 첨자 m은 1, 2로 변하며 n도 그렇다. 편의상 첫 번째 좌표는 간단히 x로, 두 번째는 y로 표기한다. 이 다양체의

계측은 다음과 같이 표현된다.

$$dS^2 = g_{mm} \; dX^m \; dX^n.$$ (33)

이웃한 점들 사이 거리의 제곱은 이 공식 (33)으로 주어진다. 이제 공간의 작은 영역의 부피, 말하자면 x에서 $x + dx$, y에서 $y + dy$의 변들을 가진 작은 직사각형에 관심이 있다고 하자. 그림 8을 보라. 그리고 계측은 오직 2개의 대각 성분 g_{xx}와 g_{yy}만 갖고 있다고 가정한다. 우리는 그 부피를 알고 싶다. 용어에 대한 참고 사항. 우리는 일반적인 용어 '부피'를 사용하지만 2차원에서는 이를 당연히 관습적으로 넓이라 부른다.

만약 우리가 dx와 관련된 실제 고유 거리 및 dy와 관련된 실제 고유 거리를 안다면 그 넓이를 알게 될 것이다.

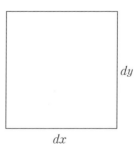

그림 8 작은 '부피'라고도 불리는 작은 영역.

dx와 관련된 고유 거리는 무엇인가? 이는 식 (33)으로 주어진다. 그것은 $\sqrt{g_{xx}}\,dx$이다.

따라서 그 직사각형의 넓이, 또는 '부피'는

$$\text{volume} = \sqrt{g_{xx}\ g_{yy}}\,dx\ dy \qquad (34)$$

이다. 중요한 점은 이것이 단지 $dx\,dy$가 아니라는 점이다. 그러니까, 이와 마찬가지로 x 축 위에 이웃한 두 점 사이의 고유 거리는 더 이상 단지 dx가 아닐 것이다. 좌표는 그저 표지일 뿐이다. 거리를 주는 것은 계측이다. 그래서 계측이라 부르는 것이다. 계측은 원한다면 모든 것을 뒤튼다. 오직 유클리드 기하에서만 그 표지가 직접적으로 거리에 해당한다.[13]

우리는 계측이 오직 대각항들만 가진 경우를 사용했다. 왜냐하면 부피를 계산하고 $dx\,dy$와 부피 사이의 차이를 보여 주기가 더 쉽기 때문이다. 달리 말해, 식 (34)는 단지 계측이

$$g_{mn} = \begin{pmatrix} g_{xx} & 0 \\ 0 & g_{yy} \end{pmatrix} \qquad (35)$$

---

13) 평평한 직사각형의 고무 조각을 가져와서 그 위에 유클리드 좌표축을 인쇄하고, 그리고는 그 고무 조각을 튀어나오게 하고, 꺼지게 하고, 늘리고, 줄여서 변형한다면, 그 좌표축들은 더 이상 직접적으로 거리를 주지는 않는다. 다만 곡선의 축들 위에서 점들을 표시하는 유용한 표지로 남아 있을 것이다. 실제 거리를 알려면 이제는 모든 곳에서의 계측을 정확하게 알 필요가 있을 것이다.

의 형태를 가질 때의 특별한 경우이다.

하지만 계측의 다른 비대각 성분들도 있을 수 있다. 그 일반적인 형태는

$$g_{mn} = \begin{pmatrix} g_{xx} & g_{xy} \\ g_{yx} & g_{yy} \end{pmatrix} \tag{36}$$

이다. 이 경우 넓이, 또는 '부피'는 식 (35)로 표현된 행렬의 행렬식으로부터 구한다. 2×2 행렬의 행렬식은 $g_{xx}g_{yy} - g_{xy}g_{yx}$ 임을 독자들은 기억할 것이다. 3×3의 경우 조금 더 복잡하다. 그 행렬식은 크라메르 법칙(Cramer's rule)으로 주어진다. 4×4의 경우 행렬식은 3×3의 선형 조합으로 구한다. 행렬식의 표기법은 $|g|$이다. 그리고 그림 8에서 부피에 대한 일반적인 공식은

$$\text{volume} = \sqrt{|g|}\, dx \ dy \tag{37}$$

이다. 이 공식은 평평하든 휘어져 있든 임의의 공간에서 성립한다.

2차원 다양체의 전체 영역을 고려한다면, 그리고 그 넓이를 알고자 한다면, 그것을 어떻게 계산하려고 하는지 알아챘을 것이다. 공식 (37)을 적분하면 된다. 그 결과는

$$\text{volume} = \int_{\text{2D region}} \sqrt{|g|}\, dx \ dy \tag{38}$$

이다.

이다. 3차원 공간에 대해서 이야기하고 있다면, 그 공식은 식 (38)을 직접적으로 일반화하면 된다.

$$\text{volume} = \int_{\text{3D region}} \sqrt{|g|}\, dx \; dy \; dz. \qquad (39)$$

여기서 dz는 부가적인 미분 요소로서 나타난 것이다.

만약 우리가 4차원 시공간에 있다면 비슷한 개념을 정의하는 것이 유용하다. 이는 이제 네 번째 성분 dt 또한 수반하게 될 것이다. 랭크 2 계측 텐서는 4×4 행렬로 표현된다. 일반 상대론에서는 계측이 리만적이지 않고 민코프스키적이어서 그 특성 부호는 $- + + +$ 이다. 그럼에도 시공간의 각 점에서 계측은 값과 행렬식을 갖고 있다. 그리고 부피는 식 (39)를 다시 일반화해서 정의할 수 있다.

$$V = \int_{\text{4D region}} \sqrt{|g|}\, dt \; dx \; dy \; dz. \qquad (40)$$

이는 **시공간 부피**라 부르는데, 흥미로운 양이다. 이 양은 **불변**이다. 모든 좌표계에서 똑같다. 이는 시공간 부피의 중요한 특성이다. 만약 그 영역을 '재좌표화'한다면, 즉 만약 여러분이 좌표를 바꾼다면, 어떤 의미에서 임의의 영역의 물리적인 시공간 부피는 똑같이 유지된다. 이는 직관적으로 아주 타당하다.

좌표 변화에 따라 변하지 않을 다른 양들은 $|g|$에 기초를 두

고 있다. 예를 들어 부피 요소 $\sqrt{|g|}\,dt\,dx\,dy\,dz\,dz$를 잡고 임의의 스칼라 $S(t, X)$를 곱해 적분하면

$$\int \sqrt{|g|}\,S(t, X)\,dt\,dX \qquad (41)$$

우리는 또한 불변량을 얻는다. 여기서 X는 x, y, z를 나타낸다.

사실 이는 단지 작은 부피 요소에 각각 스칼라장의 값을 곱해 더한 것이다. 스칼라는 진정한 물리적 스칼라 값의 정의에 따라 또한 불변이므로, 공식 (40)의 피적분 함수도 불변이다. 구체적으로 써 내려가려면 좌표 집합을 사용해야 하지만, 식 (41)이 불변임을 추론할 수 있다.

모든 이론에서처럼 상대성 이론에서 작용은 항상 모든 좌표계에서 똑같아야만 한다. 그렇지 않다면 그로부터 나오는 물리 법칙은 좌표계에 따라 달라질 것이기 때문이다.

만약 물리 법칙이 모든 좌표계에서 똑같아야만 한다면, 이를 확실하게 하는 한 가지 방법은 작용을 불변으로 만드는 것이다. 따라서 작용으로

$$\int dX^4 \sqrt{|g|} \times X \text{에 의존하는 어떤 스칼라} \qquad (42)$$

를 잡는 편이 자연스럽다. 여기서 dX^4는 완전한 미분 요소를 나

타낸다.

에너지-운동량 텐서가 하나도 없는 아인슈타인의 이론을 생각해 보자. 아무런 근원이 없고 단지 순수한 중력장만 있으며 시공간에 그 밖의 어떤 것도 없다. 식 (42)에서 어떤 종류의 스칼라를 도입할 수 있을까? 오직 계측으로부터 우리가 구성할 수 있는 스칼라는 얼마나 많이 있을까?

예를 들어 곡률 스칼라가 있다. 그밖에 다른 것은 없을까? 자, 단순히 임의의 숫자, 7, 4, 또는 16, 또는 여러분이 좋아하는 임의의 숫자들이 있다. 따라서 우리는 그 스칼라로

$$S(t, X) = \mathcal{R} + 숫자$$

를 사용할 수 있다. 왜냐하면 숫자는 항상 불변으로 간주되기 때문이다. 여러분이 시공간의 어떤 점에서 숫자 7을 본다면(뭔가의 성분이 아니라 순수한 숫자로 본다면) 그 밖의 모든 사람도 똑같은 숫자 7을 본다.

곡률 스칼라 다음에 더한 숫자는 물리 법칙에 따라 좌우된다. 이는 그 자체로 물리 법칙이다. 여기에는 표준 표기법이 있다. 이는 Λ ("람다"라고 읽는다.)로 표기한다. 그러면 작용에 대한 공식은

$$\int dX^4 \sqrt{|g|} \, (\mathcal{R} + \Lambda) \tag{43}$$

이다. 이 추가적인 숫자 Λ 는 우리의 논쟁적인 친구인 **우주 상수**이다. 이는 라그랑지안 밀도에서 부피 자체에 비례하는 항을 생성한다.

지난 강의에서 우리는 우주 상수를 도입하지 않았다. 단지 그 강의를 마무리하는 질의 응답 시간에 논의했을 뿐이다. 이를 도입하지 않는다면, 작용은

$$\int dX^4 \sqrt{|g|}\,\mathcal{R} \qquad\qquad (44)$$

로 환원된다. 아인슈타인의 장 방정식은 표현식 (44)를 최소화할 때, 즉 이를 고정시킬 때 얻게 되는 것이다. 따라서 그 풀이에서 우리는

$$\delta \int dX^4 \sqrt{|g|}\,\mathcal{R} = 0 \qquad\qquad (45)$$

을 가져야 한다. 우리가 δA 라 썼을 때, 이는 A 가 의존하는 임의의 변수를 무한소로 변화시킬 때 A 의 변동을 뜻한다.

질문: 라그랑지안 밀도 $\sqrt{|g|}\,\mathcal{R}$ 에서 에너지-운동량 텐서는 어디서 나타나는 겁니까?

답변: 에너지-운동량 텐서는 라그랑지안 밀도에서 물질이나 다른 장들에 의존하는 추가적인 항들에서 나올 겁니다. 예를 들

어 전자기 에너지가 있을 수 있습니다. 다른 종류의 에너지도 있을 수 있습니다. 이들은 식 (45)의 적분에서 추가적인 항으로 들어옵니다.

식 (45)는 진공 경우에 해당한다. 이는 중력파를 지배하는 것이다. 방금 말했듯이 다른 것들도 사실 라그랑지안 밀도에 들어갈 수 있는데, 우선 당연하게도 근원부터 시작해 보자. 하지만 다른 장들로부터 만들어질 수도 있었다. 그러나 라그랑지안 밀도는 언제나 g의 행렬식의 제곱근 인수를 가지고 있을 것이다. 그 일반적인 형태는

$$\sqrt{|g|}\,(\mathcal{R} + \text{다른 항목}) \tag{46}$$

이다. 예를 들어, 전자기학 과정을 돌이켜 보면, 전자기장은 반대칭 텐서 $F_{\mu\nu}$로 기술된다. 식 (46)은 그렇다면

$$\sqrt{|g|}\,(\mathcal{R} + F_{\mu\nu}\,F^{\mu\nu}) \tag{47}$$

이 될 것이다. 이것이 전자기장을 지배한다.

하지만 이 이야기는 생략하자. 그리고 식 (44)로 주어진 진공 경우에 대한 힐베르트-아인슈타인 작용으로 마무리하자. 식 (44)를 여기 다시 쓰면

$$A = \int dX^4 \sqrt{|g|}\, \mathcal{R} \qquad (48)$$

이다. 내 생각에 이는 아인슈타인과 힐베르트가 거의 동시에 발견했다. 하지만 아인슈타인은 이미 9강에서 제시한 방법을 따라 자신이 유도했던 장 방정식을 갖고 있었다.

$$\mathcal{R}^{\mu\nu} - \frac{1}{2} g^{\mu\nu} \mathcal{R} = 8\pi G T^{\mu\nu} \qquad (49)$$

아인슈타인은 이미 모든 작업을 했고 어떻게 그것이 모두 함께 맞아떨어지는지를 알았다.

힐베르트와 아인슈타인은 서로 외따로 자리에 앉아 자신에게 물어보았다. 작용 원리로부터 식 (49)를 유도하는 것이 가능할까?

둘은 모두 가능하다는 똑같은 답을 내놓았다. 이들은 시공간에 근원이 있을 때, 즉 에너지−운동량 텐서의 요소들이 라그랑지안 밀도를 완성할 때 식 (48)을 확장한 것으로 주어지는 작용으로부터 장 방정식 (49)를 유도했다.

요약하자면, 식 (45)는 모든 아인슈타인 장 방정식을 포함하는 물리적 원리이다. 이 장에서 우리가 장과 거기에 최소 작용의 원리를 적용하는 것에 대해 말했던 내용을 더 명확히 하기 위해 다음 질문을 던져 보자. 식 (31)에 나타나는, 일반 상대성 이론에서의 장 $\phi(t, X)$는 무엇인가? 답은 계측이다.

$$\phi(t, X) = g_{\mu\nu}(t, X) \qquad (50)$$

식 (48)은 계측으로 만들어지는 작용을 기술한다.

우리가 여러 차례 확인했듯이 물리학이 만들어 내는 실제 계측을 발견하는 **원리**는 식 (48)에서 계측을 약간 변화시키고 그 작용을 최소화하는 계측을 찾는 것이다.

우리가 그 풀이 g로부터 멀리 움직이면, 식 (48)로 주어지는 작용은 그 풀이에서보다 어느 정도 더 커질 것이다.

필요한 수학은 장에 대한 오일러-라그랑주 방정식을 푸는 것이다.

$$\sum_{\mu} \frac{\partial}{\partial X^{\mu}} \frac{\partial \mathcal{L}}{\partial \dfrac{\partial \phi}{\partial X^{\mu}}} = \frac{\partial \mathcal{L}}{\partial \phi}. \qquad (51)$$

여기서 $\mathcal{L}(\phi, \phi_{\mu}) = \sqrt{|g|}\,\mathcal{R}$ 이며 $\mathcal{R}$ 는 그 자체로 g 의 함수이다.

결론적으로, 일반 상대성 이론의 아인슈타인-힐베르트 형태는 식 (45)이며 여기 다시 쓰면 다음과 같다.

$$\delta \int dX^4 \sqrt{|g|}\,\mathcal{R} = 0. \qquad (52)$$

작용으로부터 장 방정식을 유도하는 단계

다음의 단계들은 식 (52)에서 시작해 아인슈타인 장 방정식에 이르기 위한 전체 과정을 기술하고 있다.

1. 계측을 써서 크리스토펠 기호를 표현한다. 이는 계측 성분의 1계 도함수를 수반한다.

2. 크리스토펠 기호를 써서 곡률 텐서를 표현한다. 이는 크리스토펠 기호의 1계 도함수들과 크리스토펠 기호들의 곱을 수반한다.

3. 곡률 텐서를 축약해서 곡률 스칼라를 표현한다.

4. 그 스칼라에 계측의 행렬식의 제곱근을 곱한다. 계측은 4개의 행과 4개의 열을 가진 행렬이다. 행렬식은 계측의 많은 성분들로 만들어진 대단히 중요한 것이다.

5. 여러분이 적은 라그랑지안 밀도에 오일러-라그랑주 변분 방정식 (51)을 적용한다.

몇 시간 계산하다 보면 아인슈타인 장 방정식에 이르게 될 것이다.

이로써 일반 상대성 이론에 대한 이 책을 마무리하려 한다. 여러분이 이 과정을 즐겼기를 바란다. 또한 「물리의 정석」 시리즈 다음 책에서 만나기를 기대한다. 다음은 우주론(5권)과 통계역학(6권)이다.

지식 속에서 아름다움을 발견하는 희열

이 책은「물리의 정석」시리즈의 네 번째 책으로 일반 상대성 이론을 다루고 있다. 앞선 3권에서 특수 상대성 이론과 고전 장론을 다루었으니 4권의 주제가 일반 상대성 이론일 것임은 이미 예정된 사실이라 할 수 있다.

일반 상대성 이론은 많은 물리학자가 꼽는 가장 아름다운 이론이며 그 핵심인 중력장 방정식 또한 물리학의 수많은 방정식 중에서 가장 아름다운 방정식으로 꼽힌다. 숀 캐럴(Sean Carroll)이 쓴 일반 상대성 이론 교과서인『시공간과 기하: 일반 상대성 이론 입문(Spacetime and Geometry: An Introduction to General Relativity)』의 서문에서 저자는 "일반 상대성 이론은 지금까지 발명된 가장 아름다운 물리학 이론이다."라고 적고 있다.

물리학자들이 일반 상대성 이론을 아름답다고 여기는 이유는 사람마다 다를 수도 있을 것이다. 각자의 미적 감각이나 기준도 똑같지는 않을 것이다. 그러나 물리학이라는 과학 분야의 관점에서 다수의 물리학자들이 공통적으로 아름답다고 여길 법한 요소들이 있다. 상대성 원리가 가속 운동을 하는 일반적인 경우까지 확장된 것도 그렇고, 등가 원리를 도입해 중력과 연결시킨 것도 그렇고 중력의 본질을 시공간의 기하로 이해한 것도 그렇다. 이 모든 과정이 거의 필연적으로 연결된다는 점과 그 모든 결론이 하나의 아주 깔끔한 방정식으로 요약된다는 점도 물리학자들이 매력적으로 느낄 만한 사실이다.

안타깝게도 물리학을 전공하지 않은 일반인은 이런 아름다움을 제대로 느끼기 어렵다. 이번『물리의 정석: 일반 상대성 이론 편』은 이 어려움을 해결하는 데에 크게 도움이 되는 책이다. 사실 과학을 하는 기쁨이란 어떤 지식을 더 많이 아는 것이라기보다 그 속에서 어떤 아름다움을 발견하는 희열이다.

일반 상대성 이론은 쉽지 않다. 어렵다. 수학에도 웬만큼은 익숙해져야 한다. 그래서 훌륭한 스승과 안내자가 있으면 좋다. 이 책의 저자인 레너드 서스킨드는 그 안내자로서 최상의 선택지이다. 현존하는 최고의 물리학자 중 한 명이기도 하거니와 일반 상대성 이론과 관련된 중요한 논쟁, 예를 들면 블랙홀에서의 정보 손실과 같은 수십 년에 걸친 논쟁에서도 중심에 있었던 인물이기 때문이다. 또한 서스킨드는 어떤 현상의 물리적인 본질과 핵심을 정확하게 간파해서 집요하게 파고드는 능력이 탁월하다. 독자들은 서스킨드의 안내에 머리를 내맡기기만 하면 환상적인 지적 롤러코스터를 타는 기분을 느낄 수 있을 것이다.

좀 더 효과적인 공부를 위해 조언을 하자면, 먼저 시공간의 곡률의 중요성에 집중해서 그것을 어떻게 수학적으로 표현할 것인지에 더 많은 신경을 쓰기 바란다. 그것이 일반 상대성 이론의 핵심이기 때문이다. 다행히 서스킨드가 군더더기 없이 개념 위주로 꼭 필요한 핵심만 이 책에서 아주 잘 정리해 두었다.

둘째로는 직접 자신의 손으로 계측 텐서로부터 크리스토펠 기호와 리치 텐서까지 모두 일일이 계산해 보기 바란다. 서스킨드는 여러 이유로 이 과정을 모두 책에 담지는 않았다. 지면이 제한되어 있기 때문에 서스킨드의 의도도 충분히 일리는 있으나, 처음 배우는 과정이라면 직접 손을 움직여 계산하는 손 감각을 익히는 것도 큰 도움이 된다. 이를 위해서는 통상적인 일반 상대성 이론 교과서나 인터넷 검색이 도움이 될 것이다.

셋째, 책에 등장하는 각종 도표도 직접 손으로 그려 보기 바란다. 도표와 그래프는 물리적인 상황을 시각적으로 한눈에 보여주기 때문에 이 또한 손으로 감각을 익힐 필요가 있다. 사실 이런 그림을 잘 그리는 것이 물리학자의 덕목이기도 하다. 그냥 눈으로 보고 이해하는 것과 백지에 자신의 지식과 상상력만으로 직접 그리는 것은 천지 차이이다. 머리가 아니라 손이 익숙해질 때까지 그림을 그리다 보면 그 그림이 설명하려는 물리적인 상황을 더 잘 이해할 수 있다. 이는 사실 수식에서도 마찬가지이다.

이번 『물리의 정석: 일반 상대성 이론 편』을 직접 손으로 익혀야 할 중요한 이유가 있다. 일반 상대성 이론 자체가 현대 물리학의 중요한 주제이기도 하거니와, 이를 바탕으로 해서 우주론까지 뻗어 나가는 큰 기둥이기도 하기 때문이다. 특히 후속권인 5권이 우주론으로 예고되어 있다. 우주론을 제대로 즐기려면 일반 상대성 이론의 기본을 잘 알아야 하고 관련된 기본 수학을 익숙하게 다룰 수 있어야 한다.

외서를 한국말로 옮기는 작업은 국내 1호 독자가 되는 호사를 누리는 일이기도 해서 늘 설레기도 하고 많이 배울 수 있는 기회이기도 하다. 특히나 이번 작업에서는 그 아름다움을 다시 대가의 시선에서 느낄 수 있었다. 독자들도 이 책을 통해 그 기쁨을 한껏 누려 보기 바란다.

2024년 5월
정릉에서 이종필

이종필

서울 대학교 물리학과를 졸업하고 같은 대학교 대학원에서 입자 물리학으로 석사, 박사 학위를 받았다. 한국 과학 기술원(KAIST) 부설 고등 과학원(KIAS), 연세 대학교, 서울 과학 기술대학교에서 연구원으로, 고려 대학교에서 연구 교수로 재직했다. 현재 건국 대학교 상허 교양대학 교수로 재직 중이다. 저서로는 『물리학 클래식』, 『대통령을 위한 과학 에세이』, 『신의 입자를 찾아서』, 『빛의 전쟁』, 『우리의 태도가 과학적일 때』, 『물리학, 쿼크에서 우주까지』 등이 있고, 번역서로 『물리의 정석: 고전 역학 편』, 『물리의 정석: 양자 역학 편』, 『물리의 정석: 특수 상대성 이론과 고전 장론 편』, 『최종 이론의 꿈』, 『블랙홀 전쟁』 등이 있다.

물리의 정석 일반 상대성 이론 편

1판 1쇄 찍음 2024년 6월 15일
1판 1쇄 펴냄 2024년 6월 30일

지은이 레너드 서스킨드, 앙드레 카반
옮긴이 이종필
펴낸이 박상준
펴낸곳 (주)사이언스북스

출판등록 1997. 3. 24.(제16-1444호)
(06027) 서울특별시 강남구 도산대로1길 62
대표전화 515-2000, 팩시밀리 515-2007
편집부 517-4263, 팩시밀리 514-2329
www.sciencebooks.co.kr

한국어판 ⓒ ㈜사이언스북스, 2024. Printed in Seoul, Korea.

ISBN 979-11-92908-93-9 04420
　　　979-89-8371-838-9 (세트)